ÉLÉMENTS

DE LA

THÉORIE DES NOMBRES

CONGRUENCES. — FORMES QUADRATIQUES.
NOMBRES INCOMMENSURABLES. — QUESTIONS DIVERSES;

PAR

E. CAHEN,

ANCIEN ÉLÈVE DE L'ÉCOLE NORMALE SUPÉRIEURE,
PROFESSEUR DE MATHÉMATIQUES SPÉCIALES AU COLLÈGE ROLLIN.

PARIS,

GAUTHIER-VILLARS, IMPRIMEUR-LIBRAIRE
DU BUREAU DES LONGITUDES, DE L'ÉCOLE POLYTECHNIQUE,
Quai des Grands-Augustins, 55.

1900

ÉLÉMENTS

DE LA

THÉORIE DES NOMBRES.

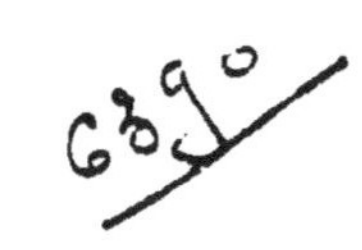

26790   PARIS. — IMPRIMERIE GAUTHIER-VILLARS,
Quai des Grands-Augustins, 55.

ÉLÉMENTS

DE LA

THÉORIE DES NOMBRES

CONGRUENCES. — FORMES QUADRATIQUES.
NOMBRES INCOMMENSURABLES. — QUESTIONS DIVERSES;

PAR

E. CAHEN,

ANCIEN ÉLÈVE DE L'ÉCOLE NORMALE SUPÉRIEURE,
PROFESSEUR DE MATHÉMATIQUES SPÉCIALES AU COLLÈGE ROLLIN.

PARIS,

GAUTHIER-VILLARS, IMPRIMEUR-LIBRAIRE

DU BUREAU DES LONGITUDES, DE L'ÉCOLE POLYTECHNIQUE,

Quai des Grands-Augustins, 55.

—

1900

PRÉFACE.

L'Ouvrage que nous offrons ici au public a pour but de combler une lacune singulière.

Il n'existe, en effet, aucun Traité moderne, français, de la Théorie des nombres.

Et cependant, tout le monde sait l'extrême importance de cette Théorie, base de toutes les Mathématiques, et dont il faut absolument connaître les principaux résultats pour entreprendre une recherche d'ordre tant soit peu élevé.

Qu'il nous suffise de dire qu'en Allemagne il existe plusieurs Traités de la Théorie des nombres : l'Ouvrage de Lejeune-Dirichlet, revu par Dedekind; celui de Tchébyscheff, traduit par Schapira ; l'Ouvrage plus récent de M. Bachmann, etc.

La première difficulté qu'éprouve l'auteur d'une Théorie des nombres, c'est de délimiter son sujet. Qu'est-ce, en effet, que la Théorie des nombres?

Il semble d'abord que ce soit tout simplement la Théorie des *nombres entiers*. Mais cette définition est trop vaste. En effet, la notion de nombre entier suffit pour donner la définition des nombres fractionnaires et incommensurables. D'autre part, le nombre servant de base à toute l'Analyse, et même à la Géométrie et à la Mécanique rationnelle, qui ne sont, à un certain point de vue, que des représentations conformes de l'espace et du temps sur le nombre, il résulterait de la définition précédente, que la Théorie des nombres comprendrait toutes les Mathématiques. Il faut donc se restreindre et dire que la Théorie des nombres est la Théorie des nombres entiers, *en tant seulement qu'ils sont entiers.*

Mais il est évident alors que la Théorie des nombres fractionnaires ou incommensurables, en tant qu'ils sont fractionnaires ou incommensurables, est étroitement liée à la précédente. En fait, il est pratiquement impossible d'étudier l'une de ces Théories indépendamment des deux autres. Par exemple, les problèmes d'Analyse indéterminée du premier degré, problèmes dans lesquels les données et les inconnues sont des nombres entiers, se traitent par le développement en fraction continue d'un nombre *fractionnaire.* Les problèmes d'Analyse indéterminée du second degré, dans lesquels les données et les inconnues sont aussi des nombres entiers, se traitent par le développement en fraction continue d'un nombre *incommensurable.*

En résumé, la Théorie des nombres étudie les propriétés des nombres, en tant que ces nombres sont *entiers, fractionnaires* ou *incommensurables;* elle cherche à distinguer ces nombres, à les classer, à étudier leurs propriétés particulières; mais les propriétés qui appartiennent à tous les nombres, par exemple celles qui constituent le calcul algébrique et toutes ses conséquences, échappent à la Théorie des nombres.

Notre Ouvrage contient d'abord les matières suivantes : *Premières propriétés des nombres entiers; Nombres fractionnaires; Fractions continues; Congruences; Restes quadratiques; Nombres incommensurables; Classification des nombres incommensurables; Formes quadratiques binaires; Analyse indéterminée du premier et du second degré.*

Il contient, de plus, sous forme de Notes, l'exposé de quelques questions particulièrement importantes ou intéressantes, et qui ne rentrent point dans le cadre précédent.

Parmi les principales, citons : *Compléments à la Théorie des nombres premiers; Décomposition des grands nombres*

*en facteurs premiers; Calcul des racines primitives;
Fonctions numériques: Nombres imaginaires de Gauss;
Nombres imaginaires quadratiques en général.*

Telles sont les matières qui nous ont paru devoir entrer
dans les *Éléments de la Théorie des nombres*. Nous réser-
vons pour le Traité plus complet, que nous aurons peut-être
le plaisir de publier un jour, les *Théories de la composition
et du nombre de classes des formes quadratiques;* les *Recherches de Riemann sur la fonction* $\zeta(s)$, et les travaux
qui en ont été la conséquence; la *Théorie des idéaux de
Kummer et Dedekind*, etc.; toutes matières plus difficiles
que les précédentes et qui d'ailleurs, étant encore l'objet des
travaux de nombreux géomètres, ne présentent pas ce caractère définitif que doit avoir un Traité didactique.

D'ailleurs, autant que possible, nous avons mis le lecteur
sur la voie de ces questions : la Théorie des nombres entiers
imaginaires étant, par exemple, une préparation à celle des
idéaux.

L'Ouvrage se termine par des Tables numériques : Tables
de nombres premiers, de racines primitives, d'indices, de diviseurs linéaires de formes quadratiques.

Ne voulant pas allonger inutilement, nous avons passé
rapidement sur les théories élémentaires ou sur celles développées dans d'autres Ouvrages; par exemple, sur les premières propriétés des nombres entiers et sur la définition
des nombres incommensurables. Nous ne pouvions les passer
complètement sous silence, sans laisser une lacune dans l'Ouvrage. Nous avons d'ailleurs, en cela, suivi l'exemple des
plus illustres géomètres, Legendre, Lejeune-Dirichlet, etc.,
qui, dans leurs Théories des nombres, n'ont pas jugé indigne
d'eux de commencer au début même, à la définition du
nombre entier.

Nous avons, dans toutes les questions, donné des exemples
numériques. Ceci nous semble d'une grande importance. Il
ne suffit pas de démontrer qu'un nombre existe, il faut savoir

le calculer. Par exemple, la possibilité ou l'impossibilité d'une congruence du second degré se détermine facilement par l'emploi des symboles de Legendre et Jacobi; mais le problème de trouver les racines de cette congruence entraîne des calculs souvent pénibles.

C'est en nous plaçant au même point de vue, que nous avons donné les méthodes par lesquelles on détermine les diviseurs d'un nombre.

Tous ces calculs exigent l'emploi des Tables que nous avons placées à la fin du Volume.

En publiant ce Traité, nous avons pensé être utile à tous les étudiants en Mathématiques, à tous ceux qui, ayant besoin de la Théorie des nombres, sont obligés actuellement d'aller la chercher dans des Ouvrages étrangers qu'ils ne lisent souvent que difficilement.

Peut-être aussi intéresserons-nous ce que nous appellerons les *mathématiciens amateurs*. Nous voulons dire ceux, officiers, ingénieurs, etc., qui, ayant une instruction solide et le goût de la Science mathématique, prennent plaisir à s'en occuper, dans les loisirs que leur laisse leur profession. A ceux-là, la Théorie des nombres, plus difficile peut-être, mais exigeant moins d'études préalables que la plupart des autres Théories modernes, réservera de grandes jouissances.

On sait, en effet, l'attrait particulier qu'exerce cette Science. L'Auteur serait heureux, s'il parvenait à procurer à ceux qui liront cet Ouvrage, un plaisir égal à celui qu'il a éprouvé à le composer.

ÉLÉMENTS

DE LA

THÉORIE DES NOMBRES.

CHAPITRE I.

RAPPEL DES THÉORIES LES PLUS ÉLÉMENTAIRES.

§ I. — Égalité des nombres entiers. Opérations. Numération.

1. L'Analyse tout entière repose sur les notions indéfinissables d'*unité* et de *nombre entier*. La notion d'*égalité* de deux nombres (¹) est comprise dans les précédentes. Ajoutons-y la notion de *somme de deux nombres*. Enfin admettons que *la somme de deux nombres ne dépend pas de l'ordre dans lequel on les ajoute.*

2. Mais on peut *définir* la *somme de plus de deux nombres* en disant que *c'est le résultat obtenu en ajoutant d'abord les deux premiers nombres, puis la somme obtenue avec le nombre suivant, et ainsi de suite.*

En particulier, on peut former tous les nombres, en ajoutant l'unité à elle-même, puis encore une fois l'unité au résultat, et ainsi de suite. Les premiers nombres ainsi formés s'appellent *un, deux, trois, quatre, cinq, six, sept, huit, neuf, dix* et se représentent par les signes suivants :

$$1, \; 2, \; 3, \; 4, \; 5, \; 6, \; 7, \; 8, \; 9, \; 10.$$

(¹) Comme dans tout ce qui va suivre, il ne s'agit que de nombres entiers, nous supprimerons l'épithète *entier* sans qu'il en résulte de confusion.

C.

Les nombres étant formés de cette façon, tout nombre est dit *plus grand* que ceux qui ont été formés avant lui, et *plus petit* que ceux qui ont été formés après.

Nous devons admettre encore un résultat sans démonstration, à savoir que : *la somme de trois nombres ne change pas quand on change l'ordre des deux derniers.*

Nous en avons fini avec les notions indémontrables qui forment la base des Mathématiques. Tout le reste s'en déduit par les règles ordinaires du raisonnement.

3. Démontrons d'abord le théorème suivant : *La somme d'un nombre quelconque de nombres est indépendante de l'ordre dans lequel on les ajoute.*

En effet, de ce que nous avons admis, relativement à une somme de trois termes, il résulte immédiatement que, *dans une somme d'un nombre quelconque de termes, on peut intervertir l'ordre de deux termes consécutifs.*

Ceci posé, considérons les termes rangés dans un ordre quelconque. On peut amener le terme que l'on veut à la première place, en l'échangeant avec le précédent, puis avec le précédent, et ainsi de suite. Ensuite on peut amener le terme que l'on veut à la seconde place, et ainsi de suite, jusqu'à ce que tous les termes soient rangés dans l'ordre que l'on aura voulu.

4. *Pour trouver la somme de plusieurs nombres, on peut les répartir en groupes, chercher séparément les sommes des nombres contenus dans chaque groupe, et enfin faire la somme de ces sommes partielles.*

En effet, d'après la définition même de la somme de plusieurs nombres, on peut remplacer les premiers de ces nombres par leur somme effectuée. Comme d'ailleurs des termes quelconques peuvent être placés les premiers, la proposition est démontrée.

5. *Notations.* — Quand on raisonne sur des nombres, indépendamment de leurs valeurs particulières, on représente souvent ces nombres par des lettres.

La somme de plusieurs nombres $a, b, \ldots, l$ se désigne par $a + b + \ldots + l$.

L'égalité de deux nombres a, b se note de la façon suivante :

$$a = b.$$

L'inégalité se note de la façon suivante : $a > b$ ou $a < b$ suivant que a est plus grand ou plus petit que b.

6. *Différence de deux nombres*. — De la notion de somme, on déduit celle de différence de la façon suivante : On appelle *différence* entre un nombre a et un nombre b, et l'on représente par $a - b$, le *nombre qu'il faut ajouter à b pour reproduire a*. Cette différence n'existe que si a est plus grand que b.

7. *Du nombre zéro*. — Soit o un signe que nous appellerons *zéro*, et que nous placerons au rang des nombres.

Par *définition*, a étant un nombre quelconque, on a

$$a + o = a,$$
$$o + a = a.$$

On en déduit

$$a + o + b = a + b + o.$$

Le nombre zéro jouit donc des propriétés que l'on a jusqu'à maintenant reconnues aux nombres. On peut donc raisonner sur lui comme sur les autres.

L'introduction dans les calculs de ce nombre zéro est indispensable dans la suite. Dès maintenant, elle nous permet, dans la définition de la *différence,* de supposer les deux termes de la différence égaux entre eux.

On a, en effet,

$$a - a = o.$$

Remarquons aussi que

$$a - o = a.$$

8. *Polynomes*. — On appelle *polynome* une expression composée d'une suite de termes séparés par les signes $+$ et $-$, par exemple,

$$a + b - c + d - e - f + g,$$

et représentant le nombre qu'on obtiendrait en additionnant a et b, puis du résultat retranchant c, et ainsi de suite.

9. *Calcul algébrique.* — On appelle *calcul algébrique* l'art de transformer les expressions contenant des nombres indéterminés, d'après des règles indépendantes des valeurs particulières de ces nombres.

Dans cet Ouvrage, nous ne traiterons pas du calcul algébrique; nous en regarderons les principaux résultats comme connus du lecteur, nous bornant à les rappeler, au besoin; parmi ces résultats, un des premiers est le suivant, relatif aux polynomes :

Pour additionner deux polynomes, il suffit de les écrire les uns à la suite des autres en les séparant par le signe $+$.

Pour retrancher un polynome d'un autre, il suffit de l'écrire à sa suite, en mettant le signe $-$ *devant son premier terme, et changeant les signes de tous les autres.*

10. *Multiplication.* — Considérons une addition, dans laquelle tous les nombres à ajouter sont égaux.

Soit à ajouter b nombres égaux à a; la somme obtenue dépend de a et de b. On l'appelle *produit de a par b.* On représente ce produit par $a \times b$, ou $a.b$, ou plus simplement par ab.

a et b s'appellent les *facteurs* du produit.

La multiplication se présente ainsi comme une nouvelle façon de combiner les nombres, et par suite comme une source de nouveaux calculs.

11. *Cas des facteurs zéro et un.* — Mais les nombres o et ı échappent aux définitions précédentes. Il est cependant nécessaire que ces définitions n'aient pas d'exceptions, sans quoi les calculs seraient à chaque instant gênés par des restrictions insupportables. On donne donc les définitions formulées par les égalités suivantes :

$$(1) \quad \begin{cases} a \times 1 = a, \\ 1 \times a = a, \\ a \times 0 = 0, \\ 0 \times a = 0. \end{cases}$$

12. *Produit de plus de deux facteurs.* — On définit ensuite le produit de plus de deux facteurs. C'est le *résultat obtenu en multipliant d'abord les deux premiers facteurs, puis le produit obtenu par le facteur suivant, et ainsi de suite.*

Relativement à ces produits, on démontre le théorème suivant, analogue à celui qu'on a donné plus haut pour les sommes :

13. *Le produit de plusieurs facteurs ne change pas quand on change d'une façon quelconque l'ordre de ces facteurs.*

En effet, reportons-nous à la démonstration donnée pour les sommes, et nous voyons que pour démontrer le théorème en question il suffit d'en démontrer les cas particuliers suivants :

I. *Le produit de deux facteurs ne change pas quand on change l'ordre de ces deux facteurs.*

II. *Le produit de trois facteurs ne change pas quand on change l'ordre des deux derniers.*

Tout d'abord, si certains des facteurs sont zéro ou un, ces théorèmes sont évidents d'après les égalités (1).

Supposons donc qu'il n'en soit pas ainsi. Soit d'abord à démontrer que *le produit de 4 par 6 est égal au produit de 6 par 4.*

Considérons le Tableau suivant :

$$
\begin{array}{cccc}
\text{I} & \text{I} & \text{I} & \text{I} \\
\text{I} & \text{I} & \text{I} & \text{I} \\
\text{I} & \text{I} & \text{I} & \text{I} \\
\text{I} & \text{I} & \text{I} & \text{I} \\
\text{I} & \text{I} & \text{I} & \text{I} \\
\text{I} & \text{I} & \text{I} & \text{I}
\end{array}
$$

Chaque ligne contient 4 unités, et il y a 6 lignes; donc le Tableau contient un nombre d'unités égal au produit de 4 par 6.

Mais, d'autre part, chaque colonne contient 6 unités et il y a 4 colonnes; donc le Tableau contient un nombre d'unités égal au produit de 6 par 4.

Donc $4 \times 6 = 6 \times 4$.

Soit maintenant à démontrer que le produit de 4 multiplié par 6, multiplié par 3, est égal au produit de 4 multiplié par 3, multiplié par 6.

Considérons le Tableau suivant :

$$
\begin{array}{cccccc}
\text{IIII} & \text{IIII} & \text{IIII} & \text{IIII} & \text{IIII} & \text{IIII} \\
\text{IIII} & \text{IIII} & \text{IIII} & \text{IIII} & \text{IIII} & \text{IIII} \\
\text{IIII} & \text{IIII} & \text{IIII} & \text{IIII} & \text{IIII} & \text{IIII}
\end{array}
$$

Chaque ligne contient un nombre d'unités égal au produit de 4 par 6 et il y a 3 lignes ; donc le Tableau contient un nombre d'unités égal au produit de 4 multiplié par 6 multiplié par 3.

Mais, d'autre part, chaque colonne contient un nombre d'unités égal au produit de 4 par 3, et il y a 6 colonnes ; donc le Tableau contient un nombre d'unités égal au produit de 4 multiplié par 3 multiplié par 6.

Donc

$$4 \times 6 \times 3 = 4 \times 3 \times 6.$$

14. *Conséquence du théorème précédent.* — Du théorème précédent, on déduit, comme on l'a fait pour les sommes, la conséquence suivante :

Dans un produit de plusieurs facteurs, on peut grouper les facteurs d'une façon quelconque, et remplacer un certain nombre d'entre eux par leur produit effectué.

15. Un théorème non moins important est le suivant :

Pour multiplier un nombre par une somme, il suffit de le multiplier séparément par les différentes parties de la somme et d'ajouter les résultats.

En effet, pour répéter un nombre 3 plus 4 plus 7 fois, par exemple, il suffit de le répéter 3 fois, puis 4 fois, puis 7 fois, et d'ajouter les résultats. C'est une conséquence du groupement arbitraire des termes d'une somme.

La théorie de la *mise en facteur commun* et celle de la *multiplication des polynomes,* qui appartiennent au calcul algébrique, découlent de là.

16. *Puissances d'un nombre.* — Un cas particulier de la multiplication est celui où tous les facteurs sont égaux.

Soit à faire le produit de m facteurs égaux à a. Ce produit dépend de a et de m ; on l'appelle *puissance $m^{\text{ième}}$ de a* et on le désigne par a^m. Le nombre m est dit l'*exposant de la puissance.*

La deuxième et la troisième puissance d'un nombre se désignent par les noms particuliers de *carré* et de *cube.*

Relativement aux puissances, on a le théorème suivant, qui résulte immédiatement de ce qu'on a dit sur les produits de facteurs.

17. *Le produit de plusieurs puissances d'un même nombre est égal à une puissance du même nombre ayant pour exposant la somme des exposants des facteurs.*

Comme cas particulier :

La puissance $p^{ième}$ de la puissance $m^{ième}$ d'un nombre a est égale à la puissance $(mp)^{ième}$ de ce nombre a.

18. Dans les théorèmes précédents, on peut supposer certains des exposants égaux à zéro ou à un, au moyen des définitions suivantes :

$$a^0 = 1,$$
$$a^1 = a,$$

lesquelles ne contredisent aucun des théorèmes précédents.

19. *Division des nombres entiers.* — La division est l'opération inverse de la multiplication, comme la soustraction est l'opération inverse de l'addition.

La soustraction pouvait en effet se définir : *Étant donnés la somme de deux nombres et l'un de ces nombres, trouver l'autre.*

De même, on peut poser le problème suivant : *Étant donnés le produit a de deux facteurs et l'un de ces facteurs égal à b, trouver l'autre.*

Mais l'opération ainsi définie n'est pas, en général, possible.

En effet, considérons les produits de b par les nombres entiers successifs, ou, comme on dit, les *multiples de b*.

Il peut arriver qu'il y en ait un égal à a, soit

$$(2) \qquad a = qb.$$

Alors le problème posé est possible, le nombre q répond à la question.

Mais, en général, a est compris entre deux multiples consécutifs de b, soient qb et $(q + 1)b$, et le problème proposé est impossible.

On a alors

$$(3) \qquad a = qb + r,$$

r étant plus petit que b.

L'égalité (2) est un cas particulier de l'égalité (3), r étant égal à zéro.

Généralisons donc la définition de la division et disons que, dans chaque cas, l'opération qui consiste à trouver q et r s'appelle *division de a par b*. Dans le cas où $r = 0$, on dit que la division se fait exactement, q est appelé le *quotient exact* de a par b et se désigne par $\frac{a}{b}$.

Dans le cas où r n'est pas nul, r s'appelle le *reste* de la division, q le *quotient à une unité près* de a par b et se désigne par $E\left(\frac{a}{b}\right)$.

20. *Extraction des racines.* — Enfin l'extraction des racines est l'opération inverse de l'élévation aux puissances.

Étant donné un nombre a, cherchons un nombre qui, élevé à la $m^{ième}$ puissance, reproduise a.

L'opération ainsi définie est, en général, impossible.

En effet, considérons les puissances $m^{ièmes}$ des nombres successifs : il peut arriver qu'il y en ait une égale à a. Soit

$$(4) \qquad a = c^m.$$

Alors le problème posé est possible, le nombre c répond à la question.

Mais, en général, a est compris entre les puissances $m^{ièmes}$ de deux nombres consécutifs, soit c^m et $(c+1)^m$, et le problème proposé est impossible.

On a alors

$$(5) \qquad a = c^m + r,$$

r étant plus petit que $(c+1)^m - c^m$.

L'égalité (4) est un cas particulier de l'égalité (5), r étant égal à zéro.

Dans chaque cas, l'opération qui consiste à trouver c et r s'appelle *extraction de la racine $m^{ième}$ de c*. Dans le cas où $r = 0$, on dit que la racine s'extrait exactement; c est dit la racine $m^{ième}$ exacte de a et se désigne par $\sqrt[m]{a}$.

Dans le cas où r n'est pas nul, r s'appelle le *reste*, c la racine $m^{ième}$ de a à une unité près, et se désigne par $E\left(\sqrt[m]{a}\right)$.

21. *Numération.* — La *numération* est l'*art de nommer et d'écrire les nombres*. Les deux numérations (écrite et parlée) reposent sur le théorème suivant :

Étant donné un nombre b (appelé base), soit N un nombre quelconque, il existe une façon et une seule de mettre N sous la forme

$$(6) \qquad N = a_0 b^n + a_1 b^{n-1} + \ldots + a_{n-1} b + a_n,$$

$a_0, a_1, \ldots, a_n$ *étant des nombres plus petits que b et dont certains peuvent être nuls.*

En effet, l'égalité (6) peut s'écrire

$$N = (a_0 b^{n-1} + a_1 b^{n-2} + \ldots + a_{n-1}) b + a_n.$$

a_n étant plus petit que b, cette égalité montre que a_n devra être le reste de la division de N par b.

Réciproquement, divisons N par b. Soit

$$N = b N' + a_n.$$

Si l'on parvient à mettre N' sous la forme

$$N' = a_0 b^{n-1} + a_1 b^{n-2} + \ldots + a_{n-1},$$

N sera mis sous la forme (6).

On a donc ramené la question relative à N à la même question relative au nombre plus petit N'.

a_{n-1} sera de même le reste de la division de N' par b; et ainsi de suite.

De proche en proche on détermine tous les nombres a_n, a_{n-1}, a_{n-2}, etc.

L'opération se termine d'ailleurs, car les nombres N, N', N", ...

allant en diminuant, on finit par tomber sur un nombre plus petit que b.

22. Ainsi à un nombre N correspond une suite déterminée de coefficients $a_0, a_1, \ldots, a_n$ et réciproquement.

Ces coefficients sont certains des b nombres $0, 1, \ldots, b-1$. Représentons ces b nombres par b signes différents, et le nombre N sera représenté par la suite des signes qui représentent les coefficients $a_0, a_1, \ldots, a_n$.

La numération ordinairement employée est la numération à base 10 ou décimale. Les signes employés ont été donnés au n° 2.

23. Quant à la numération parlée, elle repose sur le même principe. Il suffit de donner des noms aux nombres $0, 1, \ldots, b-1$, pour pouvoir, en combinant ces noms, nommer tous les nombres ; mais, ce principe une fois admis, la numération parlée est plutôt une affaire de grammaire que de Mathématiques.

A partir de maintenant, donner un nombre voudra dire : donner le moyen d'*écrire* ce nombre dans un certain système de numération ; décimale, par exemple.

24. *Opérations arithmétiques.* — Les opérations arithmétiques, addition, soustraction, multiplication, division, élévation aux puissances, extraction de racines, peuvent alors être définies de la façon suivante, l'addition par exemple : *Des nombres étant écrits dans le système décimal, écrire leur somme dans le système décimal,* et de même pour les autres opérations.

Quant aux règles pratiques de ces opérations, elles appartiennent à l'enseignement le plus élémentaire et nous ne les développerons pas.

§ II. — Divisibilité. Diviseurs communs.

25. *Multiples et diviseurs.* — Comme nous l'avons déjà dit, on appelle *multiple* d'un nombre le produit de ce nombre par un autre. Ainsi ma est un multiple de a. Inversement a est dit diviseur de ma.

Tout diviseur de plusieurs nombres est un diviseur de leur somme.

Car si

$$a = mb,$$
$$a' = m'b,$$
$$a'' = m''b,$$

il en résulte que

$$a + a' + a'' = (m + m' + m'')b.$$

Comme cas particulier, *tout diviseur d'un nombre est diviseur de ses multiples.*

On voit de même que *tout diviseur de deux nombres est un diviseur de leur différence.*

26. *Théorie du plus grand commun diviseur.* — Plusieurs nombres ont des diviseurs communs, car ils en ont au moins un qui est l'unité. Ils peuvent en avoir d'autres; en tout cas, ils en ont un plus grand que tous les autres, et qu'on appelle leur *plus grand commun diviseur.*

On ramène d'ailleurs la recherche de tous les diviseurs communs à plusieurs nombres à celle des diviseurs de leur plus grand commun diviseur.

27. Occupons-nous d'abord de deux nombres. La recherche de leur plus grand commun diviseur repose sur la possibilité, étant donnés deux nombres a et b, de trouver un nombre q et un nombre r plus petit que b, satisfaisant à l'égalité (3).

Il est bien évident en effet, que, si a est divisible par b, les diviseurs communs à a et à b ne sont autres que les diviseurs de b et que le plus grand commun diviseur est b lui-même.

Si, au contraire, a n'est pas divisible par b, les diviseurs communs à ces deux nombres, divisant a et bq, divisent leur différence r. Réciproquement, les diviseurs communs à b et r, divisant bq et r, divisent leur somme a.

On en conclut que les diviseurs communs à a et b sont les mêmes que les diviseurs communs à b et r.

On déduit de là un procédé pour déterminer par des divisions successives le plus grand commun diviseur de deux nombres.

Soient a et b ces deux nombres. Divisons a par b, puis divisons b par le reste de cette division et ainsi de suite. On a les égalités

$$a = bq + r_1,$$
$$b = r_1 q_1 + r_2,$$
$$r_1 = r_2 q_2 + r_3,$$
$$\cdots\cdots\cdots\cdots,$$
$$r_{n-2} = r_{n-1} q_{n-1} + r_n,$$
$$r_{n-1} = r_n q_n.$$

Les restes $r_1, r_2, \ldots$ allant en diminuant, le dernier est nul. Or les diviseurs communs à a et b sont les mêmes que les diviseurs communs à b et r_1 qui sont les mêmes que ceux communs à r_1 et r_2 et ainsi de suite.

En définitive, les diviseurs communs à a et b ne sont autres que les diviseurs de r_n, qui est lui-même le plus grand commun diviseur de a et de b.

28. Le raisonnement précédent montre que :

Les diviseurs communs à deux nombres sont les diviseurs de leur plus grand commun diviseur.

29. *Nombres premiers entre eux.* — On dit que deux nombres sont *premiers entre eux*, lorsqu'ils n'ont pas d'autre diviseur commun que l'unité.

On obtient facilement des nombres premiers entre eux de la façon suivante. Remarquons d'abord que :

Lorsqu'on multiplie deux nombres par un troisième, le reste de leur division est multiplié par ce troisième.

Car soit

$$a = bq + r,$$

on en déduit

$$(7) \qquad am = (bm)q + rm.$$

Or

$$r < b,$$

donc

$$rm < bm.$$

Donc l'égalité (7) montre que rm est le reste de la division de am par bm.

Il résulte immédiatement de là que, inversement :

Lorsqu'on divise deux nombres par un diviseur commun, le reste de leur division est divisé par ce diviseur commun.

Ceci posé, considérons la suite des divisions qui donnent le plus grand commun diviseur de deux nombres a et b. Si l'on multiplie ou divise ces deux nombres par un troisième, les restes de toutes les divisions successives sont multipliés ou divisés par ce même nombre. Or le plus grand commun diviseur est l'un de ces restes. On peut donc dire que :

Lorsqu'on multiplie ou divise deux nombres par un troisième, leur plus grand commun diviseur est multiplié ou divisé par ce troisième.

En particulier :

Lorsqu'on divise deux nombres par leur plus grand commun diviseur, les quotients obtenus sont premiers entre eux.

Telle est la façon, que nous avons annoncée plus haut, d'obtenir des nombres premiers entre eux.

30. Comme application de ce qui précède, démontrons le théorème suivant qui est d'une extrême importance :

Quand un nombre divise un produit de deux facteurs, et qu'il est premier avec l'un d'eux, il divise l'autre.

Soit m qui divise ab et qui est premier avec a.
Le plus grand commun diviseur de m et a est égal à 1.
Donc le plus grand commun diviseur de mb et ab est égal à b.
Mais m divise évidemment mb, il divise aussi ab; donc il divise b.

31. *Recherche des communs diviseurs à plus de deux nombres.*
La recherche des communs diviseurs à plus de deux nombres repose sur le théorème suivant :

Dans la recherche des communs diviseurs à plusieurs

nombres, on peut remplacer deux de ces nombres par leur plus grand commun diviseur.

Soit, en effet, à chercher les communs diviseurs aux nombres a, b, c, d.

Soit D le plus grand commun diviseur de a et b.

On a vu plus haut que les communs diviseurs à a et b sont diviseurs de D.

Réciproquement, les diviseurs de D sont communs diviseurs à a et b. Il en résulte que les communs diviseurs à a, b, c, d sont les mêmes que les communs diviseurs à D, c, d. C'est ce que nous voulions démontrer.

On ramène ainsi la recherche des communs diviseurs à n nombres, à la recherche des communs diviseurs à $n - 1$ nombres. De proche en proche, on est ramené à deux nombres. Leurs communs diviseurs ne sont autres que les diviseurs de leur plus grand commun diviseur. Ce dernier nombre est donc le plus grand commun diviseur des nombres proposés, et l'on voit que le théorème du n° **28** s'étend à plus de deux nombres.

Il en est de même des théorèmes du n° **29**, comme on le voit facilement. En particulier :

32. *Lorsqu'on divise plusieurs nombres par leur plus grand commun diviseur, les quotients obtenus n'ont plus d'autre diviseur commun que l'unité.* On dit qu'ils sont *premiers dans leur ensemble.* Il faut distinguer cette expression de celle de *nombres premiers entre eux deux à deux.*

§ III. — Nombres premiers. Décomposition des nombres en facteurs premiers.

33. On appelle *nombre premier absolu* ou, plus simplement, *nombre premier*, un nombre différent de 1, et qui n'a d'autre diviseur que lui-même ou l'unité (¹). Exemple · deux, trois, cinq, sept, etc.

(¹) Nous ne comptons pas 1 au rang des nombres premiers; certains auteurs le comptent. La question n'a d'ailleurs qu'un intérêt secondaire. Toutefois notre façon de voir a l'avantage qu'elle permet d'énoncer sans restriction le théorème sui-

Tout nombre qui n'est pas premier est dit *composé*.

L'importance des nombres premiers résulte du théorème suivant :

34. *Tout nombre qui n'est pas premier est décomposable en un produit de facteurs premiers, et cela d'une seule façon.*

Soit en effet un nombre N. Si N n'est pas premier il admet un diviseur n, et

$$N = nq.$$

Si n et q sont premiers, N est décomposé en facteurs premiers; sinon, et si n par exemple n'est pas premier, il se décompose lui-même en un produit $n_1 q_1$, et

$$N = n_1 q_1 q,$$

et ainsi de suite. Il est évident que cette décomposition ne peut se prolonger indéfiniment. Donc, à un certain moment, N sera décomposé en facteurs premiers. Ces facteurs ne sont pas d'ailleurs forcément différents entre eux. Supposons qu'il y en ait α égaux à a, β égaux à b, γ égaux à c, ..., λ égaux à l. On aura

$$N = a^\alpha b^\beta c^\gamma \dots l^\lambda.$$

Reste à montrer que *cette décomposition n'est possible que d'une seule façon.*

Soit en effet, d'une part,

$$N = abc \dots qr$$

(les facteurs premiers $a, b, c, \dots, q, r$ étant différents ou non) et, d'autre part,

$$N = a'b'c' \dots q'r',$$

---

vant : *Un nombre n'est décomposable que d'une seule façon en facteurs pre-miers.*

A notre point de vue, nous distinguons trois espèces de nombres : les nombres *composés*, les nombres *premiers* et les nombres *unités*, la dernière espèce ne contenant qu'un échantillon, le nombre 1.

Dans la théorie des nombres entiers négatifs, la dernière espèce contient deux échantillons.

Dans celle des nombres entiers algébriques, la dernière espèce peut contenir plus de deux, et même une infinité d'échantillons.

de sorte que

$$(8) \qquad abc \ldots qr = a'b'c' \ldots q'r'.$$

Le nombre premier a, divisant le premier membre de cette égalité, divise le second. Or, si a n'est pas égal à a', il est évidemment premier avec lui (puisque a et a' sont premiers absolus). a étant premier avec a', et divisant le produit de a' par $b'c' \ldots q'r'$, divise $b'c' \ldots q'r'$.

De même, si a n'est pas égal à b', il doit diviser le produit $c' \ldots q'r'$. En poursuivant ce raisonnement, on voit que, si a n'est égal à aucun des facteurs a', b', c', ..., q', il doit diviser r', ce qui n'est possible que si $a = r'$. Ainsi tout facteur de l'un des membres de l'égalité (8) se trouve dans l'autre. Les deux membres sont donc composés identiquement des mêmes facteurs.

35. Vu l'importance des nombres premiers, il serait utile d'en avoir une table. On doit donc d'abord se demander s'il existe un nombre limité ou non de nombres premiers. La réponse est que :

La suite des nombres premiers est illimitée. Autrement dit : *Étant donné un nombre premier p, il en existe un plus grand.* En effet, faisons le produit de tous les nombres premiers de 1 à p et ajoutons-lui 1. Nous obtenons un nombre A.

$$A = 2.3.5.7 \ldots p + 1.$$

Si A est premier, comme il est évidemment plus grand que p, le théorème est vérifié.

Si A n'est pas premier, il a des diviseurs premiers. Or ces diviseurs premiers sont plus grands que p. En effet, un nombre premier plus petit que p, divisant le produit $2.3.5.7 \ldots p$, ne peut diviser ce produit augmenté de 1.

Le théorème est donc démontré.

36. *Crible d'Ératosthène.* — Il résulte de là qu'on peut seulement construire une table des nombres premiers depuis 1 jusqu'à une certaine limite. On y arrive par le procédé dit *crible d'Ératosthène.*

On écrit tous les nombres, depuis 1 jusqu'à la limite en question, puis on barre successivement tous les nombres qui ne sont pas premiers.

1 n'est pas un nombre premier, on l'efface. 2 est premier, mais les nombres 4, 6, 8, ..., de deux en deux à partir de 2, ne sont pas premiers ; on les efface. 3 est premier, mais les nombres 6, 9, ..., de trois en trois à partir de 3, ne sont pas premiers ; on les efface. Et ainsi de suite. On remarque que :

1° *Quand on a effacé les multiples d'un nombre premier p, le premier nombre non effacé après p est premier.* — En effet, il ne peut avoir de diviseur premier, puisque les multiples de tous les nombres premiers, plus petits que lui, ont été effacés.

2° *Quand on efface les multiples d'un nombre premier q, on peut commencer à q^2.* — En effet, les multiples précédents de q ont été effacés, comme multiples de nombres premiers plus petits que q.

3° Excepté 2, tous les nombres premiers sont impairs. D'ailleurs, dans la suite des nombres impairs, les multiples d'un nombre impair p se succèdent de p en p ([1]), comme dans la suite naturelle des nombres. On peut donc se borner à écrire les nombres impairs depuis 1 jusqu'à la limite voulue, et à leur appliquer le procédé qui vient d'être décrit. On rétablira ensuite dans la table le nombre 2.

37. Quant au problème suivant : *Reconnaître si un nombre est premier,* on pourra toujours le résoudre, même si l'on ne possède pas de table des nombres premiers, en essayant les divisions du nombre donné par les nombres plus petits que lui. Si aucune ne réussit, ce nombre est premier ([2]).

38. *Remarque.* — Tous les nombres premiers sont des multiples de 4 augmentés ou diminués de 1 ; ce sont aussi des multiples de 6 augmentés ou diminués de 1. Les réciproques de ces théorèmes ne sont pas vraies.

39. *Application de la décomposition des nombres en facteurs premiers.* — La décomposition des nombres en facteurs

---

([1]) Ceci n'est pas évident, mais résulte simplement de ce qu'un multiple de p, kp, est impair lorsque k est impair et dans ce cas seulement. Les multiples impairs de p sont donc p, $3p$, $5p$, ... La différence entre deux consécutifs est égale à $2p$; donc ils se suivent de p en p dans la suite des nombres impairs.

([2]) Voir la note C.

C.

2.

premiers met en évidence certaines propriétés de ces nombres. Par exemple si l'on considère, d'une part, que pour faire le produit de deux nombres il suffit de former un produit unique avec tous les facteurs premiers contenus dans ces deux nombres; d'autre part, que le produit ainsi obtenu se trouve décomposé en facteurs premiers et ne peut l'être d'une autre façon, on en conclut que :

Pour qu'un nombre soit divisible par un autre, il faut et il suffit qu'il en contienne tous les facteurs premiers avec un exposant au moins égal.

40. D'une façon analogue, on voit qu'*un nombre est une puissance $m^{ième}$ parfaite lorsque les exposants de ses facteurs premiers sont tous divisibles par m.*

41. Quand deux nombres ne sont pas premiers entre eux ils ont forcément des facteurs premiers communs. De cette remarque on déduit facilement les théorèmes suivants :

Quand un nombre est premier avec plusieurs autres, il est premier avec leur produit.

42. *Quand deux nombres sont premiers entre eux, deux puissances quelconques de ces nombres sont premières entre elles.*

43. *Recherche du plus grand commun diviseur de plusieurs nombres.* — Plusieurs nombres étant décomposés en facteurs premiers, pour qu'un nombre les divise tous, il faut et il suffit que ce nombre ne contienne que des facteurs premiers communs à ces nombres, chacun de ces facteurs avec un exposant au plus égal à celui qu'il a dans le nombre où il a le plus petit.

Donc, pour former le *plus grand* commun diviseur des nombres proposés, il faut faire un produit avec *tous* les facteurs premiers communs aux nombres, chacun d'eux étant pris avec un exposant *égal* à celui qu'il a dans le nombre où il a le plus petit.

Exemple : Le plus grand commun diviseur de

$$720 = 2^4.3^2.5,$$
$$1320 = 2^3.3.5.11,$$
$$8800 = 2^5.5^2.11$$

est

$$2^3.5 = 40.$$

44. *Recherche du plus petit commun multiple de plusieurs nombres.* — Plusieurs nombres ont des multiples communs, en particulier leur produit et les multiples de ce produit; mais ils peuvent en avoir d'autres ; en tout cas, ils en ont un plus petit que tous les autres et qu'on appelle leur plus *petit petit commun multiple.*

Plusieurs nombres étant décomposés en facteurs premiers, pour qu'un nombre soit un multiple commun de ceux-là, il faut et il suffit que ce nombre contienne tous les facteurs premiers contenus dans ces nombres, chacun de ces facteurs avec un exposant au moins égal à celui qu'il a dans le nombre où il a le plus grand. Donc pour former le plus *petit* commun multiple des nombres proposés, il faut faire un produit avec *tous* les facteurs premiers contenus dans ces nombres, chacun d'eux étant pris avec un exposant *égal* à celui qu'il a dans le nombre où il a le plus grand.

Exemple : Le plus petit commun multiple des nombres

$$720 = 2^4.3^2.5,$$
$$1320 = 2^3.3 \ .5.11,$$
$$8800 = 2^5.5^2.11$$

est

$$2^5.3^2.5^2.11 = 79200.$$

Du procédé précédent on déduit facilement les conséquences suivantes :

45. *Les multiples communs à plusieurs nombres sont les multiples de leur plus petit commun multiple.*

Lorsqu'on multiplie plusieurs nombres par un même nombre, leur plus petit commun multiple est multiplié par ce même nombre.

Inversement, si l'on divise plusieurs nombres par un diviseur commun, leur plus petit commun multiple est divisé par ce diviseur.

Lorsque plusieurs nombres sont premiers entre eux deux à deux, leur plus petit commun multiple est égal à leur produit.

Le plus petit commun multiple de deux nombres, multiplié par leur plus grand commun diviseur, donne un produit égal au produit de ces deux nombres.

Cette dernière propriété permet de calculer le plus petit commun multiple de deux nombres, sans les décomposer en facteurs premiers. Cette remarque est importante dans le cas où les nombres proposés sont de grands nombres, puisqu'il se peut alors que la recherche de leurs facteurs premiers soit impraticable.

Quant à la première propriété, elle permet de calculer le plus petit commun multiple de m nombres, de proche en proche, comme on l'a expliqué au n° 31, pour le plus grand commun diviseur.

§ IV. — Nombres fractionnaires. Opérations sur ces nombres.

46. L'idée de fraction s'est introduite dans la science par la mesure des grandeurs. Mais voulant rester dans l'analyse pure, et en particulier dans la théorie des nombres, nous définirons la fraction de la façon suivante :

On appelle fraction l'ensemble de deux nombres entiers, l'un appelé numérateur, et l'autre dénominateur. ≠

Le numérateur et le dénominateur d'une fraction s'appellent ses *termes*.

Une fraction s'écrit en plaçant le numérateur au-dessus du dénominateur et les séparant par un trait.

47. Deux fractions $\frac{a}{b}$ et $\frac{c}{d}$ sont dites *égales* lorsque

$$ad = bc.$$

Si $ad > bc$, la première fraction est dite *plus grande* que la seconde.

Si $ad < bc$, la première fraction est dite *plus petite* que la seconde.

De cette définition on déduit immédiatement que :

En multipliant ou divisant les deux termes d'une fraction par un même nombre, on obtient une fraction égale.

En particulier, si l'on divise les deux termes d'une fraction par leur plus grand commun diviseur, on obtient une fraction égale et dont les deux termes sont premiers entre eux. Une telle fraction est d'ailleurs *irréductible;* c'est-à-dire que toute fraction égale a ses deux termes respectivement supérieurs. En effet, soit $\frac{a}{b}$ cette fraction et $\frac{c}{d}$ une fraction égale, de sorte que

$$(9) \qquad ad = bc,$$

a, divisant bc et étant premier avec b, divise c. Donc

$$c = at,$$

t étant un nombre entier; et en portant cette valeur de c dans l'égalité (9)

$$d = bt.$$

Donc c et d sont respectivement plus grands que a et b.

48. *Nombres entiers considérés comme cas particulier des fractions.* — Par *définition,* une fraction dont le dénominateur est égal à 1 est égale à son numérateur

$$\frac{a}{1} = a.$$

On vérifie facilement que cette définition n'est contradictoire avec rien de ce qui précède.

Il en résulte que, *lorsque le numérateur d'une fraction est divisible par son dénominateur, la fraction est égale au quotient.*

Ceci justifie l'emploi de la notation $\frac{a}{b}$ pour désigner en même temps la fraction $\frac{a}{b}$ et le quotient de a par b, quand la division se fait exactement.

49. *Réduction au même dénominateur.* — Étant données des fractions, on demande de trouver des fractions respectivement égales et ayant même dénominateur. Il suffit de choisir un multiple commun des dénominateurs, puis de multiplier les deux termes de chaque fraction par le quotient de ce multiple commun par son dénominateur.

Si l'on veut réduire des fractions au *plus petit dénominateur commun,* il faut d'abord les réduire à leur plus simple expression; puis prendre comme dénominateur commun le *plus petit commun multiple* des dénominateurs.

50. *Opérations sur les fractions. Addition.* — Étant données des fractions, on peut toujours supposer qu'elles ont été préalablement réduites au même dénominateur; leur somme est, par définition, *une fraction ayant même dénominateur qu'elles, et un numérateur égal à la somme de leurs numérateurs.*

Il est facile de voir :

1° Que cette définition comprend celle de la somme des nombres entiers comme cas particulier;

2° Que la somme de plusieurs fractions ne dépend pas de l'ordre dans lequel on les ajoute; d'où l'on déduit les mêmes conséquences que pour les nombres entiers.

51. *Soustraction.* — La *différence* de deux fractions est *la fraction qui, ajoutée à la seconde, reproduit la première.*

Les deux fractions étant préalablement réduites au même dénominateur, leur différence est évidemment une troisième fraction ayant même dénominateur, et un numérateur égal à la différence des numérateurs des deux premières.

Cette différence n'existe que si la première fraction n'est pas inférieure à la seconde.

Quand deux fractions sont égales, leur différence est nulle.

52. *Multiplication.* — Le produit de $\frac{a}{b}$ par $\frac{c}{d}$ est, par *définition*, égal à $\frac{ab}{cd}$. Le produit de plus de deux fractions, $\frac{a}{b}, \frac{c}{d}, \frac{e}{f}, \dots$ est, par définition, égal à $\frac{ace\dots}{bdf\dots}$.

Il est indépendant de l'ordre des facteurs. On en déduit les mêmes conséquences que pour les nombres entiers. Le théorème du n° 15 s'applique aussi aux nombres fractionnaires.

Les règles de calcul relatives aux polynômes s'appliquent donc aussi aux nombres fractionnaires.

53. *Division.* — On appelle *quotient* de deux fractions *une fraction qui, multipliée par la seconde, donne un produit égal à la première.*

Le quotient de $\frac{a}{b}$ par $\frac{c}{d}$ est égal à $\frac{ad}{bc}$. En effet, si l'on multiplie cette dernière fraction par $\dfrac{c}{d}$ on retrouve $\dfrac{ad \times c}{bc \times d}$ ou, en simplifiant, $\dfrac{a}{b}$.

54. *Remarque.* — Cette règle s'applique aux nombres entiers, qui sont des cas particuliers des fractions. Le quotient de a par b, c'est-à-dire de $\dfrac{a}{1}$ par $\dfrac{b}{1}$, est donc égal à $\dfrac{a}{b}$.

Donc, par l'*introduction des nombres fractionnaires dans le calcul, la division exacte d'un nombre entier a par un nombre entier b est une opération toujours possible, le quotient étant égal à* $\dfrac{a}{b}$.

55. *Élévation aux puissances.* — L'élévation aux puissances n'est qu'un cas particulier de la multiplication,

$$\left(\frac{a}{b}\right)^m = \frac{a^m}{b^m}.$$

56. *Extraction des racines.* — La racine $m^{\text{ième}}$ d'une fraction est une autre fraction qui, élevée à la puissance $m^{\text{ième}}$, reproduit la première.

La fraction donnée peut être supposée réduite à sa plus simple expression.

Si, alors, elle a ses deux termes $m^{\text{ièmes}}$ puissances parfaites, on obtient évidemment sa racine $m^{\text{ième}}$ en extrayant les racines $m^{\text{ièmes}}$ de ses deux termes.

Si, au contraire, la fraction réduite à sa plus simple expression n'a pas ses deux termes puissances $m^{\text{ièmes}}$ parfaites, elle n'a pas de racine $m^{\text{ième}}$.

En effet, quand une fraction irréductible $\dfrac{a}{b}$ a une racine $m^{\text{ième}}$, on peut supposer cette dernière réduite à sa plus simple expression, soit $\dfrac{c}{d}$; et l'on a

$$\frac{a}{b} = \frac{c^m}{d^m}.$$

Mais c et d étant premiers entre eux, c^m et d^m le sont aussi (n° 42). Donc $\dfrac{c^m}{d^m}$ est une fraction irréductible. Les deux fractions irréductibles $\dfrac{a}{b}$ et $\dfrac{c^m}{d^m}$ étant égales sont identiques. Donc

$$a = c^m,$$
$$b = d^m.$$

Donc a et b sont des puissances $m^{\text{ièmes}}$ parfaites.

57. En particulier, un nombre entier a, est une fraction irréductible dont le dénominateur 1 est une puissance $m^{\text{ième}}$ parfaite.

Donc *un nombre entier qui n'est pas la puissance $m^{\text{ième}}$ d'un nombre entier n'est pas non plus la puissance $m^{\text{ième}}$ d'une fraction.*

58. *Fractions décimales.* — On appelle fraction décimale une fraction dont le dénominateur est une puissance de 10.

L'importance pratique de ces fractions résulte de ce qu'on peut les former et les écrire d'une façon analogue à celle dont sont formés et écrits les nombres entiers. On peut en effet *décomposer une fraction décimale en un nombre entier, et en la somme de fractions décimales ayant pour dénominateurs les puissances successives de 10 et pour numérateurs des nombres plus petits que 10.*

Exemple :

$$\frac{32587}{1000} = \frac{32000}{1000} + \frac{500}{1000} + \frac{80}{1000} + \frac{7}{1000} = 32 + \frac{5}{10} + \frac{8}{100} + \frac{7}{1000} \cdots$$

D'où il s'ensuit une écriture analogue à celle des nombres entiers, la fraction précédente, par exemple, s'écrivant

$$32,587.$$

Il en résulte pour les opérations sur les fractions décimales, des règles analogues à celles des opérations sur les nombres entiers, et sur lesquelles nous n'insisterons pas.

59. On remarquera à ce propos que *la somme, la différence, le produit de fractions décimales sont des fractions décimales, mais qu'il n'en est pas de même, en général, du quotient de deux telles fractions.*

En effet, le quotient des deux fractions $\dfrac{327}{10\,000}$ et $\dfrac{9\,134}{100\,000}$, par exemple, est

$$\frac{327 \times 100\,000}{9\,134 \times 10\,000} \quad \text{ou} \quad \frac{3\,270}{9\,134}.$$

Il se présente sous forme de fraction ordinaire. Or une fraction ordinaire n'est pas, en général, réductible à une fraction décimale, car :

60. *La condition nécessaire et suffisante pour qu'une fraction ordinaire soit réductible en décimales est que, cette fraction étant réduite à sa plus simple expression, son dénominateur ne contienne que les facteurs premiers 2 ou 5.*

Car si $\dfrac{a}{b} = \dfrac{m}{10^p}$, $\dfrac{a}{b}$ étant irréductible, 10^p est un multiple de b. Donc b ne contient que les facteurs premiers 2 ou 5.

Réciproquement, soit une fraction $\dfrac{a}{2^\alpha 5^\beta}$.

Si $\alpha = \beta$, cette fraction est décimale.

Si α et β sont différents, supposons $\alpha < \beta$ pour fixer les idées :

$$\frac{a}{2^\alpha 5^\beta} = \frac{a.2^{\beta-\alpha}}{2^\beta 5^\beta} = \frac{a.2^{\beta-\alpha}}{10^\beta}.$$

61. *Évaluation d'un nombre fractionnaire à une certaine approximation.* — Ainsi une fraction n'est pas en général réductible en décimales.

Mais il existe en tout cas des nombres décimaux qui sont dans une relation simple avec cette fraction. Nous voulons parler de ses valeurs approchées décimales.

On appelle *valeur approchée* d'un nombre fractionnaire à une unité, un dixième, un centième, etc., près, *le plus grand nombre d'unités, de dixièmes, de centièmes, etc., contenus dans ce nombre.*

62. Règle. — *Pour obtenir la valeur approchée d'un nombre fractionnaire, à une unité, un dixième, un centième, etc., près, on multiplie son numérateur par 1, 10, 100, etc., on cherche le quotient à une unité près du produit obtenu par le dénomi-*

nateur de la fraction, enfin on divise ce quotient par 1, 10, 100, *etc.*

En effet, soit la fraction $\frac{22}{7}$ à évaluer à $\frac{1}{100}$ près. On a

$$2200 = 7 \times 314 + 2,$$

d'où

$$\frac{22}{7} = \frac{314}{100} + \frac{2}{7 \times 100}.$$

Or 2 est plus petit que 7.

Donc $\frac{2}{7}$ est plus petit que 1, et par suite $\frac{2}{7 \times 100}$ est plus petit que $\frac{1}{100}$.

Donc $\frac{314}{100}$ est la valeur approchée de $\frac{22}{7}$ à $\frac{1}{100}$ près.

Définition. — On dit qu'un nombre *variable a* tend vers une *limite fixe* A, lorsque la différence entre *a* et A peut devenir et rester plus petite que n'importe quel nombre donné fixe.

Remarque. — Si l'on considère les valeurs approchées d'un nombre à une unité, un dixième, un centième, etc., près, ces valeurs diffèrent de moins en moins de ce nombre. On voit qu'elles *tendent* vers ce nombre. Leurs numérateurs successifs obéissent d'ailleurs à une loi simple, dont nous parlerons plus tard.

Valeur approchée par excès. — Les valeurs approchées que nous venons de définir sont des valeurs par *défaut.* On appelle valeur approchée à une unité, un dixième, un centième, etc., près *par excès,* la valeur précédente augmentée de une unité ou un dixième, ou un centième, etc. Ces valeurs par excès sont plus grandes que le nombre fractionnaire; elles tendent également vers ce nombre.

63. *Valeur approchée à $\frac{p}{q}$ près.* — Voici une généralisation immédiate des notions précédentes : *On appelle valeur approchée par défaut à $\frac{p}{q}$ près d'un nombre le plus grand multiple de $\frac{p}{q}$ contenu dans ce nombre.*

Il est facile de voir que *pour obtenir la valeur par défaut d'un nombre à $\frac{p}{q}$ près, il suffit de multiplier ce nombre par $\frac{q}{p}$,* *d'évaluer le nombre obtenu à une unité près, et de multiplier*

le résultat obtenu par $\frac{p}{q}$.

La valeur par *excès* à $\frac{p}{q}$ près est égale, par définition, à la pré-

cédente augmentée de $\frac{p}{q}$.

64. *Racine $m^{ième}$ d'un nombre fractionnaire à une certaine*

approximation. — On appelle *racine $m^{ième}$ approchée à $\frac{p}{q}$ près,*

par défaut d'un nombre, le plus grand multiple de $\frac{p}{q}$ dont la

puissance $m^{ième}$ soit contenue dans ce nombre.

En particulier, la racine $m^{ième}$ à une unité près par défaut d'un
nombre a est le plus grand nombre entier dont la puissance $m^{ième}$
soit contenue dans le nombre a.

Dans le cas où le nombre a est entier, sa racine $m^{ième}$ à une
unité près a été définie déjà au n° 20. Nous avons rappelé au
n° 24 qu'il existe un procédé simple pour obtenir cette racine.

Si le nombre donné est fractionnaire, sa racine $m^{ième}$ à une
unité près s'obtient en extrayant la racine $m^{ième}$ à une unité près
de sa partie entière. Par exemple 4, qui est la racine cubique à une
unité près du nombre 71, est aussi la racine cubique à une unité
près du nombre $71 + \frac{1}{2}$; car le cube de $(4+1)$ étant entier et dé-
passant 71 dépasse aussi $71 + \frac{1}{2}$.

Enfin la recherche de la racine $m^{ième}$ à $\frac{p}{q}$ près se ramène à celle

de la racine $m^{ième}$ à une unité près. En effet, soit $\frac{a}{b}$ le nombre

donné, soit $x\frac{p}{q}$ sa racine $m^{ième}$ à $\frac{p}{q}$ près

x est défini par les inégalités

$$\left(x\frac{p}{q}\right)^m \leqq \frac{a}{b} < \left[(x+1)\frac{p}{q}\right]^m$$

ou

$$x^m \leqq \frac{a}{b}\frac{q^m}{p^m} < (x+1)^m.$$

Donc x est la racine $m^{ième}$ à une unité près du nombre $\frac{aq^m}{bp^m}$.

On voit que : *pour obtenir la racine $m^{ième}$ à $\frac{p}{q}$ près d'un nombre $\frac{a}{b}$, il faut multiplier ce nombre par $\frac{q^m}{p^m}$, extraire la racine $m^{ième}$ à une unité près du résultat et multiplier le nombre trouvé par $\frac{p}{q}$.*

La racine $m^{ième}$ à $\frac{p}{q}$ près par excès est, par définition, le nombre qu'on vient de trouver, augmenté de $\frac{p}{q}$.

Dans la pratique, on a surtout à considérer les racines $m^{ièmes}$ à $\frac{1}{10}$, $\frac{1}{100}$, $\frac{1}{1000}$, $\ldots$ près.

Si l'on calcule la suite des racines $m^{ièmes}$ d'un nombre $\frac{a}{b}$ à $\frac{1}{10}$, $\frac{1}{100}$, $\frac{1}{1000}$, $\ldots$ près, plus généralement la suite des racines $m^{ièmes}$ d'un nombre à $\frac{p}{q}$, $\frac{p'}{q'}$, $\frac{p''}{q''}$, $\ldots$ près, la suite des nombres $\frac{p}{q}$, $\frac{p'}{q'}$, $\frac{p''}{q''}$, $\ldots$ tendant vers zéro; on obtient une suite de nombres dont les puissances $m^{ièmes}$ tendent vers $\frac{a}{b}$.

CHAPITRE II.

COMPLÉMENTS AUX THÉORIES ÉLÉMENTAIRES.

§ I. — Diviseurs d'un nombre. Fonctions symétriques de ces diviseurs.

65. Problème. — *Former tous les diviseurs d'un nombre.*

Soit le nombre n décomposé en facteurs premiers

$$n = a^{\alpha} b^{\beta} c^{\gamma} \ldots l^{\lambda}.$$

Considérons le tableau suivant :

$$(1) \quad \begin{cases} 1 & a & a^2 & \ldots & \ldots & a^{\alpha} \\ 1 & b & b^2 & \ldots & b^{\beta} \\ 1 & c & c^2 & \ldots & \ldots & \ldots & c^{\gamma} \\ . & .. & .. & \ldots & .. & .. & .. \\ 1 & l & l^2 & \ldots & l^{\lambda} \end{cases}$$

Multiplions chacun des nombres de la première ligne par chacun des nombres de la seconde ligne; multiplions chacun des résultats obtenus par chacun des nombres de la troisième ligne, et ainsi de suite. Finalement, nous obtenons un certain nombre de produits. Ces produits sont les diviseurs demandés.

En effet :

1° *Tous ces produits sont diviseurs de* n; car, d'après la façon dont ils ont été formés, ils ne contiennent que les facteurs premiers a, b, ..., l, et avec des exposants au plus égaux à ceux qu'ils ont dans le nombre n;

2° *Tous les diviseurs de* n *sont obtenus ainsi.* En effet, soit le diviseur

$$a^{\alpha'} c^{\gamma'} \ldots l^{\lambda'} \quad (\alpha' \leqq \alpha, \ \beta' \leqq \beta, \ \ldots, \ \lambda' \leqq \lambda).$$

On l'a formé, car on a pris tous les nombres de la première ligne du tableau (1), en particulier $a^{\alpha'}$. Ce nombre $a^{\alpha'}$ a été multiplié par tous les nombres de la seconde ligne, en particulier par 1, ce qui a donné comme produit $a^{\alpha'}$. Ce produit $a^{\alpha'}$ a été multiplié par tous les nombres de la troisième ligne, en particulier par $c^{\gamma'}$, ce qui a donné comme produit $a^{\alpha'}c^{\gamma'}$, et ainsi de suite. En définitive, le diviseur $a^{\alpha'}c^{\gamma'}\ldots l^{\lambda'}$ a été formé;

3° *Deux des diviseurs obtenus sont différents,* car ils diffèrent au moins par le facteur choisi dans une ligne du tableau (1). Or deux produits de facteurs premiers ne peuvent être égaux que s'ils sont identiques.

En résumé, on a bien formé tous les diviseurs du nombre n, chacun d'eux une fois seulement.

66. *Nombre des diviseurs d'un nombre.* — Dans la première ligne du tableau (1) il y a $(\alpha+1)$ nombres. Chacun de ces nombres, multiplié par les $(\beta+1)$ nombres de la seconde ligne, donne $(\beta+1)$ produits; en tout $(\alpha+1)(\beta+1)$ produits. Chacun d'eux, multiplié par les $(\gamma+1)$ nombres de la troisième ligne, donne $(\gamma+1)$ produits; en tout $(\alpha+1)(\beta+1)(\gamma+1)$ produits, etc. En tout il y a donc

$$(\alpha+1)(\beta+1)\ldots(\lambda+1)$$

diviseurs du nombre n.

67. *Somme des diviseurs d'un nombre.* — Additionnons les nombres contenus dans chacune des lignes du tableau (1). Nous obtenons les sommes

$$1+a+a^2+\ldots+a^{\alpha}, \qquad 1+b+b^2+\ldots+b^{\beta}, \qquad \ldots,$$
$$1+l+\ldots+l^{\lambda}.$$

Ensuite, faisons le produit de ces sommes. Pour cela, il faut multiplier chaque terme de la première par chaque terme de la seconde, puis chacun des résultats obtenus par chacun des termes de la troisième ligne, et ainsi de suite. On voit donc que les termes du produit obtenu sont justement les diviseurs de n. La somme cherchée est donc égale à ce produit, c'est-à-dire à

$$(1+a+a^2+\ldots+a^{\alpha})(1+b+b^2+\ldots+b^{\beta})\ldots(1+l+\ldots+l^{\lambda}),$$

c'est-à-dire à

$$\frac{a^{\alpha+1}-1}{a-1}\,\frac{b^{\beta+1}-1}{b-1}\ldots\frac{l^{\lambda+1}-1}{l-1}.$$

68. *Somme des puissances $p^{\text{ièmes}}$ des diviseurs d'un nombre; fonctions symétriques des diviseurs d'un nombre.* — La somme des puissances $p^{\text{ièmes}}$ des diviseurs du nombre n est évidemment égale à

$$(1^p + a^p + a^{2p} + \ldots + a^{\alpha p})(1^p + b^p + b^{2p} + \ldots + b^{\beta p})\ldots(1 + l^p + \ldots + l^{\lambda p}),$$

c'est-à-dire à

$$\frac{a^{(\alpha+1)p} - 1}{a^p - 1} \; \frac{b^{(\beta+1)p} - 1}{b - 1} \cdots \frac{l^{(\lambda+1)p} - 1}{l - 1}.$$

Sachant calculer les sommes des puissances semblables des diviseurs d'un nombre, on sait calculer les fonctions symétriques rationnelles quelconques de ces diviseurs.

69. *Produit des diviseurs d'un nombre.* — Soient

$$(2) \qquad\qquad 1, \quad d, \quad d', \quad \ldots, \quad n$$

tous les diviseurs d'un nombre.

Considérons les diviseurs *complémentaires* :

$$(3) \qquad\qquad \frac{n}{1}, \quad \frac{n}{d}, \quad \frac{n}{d'}, \quad \ldots, \quad \frac{n}{n}.$$

Les diviseurs de la suite (3) sont en même nombre que ceux de la suite (2); d'ailleurs deux quelconques d'entre eux sont différents. Par conséquent la suite (3) contient, comme la suite (2), tous les diviseurs de n. On a donc, en appelant P le produit cherché

$$P = 1.d.d' \ldots n$$

et

$$P = \frac{n}{1} \cdot \frac{n}{d} \cdot \frac{n}{d'} \cdots \frac{n}{n}.$$

Faisons le produit de ces deux égalités et remarquons qu'il y a, dans chacun des seconds membres, $(\alpha + 1)(\beta + 1)\ldots(\lambda + 1)$ facteurs; il vient

$$P^2 = n^{(\alpha+1)(\beta+1)\ldots(\lambda+1)},$$

d'où

$$P = \sqrt{n^{(\alpha+1)(\beta+1)\ldots(\lambda+1)}}.$$

§ II. — Théorie de l'indicateur. Indicateurs des différents ordres.

70. On appelle indicateur d'un nombre n et l'on désigne par $\varphi(n)$ *le nombre des nombres non supérieurs à n et premiers avec lui* ([1]).

Il résulte de la définition que $\varphi(1) = 1$.

71. Cherchons l'expression générale de $\varphi(n)$.

Soit $n = a^\alpha b^\beta \ldots l^\lambda$. Supposons écrits les nombres

$$(4) \qquad 1, \ 2, \ \ldots, \ n;$$

dans cette suite barrons successivement les nombres divisibles par a, puis ceux divisibles par b, etc.; barrons enfin tous les nombres divisibles par l; nous aurons ainsi barré tous les nombres de la suite non premiers avec n et il ne restera plus qu'à voir combien il reste de nombres dans la suite.

Or les nombres de la suite divisibles par a sont :

$$a, \ 2a, \ 3a, \ \ldots, \ \frac{n}{a}a;$$

leur nombre est $\dfrac{n}{a}$, et quand ils sont barrés il reste

$$n - \frac{n}{a} = n\left(1 - \frac{1}{a}\right) \text{ nombres.}$$

Les nombres de la suite divisibles par b sont de même

$$(5) \qquad b, \ 2b, \ \ldots, \ \frac{n}{b}b.$$

Mais certains ont déjà été barrés comme multiples de a : il faut donc commencer par barrer les multiples de a de la suite (5).

Or soit kb un nombre de la suite (5) : pour qu'il soit divisible par a, il faut et il suffit (a et b étant premiers entre eux) que k soit divisible par a.

Donc pour compter combien il restera de nombres de la suite (5),

---

([1]) Si l'on définissait $\varphi(n)$ comme le nombre des nombres *plus petits* que n et premiers avec lui, on aurait $\varphi(1) = 0$, tandis qu'avec la définition du texte on a $\varphi(1) = 1$.

quand on aura barré les multiples de b, il suffit de résoudre le même problème pour la suite

$$1.2\ldots\frac{n}{b}.$$

Or, d'après ce qu'on vient de dire, si dans cette suite on barre les multiples de a, il reste

$$\frac{n}{b}\left(1-\frac{1}{a}\right) \text{ nombres.}$$

Ce sont ces nombres qu'il faut barrer dans les $n\left(1-\frac{1}{a}\right)$ qui restent de la suite (4). Il en restera donc

$$n\left(1-\frac{1}{a}\right)-\frac{n}{b}\left(1-\frac{1}{a}\right)$$

ou

$$n\left(1-\frac{1}{a}\right)\left(1-\frac{1}{b}\right),$$

et ainsi de suite. Finalement, quand on aura barré de la suite (4) les multiples de a, de b, ..., de l, il restera

$$(6)\qquad \varphi(n)=n\left(1-\frac{1}{a}\right)\left(1-\frac{1}{b}\right)\cdots\left(1-\frac{1}{l}\right) \text{ nombres.}$$

72. *Remarque I.* — Si n est premier $\varphi(n)=n-1$. C'est évident *à priori,* et c'est d'accord avec la formule (6).

73. *Remarque II.* — $\varphi(n)$ est pair à moins que $n=2$. En effet, à tout nombre k premier avec n, correspond le nombre $n-k$ qui est aussi premier avec n. D'ailleurs on ne peut avoir $k=n-k$ que si $k=\frac{n}{2}$. Mais $\frac{n}{2}$ n'est premier avec n que si $n=2$. Donc, ce cas écarté, on voit que les nombres premiers à n vont par couples. Donc leur nombre est pair. Cela d'ailleurs résulte aussi très facilement de la formule (6).

74. Théorème. — *n et n' étant premiers entre eux, on a*

$$\varphi(n)\varphi(n')=\varphi(nn').$$

En effet, soient

$$n=a^{\alpha}b^{\beta}\ldots l^{\lambda},$$
$$n'=a'^{\alpha'}b'^{\beta'}\ldots l'^{\lambda'},$$

C. 3

les deux nombres n et n' n'ayant pas de facteurs premiers communs, on a

$$nn' = a^\alpha b^\beta \ldots l^\lambda a'^{\alpha'} b'^{\beta'} \ldots l'^{\lambda'},$$

comme décomposition de nn' en facteurs premiers.

On a donc

$$\varphi(n) = n\left(1 - \frac{1}{a}\right)\left(1 - \frac{1}{b}\right)\cdots\left(1 - \frac{1}{l}\right),$$

$$\varphi(n') = n'\left(1 - \frac{1}{a'}\right)\left(1 - \frac{1}{b'}\right)\cdots\left(1 - \frac{1}{l'}\right),$$

$$\varphi(nn') = nn'\left(1 - \frac{1}{a}\right)\left(1 - \frac{1}{b}\right)\cdots\left(1 - \frac{1}{l}\right)\left(1 - \frac{1}{a'}\right)\cdots\left(1 - \frac{1}{l'}\right).$$

Donc

$$\varphi(nn') = \varphi(n)\,\varphi(n').$$

75. Théorème. — *La somme des indicateurs des diviseurs d'un nombre est égale à ce nombre.*

En effet, considérons le produit

$$\left[\varphi(1) + \varphi(a) + \varphi(a^2) + \ldots + \varphi(a^\alpha)\right]\left[\varphi(1) + \varphi(b) + \ldots + \varphi(b^\beta)\right]\ldots\left[\varphi(1) + \varphi(l) + \ldots + \varphi(l^\lambda)\right].$$

Si l'on multiplie un terme de la première somme par un terme de la seconde, par exemple $\varphi(a^m)$ par $\varphi(b^p)$, a^m et b^p étant premiers entre eux, on obtient $\varphi(a^m b^p)$. Multipliant ce produit par un terme de la troisième ligne $\varphi(c^q)$, on obtient $\varphi(a^m b^p c^q)$ et ainsi de suite. On voit donc que le produit indiqué est égal à la somme des indicateurs des diviseurs du nombre n. Or

$$\varphi(1) + \varphi(a) + \varphi(a^2) + \ldots + \varphi(a^\alpha)$$
$$= 1 + a\left(1 - \frac{1}{a}\right) + a^2\left(1 - \frac{1}{a}\right) + \ldots + a^\alpha\left(1 - \frac{1}{a}\right)$$
$$= 1 + \left(1 - \frac{1}{a}\right)(a + a^2 + \ldots + a^\alpha) = 1 + \frac{a^{\alpha+1} - a}{a - 1} \times \frac{a - 1}{a} = a^\alpha$$

De même

$$\varphi(1) + \varphi(b) + \ldots + \varphi(b^\beta) = b^\beta \ldots,$$

etc.

Donc le produit indiqué est égal à

$$a^\alpha b^\beta \ldots l^\lambda,$$

c'est-à-dire à n.

76. Vu l'importance de ce théorème, nous allons en donner une seconde démonstration.

Soit d un diviseur de n. Cherchons *combien il y a de nombres plus petits que n et ayant avec n, comme plus grand commun diviseur, le nombre d.*

Soit a un nombre plus petit que n et tel que le plus grand commun diviseur de a et de n soit d. Par suite, $a' = \dfrac{a}{d}$ est plus petit que $\dfrac{n}{d}$ et est premier avec lui.

Réciproquement, soit a' un nombre plus petit que $\dfrac{n}{d}$ et premier avec lui ; $a'd$ sera plus petit que n, et aura avec lui d comme plus grand commun diviseur.

Donc le nombre cherché est égal au nombre des nombres plus petits que $\dfrac{n}{d}$ et premiers avec lui, c'est-à-dire à $\varphi\left(\dfrac{n}{d}\right)$.

Ceci posé, soient $1, d, d', \ldots, n$ les diviseurs de n.

Parmi les nombres $1, 2, 3, \ldots, n$ non supérieurs à n, il y en a

$\varphi\left(\dfrac{n}{1}\right)$ qui ont avec n le nombre $\quad 1 \quad$ pour plus grand commun diviseur.

$\varphi\left(\dfrac{n}{d}\right) \qquad\qquad » \qquad\qquad d \qquad\qquad »$

$\varphi\left(\dfrac{n}{d'}\right) \qquad\qquad » \qquad\qquad d' \qquad\qquad »$

$\ldots\ldots\ldots$

$\varphi\left(\dfrac{n}{n}\right) \qquad\qquad » \qquad\qquad n \qquad\qquad »$

D'ailleurs tous les nombres $1, 2, \ldots, n$ se trouvent dans l'énumération précédente. On a donc

$$\varphi\left(\frac{n}{1}\right) + \varphi\left(\frac{n}{d}\right) + \varphi\left(\frac{n}{d'}\right) + \ldots + \varphi\left(\frac{n}{n}\right) = n$$

ou, puisque les nombres $\dfrac{n}{1}, \dfrac{n}{d}, \dfrac{n}{d'}, \ldots, \dfrac{n}{n}$ ne sont autres que les nombres $1, d, d', \ldots, n$ (n° 69),

$$\varphi(1) + \varphi(d) + \varphi(d') + \ldots + \varphi(n) = n.$$

REMARQUE. — *Généralisation de la remarque du n° 38 de la première Partie.* — Soit h un nombre, $\alpha_1, \alpha_2, \ldots, \alpha_{\varphi(h)}$ les nombres plus petits que h et premiers avec lui. Tout nombre premier est de l'une des formes $hn + \alpha_1$, $hn + \alpha_2$, ..., $hn + \alpha_{\varphi(h)}$, n étant un nombre entier.

77. *Indicateurs des différents ordres.* — La théorie de l'indicateur se généralise de la façon suivante :

On appelle indicateur du $p^{\text{ième}}$ ordre *le nombre de groupes de p nombres, tous non supérieurs à n, et tels que ces p nombres et n soient premiers dans leur ensemble.* On peut encore définir ces groupes, en disant que ce sont les groupes de p nombres, tous non supérieurs à n et tels que *leur plus grand commun diviseur soit premier avec n.* Désignons ce nombre par $\varphi_p(n)$.

On a

$$\varphi_p(1) = 1.$$

Cherchons l'expression générale de $\varphi_p(n)$.

Soit $n = a^\alpha b^\beta \ldots l^\lambda$. Supposons écrits tous les groupes de p nombres non supérieurs à n. Ces groupes sont au nombre de n^p. Barrons successivement les groupes dans lesquels tous les nombres sont divisibles par a, puis ceux dans lesquels tous les nombres sont divisibles par b, etc.

Or, les nombres non supérieurs à n, et divisibles par a, sont

$$a, \quad 2a, \quad 3a, \quad \ldots, \quad \frac{n}{a}a$$

Ils sont au nombre de $\dfrac{n}{a}$ et peuvent former $\left(\dfrac{n}{a}\right)^p$ groupes de p nombres.

Donc, si l'on barre ces groupes, il reste

$$n^p - \left(\frac{n}{a}\right)^p,$$

ou

$$n^p \left(1 - \frac{1}{a^p}\right) \quad \text{groupes.}$$

Le raisonnement se continue comme on l'a fait plus haut pour $\varphi(n)$, et l'on trouve

$$\varphi_p(n) = n^p \left(1 - \frac{1}{a^p}\right)\left(1 - \frac{1}{b^p}\right)\cdots\left(1 - \frac{1}{l^p}\right).$$

78. Nous nous contenterons d'énoncer les théorèmes suivants :

I. *Si n est premier,*

$$\varphi_p(n) = n^p - 1.$$

II. $\varphi_p(n)$ *est pair, à moins que* $n = 2$.

III. *n et n' étant premiers entre eux*

$$\varphi_p(n)\varphi_p(n') = \varphi_p(nn').$$

IV. *La somme des indicateurs du $p^{\text{ième}}$ ordre des diviseurs de n est égale à n^p.*

Tous ces théorèmes se démontrent comme les théorèmes analogues sur l'indicateur du premier ordre ([1]).

§ III. — Décomposition en facteurs premiers du produit
des n premiers nombres. Applications.

79. Problème. — *Le produit des n premiers nombres étant supposé décomposé en facteurs premiers, quel est l'exposant du facteur premier p dans ce produit?*

Parmi les nombres de 1 à n, ceux qui contiennent le facteur premier p sont les nombres

$$1.p, \quad 2.p, \quad 3.p, \quad \ldots, \quad E\left(\frac{n}{p}\right) \cdot p,$$

leur nombre est $E\left(\dfrac{n}{p}\right)$.

Mais certains de ces nombres contiennent le facteur premier p élevé au carré, ce sont les nombres

$$1.p^2, \quad 2.p^2, \quad 3.p^2, \quad \ldots, \quad E\left(\frac{n}{p^2}\right) \cdot p^2,$$

leur nombre est $E\left(\dfrac{n}{p^2}\right)$.

([1]) L'indicateur du premier ordre a de nombreuses applications : à la théorie des équations binômes, à celle de la division du cercle, etc.

L'indicateur du second ordre s'est rencontré dans la théorie des fonctions modulaires elliptiques (*voir*, par exemple : *Vorlesungen über die Theorie der elliptischen Modulfunctionen* de Klein, publié par Fricke). Nous le rencontrerons plus loin dans la théorie des substitutions linéaires.

De même le nombre des nombres de 1 à n qui contiennent le facteur p^3 est $E\left(\dfrac{n}{p^3}\right)$ et ainsi de suite.

On voit que le facteur premier p est contenu dans le produit proposé un nombre de fois égal à

$$E\left(\frac{n}{p}\right) + E\left(\frac{n}{p^2}\right) + \ldots + E\left(\frac{n}{p^\alpha}\right),$$

p^α étant la plus haute puissance de p, non supérieure à n, c'est-à-dire, α étant tel que

$$p^\alpha \leqq n < p^{\alpha+1}.$$

On peut d'ailleurs remplacer la somme précédente par

$$E\left(\frac{n}{p}\right) + E\left(\frac{n}{p^2}\right) + \ldots \qquad \text{(indéfiniment)},$$

puisque tous les termes qui suivent $E\left(\dfrac{n}{p^\alpha}\right)$ sont nuls.

80. Appliquons ce résultat à la démonstration du théorème suivant :

Le produit de n nombres consécutifs est divisible par le produit des n premiers nombres.

Ainsi $(m+1)(m+2)\ldots(m+n)$ est divisible par $n!$ ($n!$ représentant comme à l'ordinaire le produit des n premiers nombres).

En effet, nous allons montrer que tout facteur premier p est contenu dans le premier de ces produits avec un exposant au moins égal à celui avec lequel il est contenu dans le second.

L'exposant de p dans le second produit est

$$E\left(\frac{n}{p}\right) + E\left(\frac{n}{p^2}\right) + \ldots.$$

Pour trouver l'exposant de p dans le premier produit, remarquons que ce produit peut s'écrire

$$\frac{(m+n)!}{m!}.$$

Donc l'exposant cherché est

$$E\left(\frac{m+n}{p}\right) + E\left(\frac{m+n}{p^2}\right) + \ldots - E\left(\frac{m}{p}\right) - E\left(\frac{m}{p^2}\right) - \ldots$$

ou

$$\left[E\left(\frac{m+n}{p}\right)-E\left(\frac{m}{p}\right)\right]+\left[E\left(\frac{m+n}{p^2}\right)-E\left(\frac{m}{p^2}\right)\right]+\ldots$$

On a donc à montrer que

$$\left[E\left(\frac{m+n}{p}\right)-E\left(\frac{m}{p}\right)\right]+\left[E\left(\frac{m+n}{p^2}\right)-E\left(\frac{m}{p^2}\right)\right]+\ldots$$
$$\geqq E\left(\frac{n}{p}\right)+E\left(\frac{n}{p^2}\right)+\ldots$$

Pour cela, il suffit de montrer que chacun des termes du premier membre est plus grand que chacun des termes du second, et pour cela, enfin, il suffit de montrer que, K étant un nombre quelconque,

$$(7) \qquad E\left(\frac{m+n}{K}\right)-E\left(\frac{m}{K}\right)\geqq E\left(\frac{n}{K}\right).$$

Or on a

$$\frac{m}{K}\geqq E\left(\frac{m}{K}\right),$$
$$\frac{n}{K}\geqq E\left(\frac{n}{K}\right).$$

Donc

$$\frac{m+n}{K}\geqq E\left(\frac{m}{K}\right)+E\left(\frac{n}{K}\right).$$

Donc, puisque le second membre est entier,

$$E\left(\frac{m+n}{K}\right)\geqq E\left(\frac{m}{K}\right)+E\left(\frac{n}{K}\right),$$

ce qui revient à l'inégalité (7).

81. *Autre démonstration de ce théorème.* — Une autre démonstration du théorème précédent repose sur l'identité facile à vérifier

$$(m+1)(m+2)\ldots(m+n)=m(m+1)\ldots(m+n-1)$$
$$+n(m+1)(m+2)\ldots(m+n-1).$$

Pour démontrer que le premier membre est divisible par $n!$, il suffit de prouver que $m(m+1)\ldots(m+n-1)$ est divisible par $n!$ et que $(m+1)(m+2)\ldots(m+n-1)$ est divisible par $(n-1)!$; c'est-à-dire qu'on est ramené au même théorème que celui que l'on a en vue, mais m étant remplacé par $m-1$ ou n par $n-1$. On voit que, de proche en proche, on est ramené à des propositions évidentes ([1]).

§ IV. — Des nombres entiers ou fractionnaires négatifs.

82. Nous supposons que le lecteur connaît la définition et les règles du calcul des nombres négatifs.

En particulier, si l'on considère des nombres entiers négatifs, quelles sont les propriétés démontrées jusqu'à maintenant pour les entiers positifs, qui peuvent s'appliquer à ces nouveaux nombres?

Les définitions de *multiple, diviseur*, subsistent sans changement.

83. *Des restes négatifs.* — Soient a et b deux nombres, a n'étant pas divisible par b. Il y a deux multiples consécutifs de b qui comprennent a, soient qb et $(q+1)b$, et l'on peut écrire

$$a = qb + r,$$

ou

$$a = (q+1)b - r',$$

r et r' étant positifs et plus petits que b. La quantité r' peut s'appeler un *reste négatif*.

Reste minimum. — Entre les nombres r et r' on a la relation

$$r + r' = b.$$

Il y a donc en général un des deux nombres r, r' qui est plus petit que $\dfrac{b}{2}$.

([1]) On sait que ce théorème résulte d'ailleurs de ce que l'expression $\dfrac{(m+1)(m+2)\ldots(m+n)}{n!}$ représente le nombre de combinaisons de $(m+n)$ objets n à n.

Le lecteur pourra démontrer les théorèmes du même genre suivants :

L'expression $(mn)!$ est divisible par l'expression $(m!)^n(n!)$, théorème que l'on rencontre dans la théorie des groupes de substitutions.

L'expression $(2m)!(2n)!$ est divisible par l'expression $m!\,n!\,(m+n)!$, proposition déduite par Catalan de certaines formules elliptiques.

Dans le cas particulier où b est pair et où $r = \dfrac{b}{2}$, r' est aussi égal à $\dfrac{b}{2}$.

En définitive, on voit qu'on peut toujours écrire

$$a = bq + \rho,$$

ρ étant positif ou négatif, mais au plus égal à $\dfrac{b}{2}$ en valeur absolue.

ρ s'appelle le *reste minimum* de la division de a par b. Il est déterminé, excepté quand, b étant pair, a est équidifférent de deux multiples consécutifs de b. Dans ce cas, le reste minimum est indifféremment $+\dfrac{b}{2}$ ou $-\dfrac{b}{2}$.

84. Les diviseurs de a et de $-a$ sont identiques. Dans la recherche des communs diviseurs à deux nombres, on peut donc toujours opérer sur des nombres positifs.

Le nombre -1 doit être considéré comme une nouvelle unité.

Les nombres négatifs sont décomposables, et d'une seule façon, en un produit de facteurs premiers positifs, multipliés par -1.

Pour que cette décomposition ne puisse se faire que d'une seule façon, il faut convenir que l'unité -1 n'est jamais élevée à aucune puissance.

85. *Nombres fractionnaires négatifs.* — La seule remarque que nous ayons à faire sur ces nombres porte sur l'expression suivante : *partie entière d'un nombre négatif*. D'une façon générale, la partie entière M d'un nombre quelconque m est définie par les conditions

$$M \leqq m < M + 1.$$

On voit que les nombres m et $-m$ n'ont pas des parties entières égales et de signes contraires, à moins que m ne soit entier. Ainsi la partie entière de $(7 + \frac{3}{4})$ est 7 ; celle de $-(7 + \frac{3}{4})$ est -8.

A et B étant des nombres entiers positifs ou négatifs, la partie entière de $\dfrac{A}{B}$ s'appelle aussi le *quotient à une unité près de* $\dfrac{A}{B}$.

Si de A on retranche le produit par B de ce quotient, on trouve un nombre positif que nous appellerons *reste* (à moins qu'on n'indique spécialement qu'on veut parler d'un reste négatif).

§ V. — Fractions continues.

86. On appelle *fraction continue* une expression de la forme

$$y = a_1 + \cfrac{1}{a_2 + \cfrac{1}{a_3 + \cfrac{\cdots}{} + \cfrac{1}{a_n}}},$$

$a_2, \ldots, a_n$ étant des nombres entiers *positifs*. Quant à a_1, c'est un entier positif, négatif ou nul.

Nous représenterons aussi cette expression par la notation plus simple $[a_1, a_2, \ldots, a_n]$.

87. Toute fraction continue est égale à un nombre commensurable, car si l'on considère les nombres

$$y_1 = a_n, \qquad y_2 = a_{n-1} + \frac{1}{y_1}, \qquad y_3 = a_{n-2} + \frac{1}{y_2}, \qquad \ldots,$$

$$y_n = a_1 + \frac{1}{y_{n-1}},$$

le dernier de ces nombres n'est autre que y. Or, le premier de ces nombres étant commensurable, le second y_2 l'est aussi, puis y_3, et ainsi de suite.

Réciproquement, *tout nombre commensurable est égal à une fraction continue et à une seule.*

En effet, soit un nombre commensurable $\frac{A}{B}$; cherchons à déterminer des entiers $a_1, a_2, \ldots, a_n$ positifs à partir du second, de façon que

$$(8) \qquad \frac{A}{B} = a_1 + \cfrac{1}{a_2 + \cfrac{1}{a_3 + \cfrac{\cdots}{} + \cfrac{1}{a_n}}}.$$

On voit que $\frac{A}{B}$ doit être égal à a_1 plus un nombre positif plus petit que 1. Donc a_1 est le quotient à une unité près de A par B.

a_1 étant ainsi déterminé, on tire de l'égalité (8)

$$\frac{B}{A - B a_1} = a_2 + \cfrac{1}{a_3 + \cfrac{\cdots}{} + \cfrac{1}{a_n}}.$$

Or, a_1 étant le quotient de la division de A par B, le nombre $A - Ba_1$ en est le reste; appelons-le r_1. On a donc

$$\frac{B}{r_1} = a_2 + \cfrac{1}{a_3 + \cdots + \cfrac{1}{a_n}},$$

de sorte qu'on est ramené à réduire en fraction continue le nombre $\dfrac{B}{r_1}$.

a_2 est le quotient de la division de B par r, à une unité près, et si l'on appelle r_2 le reste de cette division on a

$$\frac{r_1}{r_2} = a_3 + \cfrac{1}{a_4 + \cdots + \cfrac{1}{a_n}},$$

et ainsi de suite.

En définitive, les nombres a_1, a_2, ... sont déterminés par une suite d'opérations qui est la même que celle qui sert à trouver le plus grand commun diviseur de A et de B. Cette suite d'opérations amène à deux nombres dont la division se fait exactement.

Soient r_{n-2} et r_{n-1} ces deux nombres. On a

$$\frac{r_{n-2}}{r_{n-1}} = a_n$$

et

$$\frac{A}{B} = a_1 + \cfrac{1}{a_2 + \cdots + \cfrac{1}{a_n}}.$$

Exemple : Soit le nombre $\dfrac{487}{16}$. On a à effectuer les opérations suivantes :

$$
487 \ \left|
\begin{array}{c|c|c|c}
30 & 2 & 3 & 2 \\
16 & 7 & 2 & 1 \\
\end{array}
\right.
$$

$$07 \ | \ 2 \ | \ 1 \ | \ 0 \ |,$$

d'où

$$\frac{487}{16} = 30 + \cfrac{1}{2 + \cfrac{1}{3 + \cfrac{1}{2}}} = [30, 2, 3, 2].$$

88. *Réduites.* — Soit à calculer la fraction continue

$$[a_1, a_2, \ldots, a_n]$$

connaissant $a_1, a_2, \ldots, a_n$.

La méthode qui se présente la première à l'esprit est de calculer les nombres

$$y_1 = a_n, \qquad y_2 = a_{n-1} + \frac{1}{y_1}, \qquad \ldots, \qquad y_n = a_1 + \frac{1}{y_{n-1}},$$

dont chacun se calcule en fonction du précédent et dont le dernier est la fraction continue cherchée.

Mais on peut au contraire calculer la suite des nombres

$$a_1, \qquad a_1 + \frac{1}{a_2}, \qquad a_1 + \cfrac{1}{a_2 + \cfrac{1}{a_3}}, \qquad \ldots, \qquad a_1 + \cfrac{1}{a_2 + \cfrac{\cdots}{\cdots + \cfrac{1}{a_n}}}.$$

Le dernier de ces nombres est la fraction continue elle-même. Mettons en évidence leur forme fractionnaire. Le premier d'entre eux étant a_1, ou $\frac{a_1}{1}$, posons

$$P_1 = a_1, \qquad Q_1 = 1.$$

De même le second étant $a_1 + \frac{1}{a_2}$ ou $\frac{a_1 a_2 + 1}{a_2}$, posons

$$P_2 = a_1 a_2 + 1, \qquad Q_2 = a_2,$$

et ainsi de suite; de sorte que la $p^{\text{ième}}$ fraction ainsi calculée est désignée par $\frac{P_p}{Q_p}$.

Ces fractions s'appellent *réduites* ([1]).

([1]) Mais P_p et Q_p ne sont évidemment pas définis par la seule condition que $\frac{P_p}{Q_p}$ est égale à la $p^{\text{ième}}$ réduite. P_p et Q_p sont déterminés par le fait qu'ils sont calculés comme on vient de le dire, ou encore, comme on va le voir, P_p et Q_p sont déterminés par le fait que $\frac{P_p}{Q_p}$ est la *forme réduite à sa plus simple expression* du nombre $a_1 + \cfrac{1}{a_2 + \cfrac{\cdots}{\cdots + \cfrac{1}{a_p}}}$. C'est pour cette raison que $\frac{P_p}{Q_p}$ s'appelle *réduite*.

89. Je dis qu'on a pour calculer les nombres P et Q de proche en proche les formules

$$P_p = P_{p-1} a_p + P_{p-2},$$
$$Q_p = Q_{p-1} a_p + Q_{p-2}.$$

En effet, cette loi de récurrence se vérifie facilement pour les premières réduites. Supposons-la vraie pour les réduites jusqu'à la $(p-1)^{\text{ième}}$. On a donc

$$\frac{P_{p-1}}{Q_{p-1}} = \frac{P_{p-2} a_{p-1} + P_{p-3}}{Q_{p-2} a_{p-1} + Q_{p-3}}.$$

Or $\dfrac{P_p}{Q_p}$ se déduit de $\dfrac{P_{p-1}}{Q_{p-1}}$ en changeant a_{p-1} en $a_{p-1} + \dfrac{1}{a_p}$; d'autre part, P_{p-2}, Q_{p-2}, P_{p-3}, Q_{p-3}, sont indépendants de a_{p-1}. La formule précédente donne donc

$$\frac{P_p}{Q_p} = \frac{P_{p-2}\left(a_{p-1} + \dfrac{1}{a_p}\right) + P_{p-3}}{Q_{p-2}\left(a_{p-1} + \dfrac{1}{a_p}\right) + Q_{p-3}} = \frac{(P_{p-2} a_{p-1} + P_{p-3})a_p + P_{p-2}}{(Q_{p-2} a_{p-1} + Q_{p-3})a_p + Q_{p-2}}.$$

Mais par hypothèse

$$P_{p-2} a_{p-1} + P_{p-3} = P_{p-1},$$
$$Q_{p-2} a_{p-1} + Q_{p-3} = Q_{p-1}.$$

Donc

$$\frac{P_p}{Q_p} = \frac{P_{p-1} a_p + P_{p-2}}{Q_{p-1} a_p + Q_{p-2}}.$$

Donc

$$(9) \qquad \begin{cases} P_p = P_{p-1} a_p + P_{p-2}, \\ Q_p = Q_{p-1} a_p + Q_{p-2}. \end{cases}$$

Remarque. — Ces formules montrent que, si a_1 est positif, les quantités P_p et Q_p sont positives et croissent avec l'indice. Si a_1 est négatif, P_p est négatif et Q_p est positif, mais leur valeur absolue croît avec l'indice.

Exemple. — Soit la fraction continue

$$[1, 4, 7, 3, 2, 5, 1].$$

Les deux premières réduites sont

$$1 = \frac{1}{1}$$

et

$$1 + \frac{1}{4} = \frac{5}{4},$$

et en calculant les autres de proche en proche, on trouve la suite

$$\frac{1}{1}, \quad \frac{5}{4}, \quad \frac{36}{29}, \quad \frac{113}{91}, \quad \frac{262}{211}, \quad \frac{1423}{1146}, \quad \frac{1685}{1357}.$$

90. *Les réduites $\frac{0}{1}$ et $\frac{1}{0}$.* — La loi de formation des réduites que nous venons d'indiquer ne commence à s'appliquer qu'à la troisième réduite. Ainsi, dans l'exemple précédent, les deux premières réduites $\frac{1}{1}$ et $\frac{5}{4}$ ont été calculées directement.

Soit la fraction

$$[a_1, a_2, \ldots, a_n],$$

on a

$$\frac{P_1}{Q_1} = \frac{a_1}{1}, \qquad \frac{P_2}{Q_2} = \frac{a_1 a_2 + 1}{a_2}.$$

Il est facile de voir qu'en posant

$$P_0 = 1, \qquad P_{-1} = 0,$$
$$Q_0 = 0, \qquad Q_{-1} = 1,$$

on peut calculer $\frac{P_1}{Q_1}$ et $\frac{P_2}{Q_2}$ par les formules générales (9).

On a, en effet,

$$P_2 = a_1 a_2 + 1 = P_1 a_2 + P_0,$$
$$Q_2 = 1 \times a_2 + 0 = Q_1 a_2 + Q_0$$

et

$$P_1 = 1 \times a_1 + 0 = P_0 a_1 + P_{-1},$$
$$Q_1 = 0 \times a_1 + 1 = Q_0 a_1 + Q_{-1}.$$

Cette remarque permettra quelquefois d'étendre, sans démonstration particulière, aux réduites $\frac{P_1}{Q_1}$ et $\frac{P_2}{Q_2}$, des résultats dépendant des formules (9).

91. Théorème. — *Entre les termes de deux réduites consécutives $\frac{P_{p-1}}{Q_{p-1}}$ et $\frac{P_p}{Q_p}$ existe la relation*

$$P_p Q_{p-1} - P_{p-1} Q_p = (-1)^p.$$

En effet, remplaçons P_p et Q_p par les expressions (9), il vient

$$P_p Q_{p-1} - P_{p-1} Q_p = (P_{p-1} a_p + P_{p-2}) Q_{p-1} - P_{p-1} (Q_{p-1} a_p + Q_{p-2})$$

ou

$$P_p Q_{p-1} - P_{p-1} Q_p = -(P_{p-1} Q_{p-2} - P_{p-2} Q_{p-1}).$$

Autrement dit, la quantité $P_p Q_{p-1} - P_{p-1} Q_p$ conserve la même valeur absolue, mais change de signe quand p augmente d'une unité. Or pour $p = 0$

$$P_0 Q_{-1} - P_{-1} Q_0 = (1 \times 1) - (0)(0) = 1.$$

Donc, en général,

$$P_p Q_{p-1} - P_{p-1} Q_p = (-1)^p.$$

92. Corollaire. — *Les réduites sont des fractions irréductibles.* — En effet, d'après l'égalité précédente, le plus grand commun diviseur de P_p et Q_p doit diviser 1.

93. Théorème. — *Si l'on considère deux réduites consécutives* $\dfrac{P_p}{Q_p}$ *et* $\dfrac{P_{p+1}}{Q_{p+1}}$, *si p est impair, la seconde réduite est plus grande que la première; si p est pair, la seconde réduite est plus petite que la première. D'ailleurs la valeur absolue de la différence entre ces deux réduites diminue lorsque l'indice augmente.*

En effet

$$\frac{P_{p+1}}{Q_{p+1}} - \frac{P_p}{Q_p} = \frac{P_{p+1} Q_p - P_p Q_{p+1}}{Q_p Q_{p+1}} = \frac{(-1)^{p+1}}{Q_p Q_{p+1}}.$$

Donc la différence en question est positive si p est impair, et négative si p est pair; de plus, elle diminue quand p augmente, puisque Q_p et Q_{p+1} augmentent.

94. Corollaire. — Les réduites forment donc une suite de nombres tels que *chacun d'eux soit alternativement plus grand et plus petit que le précédent*, et tels que *la différence entre deux consécutifs de ces nombres aille en diminuant en valeur absolue.*

Or, quand on a une telle suite de nombres, on peut dire que

tout nombre de la suite est compris entre deux consécutifs précédents.

En effet, soient

$$(10) \qquad u_1, \quad u_2, \quad \ldots, \quad u_n, \quad \ldots$$

ces nombres. Je suppose

$$u_2 > u_1, \qquad u_3 < u_2, \qquad \ldots, \qquad u_{2p} > u_{2p-1}, \qquad u_{2p+1} < u_{2p}, \qquad \ldots$$

et

$$u_2 - u_1 > u_2 - u_3 > u_4 - u_3 > \ldots.$$

On a, en supposant $q > p$,

$$\begin{aligned}
u_{2q} = u_{2p-1} &+ [(u_{2p} - u_{2p-1}) - (u_{2p} - u_{2p+1})] \\
&+ [(u_{2p+2} - u_{2p+1}) - (u_{2p+2} - u_{2p+3})] + \ldots \\
&\ldots\ldots\ldots\ldots\ldots\ldots\ldots\ldots\ldots\ldots\ldots\ldots, \\
&+ [(u_{2q-2} - u_{2q-3}) - (u_{2q-2} - u_{2q-1})] + (u_{2q} - u_{2q-1}).
\end{aligned}$$

u_{2q} étant égal à u_{2p-1} augmenté d'une somme de termes positifs est plus grand que u_{2p-1}.

On a d'autre part

$$\begin{aligned}
u_{2q} = u_{2p} &- [(u_{2p} - u_{2p+1}) - (u_{2p+2} - u_{2p+1})] \\
&- [(u_{2p+2} - u_{2p+3}) - (u_{2p+4} - u_{2p+3})] - \ldots. \\
&\ldots\ldots\ldots\ldots\ldots\ldots\ldots\ldots\ldots\ldots\ldots\ldots \\
&- [(u_{2q-2} - u_{2q-1}) - (u_{2q} - u_{2q-1})].
\end{aligned}$$

u_{2q} étant égal à u_{2p} diminué d'une somme de termes positifs est plus petit que u_{2p}.

Donc

$$u_{2p-1} < u_{2q} < u_{2p}.$$

Ainsi u_{2q} est compris entre deux termes consécutifs précédents, u_{2p-1} et u_{2p}.

On ferait une démonstration analogue pour le terme u_{2q+1}.

Le théorème précédent se voit plus clairement par une représentation géométrique. Représentons les nombres successifs par

Fig. 1.

O A_1 A_3 A_5 A_4 A_2

des abcisses OA_1, OA_2, OA_3, $\ldots$ portées sur une droite à partir d'une origine O. D'après les hypothèses, A_2 est à droite de A_1, A_3

est à gauche de A_2, mais $A_2 A_3$ étant plus petit que $A_1 A_3$, A_3 est entre A_1 et A_2. De même A_4 est entre A_2 et A_3 et par suite entre A_1 et A_2, et ainsi de suite.

Il résulte aussi de ce qui précède que, dans la suite $u_1, u_2, \ldots, u_n$, les termes d'indices impairs vont en croissant avec l'indice, tandis que les termes d'indices pairs vont en décroissant. Un terme quelconque d'indice impair est d'ailleurs plus petit qu'un terme quelconque d'indice pair.

Si l'on applique ce qui précède aux réduites d'une fraction continue, on voit que *toute réduite est comprise entre deux réduites consécutives précédentes.* En particulier, la dernière réduite, c'est-à-dire *la fraction continue elle-même, est comprise entre deux réduites consécutives quelconques.*

D'ailleurs les réduites d'indice impair vont en croissant, les réduites d'indice pair vont en décroissant, et une réduite d'indice impair quelconque est plus petite qu'une réduite d'indice pair quelconque.

95. Considérons encore la suite (10). *Si la différence entre deux termes consécutifs de cette suite est plus petite en valeur absolue que la moitié de la différence entre les deux précédents, il arrive que, de deux termes consécutifs, le second diffère moins que le premier de tous les suivants.*

Considérons les deux termes consécutifs u_{2p-1}, u_{2p} et un terme suivant, u_{2q} par exemple. On a vu que

$$u_{2p-1} < u_{2q} < u_{2p}. \qquad q > p$$

Je dis que

$$(11) \qquad u_{2p} - u_{2q} < u_{2q} - u_{2p-1}.$$

On a, en effet,

$$u_{2q} = \frac{u_{2p-1} + u_{2p}}{2} + \left(\frac{u_{2p+1} - u_{2p-1}}{2} \right) + \left(\frac{u_{2p+2} - u_{2p}}{2} \right) + \ldots$$
$$+ \left(\frac{u_{2q-1} - u_{2q-3}}{2} \right) + \left(\frac{u_{2q} - u_{2q-2}}{2} \right) + \frac{u_{2q} - u_{2q-1}}{2}.$$

D'après ce qu'on a vu au n° 94, tous les termes de cette somme, à partir de $\dfrac{u_{2p+1} - u_{2p-1}}{2}$ sont positifs; u_{2q} est donc égal à $\dfrac{u_{2p-1} + u_{2p}}{2}$

C.

augmenté d'une suite de termes positifs. Donc

$$u_{2q} > \frac{u_{2p-1} + u_{2p}}{2},$$

inégalité qui revient à l'inégalité (11).

Ce résultat d'ailleurs se voit encore très facilement par la représentation géométrique de plus haut. Si $A_3 A_2$ est plus petit que $\frac{A_1 A_2}{2}$, le point A_3 est plus près de A_2 que de A_1; il en est de même *a fortiori* de A_4, A_5, ... puisque ces points sont à droite de A_3.

La circonstance précédente se présente justement pour les réduites d'une fraction continue. La différence entre deux réduites consécutives est plus petite en valeur absolue que la moitié de la différence précédente. En effet, deux différences consécutives sont, en valeur absolue (n° 93),

$$\frac{1}{Q_{p-1} Q_p} \quad \text{et} \quad \frac{1}{Q_p Q_{p+1}}.$$

Or

$$Q_{p+1} = Q_p a_{p+1} + Q_{p-1}.$$

Q_p est plus grand que Q_{p-1}, et le nombre entier positif a_{p+1} est au moins égal à 1; donc

$$Q_{p+1} > 2 Q_{p-1}.$$

Donc

$$\frac{1}{Q_p Q_{p+1}} < \frac{1}{2 Q_{p-1} Q_p}.$$

On peut donc dire que *de deux réduites consécutives, la seconde diffère moins que la première de toutes les réduites suivantes, et en particulier de la dernière, c'est-à-dire de la fraction continue elle-même.*

En résumé, *les réduites successives d'une fraction continue sont alternativement plus petites et plus grandes que cette fraction, et chacune d'elles diffère moins de cette fraction que les précédentes.*

96. Enfin une dernière propriété des fractions continues, d'une grande importance dans les applications, est la suivante :

THÉORÈME. — *Dans la réduction en fraction continue d'un*

nombre positif, chaque réduite diffère moins d'une réduite suivante quelconque (et en particulier de la fraction continue elle-même) que toute fraction irréductible ayant des termes plus simples.

En effet, soient une réduite $\dfrac{P_p}{Q_p}$, une réduite suivante $\dfrac{P}{Q}$ et une fraction $\dfrac{A}{B}$. Le théorème revient à dire que, si $\dfrac{A}{B}$ est plus approchée de $\dfrac{P}{Q}$ que $\dfrac{P_p}{Q_p}$, A et B sont respectivement plus grands que P_p et Q_p.

En effet, supposons, pour fixer les idées, p impair, de sorte que

$$\frac{P_p}{Q_p} < \frac{P}{Q} < \frac{P_{p-1}}{Q_{p-1}}.$$

$\dfrac{A}{B}$ étant plus approché de $\dfrac{P}{Q}$ que $\dfrac{P_p}{Q_p}$ l'est *a fortiori* plus que $\dfrac{P_{p-1}}{Q_{p-1}}$.
On a donc

$$\frac{P_p}{Q_p} < \frac{A}{B} < \frac{P_{p-1}}{Q_{p-1}}.$$

On en déduit

$$\frac{P_{p-1}}{Q_{p-1}} - \frac{P_p}{Q_p} > \frac{P_{p-1}}{Q_{p-1}} - \frac{A}{B} > 0,$$

d'où l'on déduit (à cause de la relation $P_{p-1}Q_p - Q_{p-1}P_p = 1$)

$$\frac{1}{Q_p} > \frac{BP_{p-1} - AQ_{p-1}}{B} > 0,$$

d'où

$$B > Q_p(BP_{p-1} - AQ_{p-1}) > 0.$$

B est donc plus grand qu'un multiple positif de Q_p, donc *a fortiori* plus grand que Q_p. D'ailleurs, de $\dfrac{P_p}{Q_p} < \dfrac{A}{B}$ on tire $A > \dfrac{BP_p}{Q_p}$ et *a fortiori* $A > P_p$.

97. *Remarque sur la réduction en fraction continue des nombres négatifs.* — Réduire en fraction continue un nombre négatif $-\dfrac{A}{B}$, c'est écrire

$$-\frac{A}{B} = -a_1 + \cfrac{1}{a_2 + \cfrac{1}{a_3 + \cfrac{\cdots}{\cdots + \cfrac{1}{a_k}}}},$$

de sorte que le premier quotient incomplet $-a_1$ soit le plus grand entier négatif immédiatement inférieur à $-\dfrac{A}{B}$ et que les quotients incomplets suivants soient tous positifs.

Il est facile de trouver la réduction en fraction continue d'un nombre $-\dfrac{A}{B}$, connaissant celle du nombre $\dfrac{A}{B}$. Soit, en effet,

$$\frac{A}{B} = a + \cfrac{1}{b + \cfrac{1}{c + \cdots + \cfrac{1}{l}}},$$

d'où

$$-\frac{A}{B} = -a - \cfrac{1}{b + \cfrac{1}{c + \cdots + \cfrac{1}{l}}} = -(a+1) + 1 - \cfrac{1}{b + \cfrac{1}{c + \cdots + \cfrac{1}{l}}}.$$

ou encore

$$-\frac{A}{B} = -(a+1) + \cfrac{1}{1 + \cfrac{1}{(b-1) + \cfrac{1}{c + \cdots + \cfrac{1}{l}}}}.$$

Si $b \neq 1$, l'expression précédente est la fraction continue cherchée.

Si $b = 1$, l'expression précédente est égale à

$$-(a+1) + \cfrac{1}{(1+c) + \cfrac{1}{d + \cdots + \cfrac{1}{l}}},$$

qui est la fraction continue cherchée.

CHAPITRE III.

DES CONGRUENCES.

§ I. — Premières notions sur les congruences.

98. La notion de congruence, ou plutôt la notation par congruences et leur analogie avec les équations, est due à Gauss. Voici en quoi elle consiste :

On dit que deux nombres a et b sont congrus par rapport à un module n quand la différence $a - b$ est divisible par n. Cette congruence s'indique de la façon suivante :

$$a \equiv b \quad (\bmod\ n).$$

Lorsqu'il n'y a pas d'ambiguïté à craindre, on peut supprimer le module et écrire

$$a \equiv b.$$

Il y a, entre les congruences et les égalités, des analogies dont nous allons parler et qui sont mises en lumière par la notation précédente.

99. On peut *ajouter, soustraire, multiplier* membres à membres des congruences prises par rapport à un même module.

Soient, par exemple, les congruences

$$a \equiv b \quad (\bmod\ n),$$
$$a' \equiv b' \quad (\bmod\ n).$$

Elles sont équivalentes aux égalités

$$(1) \qquad a = b + nh,$$
$$(2) \qquad a' = b' + nh',$$

h et h' étant des nombres entiers.

Ajoutons ces égalités, nous obtenons

$$a + a' = b + b' + n(h + h').$$

Donc

$$a + a' \equiv b + b' \quad (\mathrm{mod}\ n).$$

La démonstration s'étendrait au cas d'un nombre quelconque de congruences.

On voit d'une façon analogue que l'on peut soustraire membres à membres deux congruences.

On peut aussi multiplier deux congruences membres à membres. En effet, des égalités (1) et (2) on tire

$$aa' = bb' + n(hb' + h'b + nhh').$$

Donc aussi

$$aa' \equiv bb' \quad (\mathrm{mod}\ n).$$

Ce théorème s'étend sans peine, de proche en proche, à un nombre quelconque de congruences. En particulier, on peut élever les deux membres d'une congruence à une même puissance.

100. Si l'on combine entre eux les résultats précédents, on arrive sans peine à l'énoncé général suivant :

Si l'on a

$$a \equiv a' \quad (\mathrm{mod}\ n),$$
$$b \equiv b' \quad (\mathrm{mod}\ n),$$
$$c \equiv c' \quad (\mathrm{mod}\ n),$$
$$\dots\dots \quad \dots\dots,$$

on a aussi

$$f(a, b, c, \dots) \equiv f(a', b', c', \dots),$$

f étant une fonction rationnelle entière à coefficients entiers.

101. On ne peut pas, en général, *diviser* les deux membres d'une congruence par un même nombre. D'abord, cette opération n'a de sens que si les deux membres sont divisibles par le diviseur en question ; ensuite, cette condition étant réalisée, l'opération n'est permise *que si le diviseur est premier avec le module*.

En effet, soit

$$a \equiv b \quad (\mathrm{mod}\ n),$$

d'où

$$(3) \qquad a - b \equiv 0 \quad (\mathrm{mod}\ n).$$

Soit d un diviseur commun à a et b, et par suite diviseur de $a - b$, et soit

$$a - b = dd'.$$

Diviser les deux membres de la congruence (3) par d revient à écrire la congruence $d' \equiv 0 \pmod{n}$. Or, de ce que n divise dd', on n'a le droit d'en conclure qu'il divise d' que s'il est premier avec d.

Si, après avoir divisé les deux membres d'une congruence de module n par un même nombre d, on veut encore obtenir une congruence sûrement exacte, il faut diviser le module n par le plus grand commun diviseur de n et de d.

Exemple. — Soit la congruence

$$270 \equiv 60 \pmod{14}.$$

On peut diviser les deux membres par 15, parce que 15 est premier avec le module 14, et l'on obtient la congruence exacte

$$18 \equiv 4 \pmod{14}.$$

Mais, si l'on divise les deux membres par 6 qui n'est pas premier avec 14, on obtient une congruence inexacte

$$45 \equiv 10 \pmod{14}.$$

Pour obtenir une congruence exacte, il faut diviser le module 14 par le plus grand commun diviseur de 6 et de 14, qui est 2, et l'on obtient ainsi

$$45 \equiv 10 \pmod{7}.$$

102. *Congruences à module premier.* — Ici se dessine, pour la première fois, le caractère plus simple des congruences à modules premiers. Supposons, en effet, que le module n soit un nombre premier absolu. Alors, pour qu'on puisse diviser les deux membres d'une congruence par un de leurs diviseurs communs d, il suffit que d ne soit pas divisible par n, autrement dit *que d ne soit pas congru à zéro* $\pmod{n}$. L'analogie des congruences avec les égalités est ainsi plus grande.

Quoi qu'il en soit, dans ce cas, comme dans celui du module non premier, il subsiste encore cette différence avec les équations que d doit être un diviseur commun des deux membres de la congruence. Nous allons supprimer cette restriction.

103. Théorème. — *Soit a un nombre premier avec n. Si l'on divise par n les nombres*

$$a, \quad 2a, \quad \ldots, \quad (n-1)a,$$

les restes obtenus sont, dans un certain ordre, les nombres

$$1, \quad 2, \quad \ldots, \quad n-1.$$

En effet, aucune division ne se fait exactement, car n étant premier avec a ne peut diviser ha que s'il divise h, ce qui est impossible si h est plus petit que n.

Aucun des restes n'étant nul, ces restes sont certains des nombres $1, 2, \ldots, n-1$.

Deux de ces restes ne peuvent être égaux, car si ha et $h'a$ donnaient le même reste, $(h - h')a$ serait divisible par n, ce que nous venons de voir être impossible.

Les restes étant des nombres de la suite $1, 2, \ldots, n-1$, étant en même nombre qu'eux et étant différents entre eux, sont ces nombres mêmes.

Remarque. — Considérons en outre le nombre na; ce nombre divisé par a donne comme reste zéro. On peut donc dire que *si l'on divise par n les nombres*

$$a, \quad 2a, \quad \ldots, \quad (n-1)a, \quad na,$$

les restes obtenus sont, dans un certain ordre, les nombres

$$1, \quad 2, \quad \ldots, \quad n-1, \quad 0.$$

Autre énoncé. — *Les nombres $a, 2a, \ldots (n-1)a, na$ sont congrus $(\bmod n)$ aux nombres $0, 1, 2, \ldots, (n-1)$.*

104. *Système complet de restes incongrus par rapport à un module.* — On appelle *système complet de restes incongrus par rapport à un module n*, un système de n nombres tels qu'il y en ait un et un seul congru $(\bmod n)$ à n'importe quel nombre donné.

Il est évident que les nombres $0, 1, 2, \ldots, (n-1)$ forment un système complet de restes incongrus $(\bmod n)$.

Il en est de même de tout système de nombres respectivement congrus aux précédents; par exemple, les nombres $a, 2a, 3a, \ldots, na$ du théorème précédent.

On généralisera facilement en démontrant la même propriété pour les nombres $a+b$, $2a+b$, $\ldots$, $na+b$. En d'autres termes, *n termes consécutifs d'une progression arithmétique, dont la raison est première avec n, forment un système complet de restes incongrus* (mod n).

105. *Quotient de deux nombres* (mod n). — Soient deux nombres A et B et un module n *premier avec* B. D'après ce qui précède, il existe un nombre q et un seul (à un multiple près de n) tel que

$$B q \equiv A \qquad (\text{mod } n).$$

q peut s'appeler *quotient de* A *par* B (mod n).

Si $A \equiv o$ (mod n), il en est de même de q.

Dans le cas particulier où $A = 1$, les nombres B et q peuvent être dits *inverses l'un de l'autre* (mod n).

106. *Généralisation des résultats du n° 101.* — Nous pouvons maintenant, comme nous l'avons annoncé, généraliser les résultats du n° 101 relatifs à la division des deux membres d'une congruence par un même nombre premier au module.

Il n'est pas, en effet, nécessaire que ce nombre soit diviseur commun des deux membres de la congruence pour que l'on puisse faire cette division; il suffit que ce nombre soit premier au module. D'après ce qui précède, si deux nombres sont congrus (mod n), leurs quotients (mod n) par un nombre B premier à n sont aussi congrus (mod n).

En particulier, *si le module est un nombre premier absolu, on peut diviser les deux membres de la congruence par un même nombre quelconque, non congru à zéro.*

107. REMARQUE. — *Pour qu'un produit de facteurs soit congru à zéro, il faut et il suffit,* quand le module est premier, *que l'un des facteurs soit congru à zéro.*

En effet, ceci revient à dire que, pour qu'un nombre premier divise un produit de facteurs, il faut et il suffit qu'il divise l'un des facteurs.

Les théorèmes précédents mettent bien en évidence l'analogie qui existe entre les égalités et les congruences, surtout les congruences à module premier. Cette analogie va se poursuivre.

§ II. — Congruence du premier degré à une inconnue.
Analyse indéterminée du premier degré.

108. De même que parmi les égalités on distingue celles appelées *équations* dans lesquelles certaines quantités sont inconnues, de même on peut distinguer les congruences dans lesquelles certaines quantités sont inconnues et doivent être déterminées de manière à ce que la congruence soit vérifiée.

La congruence du premier degré à une inconnue a la forme

$$(4) \qquad\qquad ax \equiv b \qquad (\mathrm{mod}\ n),$$

a et b étant connus, x étant inconnu.

D'après ce que nous venons de voir (n° 105), *si a est premier avec n, il existe un nombre et un seul (à un multiple près de n) qui satisfait à la congruence.*

Si a n'est pas premier avec n, soit d le plus grand commun diviseur de a et de n. Si b n'est pas divisible par d, la congruence est évidemment impossible. Si b est divisible par d, soient

$$a = a'd, \qquad b = b'd, \qquad n = n'd,$$

la congruence proposée est équivalente à la suivante :

$$(5) \qquad\qquad a'x \equiv b' \qquad (\mathrm{mod}\ n').$$

a' et n' étant premiers entre eux, il existe un seul nombre $(\mathrm{mod}\ n')$ satisfaisant à cette congruence, soit x_0. Toutes les solutions de la congruence (5) sont données par la formule

$$(6) \qquad\qquad x = x_0 + n't,$$

t étant un entier quelconque.

Cherchons combien cela donne de solutions incongrues $(\mathrm{mod}\ n)$ pour la congruence proposée (4).

Pour que les deux valeurs de x données par la formule (6), pour deux valeurs t', t'' de t soient congrues $(\mathrm{mod}\ n)$, il faut et il suffit que leur différence

$$n'(t'' - t'),$$

soit divisible par n, c'est-à-dire que $t'' - t'$ soit divisible par d.

On aura donc toutes les solutions incongrues $(\mathrm{mod}\ n)$ de la congruence (4) en donnant à t les valeurs

$$0, \quad 1, \quad 2, \quad \ldots, \quad d-1,$$

ce qui donne d solutions.

109. Dans le cas particulier où n est un nombre premier absolu p, on a le résultat suivant, complètement analogue à celui relatif à l'équation du premier degré :

La congruence $ax \equiv b \,(\mathrm{mod}\, p)$ a une solution si $a \not\equiv 0 \,(\mathrm{mod}\, p)$. [On ne compte pas comme différentes deux solutions congrues $(\mathrm{mod}\, p)$].

Si $a \equiv 0 \,(\mathrm{mod}\, p)$ et que $b \not\equiv 0 \,(\mathrm{mod}\, p)$ la congruence est impossible.

Si $a \equiv b \equiv 0 \,(\mathrm{mod}\, p)$, la congruence est indéterminée.

110. **APPLICATION.** — *Résolution en nombres entiers de l'équation $ax + by = c$.* — Comme nous l'avons dit dans l'Introduction de cet Ouvrage, un des objets principaux de la théorie des nombres est la résolution en nombres entiers des équations à coefficients entiers.

Pour l'équation la plus simple, équation du premier degré à une inconnue $ax = b$, la réponse est immédiate.

Cette équation a une solution si b est divisible par a ; elle n'en a pas dans le cas contraire.

111. Passons maintenant à l'équation du premier degré à deux inconnues

$$ax + by = c.$$

La solution de cette équation revient immédiatement à celle de la congruence

$$ax \equiv c \quad (\mathrm{mod}\, b).$$

En effet, soit x_0 une solution de cette congruence, $ax_0 - c$ sera divisible par b ; soit $-y_0$ le quotient, on aura

$$ax_0 + by_0 = c.$$

Ainsi à toute solution de la congruence correspond un système de solutions de l'équation.

On voit que *si a et b sont premiers entre eux,* le problème est possible; soit x_0, y_0 un système de solutions; d'après ce qu'on a dit plus haut, toutes les valeurs de x sont données par la formule

$$(7) \qquad x = x_0 + bt,$$

t étant un entier quelconque. La valeur de y correspondante, donnée par l'équation $ax + by = c$, est

$$(8) \qquad y = y_0 - at,$$

et le problème est résolu.

Si a et b ne sont pas premiers entre eux, soit d leur plus grand commun diviseur. Si d ne divise pas c le problème est impossible. Si d divise c, on peut d'abord diviser tous les termes de l'équation par d et l'on est ramené au cas où les coefficients de x et de y sont premiers entre eux.

112. *Résolution par les fractions continues.* — Nous avons démontré l'existence des solutions, mais nous n'avons pas donné de méthode pour les calculer, sinon par tâtonnements, en essayant pour x successivement tout un système de restes incongrus par rapport au module b.

L'algorithme des fractions continues permet de résoudre le problème plus rapidement.

En effet, comme nous venons de le dire, on peut supposer a et b premiers entre eux. Réduisons en fraction continue la fraction $\dfrac{a}{b}$. Soient $\dfrac{P_{k-1}}{Q_{k-1}}$ et $\dfrac{P_k}{Q_k}$ l'avant-dernière et la dernière réduite. On a

$$(9) \qquad P_k Q_{k-1} - Q_k P_{k-1} = (-1)^k.$$

Mais les fractions $\dfrac{P_k}{Q_k}$ et $\dfrac{a}{b}$, étant égales et toutes deux irréductibles, sont identiques. Donc

$$P_k = a,$$
$$Q_k = b.$$

Donc l'égalité (9) s'écrit

$$a Q_{k-1} - b P_{k-1} = (-1)^k.$$

On en déduit

$$a[(-1)^k Q_{k-1} c] + b[(-1)^{k+1} P_{k-1} c] = c.$$

·Donc $(-1)^k Q_{k-1} c$ et $(-1)^{k+1} P_{k-1} c$ forment un système de solutions. On en déduit tous les autres par les formules (7) et (8).

Exemple. — Soit l'équation

$$345x - 44y = 101,$$

on a

$$\frac{345}{44} = 7 + \cfrac{1}{1 + \cfrac{1}{5 + \cfrac{1}{3 + \cfrac{1}{2}}}}.$$

L'avant-dernière réduite est $\frac{149}{19}$. Donc

$$345 . 19 - 44 . 149 = -1,$$

d'où

$$345(-1919) - 44(-15049) = 101.$$

La solution générale est

$$x = -1919 + 44t,$$
$$y = -15049 + 345t,$$

113. On peut envisager la question précédente d'une autre façon.

On dit qu'un nombre n est *représentable* par une expression $f(x, y, z, \ldots)$, lorsqu'il existe des valeurs entières des variables $x, y, z, \ldots$ qui rendent $f(x, y, z, \ldots)$ égal à n.

Les résultats précédents peuvent dès lors s'énoncer comme il suit :

La forme linéaire $ax + by$ peut représenter tout nombre divisible par le plus grand commun diviseur de a et de b, et elle ne peut représenter les autres.

En particulier, *si a et b sont premiers entre eux, la forme linéaire $ax + by$ peut représenter tous les nombres.*

D'ailleurs, quand la représentation d'un nombre est possible, elle l'est d'une infinité de façons.

114. *Résolution de l'équation*

$$ax + by + cz + \ldots + ks + lt = m.$$

$a, b, c, \ldots, l, m$ sont donnés; $x, y, z, \ldots, t$ sont inconnus.

Si $a, b, c, \ldots, l$ ne sont pas premiers entre eux, soit d leur plus grand commun diviseur. Si d ne divise pas m, le problème est impossible.

Si d divise m, on peut diviser toute l'équation par d. En un mot, on peut supposer les coefficients des inconnues premiers entre eux dans leur ensemble.

Nous allons montrer que dans ce cas l'équation est possible et que sa résolution se ramène à celle d'une équation contenant une inconnue de moins. Pour cela, nous allons montrer que si c'est vrai pour une équation à $p - 1$ inconnues, c'est vrai pour une équation à p inconnues.

L'équation proposée s'écrit

$$(10) \qquad ax + by + cz + \ldots + ks = m - lt.$$

Si a, b, c, k sont premiers entre eux, donnons à t une valeur quelconque, et il reste une équation en $x, y, \ldots, s$, qui par hypothèse est possible.

Si $a, b, c, \ldots, k$ ont un plus grand commun diviseur $\delta \neq 1$, on doit d'abord déterminer t de façon que

$$m - lt \equiv 0 \qquad (\mathrm{mod}\ \delta).$$

Cette congruence est possible, car l et δ sont premiers entre eux, sinon $a, b, c, \ldots, k, l$ ne seraient pas premiers entre eux. On obtient donc pour t une expression de la forme

$$t_0 + \delta u,$$

u étant une nouvelle inconnue.

Substituons cette valeur de t dans l'équation (10), tous les termes deviennent divisibles par δ et l'on est ramené au cas précédent.

Remarque. — Ce résultat peut s'énoncer comme au n° 113. *La forme linéaire $ax + by + \ldots + lt$ peut représenter tout nombre divisible par le plus grand commun diviseur de $a, b, \ldots, l$, et ne peut représenter les autres.*

113. *Problème.* — Trouver un nombre x tel que

$$x \equiv a \qquad (\mathrm{mod}\ \alpha),$$
$$x \equiv b \qquad (\mathrm{mod}\ \beta),$$
$$\ldots\ldots \qquad \ldots\ldots\ldots,$$
$$x \equiv l \qquad (\mathrm{mod}\ \lambda).$$

Supposons d'abord qu'il y ait seulement deux modules, et que l'on veuille trouver un nombre x satisfaisant aux conditions

$$x \equiv a \qquad (\bmod\ \alpha),$$
$$x \equiv b \qquad (\bmod\ \beta).$$

Les nombres satisfaisant à la première de ces conditions sont de la forme

$$x = \alpha t + a,$$

et il ne reste qu'à déterminer t par la seconde condition

$$\alpha t + a \equiv b \qquad (\bmod\ \beta)$$

ou

$$\alpha t \equiv b - a \qquad (\bmod\ \beta).$$

Soit d le plus grand commun diviseur de α et β. Si d ne divise pas $b - a$ le problème est impossible. Si d divise $b - a$ la congruence est ramenée à

$$\frac{\alpha}{d} t \equiv \frac{b - a}{d} \qquad \left(\bmod\ \frac{\beta}{d}\right).$$

Soit t_0 une solution, toutes les autres sont de la forme

$$t_0 + \frac{\beta\, u}{d},$$

ce qui donne pour x des solutions de la forme

$$x = \alpha t_0 + a + \frac{\alpha\beta}{d} u,$$

ou

$$x = x_0 + \frac{\alpha\beta}{d} u,$$

u étant un entier quelconque.

Remarquons que $\frac{\alpha\beta}{d}$ est le plus petit commun multiple de α et β.

De proche en proche il est facile de résoudre le problème général.

Supposons qu'il soit possible de trouver des valeurs de x

satisfaisant aux congruences

$$x \equiv a \qquad (\mathrm{mod}\ \alpha),$$
$$x \equiv b \qquad (\mathrm{mod}\ \beta),$$
$$\cdots\cdots \qquad \cdots\cdots\cdots,$$
$$x \equiv l \qquad (\mathrm{mod}\ \lambda),$$

et que la solution soit de la forme

$$x = x_0 + \mathrm{M}\, t,$$

M étant le plus petit multiple commun de $a, b, \ldots l.$

Je dis que l'on pourra trouver, si elles existent, les valeurs de x satisfaisant à une congruence de plus, et que la solution est d'une forme analogue.

En effet, déterminons t de façon que x satisfasse à une congruence de plus

$$x \equiv m \qquad (\mathrm{mod}\ \mu).$$

Cela exige que

$$x_0 + \mathrm{M}\, t \equiv m \qquad (\mathrm{mod}\ \mu)$$

ou

$$\mathrm{M}\, t \equiv m - x_0 \qquad (\mathrm{mod}\ \mu).$$

Soit d le plus grand commun diviseur de M et de μ. Si d ne divise pas $m - x_0$, le problème est impossible. Si d divise $m - x_0$ la congruence précédente est ramenée à

$$\frac{\mathrm{M}}{d}\, t \equiv \frac{m - x_0}{d} \qquad \left(\mathrm{mod}\ \frac{\mu}{d}\right).$$

Soit t_0 une solution, toutes les autres sont de la forme

$$t_0 + \frac{\mu}{d}\, u,$$

ce qui donne pour x des solutions de la forme

$$x_0 + \mathrm{M}\, t_0 + \frac{\mathrm{M}\,\mu}{d}\, u.$$

Mais $\dfrac{\mathrm{M}\,\mu}{d}$ est le plus petit commun multiple de M et de μ, c'est-à-dire le plus petit commun multiple de $\alpha, \beta, \ldots \lambda$. La solution est donc bien de la forme supposée.

116. *Cas particulier.* — Examinons le cas particulier où les modules $\alpha, \beta, \ldots, \lambda, \mu$ sont premiers entre eux deux à deux. Dans ce cas le plus petit commun multiple des p premiers modules est premier avec le $(p+1)^{\text{ième}}$. Donc le problème est possible. De plus les solutions sont de la forme

$$x_0 + \alpha\beta\ldots\lambda\mu.t,$$

car le plus petit commun multiple des nombres $\alpha, \beta, \ldots, \lambda, \mu$ est égal à leur produit.

D'ailleurs, dans ce cas on a facilement la solution particulière x_0 de la façon suivante : cherchons d'abord un nombre x_1 tel que

$$x_1 \equiv 1 \quad (\bmod \alpha),$$
$$x_1 \equiv 0 \quad (\bmod \beta), \;-$$
$$\ldots\ldots \quad \ldots\ldots\ldots,$$
$$x_1 \equiv 0 \quad (\bmod \lambda),$$
$$x_1 \equiv 0 \quad (\bmod \mu).$$

On a évidemment un tel nombre par la formule $\beta\gamma\ldots\lambda\mu t_1$, t_1 étant déterminé par la condition

$$\beta\gamma\ldots\lambda\mu.t_1 \equiv 1 \quad (\bmod \alpha).$$

Soient de même $x_2, x_3, \ldots, x_n$ des nombres satisfaisant aux conditions

$$\begin{array}{lll}
x_2 \equiv 0 \;\;(\bmod \alpha), & x_3 \equiv 0 \;\;(\bmod \alpha), & \ldots, \\
x_2 \equiv 1 \;\;(\bmod \beta), & x_3 \equiv 0 \;\;(\bmod \beta), & \ldots, \\
x_2 \equiv 0 \;\;(\bmod \gamma), & x_3 \equiv 1 \;\;(\bmod \gamma), & \ldots, \\
\ldots\ldots \;\;\ldots\ldots, & \ldots\ldots \;\;\ldots\ldots, & \ldots, \\
x_2 \equiv 0 \;\;(\bmod \mu), & x_3 \equiv 0 \;\;(\bmod \mu), & \ldots.
\end{array}$$

$x_1, x_2, \ldots, x_n$ étant ainsi déterminés, le nombre

$$x_0 = ax_1 + bx_2 + \ldots + lx_{n-1} + mx_n$$

répond à la question.

Il est à remarquer que $x_1, x_2, \ldots, x_n$ sont indépendants de

$$a, \quad b, \quad \ldots, \quad l, \quad m.$$

§ III. — Théorèmes de Fermat et d'Euler.

117. Bien que le théorème de Fermat ne soit qu'un cas particulier de celui d'Euler nous le démontrerons d'abord à cause de sa grande importance.

C. 5

Théorème de Fermat. — *p étant un nombre premier et a un nombre non divisible par p, on a*

$$a^{p-1} - 1 \equiv 0 \qquad (\mathrm{mod}\, p).$$

En effet, considérons les nombres

$$(11) \qquad\qquad a, \quad 2a, \quad 3a, \quad \ldots, \quad (p-1)a,$$

ils sont congrus aux nombres

$$(12) \qquad\qquad 1, \quad 2, \quad 3, \quad \ldots, \quad p-1,$$

pris dans un certain ordre (n° 103).

Donc le produit des nombres (11) est congru au produit des nombres (12), c'est-à-dire que

$$1.2\ldots(p-1)\, a^{p-1} \equiv 1.2\ldots(p-1) \qquad (\mathrm{mod}\, p),$$

ou en divisant les deux nombres par $1.2\ldots p-1$ qui est premier avec p,

$$a^{p-1} \equiv 1 \qquad (\mathrm{mod}\, p). \qquad \text{C. Q. F. D.}$$

118. *Remarque.* — On peut dire que l'on a

$$a^p - a \equiv 0 \qquad (\mathrm{mod}\, p),$$

quel que soit a.

En effet, $a^p - a$ est le produit des deux facteurs a et $a^{p-1} - 1$.

Si a est divisible par p le premier facteur est congru à zéro; si a n'est pas divisible par p, c'est le second facteur qui est congru à zéro, d'après le théorème de Fermat. Dans tous les cas, le produit est congru à zéro.

119. *Autre démonstration du théorème de Fermat.* — Vu l'importance du théorème de Fermat, nous allons en donner une autre démonstration. Elle s'appuie sur ce fait que dans la formule qui donne la puissance $p^{\text{ième}}$ d'un polynôme

$$(13) \quad \left\{ \begin{aligned} &(x + y + z + \ldots + u + v)^p \\ &= \sum_{\alpha,\,\beta,\,\ldots,\,\lambda} \frac{1.2\ldots p}{1.2\ldots\alpha\,.\,1.2\ldots\beta\ldots 1.2\ldots\lambda}\, x^{\alpha} y^{\beta} z^{\gamma} \ldots v^{\lambda} \\ &\qquad (\alpha + \beta + \ldots + \lambda = p), \end{aligned} \right.$$

si l'on suppose p premier absolu, tous les coefficients du second membre, sauf ceux de x^p, y^p, $\ldots$, u^p, v^p, sont divisibles par p.

En effet, dans le coefficient $\dfrac{1.2\ldots p}{1.2\ldots\alpha.1.2\ldots\beta\ldots1.2\ldots\lambda}$, puisque
ce coefficient est entier, tous les facteurs premiers du dénomina-
teur se trouvent au numérateur et disparaissent; mais aucun de
ces facteurs n'est égal à p, puisque α, β, ..., λ sont plus petits
que p.

Donc ces facteurs se trouvent dans le produit $1.2\ldots p - 1$.

Donc $\dfrac{1.2\ldots(p-1)}{1.2\ldots\alpha.1.2\ldots\beta\ldots1.2\ldots\lambda}$ est égal à un nombre entier q;
donc le coefficient en question est égal à pq, et il est divisible par p.

Ceci posé, la formule (13) donne donc, en supposant que x,
y, ..., z soient des nombres entiers quelconques,

$$(x+y+z+\ldots+u+v)^p - (x^p+y^p+\ldots+u^p+v^p) \equiv 0 \qquad (\bmod\ p),$$

et en supposant que $x, y, z, \ldots, u, v$ soient tous égaux à un,
et soient au nombre de a,

$$a^p - a \equiv 0 \qquad (\bmod\ p),$$

ce qui est le théorème de Fermat.

120. *Théorème de Fermat généralisé par Euler.* — *n étant
un nombre quelconque et a un nombre premier avec n, la
quantité $a^{\varphi(n)} - 1$ est congrue à zéro* (mod n).

Nous démontrerons d'abord le lemme suivant :

Lemme. — Soient

$$(14) \qquad\qquad x_1, \quad x_2, \quad \ldots, \quad x_{\varphi(n)}$$

les nombres plus petits que n et premiers avec lui.

Considérons les produits

$$(15) \qquad\qquad x_1 a, \quad x_2 a, \quad \ldots, \quad x_{\varphi(n)} a.$$

Je dis que ces produits divisés par n donnent comme restes,
dans un certain ordre, les nombres (14).

En effet, aucune division ne se fait exactement, car, n étant
premier avec a ne pourrait diviser $x_q a$ que s'il divisait x_q, ce qui
est impossible, puisque x_q est plus petit que n.

Les restes sont d'ailleurs plus petits que n.

De plus, ces restes sont premiers avec n, car soit

$$\alpha_q a = n\,Q_q + r_q;$$

si n et r_q avaient un diviseur commun, ce diviseur diviserait $\alpha_q a$. Alors n et $\alpha_q a$ ne seraient pas premiers entre eux, ce qui est impossible, puisque α_q et a étant premiers avec n, il en est de même de leur produit.

Je dis enfin que deux des restes sont inégaux. En effet, si $\alpha_q a$ et $\alpha_{q'} a$ donnaient le même reste, $(\alpha_q - \alpha_{q'})a$ serait divisible par n; mais, n étant premier avec a devrait diviser $\alpha_q - \alpha_{q'}$, ce qui est impossible puisque α_q et $\alpha_{q'}$ sont plus petits que lui.

Les restes étant des nombres de la suite (14), étant en même nombre qu'eux et étant différents entre eux, sont ces nombres eux-mêmes.

Ce lemme peut encore s'énoncer en disant que les nombres de la suite (15) sont congrus $(\bmod\ n)$ aux nombres de la suite (14).

121. *Démonstration du théorème d'Euler.* — Ceci posé, la démonstration du théorème d'Euler est la suivante, analogue à celle du théorème de Fermat :

Les nombres

$$\alpha_1 a, \quad \alpha_2 a, \quad \ldots, \quad \alpha_{\varphi(n)} a$$

étant congrus $(\bmod\ n)$ aux nombres

$$\alpha_1, \quad \alpha_2, \quad \ldots, \quad \alpha_{\varphi(n)},$$

le produit des nombres de la première suite est congru $(\bmod\ n)$ au produit des nombres de la seconde

$$\alpha_1 \alpha_2 \ldots \alpha_{\varphi(n)}\, a^{\varphi(n)} \equiv \alpha_1 \alpha_2 \ldots \alpha_{\varphi(n)} \qquad (\bmod\ n),$$

ou, en divisant les deux nombres par $\alpha_1 \alpha_2 \ldots \alpha_{\varphi(n)}$ qui est premier avec n, il vient

$$a^{\varphi(n)} \equiv 1 \qquad (\bmod\ n).$$

122. *Applications à la solution en nombres entiers de l'équation $ax + by = c$.* — On peut supposer a et b premiers entre eux (n° 111). On a donc

$$\frac{a^{\varphi(b)} - 1}{b} = \text{un nombre entier } u$$

ou
$$a \cdot a^{\varphi(b)-1} + b(-u) = 1,$$

d'où
$$a(ca^{\varphi(b)-1}) + b(-cu) = c.$$

Donc $ca^{\varphi(b)-1}$ et $-cu$ forment un système de solutions de l'équation proposée, et on en déduit tous les autres comme on a vu au n° 111.

§ IV. — Premiers principes sur les congruences de degré quelconque à module premier.

123. On appelle *conguence de degré* r une congruence de la forme
$$f(x) \equiv 0 \qquad (\mathrm{mod}\ n),$$

$f(x)$ étant un polynôme entier en x, à coefficients entiers et de degré r.

Remarquons d'abord que si une telle congruence admet une racine x_0, elle admet aussi comme racines tous les nombres congrus à x_0 (mod n) (d'après le théorème du n° 100); mais nous ne considérerons pas ces racines comme distinctes, et quand nous parlerons d'une racine x_0, nous voudrons parler de x_0 ou de tout nombre congru à x_0 (mod n).

Étudions d'abord les congruences à module premier.

124. On dit qu'une congruence (à module premier p) est *identique*, ou que son premier membre est *identiquement congru à zéro*, lorsque tous ses coefficients sont congrus à zéro, c'est-à-dire divisibles par p.

On dit que deux polynômes en x sont *identiquement congrus* (mod p) lorsque leur différence est identiquement congrue à zéro.

Il faut remarquer ici une différence essentielle entre les congruences et les équations ordinaires de l'Algèbre. En Algèbre, on dit qu'un polynôme est identiquement nul, lorsque tous ses coefficients sont nuls; mais il revient au même de dire qu'un polynôme est identiquement nul lorsqu'il prend une valeur nulle pour n'importe quelle valeur de x. Au contraire, on ne peut pas dire qu'un polynôme est identiquement congru à zéro (mod p) lorsqu'il prend une valeur congrue à zéro, quel que soit x.

Considérons en effet le polynôme

$$x^p - x.$$

D'après le théorème de Fermat, ce polynôme prend une valeur congrue à zéro (mod p) pour toute valeur de x; et cependant ce polynôme n'a pas tous ses coefficients congrus à zéro.

Nous indiquerons une congruence identique par le signe $\equiv$.

Remarquons que si deux polynômes sont identiques *algébriquement*, ils sont identiquement congrus (mod p).

125. *Division* (mod p). — *Diviser un polynôme $f(x)$ par un polynôme $\varphi(x)$ (suivant le module p ou plus simplement mod p), c'est trouver un polynôme $Q(x)$ et un polynôme $R(x)$, $R(x)$ étant de degré inférieur à $\varphi(x)$, tels que :*

$$f(x) \equiv \varphi(x)\,Q(x) + R(x) \qquad (\text{mod } p).$$

(Il ne s'agit, bien entendu, que de polynômes à coefficients entiers.)

Pour démontrer l'existence de $Q(x)$ et de $R(x)$ et, en même temps, pour les calculer, il suffit de faire sur $f(x)$ et $\varphi(x)$ les mêmes raisonnements et calculs que l'on fait en Algèbre pour la division algébrique ordinaire. On peut, dans le courant du calcul, remplacer tout coefficient par un autre qui lui soit congru (mod p), ce qui peut servir, par exemple, à abaisser la valeur absolue des coefficients au-dessous de p.

Le quotient d'un terme $A x^m$ par un terme $A' x^{m'}$ est $B x^{m-m'}$, B étant le quotient de A par A' entendu au sens du n° 105. Le module p étant premier, ce quotient existe toujours pourvu que $A' \not\equiv 0$ (mod p).

En particulier, on dit que le polynôme $f(x)$ est divisible (mod p) par le polynôme $\varphi(x)$ lorsque $R(x)$ est identiquement congru à zéro (mod p). On a alors

$$f(x) \equiv \varphi(x)\,Q(x) \qquad (\text{mod } p).$$

Exemple. — Soit à diviser $5x^5 - 3x^4 + 2x^3 - 5x^2 + 2x + 1$ par $3x^3 + x^2 - 5x - 2$ (mod 7).

On peut disposer l'opération de la façon suivante :

$$
\begin{array}{l|l}
5x^5 - 2x^4 + 2x^3 - 5x^2 + 2x + 1 & 3x^3 + x^2 - 5x - 2 \\
 - 4x^4 + 20x^3 + 8x^2 & \overline{} \\
\cline{1-1}
 -6x^4 + x^3 + 3x^3 + 2x & 4x^2 - 2x + 1 \\
 + 2x^3 - 10x^2 - 4x & \\
\cline{1-1}
 3x^3 - 2x + 1 & \\
 - x^2 + 5x + 2 & \\
\cline{1-1}
 - x^2 + 3x + 3 &
\end{array}
$$

Pour diviser un coefficient A par un coefficient A′, il suffit de multiplier A par l'inverse de A′ (mod p) (*voir* n° 105). Voici, pour faciliter le calcul, le Tableau des nombres inverses deux à deux (mod 7) :

$$
\left.
\begin{array}{c}
1 \times 1 \\
2 \times 4 \\
3 \times 5 \\
4 \times 2 \\
5 \times 3 \\
6 \times 6
\end{array}
\right\} \equiv 1 \qquad (\mathrm{mod}\ 7).
$$

Remarquons qu'un polynôme est toujours divisible (mod p) par un facteur numérique $\not\equiv 0$.

126. *Plus grand commun diviseur* (mod p) *de deux polynômes.* — On peut maintenant établir une théorie du plus grand commun diviseur (mod p) absolument analogue à celle de l'Algèbre. Le plus grand commun diviseur (mod p) de deux polynômes s'obtient en divisant le premier par le second, puis le second par le reste et ainsi de suite. Nous laissons au lecteur le soin de voir que tous les raisonnements qu'on a faits en Algèbre à ce sujet peuvent se répéter ici.

De cette théorie du plus grand commun diviseur (mod p), on déduit d'ailleurs les mêmes conséquences que de celle du plus grand commun diviseur ordinaire. Nous nous contenterons d'énoncer celles dont nous allons avoir besoin.

127. 1° *Tout diviseur commun* (mod p) *de deux polynômes est un diviseur* (mod p) *de leur plus grand commun diviseur* (mod p);

2° *Quand on multiplie deux polynômes par un troisième, leur plus grand commun diviseur* (mod p) *est multiplié par ce troisième;*

3° *Quand on divise deux polynômes par un diviseur commun* (mod p), *leur plus grand commun diviseur* (mod p) *est divisé* (mod p) *par ce troisième;*

4° *Quand on divise* (mod p) *deux polynômes par leur plus grand commun diviseur* (mod p), *les quotients obtenus ont pour plus grand commun diviseur un nombre. On dit qu'ils sont premiers entre eux* (mod p);

5° *Quand un polynôme divise* (mod p) *le produit de deux autres, et qu'il est premier* (mod p) *avec l'un d'eux, il divise l'autre* (mod p);

6° *Quand un polynôme est premier* (mod p) *avec plusieurs autres, il est premier avec leur produit;*

7° *Quand deux polynômes sont premiers entre eux* (mod p), *deux puissances quelconques de ces polynômes sont premières entre elles;*

8° *Quand un polynôme est divisible* (mod p) *par plusieurs autres polynômes premiers entre eux deux à deux* (mod p), *il est divisible par leur produit.*

La démonstration de ces théorèmes est identique à celle qu'on donne dans la théorie de la divisibilité ordinaire des polynômes, ou dans celle des nombres entiers ([1]).

128. Théorème. — *Si a est racine de la congruence*

$$f(x) \equiv 0 \qquad (\mathrm{mod}\, p),$$

$f(x)$ *est divisible* (mod p) *par $x - a$ et réciproquement.*

([1]) Les trois derniers théorèmes sont analogues aux théorèmes sur les nombres entiers énoncés aux n°⁵ 42, 43, 45. Ceux-ci ont été démontrés en s'appuyant sur la théorie de la décomposition des nombres en facteurs premiers.

On pourrait ici faire une théorie analogue, en considérant des polynômes qui ne sont divisibles (mod p) que par un facteur numérique ou par un polynôme de même degré qu'eux [polynômes irréductibles (mod p)]; mais on peut aussi remarquer que les théorèmes des n°⁵ 42, 43, 45 se démontrent facilement, sans s'appuyer sur la théorie de la décomposition en facteurs premiers : c'est ce que nous laissons au lecteur le soin de voir.

En effet, divisons $(\mod p) f(x)$ par $x - a$. Le reste A est indépendant de x.

$$f(x) \equiv (x - a) Q(x) + A \qquad (\mod p).$$

Remplaçons dans cette identité x par a, il vient

$$o \equiv A \qquad (\mod p);$$

donc

$$f(x) \equiv (x - a) Q(x) \qquad (\mod p),$$

ce qui prouve que $f(x)$ est divisible $(\mod p)$ par $x - a$.

Quant à la réciproque, elle est évidente.

129. *Racines multiples.* — On dit que a est *racine multiple d'ordre* α de la congruence $f(x) \equiv o \ (\mod p)$, lorsque le polynôme $f(x)$ est divisible $(\mod p)$ par $(x - a)^\alpha$ et ne l'est pas par $(x - a)^{\alpha+1}$.

130. Théorème. — *Si $a, b, c, \ldots, l$ sont des racines incongrues deux à deux, d'ordres $\alpha, \beta, \gamma, \ldots, \lambda$ de multiplicité d'une congruence $f(x) \equiv o \ (\mod p)$, $f(x)$ est divisible $(\mod p)$ par le produit $(x - a)^\alpha (x - b)^\beta \ldots (x - l)^\lambda$.*

En effet $f(x)$ est divisible $(\mod p)$ séparément par $(x - a)^\alpha$, $(x - b)^\beta, \ldots, (x - l)^\lambda$; or remarquons d'abord que les polynômes $x - a, x - b, \ldots, x - l$ sont premiers entre eux deux à deux $(\mod p)$. En effet, un diviseur commun $(\mod p)$ de $x - a$ et $x - b$, par exemple, doit diviser leur différence $a - b$, qui est un nombre non congru à zéro $(\mod p)$. Ce diviseur commun ne peut donc être qu'un diviseur numérique.

Les polynomes $x - a, x - b, \ldots, x - l$ étant premiers entre eux $(\mod p)$ deux à deux, il en est de même de leurs puissances quelconques.

$f(x)$ étant divisible $(\mod p)$ par les polynomes $(x - a)^\alpha$, $(x - b)^\beta, \ldots, (x - l)^\lambda$ qui sont premiers entre eux deux à deux, l'est aussi par leur produit.

131. Corollaire. — *Une congruence de degré r ne peut avoir plus de r racines, une racine d'ordre α étant comptée pour α racines.*

Car, sinon, le premier membre de la congruence serait divisible (mod p) par un polynôme de degré plus élevé que lui, ce qui est impossible.

132. Comme exemple de congruence ayant autant de racines incongrues que d'unités dans son degré, on peut citer la congruence

$$x^{p-1} - 1 \equiv 0 \qquad (\mathrm{mod}\, p)$$

qui, d'après le théorème de Fermat, a pour solutions les nombres $1, 2, \ldots, p-1$.

COROLLAIRE. — On a

$$x^{p-1} - 1 \equiv (x-1)(x-2)\ldots(x-p+1) \qquad (\mathrm{mod}\, p).$$

133. THÉORÈME DE WILSON. — Si dans l'identité précédente, on fait $x = 0$, il vient, en remarquant que p est impair,

$$1.2\ldots(p-1) + 1 \equiv 0 \qquad (\mathrm{mod}\, p),$$

égalité qui constitue le théorème de Wilson.

RÉCIPROQUE DU THÉORÈME DE WILSON. — *Si l'on a*

$$1.2\ldots(p-1) + 1 \equiv 0 \qquad (\mathrm{mod}\, p),$$

le nombre p est premier.

En effet, sinon le nombre p aurait un diviseur plus petit que lui, qui étant contenu comme facteur dans le produit $1.2\ldots(p-1)$ le diviserait; mais ce diviseur devrait aussi diviser $1.2\ldots(p-1)+1$ qui est multiple de p. C'est impossible.

134. Nous venons de dire qu'une congruence de module premier a, au plus, autant de racines qu'il y a d'unités dans son degré.

Mais il y a des congruences qui ont moins de racines que d'unités dans leur degré. Par exemple, on vérifie facilement que la congruence

$$x^2 - 3 \equiv 0 \qquad (\mathrm{mod}\, 7)$$

n'a pas de racines.

À ce propos, on a le théorème suivant :

135. THÉORÈME. — *Soit $\varphi(x)$ un diviseur* $(\mathrm{mod}\, p)$ *de $f(x)$. Si* *la congruence*

$$f(x) \equiv 0 \qquad (\mathrm{mod}\, p)$$

a autant de racines que d'unités dans son degré, il en est de même de la congruence

$$\varphi(x) \equiv 0 \qquad (\mathrm{mod}\, p).$$

En effet, soit $Q(x)$ le quotient de $f(x)$ par $\varphi(x)$. La congruence

$$f(x) \equiv 0 \qquad (\mathrm{mod}\, p)$$

peut s'écrire

$$\varphi(x)\, Q(x) \equiv 0 \qquad (\mathrm{mod}\, p).$$

Le degré de $f(x)$ est la somme des degrés de $\varphi(x)$ et de $Q(x)$. Comme d'ailleurs une racine de $f(x)$ est nécessairement racine soit de $\varphi(x)$, soit de $Q(x)$; si la congruence

$$\varphi(x) \equiv 0 \qquad (\mathrm{mod}\, p)$$

avait moins de racines qu'il n'y a d'unités dans son degré, il faudrait que la congruence

$$Q(x) \equiv 0 \qquad (\mathrm{mod}\, p)$$

en ait plus, ce qui est impossible.

136. Cas particulier. — *Soit d un diviseur de $p-1$, la congruence*

$$x^d - 1 \equiv 0 \qquad (\mathrm{mod}\, p)$$

a d racines. Car on sait que le polynôme $x^d - 1$ est diviseur algébrique du polynôme $x^{p-1} - 1$.

137. *Racines communes à deux congruences.*

Les racines communes à deux congruences sont les racines du plus grand commun diviseur de leurs premiers membres.

138. Corollaire. — *Soit $\varphi(x)$ le plus grand commun diviseur $(\mathrm{mod}\, p)$ d'un polynôme $f(x)$ et du polynôme $x^p - x$.*

$1°$ La congruence $\varphi(x) \equiv 0$ $(\mathrm{mod}\, p)$ a autant de racines qu'il y a d'unités dans son degré; $2°$ ces racines sont toutes les racines de $f(x) \equiv 0$ $(\mathrm{mod}\, p)$.

En effet,

1° $\varphi(x)$ étant un diviseur de $x^p - x$, et la congruence $x^p - x \equiv 0$ $(\bmod\, p)$ ayant autant de racines qu'il y a d'unités dans son degré, il en est de même de la congruence $\varphi(x) \equiv 0$ $(\bmod\, p)$ (n° 135);

2° Tout nombre étant racine de $x^p - x \equiv 0$ $(\bmod\, p)$, toutes les racines de $f(x) \equiv 0$ $(\bmod\, p)$ sont racines communes à cette congruence et à la précédente, donc elles sont racines de $\varphi(x) \equiv 0$.

Ce théorème permet donc de voir combien une congruence a de racines.

139. *Remarque.* — Si la congruence $f(x) \equiv 0$ $(\bmod\, p)$ est de degré supérieur à $p - 1$, la première opération à faire dans la recherche du plus grand commun diviseur $(\bmod\, p)$ de $f(x)$ et de $x^p - x$ consiste dans la division de $f(x)$ par $x^p - x$. Pour trouver simplement le reste de cette division, il suffit de remplacer dans $f(x)$ x^p par x, de façon à rabaisser tous les exposants au-dessous de p.

Exemple. — Soit la congruence

$$x^{11} - 3x^{10} - x^9 + 9x^8 - 6x^7 - x^5$$
$$+ 4x^4 - 2x^3 - 10x^2 + 15x - 6 \equiv 0 \qquad (\bmod\, 7).$$

Je commence par réduire les exposants supérieurs à 6; pour cela je remplace l'exposant 11 par l'exposant 5, l'exposant 10 par l'exposant 4, etc., et j'obtiens la nouvelle congruence

$$x^4 - 3x^3 - x^2 + 9x - 6 \equiv 0 \qquad (\bmod\, 7).$$

Cette congruence n'ayant évidemment pas zéro pour racine, au lieu de chercher le plus grand commun diviseur $(\bmod\, p)$ du premier membre avec $x^7 - x$, il revient au même de le chercher avec $x^6 - 1$, ce qui donne les opérations suivantes :

$$
\begin{array}{l|l|l|l}
 & x^2+3x+3 & 5x+1 & 4x-2 \\
\quad\; -1 & x^4-3x^3-x^2+2x-6 & 3x^3+3x^2-2x+3 & 6x^2-4x-2 \\
\hline
x^5+x^4-2x^3+6x^2 & -x^3+3x^2-x & 2x^2-6x & \\
2x^4+3x^3-6x^2+4x & \overline{} & \overline{} & \\
\hline
x^5+x^3+4x-1 & -4x^3+2x^2+x-6 & 5x^2-x+3 & \\
2x^3+3x^2-6x+4 & 4x^2-5x+4 & x-3 & \\
\hline
3x^3+3x^2-2x+3 & 6x^2-4x-2 & 0 & \\
\end{array}
$$

Le plus grand commun diviseur est $6x^2 - 4x - 2$.

On vérifie facilement que la congruence

$$6x^2 - 4x - 2 \equiv 0 \qquad (\bmod\ 7)$$

a deux racines $x \equiv 1$ et $x \equiv 2$.

§ V. — Congruences binômes. Restes des puissances successives. Racines primitives. Indices.

140. On appelle *congruence binôme* une congruence de la forme

$$x^n \equiv a \qquad (\bmod\ p).$$

Le cas particulier où $a \equiv 0$ se traite immédiatement. Dans ce cas, la congruence a une solution et une seule : $x \equiv 0$.

141. Examinons maintenant le cas de $a \equiv 1$. La congruence devient alors

$$(16) \qquad\qquad x^n \equiv 1 \qquad (\bmod\ p).$$

On sait que toutes les racines de la congruence (16) sont racines de la congruence obtenue en égalant à zéro le plus grand commun diviseur $(\bmod\ p)$ de $x^n - 1$ et de $x^{p-1} - 1$, cette dernière ayant d'ailleurs autant de racines distinctes qu'il y a d'unités dans son degré (n° 138).

Or si l'on cherche le plus grand commun diviseur par la méthode des divisions successives, on voit facilement qu'il est égal à $x^\delta - 1$, δ étant le plus grand commun diviseur de n et $p - 1$. (D'une façon plus générale, le plus grand commun diviseur $(\bmod\ p)$ de $x^r - 1$ et $x^s - 1$ est $x^d - 1$, d étant le plus grand commun diviseur de r et s; il est identique au plus grand commun diviseur *algébrique*, et est indépendant de p.)

Donc la congruence $x^n - 1 \equiv 0$ $(\bmod\ p)$ a δ racines distinctes qui sont les racines de $x^\delta - 1 \equiv 0$ $(\bmod\ p)$.

142. Nous sommes ainsi ramenés à n'étudier, parmi les congruences de la forme (16), que celles dont l'exposant est un diviseur δ de $p - 1$, et qui ont δ racines distinctes.

Parmi ces δ racines, il y en a qui sont en même temps racines de congruences de même forme, mais de degré inférieur.

Considérons en effet la congruence

$$x^{\delta'} - 1 \equiv 0 \qquad (\mathrm{mod}\, p),$$

δ' étant un diviseur de δ. Toute racine α de cette congruence est aussi racine de la congruence

$$(17) \qquad\qquad x^{\delta} - 1 \equiv 0;$$

car on a, par hypothèse,

$$\alpha^{\delta'} \equiv 1 \qquad (\mathrm{mod}\, p),$$

d'où, en élevant les deux membres à la puissance $\dfrac{\delta}{\delta'}$,

$$\alpha^{\delta} \equiv 1 \qquad (\mathrm{mod}\, p).$$

Réciproquement, *toute racine de la congruence* (17), *qui est en même temps racine d'une congruence de même forme, mais de degré inférieur*

$$x^{r} - 1 \equiv 0$$

est aussi racine d'une congruence de même forme mais dont l'exposant est un diviseur de δ, plus petit que δ.

En effet, une telle racine est en même temps racine de la congruence obtenue en égalant à zéro le plus grand commun diviseur des polynômes $x^{\delta} - 1$ et $x^{r} - 1$. Or nous avons vu que ce polynôme est $x^{\delta'} - 1$, δ' étant le plus grand commun diviseur de r et δ, et par suite δ' étant un diviseur de δ plus petit que δ.

143. *Racines primitives.* — On peut donc diviser les racines de la congruence $x^{\delta} - 1 \equiv 0$ en deux catégories : 1° celles qui ne sont racines d'aucune congruence de même forme, mais de degré inférieur, et qu'on appelle racines *primitives;* 2° celles qui sont racines de congruences de même forme et de degré inférieur, et qu'on appelle racines *non primitives.*

144. *Nombre des racines primitives de la congruence* $x^{\delta} - 1 \equiv 0$ (mod p). — Soit $\delta = a^{\alpha} b^{\beta} \ldots l^{\lambda}$, la décomposition de δ en facteurs premiers. Je ferai d'abord la remarque suivante : à savoir que le plus grand commun diviseur des deux nombres $\dfrac{\delta}{a}$,

$\frac{\delta}{b}$, par exemple, est $\frac{\delta}{ab}$. En effet, si l'on divise $\frac{\delta}{a}$ et $\frac{\delta}{b}$ par $\frac{\delta}{ab}$, on trouve comme quotients b et a qui sont premiers entre eux.

Ce résultat se généralise. Le plus grand commun diviseur des quatre nombres $\frac{\delta}{a}$, $\frac{\delta}{b}$, $\frac{\delta}{c}$, $\frac{\delta}{d}$, par exemple, est $\frac{\delta}{abcd}$. En effet, le plus grand commun diviseur de $\frac{\delta}{a}$ et $\frac{\delta}{b}$ est $\frac{\delta}{ab}$, comme on vient de le voir; ensuite, le plus grand commun diviseur de $\frac{\delta}{ab}$ et $\frac{\delta}{c}$ est $\frac{\delta}{abc}$, parce que si l'on divise $\frac{\delta}{ab}$ et $\frac{\delta}{c}$ par $\frac{\delta}{abc}$, on trouve comme quotients c et ab qui sont premiers entre eux; et ainsi de suite.

On déduit de ce qui précède que les racines communes aux congruences $x^{\frac{\delta}{a}} - 1 \equiv 0$, $x^{\frac{\delta}{b}} - 1 \equiv 0$, $x^{\frac{\delta}{c}} - 1 \equiv 0$, $x^{\frac{\delta}{d}} - 1 \equiv 0$ sont les racines de la congruence $x^{\frac{\delta}{abcd}} - 1 \equiv 0$.

Ceci posé, la congruence $x^{\delta} - 1 \equiv 0 \,(\mathrm{mod}\, p)$ a en tout δ racines.

Celles de ces racines qui ne sont pas primitives sont racines de l'une des congruences

$$x^{\frac{\delta}{a}} - 1 \equiv 0, \qquad x^{\frac{\delta}{b}} - 1 \equiv 0, \qquad \dots, \qquad x^{\frac{\delta}{l}} - 1 \equiv 0.$$

Supposons écrites les δ racines de la congruence $x^{\delta} - 1 \equiv 0$ dans une suite S, et de cette suite barrons successivement les racines de la congruence $x^{\frac{\delta}{a}} - 1 \equiv 0$, puis celles de la congruence $x^{\frac{\delta}{b}} - 1 \equiv 0$, ...; il ne restera plus qu'à voir combien il reste de racines dans la suite.

Or les racines de la congruence $x^{\frac{\delta}{a}} - 1 \equiv 0$ sont au nombre de $\frac{\delta}{a}$; si on les barre dans la suite S, il reste dans cette suite

$$\delta - \frac{\delta}{a} = \delta\left(1 - \frac{1}{a}\right) \text{ racines.}$$

Les racines de la congruence $x^{\frac{\delta}{b}} - 1 \equiv 0$ sont de même au nombre de $\frac{\delta}{b}$. Mais certaines d'entre elles ont déjà été barrées comme racines de la congruence $x^{\frac{\delta}{a}} - 1 \equiv 0$; il faut donc commencer par barrer dans la suite des racines de la congruence $x^{\frac{\delta}{b}} - 1 \equiv 0$ celles qui sont racines de $x^{\frac{\delta}{a}} - 1 \equiv 0$.

Or ces racines communes aux deux congruences sont racines de $x^{\frac{\delta}{ab}} - 1 \equiv 0$; leur nombre est donc $\frac{\delta}{ab}$, et après les avoir barrées dans la suite des racines de la congruence $x^{\frac{\delta}{b}} - 1 \equiv 0$, il ne restera plus que $\frac{\delta}{b} - \frac{\delta}{ab}$ ou $\frac{\delta}{b}\left(1 - \frac{1}{a}\right)$ racines dans cette suite.

Ce sont celles qu'il faut barrer parmi les $\delta\left(1 - \frac{1}{a}\right)$ racines qui restent dans la suite S. Le nombre des racines restant dans cette suite est alors

$$\delta\left(1 - \frac{1}{a}\right) - \frac{\delta}{b}\left(1 - \frac{1}{a}\right),$$

ou

$$\delta\left(1 - \frac{1}{a}\right)\left(1 - \frac{1}{b}\right).$$

Il faut maintenant barrer les racines de la congruence $x^{\frac{\delta}{c}} - 1 \equiv 0$ qui n'ont pas encore été barrées comme racines de l'une des congruences $x^{\frac{\delta}{a}} - 1 \equiv 0$, $x^{\frac{\delta}{b}} - 1 \equiv 0$.

En définitive, le raisonnement et le calcul se poursuivent absolument comme on l'a fait au n° 71, et l'on trouve

$$\delta\left(1 - \frac{1}{a}\right)\left(1 - \frac{1}{b}\right) \cdots \left(1 - \frac{1}{l}\right),$$

ou $\varphi(\delta)$ racines primitives de la congruence $x^{\delta} - 1 \equiv 0 \pmod{p}$.

143. *Autre démonstration de ce résultat.* — Voici de ce résultat une autre démonstration, dont le principe est dû à Gauss. Nous la diviserons en plusieurs points :

I. Soit α une racine de la congruence

$$(18) \qquad\qquad x^{\delta} - 1 \equiv 0 \qquad \pmod{p}.$$

Il en résulte que α^{δ} est congru à $1 \pmod{p}$. De plus, si α est racine primitive de la congruence, δ sera le plus petit exposant tel que α^{δ} soit congru à 1, et réciproquement.

II. *Tout nombre α non congru à zéro* (mod p) *est racine d'une congruence de la forme* (18), δ *étant un diviseur* *de* $p - 1$. — En effet, d'après le théorème de Fermat, α est racine de la congruence $x^{p-1} - 1 \equiv 0$; donc ou bien α est racine primitive de cette congruence-là, ou bien il est racine de congruences de même forme, mais de degrés inférieurs. Comme d'ailleurs, nécessairement, il y a un minimum à ce degré, α est certainement racine primitive d'une de ces congruences.

III. *Si des nombres* α, β, γ *sont racines de la congruence* $x^{\delta} - 1 \equiv 0$, *leur produit* $\alpha\beta\gamma$ *est racine de la même congruence.*

Car si l'on a

$$\alpha^{\delta} \equiv 1, \qquad \beta^{\delta} \equiv 1, \qquad \gamma^{\delta} \equiv 1,$$

on en déduit, en multipliant ces congruences membres à membres,

$$(\alpha\beta\gamma)^{\delta} \equiv 1.$$

Donc $\alpha\beta\gamma$ est aussi racine de la congruence.

CAS PARTICULIER. — *Si un nombre* α *est racine de la congruence* $x^{\delta} - 1 \equiv 0$, *toute puissance de cette racine l'est aussi.*

IV. *Si la racine* α *de la congruence* $x^{\delta} - 1 \equiv 0$ *est une racine primitive, les puissances d'exposants* $1, 2, \ldots, \delta$ *de cette racine reproduisent toutes les racines de la congruence.*

En effet, les nombres

$$(19) \qquad \alpha, \quad \alpha^2, \quad \alpha^3, \quad \ldots, \quad \alpha^{\delta},$$

sont tous racines de la congruence. Comme ils sont au nombre de δ, si l'on démontre que deux d'entre eux sont incongrus $(\bmod\, p)$ le théorème sera démontré. Or, si l'on avait

$$\alpha^r \equiv \alpha^{r'} \qquad (\bmod\, p),$$

on en déduirait

$$\alpha^{r-r'} \equiv 1 \qquad (\bmod\, p).$$

Alors δ ne serait pas le plus petit exposant tel que α^{δ} soit congru à $1\,(\bmod\, p)$.

V. *Si l'on considère la suite indéfinie dans les deux sens des puissances de* α, α *étant une racine primitive de la congruence* $x^{\delta} - 1 \equiv 0$, *cette suite forme une suite périodique, le nombre des termes de la période étant* δ, *et deux termes de*

C.   6

même rang dans deux périodes différentes étant congrus (mod p).

En particulier, les puissances qui sont congrues à 1 sont celles dont l'exposant est divisible par δ.

Ceci résulte évidemment de ce qui précède.

VI. *Si la congruence $x^\delta - 1 \equiv 0$ a une racine primitive, elle en a $\varphi(\delta)$.* — En effet, les nombres (19) représentant toutes les racines de la congruence, cherchons la condition pour qu'un de ces nombres α^r soit racine primitive.

Il faut pour cela et il suffit que, dans la suite des puissances de α^r, la première qui soit congrue à 1 (mod p) soit d'exposant δ.

Il faut donc et il suffit que la plus petite valeur positive de ξ qui satisfasse à la condition

$$(20) \qquad \alpha^{r\xi} \equiv 1 \qquad (\bmod\ p)$$

soit $\xi = \delta$.

Mais puisque α est racine primitive de la congruence $x^\delta - 1 \equiv 0$, la condition (20) peut être remplacée par la suivante : à savoir que $r\xi$ soit divisible par δ.

Or, pour que la plus petite valeur de ξ qui satisfasse à cette condition soit $\xi = \delta$ il faut et il suffit que r soit premier avec δ.

En résumé, il y a dans la suite (19) autant de racines primitives qu'il y a dans la suite des exposants $1, 2, \ldots, \delta$ de nombres premiers à δ.

Or il y en a $\varphi(\delta)$.

VII. *La congruence $x^\delta - 1 \equiv 0$ a $\varphi(\delta)$ racines primitives.* — Nous avons seulement démontré que cette congruence a zéro ou $\varphi(\delta)$ racines. Il reste à démontrer qu'elle en a effectivement $\varphi(\delta)$.

Or, soient

$$1, \ \delta, \ \delta', \ \ldots, \ p-1,$$

les diviseurs de $p-1$.

Parmi les $p-1$ nombres non congrus à zéro, et incongrus deux à deux (mod p), parmi les nombres $1, 2, \ldots, p-1$ par

exemple, supposons qu'il y en ait

n_1 qui soient racines primitives de la congruence $x \quad -1 \equiv 0,$

n_δ » $x^\delta \quad -1 \equiv 0,$

$n_{\delta'}$ » $x^{\delta'} \quad -1 \equiv 0,$

. . . . ;

n_{p-1} » $x^{p-1} - 1 \equiv 0.$

D'après ce qu'on a dit plus haut, les $p-1$ nombres considérés sont tous compris dans cette énumération. Donc

$$n_1 + n_\delta + n_{\delta'} + \ldots + n_{p-1} = p - 1.$$

D'autre part

$$
\begin{aligned}
n_1 &= 0 \quad \text{ou} \quad n_1 &= \varphi(1), \\
n_\delta &= 0 \quad \text{ou} \quad n_\delta &= \varphi(\delta), \\
n_{\delta'} &= 0 \quad \text{ou} \quad n_{\delta'} &= \varphi(\delta'), \\
&\ldots \\
n_{p-1} &= 0 \quad \text{ou} \quad n_{p-1} &= \varphi(p-1).
\end{aligned}
$$

Or

$$\varphi(1) + \varphi(\delta) + \ldots + \varphi(p-1) = p - 1,$$

et, comme on l'a dit plus haut,

$$n_1 + n_\delta + n_{\delta'} + \ldots + n_{p-1} = p - 1.$$

Donc, si un seul des nombres $n_1, n_\delta, \ldots, n_{p-1}$ était nul, leur somme ne pourrait être égale à $p-1$.

Donc

$$n_1 = \varphi(1), \qquad n_\delta = \varphi(\delta), \qquad n_{\delta'} = \varphi(\delta'), \qquad \ldots, \qquad n_{p-1} = \varphi(p-1).$$

C'est ce qu'il fallait démontrer.

146. *Racines primitives du nombre premier p.* — En particulier, il existe $\varphi(p-1)$ racines primitives de la congruence

$$x^{p-1} - 1 \equiv 0 \qquad (\mathrm{mod}\ p).$$

Ces racines primitives sont dites *racines primitives du nombre premier p.*

147. **Théorème.** — *Si α est une racine de la congruence $x^\delta - 1 \equiv 0$ et α' une racine de la congruence $x^{\delta'} - 1 \equiv 0$, $\alpha\alpha'$ est racine de la congruence $x^{\delta\delta'} - 1 \equiv 0$.*

En effet, des congruences

$$\alpha^\delta \equiv 1, \qquad \alpha'^{\delta'} \equiv 1,$$

on déduit facilement

$$(\alpha\alpha')^{\delta\delta'} \equiv 1.$$

148. THÉORÈME. — *Si α est racine primitive de la congruence $x^\delta - 1 \equiv 0$ et α' racine primitive de la congruence $x^{\delta'} - 1 \equiv 0$ et que δ et δ' soient premiers entre eux, $\alpha\alpha'$ est racine primitive de la congruence $x^{\delta\delta'} - 1 \equiv 0$.*

En effet, supposons que $\alpha\alpha'$ soit racine de la congruence

$$x^h - 1 \equiv 0 \qquad (\bmod\, p).$$

On a donc

$$(\alpha\alpha')^h \equiv 1,$$

ou en élevant les deux membres à la puissance δ

$$\alpha^{\delta h}\, \alpha'^{\delta h} \equiv 1.$$

Mais $\alpha^{\delta h}$ est congru à 1. Donc la condition précédente peut s'écrire

$$\alpha'^{\delta h} \equiv 1.$$

Or puisque α' est racine primitive de la congruence $x^{\delta'} - 1 \equiv 0$, ceci exige que δh soit un multiple de δ', et, puisque δ et δ' sont premiers entre eux, ceci exige enfin que h soit un multiple de δ.

On verrait de même que h est un multiple de δ'.

h étant un multiple commun de δ et δ' qui sont premiers entre eux, h est multiple de $\delta\delta'$. Donc la plus petite valeur possible de h est égale à $\delta\delta'$.

Donc $\alpha\alpha'$ est racine primitive de la congruence

$$x^{\delta\delta'} - 1 \equiv 0.$$

149. *Restes des puissances successives d'un nombre par rapport à un module premier.* — Les résultats précédents peuvent s'énoncer autrement.

Soit α un nombre quelconque non divisible par un module premier p. Considérons la suite indéfinie des puissances de α,

$$\alpha, \quad \alpha^2, \quad \ldots, \quad \alpha^\delta, \quad \alpha^{\delta+1} \ldots,$$

et divisons-les par p, elles donnent des restes dont aucun n'est nul et qui sont par conséquent certains des nombres $1, 2, \ldots, p — 1$. Soient

$$r_1, \quad r_2, \quad \ldots \quad r_\delta, \quad r_{\delta+1}, \quad \ldots$$

ces restes.

Nous avons vu qu'il existe toujours une congruence $x^\delta — 1 \equiv 0$ dont α est racine primitive.

Les nombres $\alpha, \alpha^2, \ldots, \alpha^\delta$ sont alors incongrus deux à deux, le dernier de ces nombres étant congru à 1. De plus on a vu que ces puissances forment une suite périodique de δ termes, deux termes dont les rangs diffèrent d'un multiple de δ étant congrus $(\operatorname{mod} p)$.

Donc, *les restes $r_1, r_2, \ldots, r_\delta$ sont inégaux, le dernier étant égal à 1. La suite indéfinie des restes est une suite périodique de δ termes, deux termes dont les rangs diffèrent d'un multiple de δ étant égaux.*

Ce nombre δ, qui est un diviseur de $p — 1$, est dit l'*exposant auquel appartient α par rapport au module premier p.*

Il existe $\varphi(\delta)$ nombres incongrus deux à deux $(\operatorname{mod} p)$ et appartenant à l'exposant δ.

En particulier, les *racines primitives* du nombre p sont les nombres qui appartiennent à l'exposant $p — 1$. Il y en a $\varphi(p — 1)$ incongrues deux à deux. On peut les choisir parmi les nombres $1, 2, \ldots, p — 1$.

Le théorème du n° 148 peut s'énoncer ainsi : *Si deux nombres α, α' appartiennent à deux exposants δ, δ', premiers entre eux, le nombre $\alpha\alpha'$ appartient à l'exposant $\delta\delta'$.*

150. *Indices.* — De la théorie précédente de la congruence $x^n — 1 \equiv 0$, nous allons déduire une nouvelle notion, celle d'indices, qui nous servira ensuite dans la considération de l'équation binôme la plus générale $x^n — a \equiv 0$.

Soit g une racine primitive de p. Les nombres

$$(21) \qquad 1, \quad g, \quad g^2, \quad \ldots \quad g^{p-2}$$

sont congrus $(\operatorname{mod} p)$, à l'ordre près, aux nombres

$$1, \quad 2, \quad \ldots, \quad p — 1.$$

Par suite, soit a un nombre quelconque, non divisible par p.

Il existe un des nombres de la suite (21), et un seul, qui est congru à $a \pmod p$. Soit g^α ce nombre, α est dit *l'indice* de a dans le système d'indices de *base g* et de *module p*.

On remarquera l'analogie de cette définition, avec celle des logarithmes.

On désignera l'indice de a dans le système de base g par la notation $\operatorname{ind}_g a$.

151. Théorème. — *Soit α l'indice d'un nombre a; soit δ le plus grand commun diviseur de α et de $p - 1$; je dis que a appartient à l'exposant $\dfrac{p-1}{\delta}$.*

En effet, on a
$$a \equiv g^\alpha \pmod p.$$

Donc
$$a^r \equiv g^{r\alpha} \pmod p,$$
quel que soit r.

Donc pour que a^r soit congru à 1, il faut et il suffit que $r\alpha$ soit divisible par $p - 1$, c'est-à-dire que l'on ait
$$r\alpha \equiv 0 \quad [\bmod(p-1)]$$
ou
$$r\frac{\alpha}{\delta} \equiv 0 \left(\bmod \frac{p-1}{\delta}\right).$$

Or, $\dfrac{\alpha}{\delta}$ étant premier avec $\dfrac{p-1}{\delta}$, la première valeur de r pour laquelle cette condition a lieu est $r = \dfrac{p-1}{\delta}$, ce qui démontre le théorème.

En particulier, les racines primitives sont les nombres dont l'indice est premier avec $p - 1$. Ainsi : *Connaissant une racine primitive, on les a toutes en élevant la première à des puissances dont les exposants sont premiers avec $p - 1$.* (C'est le théorème VI du n° 143.)

152. Voici maintenant des propriétés des indices qui montrent leurs analogies avec les logarithmes :

Théorème. — *L'indice d'un produit de facteurs est congru $[\bmod (p - 1)]$, à la somme des indices des facteurs.*

En effet, soient a, a', a'' des facteurs; α, α', α'' leurs indices.
Soit λ l'indice du produit. On a

$$a \equiv g^{\alpha} \qquad (\bmod p),$$
$$a' \equiv g^{\alpha'} \qquad (\bmod p),$$
$$a'' \equiv g^{\alpha''} \qquad (\bmod p).$$

Donc

$$aa'a'' \equiv g^{\alpha+\alpha'+\alpha''} \qquad (\bmod p).$$

Mais, d'autre part,

$$aa'a'' \equiv g^{\lambda} \qquad (\bmod p).$$

Donc

$$g^{\alpha+\alpha'+\alpha''} \equiv g^{\lambda} \qquad (\bmod p),$$

ce qui entraîne

$$\alpha + \alpha' + \alpha'' \equiv \lambda \qquad [\bmod (p-1)],$$

ce qui démontre le théorème.

153. Corollaires. — *L'indice de la puissance $m^{ième}$ d'un nombre est congru* $[\bmod (p-1)]$ *à m fois l'indice de ce nombre.*

154. *L'indice du quotient* $(\bmod p)$ *de deux nombres est congru* $[\bmod(p-1)]$ *à l'indice du dividende diminué de l'indice du diviseur.*

155. *Changement de base.* — Soient α l'indice d'un nombre a dans le système de base g, α' l'indice du même nombre dans le système de base g'. On a donc

$$(22) \qquad\qquad g^{\alpha} \equiv g'^{\alpha'} \qquad (\bmod p).$$

Soit γ l'indice de g' dans le système de base g. On a

$$g' \equiv g^{\gamma} \qquad (\bmod p).$$

Donc l'égalité (22) peut s'écrire

$$g^{\alpha} \equiv g^{\gamma\alpha'} \qquad (\bmod p),$$

d'où

$$\gamma\alpha' \equiv \alpha \qquad [\bmod (p-1)].$$

Telle est la relation par laquelle on calculera l'indice α', connaissant l'indice α.

En particulier, si $a = g$ on a $\alpha = 1$, et d'autre part α' est l'indice de g dans le système de base g'. On a donc la relation

$$\operatorname{ind} g_{g'} \times \operatorname{ind} g'_g \equiv 1 \qquad [\operatorname{mod}(p-1)].$$

156. *Application à la congruence binôme générale.*— Nous allons maintenant étudier la congruence binôme générale

$$(23) \qquad\qquad x^n \equiv a \qquad (\operatorname{mod} p).$$

Cherchons la condition nécessaire et suffisante pour que cette congruence ait des solutions, et combien elle en a.

Si $a \equiv 0$, comme nous l'avons déjà dit, la congruence a une solution et une seule, $x \equiv 0$.

Soit maintenant $a \not\equiv 0$.

Dans ce cas, la considération des indices va nous permettre de ramener l'étude de la congruence binôme à celle d'une congruence du premier degré. Prenons en effet les indices (dans une base quelconque) des deux membres de la congruence (23); il vient

$$(24) \qquad\qquad n \operatorname{ind} x \equiv \operatorname{ind} a \qquad [\operatorname{mod}(p-1)].$$

Soit δ le plus grand commun diviseur de n et de $p-1$. Si δ divise $\operatorname{ind} a$, la congruence (24), dans laquelle on considère $\operatorname{ind} x$ comme l'inconnue, a δ solutions, et il en est de même de la congruence proposée. Si δ ne divise pas $\operatorname{ind} a$, la congruence (24) est impossible et il en est de même de la proposée.

La condition qu'on vient de trouver, à savoir que δ divise $\operatorname{ind} a$, peut s'énoncer autrement. En effet, divisons $\operatorname{ind} a$ par δ, soient k le quotient et r le reste,

$$\operatorname{ind} a = k\delta + r \qquad 0 \leqq r < \delta.$$

Donc

$$a \equiv g^{k\delta+r}, \qquad (\operatorname{mod} p),$$

en appelant g la base du système d'indices.

On en tire

$$a^{\frac{p-1}{\delta}} \equiv g^{k(p-1)+\frac{r(p-1)}{\delta}} \equiv g^{\frac{r(p-1)}{\delta}} \qquad (\operatorname{mod} p).$$

Si δ est un diviseur de $\operatorname{ind} a$, r est égal à zéro. Par suite l'égalité précédente donne

$$a^{\frac{p-1}{\delta}} \equiv 1 \qquad (\operatorname{mod} p).$$

Si au contraire δ ne divise pas ind a, r n'est pas nul, et comme r est plus petit que δ, on a

$$\frac{r(p-1)}{\delta} < p-1.$$

Donc

$$a^{\frac{p-1}{\delta}} \equiv g^{\frac{r(p-1)}{\delta}} \not\equiv 1 \qquad (\text{mod } p).$$

Ainsi *la condition nécessaire et suffisante pour que la congruence*

$$x^n \equiv a \qquad (\text{mod } p)$$

soit possible, est que l'on ait

$$(25) \qquad a^{\frac{p-1}{\delta}} \equiv 1 \qquad (\text{mod } p),$$

en désignant par δ le plus grand commun diviseur de n et de $p-1$.

Quand la congruence est possible elle a d'ailleurs δ solutions.

157. *Définition.* — Un nombre a tel que la congruence

$$x^n \equiv a \qquad (\text{mod } p)$$

soit possible s'appelle un *reste de puissance $n^{\text{ième}}$* par rapport au module p. Ces nombres sont les solutions de la congruence

$$a^{\frac{p-1}{\delta}} \equiv 1 \qquad (\text{mod } p)$$

(non compté le reste o. D'ailleurs, ce reste joue un rôle particulier et il sera souvent sous-entendu qu'on ne s'occupe pas de lui).

Il y en a donc $\frac{p-1}{\delta}$.

On a vu plus haut que, lorsque la congruence $x^n \equiv a \,(\text{mod } p)$ est possible, l'indice de a est un multiple de δ. On peut donc encore dire :

Soit g une racine primitive de p, les restes des puissances $n^{\text{ièmes}}$ sont les nombres g^{δ}, $g^{2\delta}$, $\ldots$, $g^{\frac{p-1}{\delta}\delta}$ (non compté le reste o).

158. *Cas particulier.* — Si $n = 2$ les nombres tels que la congruence

$$x^2 \equiv a \qquad (\mathrm{mod}\, p)$$

soit possible s'appellent *restes quadratiques* relativement au module p.

Si $p \not= 2$, $p - 1$ est pair, donc δ est égal à 2. Donc il y a $\frac{p-1}{2}$ restes quadratiques; ce sont les nombres a tels que

$$a^{\frac{p-1}{2}} \equiv 1 \qquad (\mathrm{mod}\, p)$$

et a étant l'un de ces restes, la congruence

$$x^2 \equiv a \qquad (\mathrm{mod}\, p)$$

a deux racines incongrues.

Ces restes quadratiques peuvent d'ailleurs être représentés par

$$g^2, \quad g^4, \quad \ldots, \quad g^{2\frac{p-1}{2}}.$$

159. *Calcul des racines primitives et des indices.* — La considération des indices qui nous a servi à trouver la condition pour qu'une congruence binôme soit possible sert aussi à résoudre effectivement cette congruence.

Il faut, pour cela, posséder une Table des indices des nombres $1, 2, \ldots, p - 1$ par rapport au nombre premier p et à une certaine racine primitive de ce module.

La première chose à faire est donc de calculer une racine primitive du nombre p. D'ailleurs quand on en a une on les a toutes, d'après la conséquence du théorème du n° 151.

160. *Recherche d'une racine primitive du nombre p.* — La méthode consiste à chercher des nombres successifs, appartenant à des exposants de plus en plus grands, jusqu'à ce qu'on arrive à un nombre d'exposant $p - 1$.

On essaye un nombre α plus grand que 1 et plus petit que p. Pour cela on forme la suite des puissances de α, en réduisant chacune, pour plus de simplicité, au reste de sa division par p ou à son reste minimum; et l'on voit quel est le premier reste égal à 1. Soit δ le rang de ce reste, δ est l'exposant auquel appartient α.

Si $\delta = p - 1$, α est racine primitive et le problème est résolu.

Si δ n'est pas égal à $p - 1$, α n'est pas racine primitive. Aucun des restes obtenus ne l'est non plus, car ces restes étant congrus aux puissances de α constituent avec α toutes les racines de la congruence $x^\delta - 1 \equiv 0$. Ils sont donc d'un exposant au plus égal à δ.

Choisissons donc un nombre β qui ne soit égal à aucun des restes précédents, et essayons-le de la même manière que α. Si β est racine primitive, le problème est résolu. Sinon, supposons qu'il appartienne à l'exposant δ'. Le nombre δ' n'est certainement pas un diviseur de δ, car alors β serait racine de la congruence $x^\delta - 1 \equiv 0$, et par suite serait l'un des restes fournis par les puissances de α, ce qui n'est pas.

Mais δ' peut être un multiple de δ. S'il en est ainsi, nous avons trouvé un nombre appartenant à un exposant supérieur au précédent.

Supposons enfin que δ' ne soit pas un multiple de δ. Soit m le plus petit commun multiple de δ' et δ; ce nombre m n'est pas égal à δ, puisque δ' n'est pas un diviseur de δ : il est donc plus grand que δ. Nous allons trouver un nombre d'exposant égal à m. A cet effet, décomposons m en deux facteurs qui soient respectivement des diviseurs de δ et δ' et qui soient premiers entre eux. Soit

$$m = \frac{\delta}{\varepsilon} \times \frac{\delta'}{\varepsilon'},$$

$\frac{\delta}{\varepsilon}$ et $\frac{\delta'}{\varepsilon'}$ étant premiers entre eux.

Pour réaliser une telle décomposition de m, on décomposera δ et δ' en facteurs premiers, puis on supprimera dans δ les facteurs premiers communs à δ et δ' qui se trouvent dans δ avec un plus petit exposant que dans δ'; et dans δ' les facteurs premiers communs à δ et δ' qui se trouvent dans δ' avec un plus petit exposant que dans δ. Si un facteur premier se trouve dans δ et δ' avec le même exposant, on le supprime dans celui de ces deux nombres que l'on veut.

Ceci posé, considérons les nombres α^ε et $\beta^{\varepsilon'}$ (ou les restes de leurs divisions par p). Ils appartiennent respectivement aux exposants $\frac{\delta}{\varepsilon}$ et $\frac{\delta'}{\varepsilon'}$ premiers entre eux.

Donc leur produit $\alpha^\varepsilon \beta^{\varepsilon'}$ (ou le reste de sa division par p) appartient à un exposant égal à leur produit, c'est-à-dire égal à m.

Le problème peut donc être considéré comme résolu.

·161. *Exemple.* — Trouver une racine primitive du nombre 157. Nous essayons 2, nous trouvons la période suivante :

2	4	8	16	32	64	128	99	41	82	7	14	28
56	112	67	134	111	65	130	103	49	98	39	78	156
—2	—4	..	...	...	..	...	...	..	..	..	..	...

Le calcul est ici simplifié par le fait que le vingt-sixième reste est 156 qui est congru à —1 (mod 157). Le reste suivant sera donc congru à —2, le suivant à —4, etc.; on retrouvera les restes précédents changés de signe, jusqu'au 52e qui sera congru à 1.

Ainsi 2 appartient à l'exposant 52.

Le nombre 3 n'est pas contenu dans les restes précédents. Essayons-le. Nous trouvons la période

3	9	27	81	86	101	146	124	58	17	51	153	145
121	49	141	127	67	44	132	82	89	110	16	48	144
118	40	120	46	138	100	143	115	31	93	122	52	156
—3	—9	...	...	...	...	...	...	..	...	...	..	...

Le calcul se simplifie pour la même raison que le précédent; 3 appartient à l'exposant 78.

Or on a
$$52 = 2^2 \times 13,$$
$$78 = 2 \times 3 \times 13.$$

Le plus petit multiple commun de 52 et 78 est $156 = 2^2 \times 3 \times 13$, qu'on peut décomposer de la façon suivante en deux facteurs premiers entre eux et respectivement diviseurs de 52 et 78 :

$$156 = \frac{2^2 \times 13}{13} \times \frac{2 \times 3 \times 13}{2} = \frac{52}{13} \times \frac{78}{2}.$$

Les nombres 2^{13} et 3^2 appartiennent donc respectivement aux exposants $\frac{52}{13}$ et $\frac{78}{2}$, et leur produit $2^{13} \times 3^2$ appartient à l'exposant 156, c'est-à-dire que c'est une racine primitive.

INDICES. 93

D'ailleurs les calculs précédents ont montré que $2^{13} \equiv 28$ mod 157).

On obtient donc la racine primitive

$$28 \times 9 = 212 \equiv 55 \qquad (\text{mod } 157).$$

Maintenant que nous avons la racine primitive 55, si nous l'élevons successivement aux puissances $1, 2, \ldots, 156$ et que nous remplacions les restes obtenus par leurs restes (mod 157) nous obtenons les résultats suivants :

Exposants ou indices.		Exposants ou indices.		Exposants ou indices.		Exposants ou indices.		Exposants ou indices.		Exposants ou indices.	
1	55	27	125	53	70	79	102	105	32	131	87
2	42	28	124	54	82	80	115	106	33	132	75
3	112	29	69	55	114	81	45	107	88	133	43
4	37	30	27	56	147	82	120	108	130	134	10
5	151	31	72	57	78	83	6	109	85	135	79
6	141	32	35	58	51	84	16	110	122	136	106
7	62	33	41	59	136	85	95	111	116	137	21
8	113	34	57	60	101	86	44	112	100	138	56
9	92	35	152	61	60	87	65	113	5	139	97
10	36	36	39	62	3	88	121	114	118	140	154
11	96	37	104	63	8	89	61	115	53	141	149
12	99	38	68	64	126	90	58	116	89	142	31
13	107	39	129	65	22	91	50	117	28	143	135
14	76	40	30	66	111	92	81	118	127	144	46
15	98	41	80	67	139	93	59	119	77	145	18
16	52	42	4	68	109	94	105	120	153	146	48
17	34	43	63	69	29	95	123	121	94	147	128
18	143	44	11	70	25	96	14	122	146	148	132
19	15	45	134	71	119	97	142	123	23	149	38
20	40	46	148	72	108	98	117	124	9	150	49
21	2	47	133	73	131	99	155	125	24	151	26
22	110	48	93	74	140	100	47	126	64	152	17
23	84	49	91	75	7	101	73	127	66	153	150
24	67	50	138	76	71	102	90	128	19	154	86
25	74	51	54	77	137	103	83	129	103	155	20
26	145	52	144	78	156	104	12	130	13	156	1

Les nombres de gauche sont les indices des nombres de droite.

162. D'autres simplifications que celles qu'on vient de voir se présentent quelquefois dans le calcul.

En voici par exemple une, reposant sur le théorème suivant :

THÉORÈME. — *Si le nombre premier p est de la forme $4h - 1$, et que le nombre a appartienne, relativement à p, à l'exposant $\frac{p-1}{2}$, le nombre $(-a)$ est racine primitive.*

En effet, soit s l'exposant auquel appartient le nombre $-a$. On a

$$(-a)^s \equiv 1 \qquad (\bmod\ p),$$

d'où

$$a^s \equiv (-1)^s,$$

et par suite

$$a^{2s} \equiv 1.$$

Or a appartient à l'exposant $\frac{p-1}{2}$.

Donc $2s$ est un multiple de $\frac{p-1}{2}$.

Mais $\frac{p-1}{2} = 2h - 1$ est impair. Donc s est aussi un multiple de $\frac{p-1}{2}$.

Donc l'exposant s est égal à $\frac{p-1}{2}$ ou à $p - 1$.

Mais s n'est pas égal à $\frac{p-1}{2}$, car si l'on avait

$$(-a)^{\frac{p-1}{2}} \equiv 1 \qquad (\bmod\ p),$$

on en déduirait

$$a^{\frac{p-1}{2}} \equiv (-1)^{\frac{p-1}{2}} \equiv (-1)^{2h-1} \equiv -1,$$

de sorte que a n'appartiendrait pas à l'exposant $\frac{p-1}{2}$.

Donc $s = p - 1$, ce qu'il fallait démontrer.

Exemple. — Soit à chercher une racine primitive du nombre 191. Essayons 2, nous obtenons la suite des restes :

2	4	8	16	32	64	128	65	130	69	138	85	170
149	107	23	46	92	184	177	163	135	79	158	125	59
118	45	90	180	169	147	103	15	30	60	120	49	98
5	10	20	40	80	160	129	67	134	77	154	117	43
86	172	153	115	39	78	156	121	51	102	13	26	52
104	17	34	68	136	81	162	133	75	150	109	27	54
108	25	100	9	18	36	72	144	97	3	6	12	24
48	96	1										

2 appartient à l'exposant 95, c'est-à-dire à l'exposant $\frac{191-1}{2}$.

Or 191 est de la forme $4h - 1$. Donc (-2) ou 189 est racine primitive ([1]).

163. *Résolution effective d'une congruence binôme.* — La considération des indices, qui nous a servi à trouver la condition pour qu'une congruence binôme

$$x^n \equiv a \qquad (\mathrm{mod}\ p)$$

soit possible, sert aussi à résoudre effectivement cette congruence. Il faut pour, cela, posséder une Table des indices des nombres $1, 2, \ldots, p-1$ par rapport au module p et à une certaine racine primitive de ce module.

On trouvera à la fin du Volume une telle Table pour tous les modules inférieurs à 200.

EXEMPLE. — *Soit à résoudre la congruence*

$$x^{12} \equiv 42 \qquad (\mathrm{mod}\ 181).$$

Cette congruence donne

$$12\,\mathrm{Ind}\,x \equiv 36 \qquad (\mathrm{mod}\ 180),$$

congruence du premier degré qui peut s'écrire

$$\mathrm{Ind}\,x \equiv 3 \qquad (\mathrm{mod}\ 15).$$

On en déduit pour $\mathrm{Ind}\,x$ les valeurs suivantes (au mod 180 près) :

$$3 \quad 18 \quad 33 \quad 48 \quad 63 \quad 78 \quad 93 \quad 108 \quad 123 \quad 138 \quad 153 \quad 168$$

qui donnent pour x les valeurs

$$95 \quad 122 \quad 130 \quad 5 \quad 35 \quad 64 \quad 86 \quad 59 \quad 51 \quad 176 \quad 146 \quad 117.$$

164. Plus généralement on résout immédiatement par la considération des indices la congruence

$$ax^n \equiv b. \qquad (\mathrm{mod}\ p).$$

D'ailleurs cette congruence devient immédiatement une congruence binôme en divisant $(\mathrm{mod}\ p)$ les deux membres par a.

([1]) *Voir* la Note E.

D'une façon générale, on peut toujours, dans une congruence quelconque, supposer que le premier coefficient est réduit à 1.

Il suffit de diviser $(\bmod\ p)$ toute la congruence par ce coefficient.

Pour $n = 1$, la congruence précédente devient la congruence du premier degré.

Exemple. — Soit la congruence

$$29x \equiv 37 \qquad (\bmod\ 199).$$

Elle donne, successivement :

$$\operatorname{Ind} 29 + \operatorname{Ind} x \equiv \operatorname{Ind} 37 \qquad (\bmod\ 198),$$
$$\operatorname{Ind} x \equiv \operatorname{Ind} 37 - \operatorname{Ind} 29 \qquad (\bmod\ 198),$$
$$\operatorname{Ind} x \equiv 121 - 158 \equiv 161 \qquad (\bmod\ 198),$$
$$x \equiv 15 \qquad (\bmod\ 199).$$

§ VI. — Des congruences à modules non premiers.

165. Les résultats précédents ne s'appliquent qu'en partie aux modules non premiers.

En particulier, nous avons déjà vu (n° 108) qu'une congruence du premier degré à module non premier peut avoir plus d'une solution, ou être impossible, sans que le coefficient de x soit congru à zéro. Autrement dit, on ne peut définir d'une façon générale le quotient $(\bmod\ n)$ d'un nombre A par un nombre B. On ne peut pas faire une théorie de la division algébrique $(\bmod\ n)$ comparable à celle de la division algébrique ordinaire, et par suite, l'analogie avec les équations et avec les congruences à module premier se trouve rompue dès le début.

166. *La résolution d'une congruence à module non premier se ramène à la résolution de congruences à modules premiers.*

En effet, soit la congruence

$$(26) \qquad\qquad f(x) \equiv 0 \qquad (\bmod\ n).$$

Supposons n décomposé en un produit de nombres premiers entre eux deux à deux

$$n = n' n'' n'''.$$

Toute solution de la congruence (26) est en même temps solution des congruences

(27) $$f(x) \equiv 0 \quad (\mathrm{mod}\ n'),$$
(28) $$f(x) \equiv 0 \quad (\mathrm{mod}\ n''),$$
(29) $$f(x) \equiv 0 \quad (\mathrm{mod}\ n'''),$$

et réciproquement, un nombre solution commune aux trois congruences (27), (28), (29) est évidemment solution de la congruence (26).

Soient

α une solution de la congruence (27),
β » (28),
γ » (29).

De

α, on déduit une infinité de solutions de la congruence (27) qui sont congrues à $\alpha\,(\mathrm{mod}\ n')$,
β » (28) » $\beta\,(\mathrm{mod}\ n'')$,
γ » (29) » $\gamma\,(\mathrm{mod}\ n''')$.

Donc, de α, β, γ, on déduit une solution de la congruence (26) en cherchant un nombre qui soit congru à $\alpha\,(\mathrm{mod}\ n')$, congru à $\beta\,(\mathrm{mod}\ n'')$, congru à $\gamma\,(\mathrm{mod}\ n''')$. Les modules n, n', n'' étant premiers entre eux deux à deux, on est ramené au problème du n° 116. Ce problème est toujours possible, et la solution est de la forme

(30)
$$\left\{ \begin{aligned} &\alpha\, n'' n''' \xi' + \beta\, n''' n' \xi'' + \gamma\, n' n'' \xi''' - n' n'' n''' t \\ &= \alpha\, \frac{n}{n'} \xi' + \beta\, \frac{n}{n''} \xi'' + \gamma\, \frac{n}{n'''} \xi''' - n t, \end{aligned} \right.$$

ξ', ξ'', ξ''' étant des nombres déterminés satisfaisant aux conditions

$$n'' n''' \xi' \equiv 1 \quad (\mathrm{mod}\ n'),$$
$$n''' n' \xi'' \equiv 1 \quad (\mathrm{mod}\ n''),$$
$$n' n'' \xi''' \equiv 1 \quad (\mathrm{mod}\ n''').$$

et t étant un nombre entier quelconque.

On voit donc qu'il n'y a qu'une de ces solutions $(\mathrm{mod}\ n)$.

Ainsi de tout système de solutions des trois congruences (27), (28), (29) on déduit *une* solution de la congruence (26).

D'ailleurs de deux systèmes *différents* de solutions des trois congruences (27), (28), (29) on déduit deux solutions *différentes* de la congruence (26).

C.

En effet, soient $\alpha_1, \beta_1, \gamma_1$ un autre système de solutions des congruences $(27), (28), (29)$.

On en déduira la solution

$$(31) \qquad \alpha_1 n'' n''' \xi' + \beta_1 n''' n' \xi'' + \gamma_1 n' n'' \xi''' + n' n'' n''' u.$$

et pour que les solutions (30) et (31) fussent congrues $(\bmod\ n)$ il faudrait que l'on eût

$$(\alpha - \alpha_1) n'' n''' \xi' + (\beta - \beta_1) n''' n' \xi'' + (\gamma - \gamma_1) n' n'' \xi''' = 0 \qquad (\bmod\ n),$$

d'où

$$(\alpha - \alpha_1) n'' n''' \xi' + (\beta - \beta_1) n''' n' \xi'' + (\gamma - \gamma_1) n'' n''' \xi''' = 0 \qquad (\bmod\ n').$$

ou

$$(\alpha - \alpha_1) n'' n''' \xi' = 0 \qquad (\bmod\ n').$$

Mais on a
$$n'' n''' \xi' \equiv 1 \qquad (\bmod\ n')$$

Donc on aurait
$$\alpha \equiv \alpha_1 \qquad (\bmod\ n'),$$

de sorte que α et α_1 ne seraient qu'une même solution de la congruence (27). De même, β et β_1 ne seraient qu'une même solution de la congruence (28); γ et γ_1 ne seraient qu'une même solution de la congruence (29).

Conclusion. — Si l'on a trouvé

p solutions incongrues de la congruence		(27),
q	»	(28),
r	»	(29),

on en déduit pqr solutions incongrues de la congruence proposée (26).

167. En particulier, on peut décomposer n en facteurs premiers
$$n = a^\alpha b^\beta \ldots l^\lambda,$$

$a^\alpha, b^\beta, \ldots, l^\lambda$ étant premiers entre eux deux à deux; on voit que la solution de toute congruence se ramène à celle de congruences de la forme

$$(32) \qquad f(x) \equiv 0 \qquad (\bmod\ p^\pi)$$

(p étant un nombre premier).

168. Maintenant nous allons montrer comment la solution de la congruence (32) se ramène à celle de la congruence

$$(33) \qquad\qquad f(x) \equiv 0 \qquad (\bmod\ p^{\pi-1}),$$

ce qui, de proche en proche, ramène la congruence proposée à une congruence de module premier.

En effet toute solution de la congruence (32) est solution de la congruence (33). Soit x_0 une solution de la congruence (33).

On en déduit une infinité de solutions de cette congruence (33), de la forme

$$x_0 + p^{\pi-1}y.$$

Posons donc, dans la congruence (32)

$$x = x_0 + p^{\pi-1}y.$$

y étant une nouvelle inconnue.

Il vient

$$f(x_0 + p^{\pi-1}y) \equiv 0 \qquad (\bmod\ p^{\pi})$$

ou

$$(34) \qquad f(x_0) + p^{\pi-1}y\,f'(x_0) + p^{2\pi-2}y^2\,\frac{f''(x_0)}{2} + \ldots \equiv 0 \qquad (\bmod\ p^{\pi}).$$

Tous les termes de cette congruence sont divisibles par $p^{\pi-1}$; soit a_0 le quotient de $f(x_0)$ par $p^{\pi-1}$, on peut écrire la congruence (34)

$$a_0 + y\,f'(x_0) + p^{\pi-1}y^2\,\frac{f''(x_0)}{2} + \ldots \equiv 0 \qquad (\bmod\ p),$$

ou plus simplement

$$(35) \qquad\qquad a_0 + y\,f'(x_0) \equiv 0 \qquad (\bmod\ p).$$

Si $f'(x_0) \not\equiv 0\ (\bmod\ p)$ il y a une valeur de y et une seule $(\bmod\ p)$ satisfaisant à cette congruence. On en déduit pour x, par la formule $x = x_0 + p^{\pi-1}y$, une seule valeur $(\bmod\ p^{\pi})$.

Si $f'(x_0) \equiv 0$ et que $a_0 \not\equiv 0$, il n'y a pas de solution.

Si $f'(x_0) \equiv 0$ et que $a_0 \equiv 0$, la congruence (35) est indéterminée, elle a p solutions $(\bmod\ p)$, d'où l'on déduit p solutions pour x $(\bmod\ p^{\pi})$.

169. *Application.* — Appliquons les résultats précédents à la congruence

$$(36) \qquad x^2 - a \equiv 0 \qquad (\mathrm{mod}\ n),$$

a étant supposé premier avec le module n.

I. *D'abord, si n est un nombre premier impair*, on sait (n° 158) que la congruence est possible et a deux solutions si a reste quadratique de n; elle est impossible dans le cas contraire.

II. *Si $n = p^{\pi}$, p étant impair*, soit x_0 une solution de la congruence

$$(37) \qquad x^2 - a \equiv 0 \qquad (\mathrm{mod}\ p^{\pi-1}).$$

Posons dans la congruence (36)

$$x = x_0 + p^{\pi-1} y,$$

y est déterminé par la congruence

$$(38) \qquad \frac{x_0^2 - a}{p^{\pi-1}} + 2 x_0 y \equiv 0 \qquad (\mathrm{mod}\ p).$$

Or, x_0 satisfaisant à la congruence (37), et a étant premier avec p, ce nombre x_0 n'est pas congru à zéro (mod p). Donc il en est de même de $2 x_0$. Donc la congruence (38) a une racine et une seule. Donc la congruence (36) a autant de racines que la congruence (37); donc de proche en proche on voit qu'elle en a autant que la congruence

$$x^2 - a \equiv 0 \qquad (\mathrm{mod}\ p),$$

c'est-à-dire deux.

III. *Soit $n = 2$.* — Alors la congruence a une solution $x = 1$ (par hypothèse a est impair).

IV. *Soit $n = 4$.* — Alors a est impair. La congruence ne peut avoir pour solution qu'un nombre impair. Mais le carré d'un nombre impair

$$(2h + 1)^2 = 4h(h + 1) + 1$$

est congru à 1 (mod 4).

La congruence n'est donc possible que si a est congru à 1 (mod 4) et elle a deux solutions $+1$ et -1.

V. *Soit* $n = 8$. — Le carré du nombre impair $2h + 1$, à savoir $4h(h+1) + 1$, est non seulement, comme nous venons de le dire, congru à $1 \pmod 4$, mais même congru à $1 \pmod 8$.

Donc, pour que la congruence soit possible, il faut que a soit congru à $1 \pmod 8$, et elle a pour solution n'importe quel nombre impair. Elle a donc *quatre* solutions incongrues $\pmod 8$, à savoir $\pm 1, \pm 3$.

Remarquons que si l'on substitue ces solutions dans $x^2 - a$, on obtient deux résultats :

$$1 - a, \qquad 9 - a.$$

divisibles par 8. Les quotients par 8 sont égaux à $\dfrac{1-a}{8}$ et $\dfrac{1-a}{8} + 1$: ils diffèrent de 1. Donc l'un est pair, l'autre impair.

VI. *Soit* $n = 2^{\pi}$. — *Je dis que, d'une façon générale, pour* $\pi \geqq 3$, *la congruence*

$$x^2 - a \equiv 0 \qquad (\bmod\ 2^{\pi})$$

a quatre solutions $\pm x_0, \pm x_1$, *à condition que*

$$a \equiv 1 \qquad (\bmod\ 8).$$

De plus, de ces deux nombres :

$$\frac{x_0^2 - a}{2^{\pi}}, \quad \frac{x_1^2 - a}{2^{\pi}},$$

l'un, et un seulement, est pair.

En effet, le théorème étant démontré pour $\pi = 3$, il nous suffit de montrer que, s'il est vrai pour une certaine valeur de π, il est vrai pour la valeur $\pi + 1$. Or, soient $\pm x_0, \pm x_1$ les quatre solutions de

$$(39) \qquad\qquad x^2 - a \equiv 0 \qquad (\bmod\ 2^{\pi}),$$

et supposons

$$\frac{x_0^2 - a}{2^{\pi}} \ \text{impair},$$

$$\frac{x_1^2 - a}{2^{\pi}} \ \text{pair}.$$

Suivons la méthode générale et pour résoudre la congruence

$$(40) \qquad\qquad x^2 - a \equiv 0 \qquad (\bmod\ 2^{\pi+1}),$$

posons successivement

$$x = \pm x_0 + 2^\pi y$$

et

$$x = \pm x_1 + 2^\pi y.$$

La première substitution donne pour y la congruence

$$\frac{x_0^2 - a}{2^\pi} \pm 2 x_0 y \equiv 0 \qquad (\mathrm{mod}\, 2),$$

mais cette congruence est impossible, puisque $\dfrac{x_0^2 - a}{2^\pi}$ est impair.

Au contraire, la seconde substitution donne

$$\frac{x_1^2 - a}{2^\pi} \pm 2 x_1 y \equiv 0 \qquad (\mathrm{mod}\, 2),$$

congruence indéterminée, puisque $\dfrac{x_1^2 - a}{2^\pi}$ est pair. On peut donc prendre $y = 0$ ou $y = 1$, ce qui donne, pour la congruence (40), quatre solutions :

$$\pm x_1, \quad \pm x_1 + 2^\pi,$$

ou, ce qui revient au même, au module $2^{\pi+1}$ près,

$$\pm x_1, \quad \pm(x_1 + 2^\pi).$$

Maintenant, substituons ces valeurs dans l'expression $\dfrac{x^2 - a}{2^{\pi+1}}$, il vient

$$\frac{x_1^2 - a}{2^{\pi+1}}, \quad \frac{x_1^2 - a}{2^{\pi+1}} + x_1 + 2^{\pi-1},$$

valeurs entières dont la différence est impaire (puisque $\pi > 2$ et que x_1 est impair); donc, si l'une est paire, l'autre est impaire. Donc tout ce qu'on a supposé pour la congruence (39) est aussi vrai pour la congruence (40), et le théorème est démontré.

VII. *Enfin, supposons que n soit quelconque*, il suffit de décomposer n en facteurs premiers

$$n = a^\alpha b^\beta c^\gamma \ldots$$

et d'appliquer la méthode du n° 166.

En particulier, lorsque n est impair et premier avec a la congruence, si elle est possible, a 2^μ solutions, μ étant le nombre des facteurs premiers différents de n.

170. *Cas particulier. — Quel est le nombre de solutions de la congruence*

$$x^2 - 1 \equiv 0 \qquad (\bmod\, n).$$

Remarquons que le nombre 1 est reste quadratique de tout nombre premier impair, et qu'il est congru à 1 (mod 2), (mod 4) et (mod 8). On a donc les résultats suivants :

Si *n est impair*, soit μ le nombre de ses facteurs premiers distincts, *la congruence a* 2^μ *solutions;*

Si *n est pair*, soit encore μ le nombre de ses facteurs premiers impairs (μ pouvant être $=0$) :

Si n est simplement pair, la congruence a 2^μ *solutions;*

Si n est divisible par 4 et non par 8, la congruence a $2^{\mu+1}$ *solutions;*

Si n est divisible par 8 ou une puissance supérieure de 2, la congruence a $2^{\mu+2}$ *solutions.*

171. Comme application des résultats précédents, donnons une généralisation du théorème de Wilson :

GÉNÉRALISATION DU THÉORÈME DE WILSON. — *Le produit* $x_1\, x_2 \ldots x_{\varphi(n)}$ *des nombres positifs, plus petits que n et premiers avec lui, est congru à* $+1$ *ou à* $-1\,(\bmod\, n)$. *Ce produit est congru à* -1, *si n est une puissance d'un nombre premier impair, ou le double d'une telle puissance, ou si n est égal à* 4. *Ce produit est congru à* $+1$ *dans tous les autres cas.*

En effet, soit x_k l'un des nombres positifs, plus petits que n et premiers avec lui. Le nombre x_k étant premier avec n, possède un inverse (mod n) (n° 103), c'est-à-dire qu'il existe un nombre $x_{k'}$, tel que

$$x_k x_{k'} \equiv 1 \qquad (\bmod\, n)$$

et ce nombre $x_{k'}$ est évidemment lui-même premier avec n, et peut d'ailleurs être supposé positif et plus petit que n.

Si $x_{k'}$ et x_k sont différents, nous dirons que x_k et $x_{k'}$ sont *associés du premier genre.*

Mais il peut arriver que x_k et $x_{k'}$ soient égaux. Pour cela, il faut et il suffit que

$$x_k^2 \equiv 1 \qquad (\bmod\, n),$$

c'est-à-dire que α_k soit racine de la congruence

$$(41) \qquad x^2 \equiv 1 \qquad (\mathrm{mod}\, n).$$

Maintenant, remarquons que si un nombre α_k est racine de cette congruence, le nombre $n - \alpha_k$ (lequel est premier avec n, positif et plus petit que n) l'est aussi.

Les deux nombres α_k et $n - \alpha_k$ ne sont d'ailleurs pas égaux, car pour que cela arrive il faudrait que

$$\alpha_k = \frac{n}{2},$$

ce qui n'est pas, puisque α_k est premier avec n.

Enfin ces deux nombres α_k et $n - \alpha_k$ ont un produit congru à -1; car

$$\alpha_k(n - \alpha_k) \equiv -\alpha_k^2 \equiv -1 \qquad (\mathrm{mod}\, n).$$

Appelons ces deux nombres associés du second genre.

Ainsi les nombres α se répartissent en couples : les couples d'associés du premier genre dont le produit est congru à 1, et les couples d'associés du second genre dont le produit est congru à -1.

Le produit de tous les nombres α est donc congru à $(-1)^\mu$, μ désignant le nombre de couples d'associés du second genre, c'est-à-dire *la moitié du nombre des racines de la congruence* (41).

Pour terminer la question, il ne reste donc qu'à déterminer ce nombre de racines ou, plus simplement, à voir si la moitié μ de ce nombre est paire ou impaire.

Or, si l'on se reporte aux résultats du n° **170**, on voit que ce nombre n'est impair que si n est une puissance d'un nombre premier impair, ou le double d'une telle puissance, ou si n 4. Donc, dans ces cas seulement, le produit en question est congru à $-1 (\mathrm{mod}\, n)$. Dans les autres cas, il est congru à $+1$.

Remarquons que, si n est un nombre premier, ceci donne une démonstration du théorème de Wilson, différente de celle donnée au n° **133**.

172. *Restes, par rapport à un module non premier n, des puissances successives d'un nombre α, premier avec le module.*

Soit α un nombre, premier avec un module n. On divise par n les puissances successives

$$(42) \qquad \alpha, \; \alpha^2, \; \ldots, \; \alpha^k, \; \alpha^{k+1}, \; \ldots,$$

et l'on obtient des restes

$$(43) \qquad r_1, \; r_2, \; \ldots, \; r_k, \; r_{k+1}, \; \ldots.$$

Nous nous proposons de démontrer que :

1° *Les puissances successives de α forment une suite périodique; deux puissances de même rang dans deux périodes étant congrues* (mod n); *par suite, les restes forment aussi une suite périodique; deux restes de même rang dans deux périodes étant égaux;*

2° *Soit k le nombre de termes de la période, on a*

$$\alpha^k \equiv 1 \quad (\mathrm{mod}\, n) \qquad \text{et} \qquad r_k = 1;$$

3° *k est un diviseur de $\varphi(n)$.*

On voit que ces théorèmes sont des généralisations de ceux démontrés au n° 149 pour les modules premiers.

Ces théorèmes du n° 149 ont été déduits de l'étude de la congruence binôme, qui a été déduite elle-même de la théorie générale des congruences à module premier. Comme il n'existe pas de théorie analogue pour les modules non premiers, nous allons traiter la question des restes, directement. D'ailleurs la méthode que nous allons suivre s'appliquerait, sans aucun changement, aux modules premiers.

I. Les restes $r_1, r_2, \ldots$ sont *positifs et plus petits que n*. De plus, ils sont *premiers avec n*, puisqu'ils sont congrus (mod n) aux puissances successives de α qui sont premières avec n.

Il résulte de là que le nombre de ces restes est limité et atteint, au plus, $\varphi(n)$; par suite, il y a nécessairement des restes qui se reproduisent.

II. *Il y a dans la suite (43) des restes égaux à 1.* — En effet, nous avons vu qu'il y a des restes qui se reproduisent.

Soit

$$r_m = r_{m'} \qquad (m > m').$$

d'où
$$\alpha^m \equiv \alpha^{m'} \quad (\mathrm{mod}\ n).$$

On en déduit
$$\alpha^{m-m'} \equiv 1 \quad (\mathrm{mod}\ n),$$

d'où
$$r_{m-m'} = 1.$$

III. *Soit r_k le premier reste de la suite* (43) *qui soit égal à* 1.
De r_1 à r_k les restes sont différents. — Car si l'on avait

$$r_m = r_{m'} \quad (m \text{ et } m' < k),$$

on en déduirait, comme plus haut,

$$r_{m-m'} = 1,$$

de sorte que r_k ne serait pas le premier reste de la suite (43) qui
serait congru à 1.

IV. *Deux restes dont les rangs, dans la suite* (43), *diffèrent
de k sont égaux.* — En effet,

$$\alpha^{m+k} = \alpha^m \times \alpha^k.$$

Mais, puisque $r_k = 1$, on a
$$\alpha^k \equiv 1 \quad (\mathrm{mod}\ n).$$

Donc
$$a^{m+k} \equiv \alpha^m \quad (\mathrm{mod}\ n).$$

Donc
$$r_{m+k} = r_k.$$

En particulier, les restes qui sont égaux à 1 sont les restes r_k,
r_{2k}, r_{3k}, ...

Il reste à démontrer que *k est un diviseur de* $\varphi(n)$. Or, nous
venons de voir que les restes qui sont égaux à 1 sont ceux dont
l'indice est un multiple de k; d'autre part, d'après le théorème
d'Euler, $r_{\varphi(n)}$ est égal à 1.

Donc $\varphi(n)$ est un multiple de k (¹).

(¹) De cette façon, pour démontrer que k est un diviseur de $\varphi(n)$, nous supposons établi le théorème d'Euler. On peut, au contraire, démontrer que k est un
diviseur de n sans s'appuyer sur le théorème d'Euler, et en déduire ce dernier
théorème.

En effet, les restes r_1, r_2, ..., r_k sont tous différents. Si ces restes constituent

Le nombre k s'appelle *l'exposant auquel appartient α par rapport à n* (¹).

tous les nombres positifs, plus petits que n et premiers avec lui, on a $k = \varphi(n)$ et le théorème est démontré.

Sinon, soit s un nombre positif, plus petit que n et premier avec lui, et qui ne soit égal à aucun des nombres r_1, r_2, ..., r_k. Considérons les nombres

$$(44) \qquad s\alpha, \quad s\alpha^2, \quad ..., \quad s\alpha^k.$$

Deux de ces nombres sont incongrus entre eux, car si l'on avait

$$s\alpha^m \equiv s\alpha^{m'} \qquad (\bmod\ n),$$

il en résulterait

$$s(\alpha^{m-m'} - 1) \equiv 0 \qquad (\bmod\ n),$$

ce qui est impossible, puisque s est premier avec n et que $\alpha^{m-m'}$ n'est pas congru à 1 ($\bmod\ n$).

De plus, un nombre quelconque de la suite (44) est incongru à un nombre quelconque de la suite (42), car si l'on avait

$$s\alpha^m \equiv \alpha^p \qquad (\bmod\ n),$$

on en déduirait

$$s \equiv \alpha^{p-m} \qquad (\text{si } p > m)$$

ou

$$s \equiv \alpha^{k+p-m} \qquad (\text{si } p < m),$$

d'où

$$s = r_{p-m} \qquad \text{ou} \qquad s = r_{k+p-m},$$

ce qui n'est pas, puisque s n'est égal à aucun des nombres r_1, r_2, ..., r_k.

Si donc l'on divise les nombres (44) par n, on trouve comme restes k nombres s_1, s_2, ..., s_k positifs, plus petits que n et premiers avec lui; différents entre eux et différents des nombres r.

Si les nombres r_1, r_2, ..., r_k et s_1, s_2, ..., s_k forment tous les nombres positifs, plus petits que n et premiers avec lui, on a

$$2k = \varphi(n).$$

Sinon, on considérera un nombre t, positif, plus petit que n et premier avec lui, mais qui ne soit égal à aucun des nombres r_1, r_2, ..., r_k, ni à aucun des nombres s_1, s_2, ..., s_k, et l'on raisonnera de la même façon.

Si les nombres r_1, r_2, ..., r_k, s_1, s_2, ..., s_k et t_1, t_2, ..., t_k forment tous les nombres positifs, plus petits que n et premiers avec lui, on a

$$3k = \varphi(n),$$

et ainsi de suite.

Donc $\varphi(n)$ est un multiple de k.

On sait, d'ailleurs, que les termes de la suite (42) dont l'indice est multiple de k sont congrus à 1 ($\bmod\ n$). Donc

$$\alpha^{\varphi(n)} \equiv 1 \qquad (\bmod\ n).$$

(¹) Existe-t-il, pour un module composé n, des *racines primitives*, c'est-à-dire des nombres appartenant à l'exposant $\varphi(n)$? Nous laissons au lecteur le soin de démontrer que de telles racines primitives existent lorsque n est une *puissance d'un nombre premier impair,* ou le *double d'une telle puissance.* Dans les autres cas, il n'y a pas de racine primitive.

173. Comme application, traitons la question des *fractions décimales périodiques*.

Soit une fraction ordinaire $\frac{a}{b}$. Supposons qu'on en ait extrait la partie entière, de sorte qu'elle soit plus petite que 1. Nous supposons, de plus, qu'elle est irréductible, c'est-à-dire que a et b sont premiers entre eux.

Pour l'évaluer à $\frac{1}{10}$, $\frac{1}{100}$, $\frac{1}{1000}$, ... près, il faut diviser par b les nombres

$$10a, \quad 100a, \quad 1000a, \quad \ldots \qquad (\text{n}^\circ\ 62).$$

Supposons d'abord b premier avec 10. — Soit k l'exposant auquel appartient 10 par rapport à b. On a

$$1 \equiv 10^k \equiv 10^{2k} \equiv \ldots \quad (\mathrm{mod}\ b),$$

d'où

$$a \equiv 10^k a \equiv 10^k a \equiv \ldots \quad (\mathrm{mod}\ b).$$

Comme a est plus petit que b, ceci prouve que les divisions des nombres $10^k a$, $10^{2k} a$, ... par b, donnent le même reste a. Donc les restes successifs et par suite les chiffres du quotient présentent une période de k chiffres, commençant immédiatement après la virgule.

Il n'existe pas d'ailleurs de période de moins de k chiffres, car pour que l'on ait

$$a \equiv 10^{k'} a \quad (\mathrm{mod}\ b),$$

il faudrait que l'on eût

$$1 \equiv 10^{k'} \quad (\mathrm{mod}\ b),$$

ce qui est impossible si $k' < k$.

On peut remarquer que le nombre de chiffres de la période est indépendant de a.

Exemples :

$$\frac{4}{21} = 0,\overbrace{190476}\ \overbrace{190476}\ldots$$

$$\frac{5}{21} = 0,\overbrace{238095}\ \overbrace{238095}\ldots$$

Ces fractions décimales périodiques, dont la période commence immédiatement après la virgule, s'appellent *fractions périodiques simples*.

Supposons maintenant que b ne soit pas premier avec 10. Soit

$$b = 2^\alpha 5^\beta b',$$

b' étant premier avec 10.

Supposons, pour fixer les idées, $\alpha > \beta$. Si l'on multiplie la fraction proposée $\dfrac{a}{b}$ par 10^α, elle devient

$$\frac{a . 5^{\alpha-\beta}}{b'},$$

$a . 5^{\alpha-\beta}$ est premier avec b' qui est premier avec 10. La fraction $\dfrac{a . 5^{\alpha-\beta}}{b'}$ est donc égale à une partie entière, plus une fraction dont le dénominateur est b', et dont le numérateur est premier avec b'. Cette dernière est une fraction périodique simple. Pour retrouver une fraction égale à la fraction proposée, il faut reculer la virgule de α rangs vers la gauche ; on obtient alors une fraction périodique dans laquelle la période ne commence pas immédiatement après la virgule : c'est ce qu'on appelle une *fraction périodique mixte.*

Exemple :

$$\frac{5}{14} = 0,35\overset{\frown}{71428}\,\overset{\frown}{571428}\ldots$$

Réciproques. — Les réciproques des théorèmes précédents sont vraies.

Une fraction $\dfrac{a}{b}$ étant réduite à sa plus simple expression, si b est premier avec 10, *cette fraction est égale à une fraction périodique simple ; sinon elle est égale à une fraction périodique mixte, la période n'étant d'ailleurs composée que de zéros si b ne contient que les facteurs premiers* 2 *et* 5, *auquel cas la fraction est limitée.*

§ VII. — Fonctions symétriques des nombres plus petits qu'un nombre premier.

174. Soit un nombre premier p. Considérons les fonctions symétriques rationnelles et entières, à coefficients entiers, des nombres $1, 2, 3. \ldots, p-1$. Je dis *qu'une telle fonction est divisible par p quand son degré n'est pas divisible par $p-1$.*

Considérons d'abord les sommes $S_1, S_2, S_3, \ldots, S_{p-2}$ des puissances semblables des nombres $1, 2, \ldots, p - 1$, depuis l'exposant 1, jusqu'à l'exposant $p - 2$.

$$S_1 = 1 + 2 + \ldots (p - 1) = \frac{p(p - 1)}{2}$$

est évidemment divisible par p.

Supposons le théorème vrai pour S_1, S_2, $\ldots$, S_{k-1}, démontrons-le pour $S_k (k < p - 1)$. On a la relation, démontrée en Algèbre,

$$(k + 1)S_k = p^{k+1} - p$$
$$- \frac{(k - 1)k}{1.2} S_{k-1} - \frac{(k + 1)k(k - 1)}{1.2.3} S_{k-2} \ldots - \frac{(k + 1)k\ldots1}{1.2\ldots k} S_1.$$

Or le second membre est divisible par p, donc le premier l'est aussi. Mais par hypothèse $k + 1 < p$. Donc S_k est divisible par p.

Pour $k = p - 1$, tous les termes du second membre sont divisibles par p^2 excepté le terme $- p$. Donc si l'on divise les deux membres de l'égalité par p, il vient

$$S_{p-1} \equiv - 1 \qquad (\operatorname{mod} p).$$

Soit maintenant un nombre k' plus grand que $p - 1$. Si l'on a

$$k' \equiv k \qquad (\operatorname{mod} p - 1),$$

on a

$$a^{k'} \equiv a^k \qquad (\operatorname{mod} p),$$

quel que soit a, d'après le théorème de Fermat donc aussi

$$S_{k'} \equiv S_k \qquad (\operatorname{mod} p).$$

Donc

$$S_{k'} \equiv 0 \quad (\operatorname{mod} p) \quad \text{quand } k' \text{ n'est pas divisible par } p - 1,$$
$$S_{k'} \equiv - 1 \,(\operatorname{mod} p) \quad \text{quand } k' \text{ est divisible par } p - 1.$$

Le théorème s'étend sans peine aux fonctions symétriques d'ordres quelconques [1].

En effet soit une telle fonction d'ordre n et de degré $\not\equiv 0 \,(\operatorname{mod} p - 1)$, (et que je peux supposer simple, c'est-à-dire que tous ses termes se déduisent de l'un d'eux par permutation

---

[1] Une fonction symétrique d'ordre n est une fonction dont tous les termes contiennent n lettres.

des lettres, et ont comme coefficient 1),

$$\Sigma\, a^\alpha b^\beta c^\gamma \ldots l^\lambda,$$

$\alpha + \beta + \gamma + \ldots + \lambda$ étant $\not\equiv 0 \,(\bmod\, p - 1)$.

Supposons d'abord $\alpha, \beta, \gamma, \ldots, \lambda$ tous différents. On a alors

$$\Sigma\, a^\alpha b^\beta c^\gamma \ldots l^\lambda = S_\alpha S_\beta \ldots S_\lambda - P,$$

P désignant une fonction symétrique de même degré que la proposée, mais d'ordre inférieur d'une unité.

Or $\alpha, \beta, \ldots, \lambda$ ne peuvent être tous $\equiv 0 \,(\bmod\, p - 1)$. Donc l'un au moins des nombres $S_\alpha, S_\beta, \ldots, S_\lambda$ est divisible par p; par suite on est ramené à démontrer le théorème pour la fonction P dont l'ordre est inférieur d'une unité à celui de la fonction proposée.

Supposons maintenant que les exposants $\alpha, \beta, \gamma, \ldots, \lambda$ ne soient pas tous différents, qu'il y en ait A égaux à α, B à β, C à γ, etc. On a

$$\Sigma\, a^\alpha b^\beta c^\gamma \ldots l^\lambda = \frac{S_\alpha S_\beta S_\gamma \ldots S_\lambda - P}{1.2\ldots A \times 1.2\ldots B \times 1.2\ldots C \times \ldots}.$$

Les nombres A, B, C sont plus petits que p, puisque les quantités $a, b, c, \ldots$ ne sont qu'au nombre de $p - 1$. Donc on voit, comme plus haut, qu'on est ramené à démontrer le théorème pour la fonction P dont l'ordre est inférieur d'une unité à celui de la fonction proposée.

De proche en proche on est ramené à démontrer le théorème pour les fonctions d'ordre 1, qui ne sont autres que les sommes de puissances semblables ([1]).

175. *Application à la démonstration des théorèmes de Fermat et de Wilson.* — Considérons l'expression

$$(x - 1)(x - 2)\ldots[x - (p - 1)].$$

Si on la développe par rapport aux puissances décroissantes

---

de x, le coefficient de x^{p-1} est 1, le coefficient indépendant est $1.2\ldots(p-1)$. Quant aux autres, ce sont des fonctions symétriques des nombres $1, 2, \ldots, p-1$, d'ordre plus petit que $p-1$. Ils sont donc congrus à zéro $(\operatorname{mod} p)$.

On a donc

$$(45)\quad (x-1)(x-2)\ldots(x-p+1) \equiv x^{p-1} + 1.2\ldots(p-1) \quad (\operatorname{mod} p)$$

quel que soit x.

Faisons $x = 1$, il vient

$$0 \equiv 1 + 1.2\ldots(p-1) \quad (\operatorname{mod} p),$$

ce qui est le théorème de Wilson.

Ensuite, remplaçons dans la congruence (45) $1.2\ldots(p-1)$ par -1 et faisons $x = a$, a étant l'un des nombres $1, 2, \ldots, (p-1)$: il vient

$$0 \equiv a^{p-1} - 1 \quad (\operatorname{mod} p),$$

ce qui est le théorème de Fermat.

CHAPITRE IV.

RESTES QUADRATIQUES. CONGRUENCES DU SECOND DEGRÉ.

§ I. — Restes quadratiques. Symbole de Legendre.

176. Nous avons déjà défini (n° 158) ce qu'on appelle *reste quadratique* par rapport à un module *premier p*. C'est un nombre a tel que la congruence

$$x^2 \equiv a \qquad (\bmod\ p)$$

soit possible.

Cette définition se généralise immédiatement pour un module *non premier n*.

On dit qu'un nombre a est *reste quadratique* par rapport à un module *non premier n*, lorsque la congruence

$$x^2 \equiv a \qquad (\bmod\ n)$$

est possible.

Dans cette définition on ne suppose pas que a soit premier avec n.

Mais nous avons vu (n° 169) que lorsque a est premier au module n, le cas du module composé se ramène à celui du module premier.

Nous avons vu, en effet, que pour que a soit reste quadratique de n il faut et il suffit :

1° Que a soit reste quadratique de tous les facteurs premiers impairs qui entrent dans n ;

2° Si n est divisible par 4, et non par 8, il faut de plus que $a \equiv 1 \ (\bmod\ 4)$ (se rappeler que a est supposé premier avec le module et par conséquent ici impair);

3° Si n est divisible par 8 ou une puissance supérieure de 2, il faut de plus que $a \equiv 1 \ (\bmod\ 8)$.

À partir de maintenant nous ne considérerons plus donc que le cas où le module est un nombre premier p non diviseur de a.

Remarque. — Au lieu du mot *reste quadratique* nous emploierons, quand il n'y aura pas d'ambiguïté possible, le mot *reste*. Tout nombre qui n'est pas reste quadratique par rapport à un certain module sera dit un *non-reste*.

177. Deux problèmes se posent :

1° *Étant donné le module premier p, quels sont les nombres a qui en sont restes quadratiques?*

2° *Étant donné le nombre a, quels sont les modules premiers dont a est reste quadratique?*

Le premier de ces problèmes a été résolu au n° 158. Nous n'avons plus que quelques observations à présenter.

Si $p = 2$, tout nombre impair a est reste quadratique; et la congruence $x^2 \equiv a \pmod 2$ a une solution $x \equiv 1$.

Si p est un nombre premier impair, rappelons que la condition nécessaire et suffisante pour qu'un nombre a non divisible par p soit reste quadratique de p est

$$a^{\frac{p-1}{2}} \equiv 1 \pmod p,$$

et cette condition étant remplie, la congruence

$$x^2 \equiv a \pmod p$$

a deux solutions, égales et de signes contraires $\pmod p$.

178. *Caractère quadratique.* — Soit p un nombre premier impair, a un nombre non divisible par p. D'après le théorème de Fermat on a

$$a^{p-1} - 1 \equiv 0 \pmod p.$$

ou

$$\left(a^{\frac{p-1}{2}} - 1\right)\left(a^{\frac{p-1}{2}} + 1\right) \equiv 0.$$

Donc l'un des deux nombres $a^{\frac{p-1}{2}} - 1$ ou $a^{\frac{p-1}{2}} + 1$ est congru à zéro.

Ils ne le sont pas d'ailleurs tous les deux, puisque leur différence, qui est 2, ne l'est pas.

Or on sait que, si a est reste quadratique de p, on a

$$a^{\frac{p-1}{2}} - 1 \equiv 0,$$

et réciproquement.

Donc, si a est non-reste, on a

$$a^{\frac{p-1}{2}} + 1 \equiv 0.$$

Dans le premier cas le reste minimum de $a^{\frac{p-1}{2}}$ par rapport à p est 1, dans le second cas c'est -1.

Désignons ce reste minimum par la notation $\left(\dfrac{a}{p}\right)$ (symbole de Legendre). On aura

$$\left(\frac{a}{p}\right) = +1,$$

si a est reste quadratique de p ;

$$\left(\frac{a}{p}\right) = -1,$$

si a est non-reste.

La quantité $\left(\dfrac{a}{p}\right)$ s'appelle encore *caractère quadratique du nombre a, relativement au module premier impair p.*

179. Théorème. — *Le caractère quadratique d'un produit de facteurs est égal au produit des caractères quadratiques de ces facteurs.*

C'est-à-dire que

$$\left(\frac{aa'a''}{p}\right) = \left(\frac{a}{p}\right)\left(\frac{a'}{p}\right)\left(\frac{a''}{p}\right).$$

En effet

$$\left.\begin{aligned}
\left(\frac{a}{p}\right) &\equiv a^{\frac{p-1}{2}} \\[4pt]
\left(\frac{a'}{p}\right) &\equiv a'^{\frac{p-1}{2}} \\[4pt]
\left(\frac{a''}{p}\right) &\equiv a''^{\frac{p-1}{2}}
\end{aligned}\right\} \pmod p.$$

et

$$\left(\frac{aa'a''}{p}\right) \equiv (aa'a'')^{\frac{p-1}{2}}$$

Donc

$$\left(\frac{aa'a''}{p}\right) \equiv \left(\frac{a}{p}\right)\left(\frac{a'}{p}\right)\left(\frac{a''}{p}\right) \qquad (\mathrm{mod}\ p).$$

Comme d'ailleurs chacun des membres de cette congruence ne peut être égal qu'à $+1$ ou à -1, cette congruence se change en égalité, ce qui démontre le théorème.

180. Ce théorème prouve que :

Le produit de deux restes est un reste ;
Le produit de deux non-restes est un reste ;
Le produit d'un reste par un non-reste est un non-reste.

En général, *le produit de plusieurs facteurs est un reste ou un non-reste, suivant que le nombre des facteurs du produit qui sont des non-restes est pair ou impair.*

§ II. — Modules dont un nombre est reste quadratique. Loi de réciprocité.

181. Passons maintenant au second problème énoncé au n° 177.

Étant donné le nombre a, quels sont les modules premiers dont a est reste quadratique?

On peut même se borner à chercher les modules premiers *impairs* dont a est reste quadratique, car on voit tout de suite que, pourvu que a soit impair, il est reste quadratique de 2.

Ce problème est plus difficile et plus long à traiter que le précédent ; en voici d'abord un cas particulier évident : c'est celui de $a = 1$.

182. $a = 1$ *est reste quadratique de tout module premier.* — En effet la congruence

$$x^2 \equiv 1 \qquad (\mathrm{mod}\ p)$$

admet évidemment pour solutions

$$x = \pm 1,$$

quel que soit p.

Ce cas particulier traité, je dis que :

183. *Le cas de a quelconque se ramène à celui de a premier,
et à celui de a = — 1.*

En effet il suffit de se reporter au théorème du n° 179 : *Le
caractère quadratique d'un produit de facteurs est égal au
produit des caractères quadratiques des facteurs.* Or tout
nombre positif est décomposable en un produit de facteurs premiers; et tout nombre négatif en un produit de facteurs premiers,
multiplié par — 1.

184. *Cas de a = — 1.* — Ce cas est encore très facile à examiner.

*Le nombre (— 1) est reste quadratique de tout module pre-
mier impair de la forme 4h + 1. Il est non-reste des modules
premiers de la forme 4h — 1.*

Cela résulte immédiatement de ce que

$$(-1)^{\frac{p-1}{2}}$$

est égal à   1 si p est de la forme $4h + 1$;
    et à —1 si p est de la forme $4h — 1$.

Reste à examiner le cas où a est un nombre premier quelconque,
p étant toujours un nombre premier impair.
Nous démontrerons d'abord les lemmes suivants :

185. LEMME I. — *a étant un nombre quelconque et p un
nombre premier impair, non-diviseur de a, si l'on divise par p
les nombres*

$$(1) \qquad 1a, \quad 2a, \quad 3a, \quad \ldots, \quad \frac{p-1}{2} a,$$

et que l'on prenne les restes minima (n° 83) *de ces divisions,
les valeurs absolues de ces restes sont, dans un certain ordre,
les nombres* $1, 2, \ldots, \frac{p-1}{2}$.

En effet, aucune division ne se fait exactement, car p étant premier ne peut diviser ha que s'il divise h ou a; or il ne divise pas a par hypothèse, et il ne divise pas h si h est plus petit que lui.

Deux restes sont différents, car si l'on avait par exemple

$$r_h = r_{h'},$$

on en déduirait

$$ha \equiv h'a \qquad (\bmod\ p),$$

ou

$$(h - h')a \equiv 0 \qquad (\bmod\ p),$$

ce qui est impossible puisque $h - h'$ est plus petit que p.

Non seulement deux de ces restes ne sont pas égaux, mais ils ne sont pas non plus égaux et de signes contraires; car si l'on avait

$$r_h = - r_{h'},$$

on en déduirait

$$ha \equiv - h'a \qquad (\bmod\ p),$$

ou

$$(h + h')a \equiv 0 \qquad (\bmod\ p),$$

ce qui est encore impossible, puisque h et h' étant des nombres de la suite $1, 2, \ldots \frac{p-1}{2}$ leur somme est au plus égale à $p - 2$.

Ceci posé, considérons les valeurs absolues des restes minima. Ces valeurs absolues sont au nombre de $\frac{p-1}{2}$, elles sont positives, elles sont au plus égales à $\frac{p-1}{2}$, deux d'entre elles sont différentes; donc ce sont, dans un certain ordre, les nombres

$$1, \quad 2, \quad \ldots, \quad \frac{p-1}{2}.$$

186. Lemme II. — *Le nombre des restes précédents qui sont négatifs est pair ou impair, suivant que a est reste quadratique de p ou non.*

Autrement dit, soit μ le nombre de ces restes qui sont négatifs; on a

$$\left(\frac{a}{p}\right) = (-1)^{\mu}.$$

En effet on a

$$1a \equiv r_1 \qquad (\mathrm{mod}\ p),$$
$$2a \equiv r_2 \qquad (\mathrm{mod}\ p),$$
$$\dots\dots\dots,$$
$$\frac{(p-1)}{2}\,a \equiv r_{p-1} \qquad (\mathrm{mod}\ p).$$

Multiplions ces égalités membres à membres, les restes $r_1, r_2, \dots, r_{p-1}$ étant en valeur absolue égaux aux nombres $1, 2, \dots, \frac{p-1}{2}$, et le nombre de ces restes qui sont négatifs étant μ, il vient

$$1.2\dots\frac{p-1}{2}\,a^{\frac{p-1}{2}} \equiv (-1)^{\mu}\,1.2\dots\frac{p-1}{2} \qquad (\mathrm{mod}\ p),$$

ou en divisant les deux membres par $1, 2, \dots, \frac{p-1}{2}$,

$$a^{\frac{p-1}{2}} \equiv (-1)^{\mu},$$

ce qui démontre le théorème.

187. Ces deux lemmes vont nous permettre, sans plus, d'étudier le cas de $a = 2$.

Mais auparavant, comme exercice, retrouvons, en suivant cette voie, les résultats relatifs à $a = 1$ et $a = -1$.

Pour $a = 1$, les termes de la suite (1) deviennent

$$1, \quad 2, \quad \dots, \quad \frac{p-1}{2},$$

qui sont eux à eux-mêmes leurs restes minima, et qui sont d'ailleurs tous positifs. Donc $\mu = 0$. Donc

$$\left(\frac{1}{p}\right) = (-1)^0 = 1.$$

188. Pour $a = -1$, les termes de la suite (1) deviennent

$$-1, \quad -2, \quad \dots, \quad -\frac{p-1}{2}.$$

Ils sont encore à eux-mêmes leurs restes minima, mais ils sont tous négatifs. Donc $\mu = \dfrac{p-1}{2}$. Donc

$$\left(\frac{-1}{p}\right) = (-1)^{\frac{p-1}{2}}.$$

189. Étudions maintenant le cas de $a = 2$.

Théorème. — *Le nombre 2 est reste quadratique des nombres premiers de la forme $8h \pm 1$; il est non-reste des nombres premiers de la forme $8h \pm 3$.*

En effet, la suite (1) devient dans ce cas

$$(2) \qquad\qquad 2, \quad 4, \quad 6, \quad \ldots, \quad p-1.$$

Comptons les restes minima négatifs des divisions de ces nombres par p.

Or il est bien évident que les termes de la série (2) sont de deux sortes.

D'abord les termes

$$2, \quad 4, \quad 6, \quad \ldots,$$

jusqu'au terme immédiatement inférieur à $\dfrac{p}{2}$. Ces termes donnent des restes minima positifs (égaux à eux-mêmes).

Ensuite (en les écrivant dans l'ordre inverse), les termes

$$p-1, \quad p-3, \quad p-5, \quad \ldots,$$

jusqu'au terme immédiatement supérieur à $\dfrac{p}{2}$. Ces termes donnent les restes minima négatifs :

$$-1, \quad -3, \quad \ldots.$$

En définitive, tout revient à compter combien il y a dans la suite

$$p-1, \quad p-3, \quad p-5, \quad \ldots,$$

de termes plus grands que $\dfrac{p}{2}$, ou ce qui revient au même combien il y a dans la suite

$$(3) \qquad\qquad 1, \quad 3, \quad 5, \quad \ldots;$$

de termes plus petits que $\dfrac{p}{2}$.

Or, si $p = 8h \pm 1$,

$$\frac{p}{2} = 4h \pm \frac{1}{2},$$

les termes de la suite (3) plus petits que $\frac{p}{2}$ sont

$$1, \quad 3, \quad 5, \quad \ldots, \quad 4h - 1,$$

leur nombre μ est égal à $2h$.

Si $p = 8h \pm 3$,

$$\frac{p}{2} = 4h \pm \frac{3}{2},$$

les termes de la suite (3) plus petits que $\frac{p}{2}$ sont

$$1, \quad 3, \quad 5, \quad \ldots, \quad 4h + 1,$$

ou

$$1, \quad 3, \quad 5, \quad \ldots, \quad 4h - 3,$$

leur nombre μ est égal à $2h \pm 1$.

Donc si $p = 8h \pm 1$,

$$\left(\frac{2}{p}\right) = (-1)^{2h} = +1;$$

si $p = 8h \pm 3$,

$$\left(\frac{2}{p}\right) = (-1)^{2h \pm 1} = -1.$$

Le théorème est démontré.

190. *Remarque.* — On peut énoncer ce résultat en disant que

$$\left(\frac{2}{p}\right) = (-1)^{\frac{p^2 - 1}{8}}.$$

191. Maintenant, passons au dernier cas, celui où a est un nombre premier impair. Le nombre p étant lui-même supposé un nombre premier impair, pour plus de symétrie dans les notations, remplaçons la lettre a par la lettre q. La solution du problème repose sur le théorème suivant, dit *loi de réciprocité* (¹) :

(¹) Ce théorème célèbre était connu d'Euler, mais Legendre, le premier, l'a

Loi de réciprocité. — *p et q étant des nombres premiers impairs différents, on a*

$$\left(\frac{p}{q}\right)\left(\frac{q}{p}\right) = (-1)^{\frac{p-1}{2}\frac{q-1}{2}},$$

ou encore : *Les symboles $\left(\dfrac{p}{q}\right)$ et $\left(\dfrac{q}{p}\right)$ sont égaux, si l'un au moins des deux nombres p et q est de la forme $4h+1$. Ces symboles sont de signes contraires, si les deux nombres p et q sont, tous les deux, de la forme $4h-1$.*

En effet, p et q étant différents, supposons, pour fixer les idées, $q > p$.

Pour trouver la valeur de $\left(\dfrac{p}{q}\right)$ il faut diviser par q les nombres

$$(4) \qquad\qquad 1.p, \quad 2.p, \quad \ldots, \quad \frac{q-1}{2}\,p.$$

Soient

$$\alpha_1, \quad \alpha_2, \quad \ldots, \quad \alpha_\lambda, \quad -\beta_1, \quad -\beta_2, \quad \ldots \quad -\beta_\mu$$

les restes minima de ces divisions; $\alpha_1, \alpha_2, \ldots, \alpha_\lambda$ étant les restes positifs, $-\beta_1, -\beta_2, \ldots, -\beta_\mu$ les restes négatifs. On a

$$\left(\frac{p}{q}\right) = (-1)^\mu.$$

De même, pour trouver $\left(\dfrac{q}{p}\right)$ il faut diviser par p les nombres

$$(5) \qquad\qquad 1.q, \quad 2.q, \quad \ldots, \quad \frac{p-1}{2}\,q.$$

Soient

$$\gamma_1, \quad \gamma_2, \quad \ldots, \quad \gamma_\nu, \quad -\delta_1, \quad -\delta_2, \quad \ldots, \quad -\delta_\rho$$

énoncé explicitement, et en a tenté une démonstration. La démonstration de Legendre est incomplète. La loi de réciprocité a été démontrée pour la première fois par Gauss, qui en a donné six démonstrations. Depuis de nouvelles ont été données par Lejeune-Dirichlet, Kronecker, etc. Celles que nous donnons ici sont dues, la première au pasteur Zeller, la seconde à Kronecker. Ce sont les plus simples que nous connaissions.

les restes minima de ces divisions; $\gamma_1, \gamma_2 \ldots \gamma_\nu$ étant positifs, $-\delta_1, -\delta_2, \ldots, -\delta_\rho$ étant négatifs. On a

$$\left(\frac{q}{p}\right) = (-1)^\rho.$$

On a donc

$$(6) \qquad \left(\frac{p}{q}\right)\left(\frac{q}{p}\right) = (-1)^{\mu+\rho}.$$

Ceci posé, considérons les nombres β. Ils sont plus grands que o et ne dépassent pas $\frac{q-1}{2}$. Divisons-les en deux catégories :

1° Ceux qui ne dépassent pas $\frac{p-1}{2}$;

2° Ceux qui sont plus grands que $\frac{p-1}{2}$.

Je dis que ceux qui ne dépassent pas $\frac{p-1}{2}$ sont identiques aux nombres γ, et que par suite leur nombre est ν. En effet, soit hp un nombre de la suite (4) donnant le reste $-\beta$, tel que β ne dépasse pas $\frac{p-1}{2}$. On a

$$hp = kq - \beta,$$

d'où

$$(7) \qquad kq = hp + \beta.$$

Or on a

$$0 < h \leqq \frac{q-1}{2}$$

et

$$0 < \beta \leqq \frac{p-1}{2}.$$

On déduit facilement de ces deux égalités, et de l'égalité (7),

$$0 < k \leqq \frac{(q-1)p}{2q} + \frac{p-1}{2q}$$

ou

$$0 < k \leqq \frac{p-1}{2} + \frac{1}{2} - \frac{1}{2q}.$$

Le nombre k étant entier, ces inégalités reviennent à

$$0 < k \leqq \frac{p-1}{2}.$$

Donc kq est un nombre de la suite (5), et puisque β ne dépasse pas $\dfrac{p-1}{2}$, l'égalité (7) montre que ce nombre kq donne comme reste minimum β. Ce nombre β est donc égal à un nombre γ.

Réciproquement, soit kq un nombre de la suite (5) donnant un reste minimum positif γ, on démontre de la même façon qu'il y a un nombre hp de la suite (4) qui donne un reste minimum négatif égal à $-\gamma$.

Les nombres β qui ne dépassent pas $\dfrac{p-1}{2}$ étant identiques aux nombres γ, leur nombre est égal à ν. Si donc nous appelons σ le nombre des β qui dépassent $\dfrac{p-1}{2}$ on aura

$$\mu = \nu + \sigma.$$

Par suite l'égalité (6) devient

$$\left(\frac{p}{q}\right)\left(\frac{q}{p}\right) = (-1)^{\nu+\sigma+\rho}.$$

Mais

$$\nu + \rho = \frac{p-1}{2}.$$

Donc

$$(8) \qquad \left(\frac{p}{q}\right)\left(\frac{q}{p}\right) = (-1)^{\frac{p-1}{2}+\sigma}.$$

Reste à évaluer σ, c'est-à-dire *le nombre de termes de la suite* (4) *qui, divisés par* q, *donnent un reste minimum négatif, supérieur en valeur absolue à* $\dfrac{p-1}{2}$. Plus simplement, il suffit d'évaluer la parité de σ.

Soit $m.p$ un terme jouissant de la propriété qu'on vient de dire; je dis que *le terme*

$$\left(\frac{q-1}{2} - m\right)p$$

jouit de la même propriété.

En effet, soit

$$mp = rq - \beta \qquad \left(\beta > \frac{p-1}{2}\right);$$

on en déduit

$$(9) \qquad \left(\frac{q-1}{2} - m\right)p = \left(\frac{p+1}{2} - r\right)q - \left(\frac{p+q}{2} - \beta\right).$$

Pour démontrer ce que nous avons en vue, en ce moment, il suffit de faire voir que

$$\frac{p \div q}{2} - \beta,$$

est supérieur à $\frac{p-1}{2}$, et ne dépasse pas $\frac{q-1}{2}$.

Or, par hypothèse,

$$\frac{p-1}{2} < \beta \leqq \frac{q-1}{2}.$$

Donc on a

$$\frac{p+q}{2} - \frac{q-1}{2} \leqq \frac{p+q}{2} - \beta < \frac{p+q}{2} - \frac{p-1}{2}$$

ou

$$\frac{p+1}{2} \leqq \frac{p+q}{2} - \beta < \frac{q+1}{2},$$

ce qui peut s'écrire (en remarquant que tous les termes de ces inégalités sont des nombres entiers)

$$\frac{p-1}{2} < \frac{p+q}{2} - \beta \leqq \frac{q-1}{2}.$$

C'est ce que nous voulions démontrer.

Puisqu'à tout terme de la série (4) jouissant de la propriété en question en correspond un autre jouissant de la même propriété, le nombre σ de ces termes est impair ou pair, suivant qu'il y a un terme égal à son correspondant, ou non. Il ne reste donc plus qu'à voir s'il y a un terme égal à son correspondant.

Or écrivons que le terme mp est égal à son correspondant. Il vient

$$mp = \left(\frac{q-1}{2} - m \right) p$$

ou

$$m = \frac{q-1}{4}.$$

Nous distinguerons deux cas, suivant que q est de la forme $4h - 1$ ou de la forme $4h + 1$.

1° *Si q est de la forme $4h - 1$*, la valeur de m n'est pas entière. Donc il n'y a pas de terme de la série qui se corresponde à lui-même. Donc σ est pair. Donc l'égalité (8) se réduit à

$$\left(\frac{p}{q}\right)\left(\frac{q}{p}\right) = (-1)^{\frac{p-1}{2}}.$$

Donc, si de plus *p est de la forme* $4h+1$,

$$\left(\frac{p}{q}\right) \quad \text{et} \quad \left(\frac{q}{p}\right) \text{ sont égaux ;}$$

si, au contraire, *p est de la forme* $4h-1$,

$$\left(\frac{p}{q}\right) \quad \text{et} \quad \left(\frac{q}{p}\right) \text{ sont de signes contraires.}$$

2° Si, maintenant, *q est de la forme* $4h+1$, la valeur $m = \dfrac{q-1}{4}$ est entière. Mais il reste à voir si le terme mp répondant à cette valeur de m, à savoir le terme

$$\frac{q-1}{4}\,p$$

donne réellement un reste minimum négatif, plus grand que $\dfrac{p-1}{2}$. Or on a

$$(10) \qquad \frac{q-1}{4}\,p = \frac{p-1}{4}\,q + \left(\frac{1}{4} - \frac{p}{4q}\right)q.$$

Si *p est de la forme* $4h+1$, les nombres $\dfrac{p-1}{4}$ et $\left(\dfrac{1}{4} - \dfrac{p}{4q}\right)q$ sont entiers.

D'ailleurs $\left(\dfrac{1}{4} - \dfrac{p}{4q}\right)q$ est positif et plus petit que $\dfrac{q}{2}$. Donc l'égalité (10) montre que la division du terme $\dfrac{q-1}{4}p$, par q, donne comme reste minimum le nombre positif $\left(\dfrac{1}{4} - \dfrac{p}{4q}\right)q$. Donc il n'y a pas de terme de la série (4) jouissant de la propriété en question. Donc σ est pair.

Par suite

$$\left(\frac{p}{q}\right)\left(\frac{q}{p}\right) = (-1)^{\frac{p-1}{2}} = +1.$$

Donc $\left(\dfrac{p}{q}\right)$ et $\left(\dfrac{q}{p}\right)$ sont égaux.

Mais si *p est de la forme* $4h - 1$, écrivons l'égalité (10) sous la forme

$$\frac{q-1}{4}\, p = \frac{p+1}{4}\, q - \left(\frac{q}{4} + \frac{p}{4}\right).$$

D'ailleurs le nombre

$$-\left(\frac{q}{4} + \frac{p}{4}\right)$$

est négatif, et de valeur absolue plus grande que $\frac{p-1}{2}$ et au plus égale à $\frac{q-1}{2}$.

Donc la division du terme $\frac{q-1}{4}\, p$, par q, donne comme reste minimum un nombre négatif supérieur en valeur absolue à $\frac{p-1}{2}$, et ce terme est égal à celui que nous avons appelé plus haut son correspondant. Donc σ est impair ; donc

$$\left(\frac{p}{q}\right)\left(\frac{q}{p}\right) = (-1)^{\frac{p-1}{2}+1} = +1.$$

Donc $\left(\frac{p}{q}\right)$ et $\left(\frac{q}{p}\right)$ sont égaux.

En résumé, il n'y a qu'un cas dans lequel $\left(\frac{p}{q}\right)$ et $\left(\frac{q}{p}\right)$ soient de signes contraires : c'est lorsque p et q sont tous les deux de la forme $4h - 1$.

La loi de réciprocité est donc démontrée.

192. *Seconde démonstration de la loi de réciprocité.* — La démonstration précédente est due au pasteur Zeller ([1]). En voici une autre, non pas plus simple, mais plus concise, due à Kronecker ([2]). D'autre part, cette démonstration de Kronecker, est, tout au moins à première vue, beaucoup plus artificielle que la précédente.

On a

$$\left(\frac{q}{p}\right) = (-1)^{\rho},$$

([1]) *Monatsberichte der Berliner Akademie,* 1872.
([2]) *Sitzungsberichte,* 7 février 1884; t. II, 12 juin 1884.

ρ étant le nombre de restes minima négatifs, fournis par les divisions par p des termes de la suite

$$1 \cdot q, \quad 2 \cdot q, \quad \ldots, \quad \frac{p-1}{2} q.$$

Soit hq un terme de cette suite. Le reste minimum correspondant est négatif, s'il existe un nombre entier k, tel que

$$(11) \qquad \frac{hq}{p} < k < \frac{hq}{p} + \frac{1}{2},$$

et réciproquement. D'ailleurs, si le nombre k existe, il est unique.

Les deux inégalités (11) peuvent être remplacées par la seule inégalité

$$\left(\frac{hq}{p} - k \right) \left(\frac{hq}{p} + \frac{1}{2} - k \right) < 0$$

ou

$$(12) \qquad \left(\frac{h}{p} - \frac{k}{q} \right) \left(\frac{h}{p} + \frac{1}{2q} - \frac{k}{q} \right) < 0.$$

Comme nous l'avons déjà dit, il y a au plus un nombre entier k satisfaisant à cette inégalité. Ce nombre est d'ailleurs au plus égal à $\frac{q-1}{2}$, car si l'on remplace k par un nombre entier supérieur à cette quantité, comme d'ailleurs h est au plus égal à $\frac{p-1}{2}$, il est visible que les deux facteurs $\frac{h}{p} - \frac{k}{q}$ et $\frac{h}{p} + \frac{1}{2q} - \frac{k}{q}$ sont négatifs, et que, par suite, leur produit est positif.

Si donc dans l'expression (12) on fait successivement

$$k = 1, \quad 2, \quad \ldots, \quad \frac{q-1}{2},$$

et que l'on fasse le produit des résultats obtenus, on obtient un résultat

$$(13) \qquad \prod_{k=1}^{k=\frac{q-1}{2}} \left(\frac{h}{p} - \frac{k}{q} \right) \left(\frac{h}{p} + \frac{1}{2q} - \frac{k}{q} \right),$$

qui est positif ou négatif, suivant que le reste minimum fourni par la division de hq par p est lui-même positif ou négatif.

Transformons cette expression. Pour cela remarquons que le second facteur $\dfrac{h}{p} + \dfrac{1}{2q} - \dfrac{k}{q}$ peut s'écrire

$$\frac{h}{p} + \frac{\dfrac{q+1}{2} - k}{\cdot q} - \frac{1}{2}.$$

Quand k prend les valeurs $1, 2, \ldots, \dfrac{q-1}{2}$, le nombre

$$k' = \frac{q+1}{2} - k$$

prend les mêmes valeurs en sens inverse. On a donc

$$\prod_{k=1}^{k=\frac{q-1}{2}} \left(\frac{h}{p} + \frac{1}{2q} - \frac{k}{q} \right) = \prod_{k'=1}^{k'=\frac{q-1}{2}} \left(\frac{h}{p} + \frac{k'}{q} - \frac{1}{2} \right),$$

ou, plus simplement,

$$\prod_{k=1}^{k=\frac{q-1}{2}} \left(\frac{h}{p} + \frac{1}{2q} - \frac{k}{q} \right) = \prod_{k=1}^{k=\frac{q-1}{2}} \left(\frac{h}{p} + \frac{k}{q} - \frac{1}{2} \right).$$

De sorte que l'expression (13) peut s'écrire

$$\prod_{k=1}^{k=\frac{q-1}{2}} \left(\frac{h}{p} - \frac{k}{q} \right) \left(\frac{h}{p} + \frac{k}{q} - \frac{1}{2} \right).$$

Telle est la nouvelle forme de l'expression, qui est positive ou négative, suivant que le reste minimum de la division de hq par p est lui-même positif ou négatif.

Si maintenant dans cette expression on fait successivement

$$h = 1, \quad 2, \quad \ldots, \quad \frac{p-1}{2}$$

et qu'on multiplie les résultats obtenus, on obtient un produit qui est du signe de $\left(\dfrac{p}{q} \right)$. Ce produit est

$$(14) \qquad \prod_{h=1}^{h=\frac{p-1}{2}} \prod_{k=1}^{k=\frac{q-1}{2}} \left(\frac{h}{p} - \frac{k}{q} \right) \left(\frac{h}{p} + \frac{k}{q} - \frac{1}{2} \right).$$

C.

On verrait de même que $\left(\dfrac{q}{p}\right)$ est du signe de

$$\prod_{h=1}^{h=\frac{q-1}{2}} \prod_{k=1}^{k=\frac{p-1}{2}} \left(\frac{h}{q}-\frac{k}{p}\right)\left(\frac{h}{q}+\frac{k}{p}-\frac{1}{2}\right).$$

Mais, dans ce dernier produit, on peut intervertir l'ordre des signes $\prod$, et, de plus, on peut faire un changement de notations en remplaçant h par k et k par h.

Ce produit s'écrit alors

$$(15) \qquad \prod_{h=1}^{h=\frac{p-1}{2}} \prod_{k=1}^{k=\frac{q-1}{2}} \left(\frac{k}{q}-\frac{h}{p}\right)\left(\frac{k}{q}+\frac{h}{p}-\frac{1}{2}\right).$$

Sous cette forme, on voit que les facteurs des produits (14) et (15) sont identiques au signe près. Comme il y a $\dfrac{p-1}{2}\cdot\dfrac{q-1}{2}$ de ces facteurs, l'un des produits est égal à l'autre multiplié par $(-1)^{\frac{p-1}{2}\cdot\frac{q-1}{2}}$. On a donc bien

$$\left(\frac{p}{q}\right) = \left(\frac{q}{p}\right)(-1)^{\frac{p-1}{2}\cdot\frac{q-1}{2}},$$

ou, ce qui revient au même,

$$\left(\frac{p}{q}\right)\left(\frac{q}{p}\right) = (-1)^{\frac{p-1}{2}\cdot\frac{q-1}{2}},$$

ce qu'il fallait démontrer.

193. *Application au second problème du n° 177.* — Le **second** problème énoncé au n° 177, à savoir :

Étant donné le nombre a, quels sont les modules premiers dont a est reste quadratique?

peut être maintenant considéré comme résolu.

Nous allons le montrer sur des exemples.

Exemple I. — Soit $a = -2$.

On a

$$\left(\frac{-2}{p}\right) = \left(\frac{-1}{p}\right)\left(\frac{2}{p}\right).$$

La valeur de $\left(\frac{-1}{p}\right)$ dépend du reste de la division de p par 4.

La valeur de $\left(\frac{2}{p}\right)$ dépend du reste de la division de p par 8.

Donc la valeur de $\left(\frac{-2}{p}\right)$ ne dépend que du reste de la division de p par le plus petit commun multiple de 4 et de 8 (n° 115), c'est-à-dire par 8.

Si $p = 8h + 1$,

$$\left(\frac{-1}{p}\right) = 1, \qquad \left(\frac{2}{p}\right) = 1,$$

donc

$$\left(\frac{-2}{p}\right) = 1,$$

Si $p = 8h - 1$,

$$\left(\frac{-1}{p}\right) = -1, \qquad \left(\frac{2}{p}\right) = 1, \qquad \left(\frac{-2}{p}\right) = -1,$$

Si $p = 8h + 3$,

$$\left(\frac{-1}{p}\right) = -1, \qquad \left(\frac{2}{p}\right) = -1, \qquad \left(\frac{-2}{p}\right) = 1,$$

Si $p = 8h - 3$,

$$\left(\frac{-1}{p}\right) = 1, \qquad \left(\frac{2}{p}\right) = -1, \qquad \left(\frac{-2}{p}\right) = -1.$$

(-2) est donc reste quadratique des nombres premiers impairs de la forme $8h + 1$ ou $8h + 3$; il est non-reste des nombres de la forme $8h - 1$ et $8h - 3$.

Exemple II : $a = 3$. — Le nombre 3 est de la forme $4h - 1$. Donc on a, si $p = 4h + 1$,

$$\left(\frac{3}{p}\right) = \left(\frac{p}{3}\right),$$

si $p = 4h - 1$,

$$\left(\frac{3}{p}\right) = -\left(\frac{p}{3}\right).$$

Quant à la valeur de $\left(\dfrac{p}{3}\right)$, elle dépend du reste de la division de p par 3.

Si ce reste est 1,

$$\left(\frac{p}{3}\right) = 1.$$

Si ce reste est 2,

$$\left(\frac{p}{3}\right) = -1.$$

Donc, en définitive, la valeur du symbole $\left(\dfrac{3}{p}\right)$ ne dépend que du reste de la division de p par 12, et l'on forme facilement le Tableau suivant :

$$p = 12h + 1, \qquad \left(\frac{3}{p}\right) = \left(\frac{p}{3}\right), \qquad \left(\frac{p}{3}\right) = 1, \qquad \left(\frac{3}{p}\right) = 1,$$

$$p = 12h - 1, \qquad \left(\frac{3}{p}\right) = -\left(\frac{p}{3}\right), \qquad \left(\frac{p}{3}\right) = -1, \qquad \left(\frac{3}{p}\right) = 1,$$

$$p = 12h + 5, \qquad \left(\frac{3}{p}\right) = \left(\frac{p}{3}\right), \qquad \left(\frac{p}{3}\right) = -1, \qquad \left(\frac{3}{p}\right) = -1,$$

$$p = 12h - 5, \qquad \left(\frac{3}{p}\right) = -\left(\frac{p}{3}\right), \qquad \left(\frac{p}{3}\right) = 1, \qquad \left(\frac{3}{p}\right) = -1,$$

3 est donc reste quadratique des nombres de la forme $12h \pm 1$, il est non-reste des nombres de la forme $12h \pm 5$.

Exemple III : $a = 360$. — Décomposons 360 en facteurs premiers

$$360 = 2^3 . 3^2 . 5.$$

On peut d'abord supprimer, dans 360, les facteurs carrés $2^2 . 3^2$. En effet

$$\left(\frac{360}{p}\right) = \left(\frac{2^2 . 3^2}{p}\right)\left(\frac{2 . 5}{p}\right).$$

Mais $2^2 . 3^2$ étant un carré, on a évidemment

$$\left(\frac{2^2 . 3^2}{p}\right) = 1.$$

Donc

$$\left(\frac{360}{p}\right) = \left(\frac{2 . 5}{p}\right) = \left(\frac{2}{p}\right)\left(\frac{5}{p}\right).$$

La valeur de $\left(\dfrac{2}{p}\right)$ dépend du reste de la division de p par 8.

5 étant de la forme $4h + 1$, on a

$$\left(\frac{5}{p}\right) = \left(\frac{p}{5}\right).$$

La valeur de $\left(\frac{p}{5}\right)$ dépend du reste de la division de p par 5.

Donc la valeur de $\left(\frac{10}{p}\right) = \left(\frac{360}{p}\right)$ ne dépend que du reste de la division de p par 40.

$$p = 40h \pm 1, \quad \left(\frac{2}{p}\right) = 1, \quad \left(\frac{p}{5}\right) = 1, \quad \left(\frac{360}{p}\right) = \left(\frac{10}{p}\right) = 1,$$

$$p = 40h \pm 3, \quad \left(\frac{2}{p}\right) = -1, \quad \left(\frac{p}{5}\right) = -1, \quad \left(\frac{360}{p}\right) = 1,$$

$$p = 40h \pm 7, \quad \left(\frac{2}{p}\right) = 1, \quad \left(\frac{p}{5}\right) = -1, \quad \left(\frac{360}{p}\right) = -1,$$

$$p = 40h \pm 9, \quad \left(\frac{2}{p}\right) = 1, \quad \left(\frac{p}{5}\right) = 1, \quad \left(\frac{360}{p}\right) = 1,$$

$$p = 40h \pm 11, \quad \left(\frac{2}{p}\right) = -1, \quad \left(\frac{p}{5}\right) = 1, \quad \left(\frac{360}{p}\right) = -1,$$

$$p = 40h \pm 13, \quad \left(\frac{2}{p}\right) = -1, \quad \left(\frac{p}{5}\right) = -1, \quad \left(\frac{360}{p}\right) = 1,$$

$$p = 40h \pm 17, \quad \left(\frac{2}{p}\right) = 1, \quad \left(\frac{p}{5}\right) = -1, \quad \left(\frac{360}{p}\right) = -1,$$

$$p = 40h \pm 19, \quad \left(\frac{2}{p}\right) = -1, \quad \left(\frac{p}{5}\right) = 1, \quad \left(\frac{360}{p}\right) = -1.$$

360 ou, ce qui revient au même, 10 est reste quadratique des nombres premiers de la forme $40h \pm 1$, $40h \pm 3$, $40h \pm 9$, $40h \pm 13$; il est non-reste des nombres de la forme $40h \pm 7$, $40h \pm 11$, $40h \pm 17$, $40h \pm 19$.

On voit que la méthode est générale et elle conduit au théorème suivant :

194. Théorème. — *Le nombre a étant supposé débarrassé de ses facteurs premiers d'exposant pair, autrement dit le nombre a étant supposé non divisible par un carré différent de 1, les nombres premiers impairs dont a est reste quadratique appartiennent à des progressions arithmétiques de raison a ou 4a.*

En effet : 1° *supposons que a soit positif et de la forme*

$4h + 1$, ce qui entraîne que les facteurs premiers de a sont tous impairs et qu'il y en a un nombre pair de la forme $4h - 1$.

Soit, par exemple,

$$a = mqr,$$

m étant supposé de la forme $4h + 1$, q et r de la forme $4h - 1$. Soit p un nombre premier impair quelconque, on a

$$\left(\frac{a}{p}\right) = \left(\frac{m}{p}\right)\left(\frac{q}{p}\right)\left(\frac{r}{p}\right).$$

Or m étant de la forme $4h + 1$

$$\left(\frac{m}{p}\right) = \left(\frac{p}{m}\right),$$

q et r étant de la forme $4h - 1$

$$\left.\begin{aligned}\left(\frac{q}{p}\right) &= \left(\frac{p}{q}\right)\\ \left(\frac{r}{p}\right) &= \left(\frac{p}{r}\right)\end{aligned}\right\} \text{ si } p \text{ est de la forme } 4h + 1,$$

$$\left.\begin{aligned}\left(\frac{q}{p}\right) &= -\left(\frac{p}{q}\right)\\ \left(\frac{r}{p}\right) &= -\left(\frac{p}{r}\right)\end{aligned}\right\} \text{ si } p \text{ est de la forme } 4h - 1,$$

dans les deux cas

$$\left(\frac{q}{p}\right)\left(\frac{r}{p}\right) = \left(\frac{p}{q}\right)\left(\frac{p}{r}\right).$$

Donc

$$\left(\frac{a}{p}\right) = \left(\frac{p}{m}\right)\left(\frac{p}{q}\right)\left(\frac{p}{r}\right)$$

dans les deux cas.

Or $\left(\frac{p}{m}\right)$, $\left(\frac{p}{q}\right)$, $\left(\frac{p}{r}\right)$ dépendent respectivement des restes des divisions de p par m, q, r.

Donc $\left(\frac{a}{p}\right)$ ne dépend que du reste de la division de p par le plus petit commun multiple de m, q, r (n° 115), lequel est ici leur produit ou a.

Donc les nombres premiers impairs dont a est reste quadratique appartiennent à des progressions arithmétiques de raison a.

2° Supposons maintenant a *positif et de la forme* $4h - 1$, ce qui entraîne que les facteurs premiers de a sont impairs et qu'il y en a un nombre impair de la forme $4h - 1$.

Soit, par exemple,

$$a = mqr,$$

m étant supposé de la forme $4h - 1$, q et r de la forme $4h + 1$.

On voit facilement que

$$\left(\frac{a}{p}\right) = \left(\frac{p}{m}\right)\left(\frac{p}{q}\right)\left(\frac{p}{r}\right),$$

si p est de la forme $4h + 1$, et

$$\left(\frac{a}{p}\right) = -\left(\frac{p}{m}\right)\left(\frac{p}{q}\right)\left(\frac{p}{r}\right),$$

si p est de la forme $4h - 1$.

Donc $\left(\frac{a}{p}\right)$ ne dépend que du reste de la division de p par le plus petit commun multiple des nombres m, q, r, 4, lequel est leur produit $4a$.

Donc les nombres premiers impairs, dont a est reste quadratique, appartiennent à des progressions arithmétiques de raison $4a$.

3° Soit a *positif pair et de la forme* $2(4h + 1)$.

Soit, par exemple,

$$a = 2mqr,$$

m de la forme $4h + 1$, q et r de la forme $4h - 1$.

On a

$$\left(\frac{a}{p}\right) = \left(\frac{2}{p}\right)\left(\frac{m}{p}\right)\left(\frac{q}{p}\right)\left(\frac{r}{p}\right),$$

d'où l'on tire facilement, comme plus haut,

$$\left(\frac{a}{p}\right) = \left(\frac{2}{p}\right)\left(\frac{p}{m}\right)\left(\frac{p}{q}\right)\left(\frac{p}{r}\right).$$

Or $\left(\frac{2}{p}\right)$ dépend du reste de la division de p par 8.

$\left(\frac{p}{m}\right)$, $\left(\frac{p}{q}\right)$, $\left(\frac{p}{r}\right)$ dépendent des restes des divisions de p par m, q, r.

Donc $\left(\frac{a}{p}\right)$ ne dépend que du reste de la division de p par $8mqr$ ou $4a$.

Donc les nombres premiers impairs dont a est reste quadratique appartiennent à des progressions arithmétiques de raison $4a$.

On examine de même tous les autres cas [a positif pair de la forme $2(4h-1)$, ou a négatif].

195. *Calcul de l'expression* $\left(\dfrac{a}{p}\right)$ *quand p est un grand nombre.* — La loi de réciprocité sert aussi à simplifier le calcul de l'expression $\left(\dfrac{a}{p}\right)$ quand p est un grand nombre.

Exemple. — Calculer $\left(\dfrac{365}{997}\right)$.
On a
$$\left(\frac{365}{997}\right) = \left(\frac{5}{997}\right)\left(\frac{73}{997}\right).$$
Or
$$\left(\frac{5}{997}\right) = \left(\frac{997}{5}\right) = \left(\frac{2}{5}\right) = -1$$
et
$$\left(\frac{73}{997}\right) = \left(\frac{997}{73}\right) = \left(\frac{48}{73}\right) = \left(\frac{16}{73}\right)\left(\frac{3}{73}\right) = \left(\frac{3}{73}\right) = \left(\frac{73}{3}\right) = \left(\frac{1}{3}\right) = 1.$$
Donc
$$\left(\frac{365}{997}\right) = -1.$$

§ III. — Généralisation du symbole de Legendre. Symbole de Jacobi.

196. On peut simplifier quelques-uns des résultats précédents par une généralisation du symbole de Legendre due à Jacobi.

Le symbole de Legendre $\left(\dfrac{a}{p}\right)$ n'a de sens que si p est un nombre *premier* impair.

Supposons maintenant que p soit un nombre *impair quelconque* et que a soit un nombre *premier avec p*. Le lemme du n° 185 subsiste, celui du n° 186 ne subsiste pas. Mais l'égalité démontrée dans ce lemme
$$\left(\frac{a}{p}\right) = (-1)^{\mu},$$

μ étant le nombre des restes minima négatifs fournis par les divisions des nombres a, $2a$, . . ., $\frac{p-1}{2} a$ par p, peut alors servir de *définition* au symbole $\left(\frac{a}{p}\right)$.

De cette définition, on déduit, comme dans le cas de p premier :

1° *Les théorèmes exprimés par les égalités*

$$\left(\frac{1}{p}\right) = 1, \qquad \left(\frac{-1}{p}\right) = (-1)^{\frac{p-1}{2}}, \qquad \left(\frac{2}{p}\right) = (-1)^{\frac{p^2-1}{8}}.$$

2° *La loi de réciprocité*

$$\left(\frac{p}{q}\right)\left(\frac{q}{p}\right) = (-1)^{\frac{p-1}{2} \cdot \frac{q-1}{2}}.$$

3° *Le théorème exprimé par l'égalité*

$$\left(\frac{a}{p}\right)\left(\frac{a'}{p}\right) = \left(\frac{aa'}{p}\right)$$

subsiste aussi.

Pour le démontrer, faisons d'abord les deux remarques évidentes suivantes :

1° *Le symbole* $\left(\frac{n}{p}\right)$ *est du même signe que le produit des restes minima négatifs fournis par les divisions des nombres* n, $2n$, $\frac{p-1}{2} n$ *par* p.

2° *Deux nombres égaux et de signes contraires donnent des restes minima égaux et de signes contraires.*

Ceci posé, soient

$$\alpha_1, \quad \alpha_2, \quad \ldots, \quad \alpha_\lambda, \quad -\beta_1, \quad \beta_2, \quad \ldots, \quad -\beta_\mu$$

les restes minima fournis par les nombres

$$a, \quad 2a, \quad \ldots, \quad \frac{p-1}{2} a,$$

$\alpha_1, \alpha_2, \ldots, \alpha_\lambda$ étant les restes minima positifs, $-\beta_1, -\beta_2, \ldots, -\beta_\mu$ les négatifs, de sorte que

$$\left(\frac{a}{p}\right) = (-1)^\mu.$$

Pour calculer $\left(\dfrac{aa'}{p}\right)$, il faut d'abord chercher les restes minima fournis par

$$aa', \quad 2aa', \quad 3aa', \quad \ldots, \quad \frac{p-1}{2}aa'.$$

Mais pour cela on peut, dans ces produits, remplacer les facteurs $a, 2a, \ldots, \dfrac{p-1}{2}a$ par leurs restes minima. On trouve ainsi la suite (à l'ordre près)

$$(16) \qquad \alpha_1 a', \quad \alpha_2 a', \quad \ldots, \quad \alpha_\lambda a'; \quad -\beta_1 a', \quad \ldots, \quad -\beta_\mu a'.$$

Si l'on compare cette suite à la suite

$$(17) \qquad a', \quad 2a', \quad \ldots, \quad \frac{p-1}{2}a'$$

qui servirait à calculer $\left(\dfrac{a'}{p}\right)$, les nombres

$$\alpha_1, \quad \alpha_2, \quad \ldots, \quad \alpha_\lambda, \quad \beta_1, \quad \beta_2, \quad \ldots, \quad \beta_\mu$$

étant identiques, à l'ordre près, aux nombres $1, 2, \ldots, \dfrac{p-1}{2}$, le produit des termes de la suite (16) est égal au produit des termes de la suite (17) multiplié par $(-1)^\mu$. Donc

$$\left(\frac{aa'}{p}\right) = \left(\frac{a'}{p}\right)(-1)^\mu$$

ou

$$\left(\frac{aa'}{p}\right) = \left(\frac{a}{p}\right)\left(\frac{a'}{p}\right).$$

197. Enfin, voici *une dernière propriété exprimée par l'égalité suivante*

$$\left(\frac{a}{pp'p''\ldots}\right) = \left(\frac{a}{p}\right)\left(\frac{a}{p'}\right)\left(\frac{a}{p''}\right)\cdots$$

Pour démontrer cette propriété dans sa généralité, il suffit évidemment de la démontrer pour deux nombres p et p'

$$\left(\frac{a}{pp'}\right) = \left(\frac{a}{p}\right)\left(\frac{a}{p'}\right).$$

Or, on a, d'après la loi de réciprocité,

$$(18) \qquad \left(\frac{a}{p}\right)\left(\frac{p}{a}\right) = (-1)^{\frac{p-1}{2}\cdot\frac{a-1}{2}}.$$

$$(19) \qquad \left(\frac{a}{p'}\right)\left(\frac{p'}{a}\right) = (-1)^{\frac{p'-1}{2}\cdot\frac{a-1}{2}},$$

$$(20) \qquad \left(\frac{a}{pp'}\right)\left(\frac{pp'}{a}\right) = (-1)^{\frac{pp'-1}{2}\cdot\frac{a-1}{2}}.$$

D'autre part,

$$(21) \qquad \left(\frac{pp'}{a}\right) = \left(\frac{p}{a}\right)\left(\frac{p'}{a}\right).$$

L'égalité à vérifier devient donc, si l'on y remplace $\left(\frac{a}{pp'}\right)$, $\left(\frac{a}{p}\right)$ et $\left(\frac{a}{p'}\right)$ par leurs valeurs tirées des égalités (18), (19), (20), puis $\left(\frac{pp'}{a}\right)$ par sa valeur tirée de l'égalité (21),

$$(-1)^{\frac{p-1}{2}\cdot\frac{a-1}{2}+\frac{p'-1}{2}\cdot\frac{a-1}{2}} = (-1)^{\frac{pp'-1}{2}\cdot\frac{a-1}{2}}$$

ou

$$(-1)^{\frac{a-1}{2}\cdot\frac{(p-1)(p'-1)}{2}} = 1.$$

Or les nombres a, p, p' étant tous les trois impairs, cette égalité est évidente.

198. En particulier, supposons qu'un nombre P soit décomposé en facteurs premiers sous la forme

$$P = pp'p''\ldots,$$

on aura

$$\left(\frac{a}{P}\right) = \left(\frac{a}{p}\right)\left(\frac{a}{p'}\right)\ldots,$$

$\left(\frac{a}{p}\right)$, $\left(\frac{a}{p'}\right)$, $\ldots$ sont alors des symboles de Legendre. De sorte que cette égalité peut servir de définition au symbole de Jacobi $\left(\frac{a}{P}\right)$ [1].

---

[1] C'est d'ailleurs cette définition que Jacobi a donnée. La définition du n° 196 est due à Schering et Kronecker.

On déduit aussi de cette égalité la conséquence suivante : *Pour qu'un nombre a soit reste quadratique d'un nombre impair* P, *premier avec lui, il faut que* $\left(\dfrac{a}{P}\right)$ *soit égal à* +1. En effet, pour que a soit reste quadratique de P, il faut et il suffit qu'il soit reste quadratique de p, p', p'', ...

Il faut donc que l'on ait

$$(22) \qquad \left(\frac{a}{p}\right) = 1, \qquad \left(\frac{a}{p'}\right) = 1, \qquad \left(\frac{a}{p''}\right) = 1, \qquad \dots$$

d'où

$$\left(\frac{a}{P}\right) = 1.$$

Mais la condition $\left(\dfrac{a}{P}\right) = 1$ n'est pas suffisante, car elle n'entraîne pas les conditions (22) :

199. *Application.* — Comme première application du symbole de Jacobi, on peut simplifier le calcul du n° 195. On écrira

$$\left(\frac{365}{997}\right) = \left(\frac{997}{365}\right) = \left(\frac{267}{365}\right) = \left(\frac{365}{267}\right) = \left(\frac{98}{267}\right) = \left(\frac{2}{267}\right)\left(\frac{49}{267}\right).$$

Or

$$\left(\frac{2}{267}\right) = -1,$$

parce que 267 est de la forme $8h + 3$;

$$\left(\frac{49}{267}\right) = +1,$$

parce que 49 est un carré.

Donc

$$\left(\frac{365}{997}\right) = -1.$$

200. Le théorème du n° **194** et sa démonstration s'étendent immédiatement. *Le nombre a étant supposé non divisible par un carré différent de* 1, *les nombres impairs p, tels que*

$$\left(\frac{a}{p}\right) = +1,$$

appartiennent à des progressions arithmétiques de raison a ou 4a.

Il y a' d'autres applications du symbole de Jacobi, que nous n'aborderons pas ici.

§ IV. — Résolution de la congruence du deuxième degré à une inconnue.

201. *Résolution de la congruence* $x^2 \equiv a \pmod{p}$. — Dans la pratique, si l'on a à résoudre une congruence numérique de la forme

$$x^2 \equiv a \qquad (\mathrm{mod}\,p) \qquad (p\ \text{premier}),$$

il sera inutile de calculer d'abord le symbole $\left(\dfrac{a}{p}\right)$; il suffira d'appliquer le procédé du n° 163.

Exemples. — I. *Résoudre la congruence*

$$x^2 \equiv 53 \qquad (\mathrm{mod}\,97).$$

Cette congruence donne

$$2\,\mathrm{Ind}\,x \equiv 14 \qquad (\mathrm{mod}\,96),$$
$$\mathrm{Ind}\,x \equiv 7 \qquad (\mathrm{mod}\,48).$$

Donc, deux valeurs pour $\mathrm{Ind}\,x$,

$$7 \quad \text{et} \quad 55,$$

auxquelles correspondent les nombres

$$76 \quad \text{et} \quad 21,$$

ou plus simplement

$$+21 \quad \text{et} \quad -21.$$

II. *Résoudre la congruence*

$$x^2 \equiv 12 \qquad (\mathrm{mod}\,113).$$

Cette congruence donne

$$2\,\mathrm{Ind}\,x \equiv 71 \qquad (\mathrm{mod}\,112).$$

congruence impossible, puisque 2 et 112 sont pairs, tandis que 71 est impair. Donc la congruence proposée est elle-même impossible.

202. *Résolution de la congruence générale du second degré.* — Je suppose le module premier, puisque le cas général se ramène à celui-là.

Si le module égale 2, la solution est immédiate, puisqu'on n'a à essayer que les valeurs o et 1 pour x.

Supposons donc le module impair. On peut alors supposer le coefficient de x pair, car sinon on multiplierait la congruence par 2. Soit donc

$$ax^2 + 2bx + c \equiv 0 \qquad (\bmod\, p)$$

cette congruence.

On doit supposer $a \not\equiv 0 \ (\bmod\, p)$, car sinon la congruence serait du premier degré. Multiplions alors la congruence par a, elle devient

$$a^2 x^2 + 2abx + ac \equiv 0 \qquad (\bmod\, p)$$

ou

$$(ax + b)^2 \equiv b^2 - ac \qquad (\bmod\, p).$$

Pour que la congruence soit possible, il faut donc que $b^2 - ac$ soit reste quadratique de p. Cette condition remplie, on trouve pour $ax + b$ deux valeurs [une seule, si $b^2 - ac \equiv 0 \ (\bmod\, p)$].

Soit α une de ces valeurs, il reste à résoudre la congruence du premier degré

$$ax + b \equiv \alpha \qquad (\bmod\, p),$$

qui a une solution, puisque a n'est pas congru à zéro $(\bmod\, p)$.

Exemple. — Soit la congruence

$$5x^2 - 7x + 6 \equiv 0 \qquad (\bmod\, 89).$$

Cette congruence s'écrit

$$10x^2 - 14x + 12 \equiv 0,$$

ou

$$100x^2 - 140x + 120 \equiv 0$$

ou

$$(10x - 7)^2 \equiv -71.$$

On trouve pour $10x - 7$ les deux valeurs 14 et 75.

Reste à résoudre les deux congruences

$$10x - 7 \equiv 14,$$
$$10x - 7 \equiv 75,$$

qui donnent

$$x' \equiv 11 \atop x'' \equiv 26. \quad \Big\} \ (\mathrm{mod}\ 89),$$

Ce sont les deux racines de la congruence proposée.

203. *Exemple de résolution d'une congruence du second degré à module composé.* — Soit à résoudre la congruence

$$7x^2 - 11x + 40 \equiv 0 \qquad (\mathrm{mod}\ 60).$$

Nous avons à résoudre les congruences

$$7x^2 - 11x + 40 \equiv 0 \qquad (\mathrm{mod}\ 4),$$
$$7x^2 - 11x + 40 \equiv 0 \qquad (\mathrm{mod}\ 3),$$
$$7x^2 - 11x + 40 \equiv 0 \qquad (\mathrm{mod}\ 5)$$

ou, plus simplement,

$$3x^2 - 3x \equiv 0 \qquad (\mathrm{mod}\ 4),$$
$$x^2 - 2x + 1 \equiv 0 \qquad (\mathrm{mod}\ 3),$$
$$2x^2 - x \equiv 0 \qquad (\mathrm{mod}\ 5).$$

La première admet deux solutions : 0 et 1,
La seconde   »   une solution :   1,
La troisieme   »   deux solutions : 0 et 3.

Il y a donc quatre solutions de la congruence proposée, à savoir

Une solution congrue à 0 (mod 4), à 1 (mod 3), à 0 (mod 5), soit $x \equiv 40$
   »   0   »   1   »   3   » $x \equiv 28$
   »   1   »   1   »   0   » $x \equiv 25$
   »   1   »   1   »   3   » $x \equiv 13$ (mod 60).

CHAPITRE V.

LES NOMBRES INCOMMENSURABLES.

§ I. — Définition des nombres incommensurables. Opérations sur ces nombres.

204. On a vu, dans les Chapitres précédents, comment l'usage des nombres fractionnaires facilite l'étude des nombres entiers.

Le nombre fractionnaire n'est d'ailleurs qu'un symbole représentatif du système de *deux* nombres entiers.

Dans ces conditions, il vient naturellement à l'esprit d'introduire dans les calculs des nombres représentatifs d'un système de *trois* nombres entiers, ou d'un système de *quatre* nombres entiers et ainsi de suite. Nous trouverons plus loin de tels nombres, sous le nom de *nombres algébriques* du second, du troisième, etc. degré. Mais ces nombres ne jouissent pas, par rapport aux opérations fondamentales, de propriétés aussi simples que les nombres entiers ou fractionnaires. Ils ne se reproduisent pas par ces opérations, c'est-à-dire que la somme ou le produit de deux nombres algébriques du second degré, par exemple, n'est pas, en général, un nombre algébrique du second degré, mais bien un nombre algébrique du quatrième degré.

Nous nous trouvons donc amenés à introduire à la fois les nombres algébriques de tous les degrés.

Mais ces nombres ne sont eux-mêmes qu'un cas particulier de nombres dépendant d'une suite *infinie* de nombres entiers et qu'on appelle nombres *incommensurables,* par opposition aux nombres entiers et fractionnaires, dont l'ensemble forme ce que l'on appelle les nombres *commensurables*. Il n'est d'ailleurs pas plus compliqué d'expliquer le calcul de ces nombres incommensurables en général que celui des nombres algébriques. Ce sont donc les nombres incommensurables dont nous allons nous occuper maintenant.

205. Montrons d'abord comment un nombre commensurable peut, lui aussi, être considéré comme dépendant d'une suite infinie de nombres entiers.

Il suffit de considérer les valeurs approchées de ce nombre successivement à une unité, un dixième, un centième, etc. près par défaut. Les numérateurs et les dénominateurs de ces valeurs approchées sont parfaitement déterminés quand on connaît le nombre qui leur a donné naissance, et réciproquement. On a donc bien là une suite indéfinie de nombres entiers, dont la connaissance est équivalente à celle du nombre commensurable proposé.

Au lieu des valeurs approchées par défaut, on pourrait considérer les valeurs approchées par excès.

Au lieu des valeurs approchées à un dixième, un centième, etc. près, on pourrait en considérer d'autres : les valeurs à $\frac{1}{12}$, $\frac{1}{12^2}$, $\cdots$ près, par exemple; ou, plus généralement, les valeurs à $\frac{p}{q}$, $\frac{p'}{q'}$, $\frac{p''}{q''}$, $\cdots$ près, par défaut ou par excès, $\frac{p}{q}$, $\frac{p'}{q'}$, $\frac{p''}{q''}$, $\cdots$ étant une suite déterminée de nombres tendant vers zéro.

Comme tout nombre commensurable peut être considéré comme une valeur approchée à une certaine approximation de tout autre ([1]), ce qui précède revient à ce fait évident que, *lorsqu'un nombre commensurable est déterminé, tous les nombres commensurables plus petits que lui, et tous les nombres commensurables plus grands le sont aussi, et réciproquement.*

C'est cette idée qui va servir dans la définition des nombres incommensurables.

206. *Définition.* — Supposons qu'une certaine règle permette de *partager la totalité des nombres commensurables, positifs et négatifs, en deux classes, de telle façon que n'importe quel nombre de la première classe soit plus petit que n'importe quel nombre de la seconde.*

([1]) À condition que le premier nombre soit plus grand que la moitié du second.

Deux cas se présentent :

1° Si, parmi les nombres commensurables de la première classe, il en existe un plus grand que tous les autres, ou si, parmi les nombres commensurables de la seconde classe, il en existe un plus petit que tous les autres, on peut dire que la classification en question *définit ce nombre commensurable*. Il est d'ailleurs évident que ces deux circonstances ne peuvent se présenter à la fois.

2° Si aucune des deux circonstances précédentes ne se présente, on peut dire que la classification définit un nombre *incommensurable*.

Les deux cas peuvent effectivement se présenter. Pour réaliser le premier, il suffit de choisir à l'avance un nombre commensurable $\frac{m}{n}$, de ranger tous les nombres commensurables inférieurs à $\frac{m}{n}$ dans la première classe, tous les nombres commensurables supérieurs dans la seconde classe, et enfin de placer $\frac{m}{n}$ dans la classe que l'on veut.

Pour réaliser le second cas, soit $\frac{m}{n}$ un nombre commensurable positif, non carré parfait; rangeons dans la première classe tous les nombres commensurables positifs dont le carré est inférieur à $\frac{m}{n}$; dans la seconde classe, tous ceux dont le carré est supérieur à $\frac{m}{n}$. Il n'y a pas, dans la première classe, de nombre supérieur à tous les autres. En effet, soit a un nombre quelconque de la première classe; on a

$$a^2 < \frac{m}{n}.$$

Mais il existe (n° 64) des nombres commensurables dont le carré diffère par défaut de $\frac{m}{n}$ d'aussi peu que l'on veut; on peut donc trouver un nombre commensurable positif a' tel que $a'^2 < \frac{m}{n}$ (et par conséquent a' appartiendra à la première classe), mais tel que

$$\frac{m}{n} - a'^2 < \frac{m}{n} - a^2.$$

Or cette inégalité entraîne

$$a < a'.$$

Donc il existe dans la première classe des nombres plus grands que a.

On verrait de même qu'il n'y a pas dans la seconde classe de nombre plus petit que tous les autres.

Donc la classification en question définit un nombre incommensurable.

207. *Égalité. Inégalité.* — Deux nombres (commensurables ou incommensurables) sont *égaux* lorsque les classes qui les définissent sont identiques. Ceci est évidemment vrai pour les nombres commensurables ; et c'est une définition pour les nombres incommensurables.

Un nombre a est *plus petit* qu'un nombre b, lorsqu'il y a des nombres commensurables appartenant à la fois à la classe supérieure à a et à la classe inférieure à b ; ceci est encore une définition pour les nombres incommensurables, tandis que c'est une propriété, d'ailleurs à peu près évidente, pour les nombres commensurables.

Les nombres plus petits que o sont dits *négatifs*.

On voit facilement que les égalités $a = b$, $b = c$ entraînent l'égalité $a = c$.

Les inégalités $a > b$ et $b > c$ entraînent l'inégalité $a > c$.

En particulier les nombres commensurables faisant partie de la classe inférieure à un nombre incommensurable sont plus petits que lui ; ceux qui font partie de la classe supérieure sont plus grands que lui.

208. Montrons, maintenant, comment on peut faire dépendre les nombres incommensurables d'une suite infinie de nombres entiers, ainsi qu'on l'a dit plus haut (n° 205). On y arrive, comme pour les nombres commensurables par la considération des valeurs approchées.

209. *Valeur approchée d'un nombre incommensurable.* — *On appelle valeur approchée d'un nombre incommensurable a,* à $\frac{p}{q}$ près $\left(\frac{p}{q}\ \text{étant}\ un\ nombre\ commensurable\right)$, le plus grand multiple de $\frac{p}{q}$ qui soit contenu dans ce nombre.

Autrement dit, trouver cette valeur, c'est trouver un nombre entier m tel que

$$\frac{mp}{q} < a < \frac{(m+1)p}{q}.$$

Autrement dit encore, c'est trouver un nombre entier m, tel que $\frac{mp}{q}$ soit dans la classe inférieure à a, et $\frac{(m+1)p}{q}$ dans la classe supérieure.

Plus $\frac{p}{q}$ est petit, plus l'approximation est dite *grande*.

Il est bien évident que lorsqu'un nombre est déterminé, par la division des nombres commensurables en deux classes, ses valeurs approchées à n'importe quelle approximation sont connues. Réciproquement :

Un nombre a est déterminé lorsqu'on connaît sa valeur approchée à une approximation aussi grande que l'on veut.

En effet, soit $\frac{mp}{q}$, la valeur approchée de a à moins de $\frac{p}{q}$ près. On a

$$\frac{mp}{q} < a < (m+1)\frac{p}{q}.$$

Soit a_1 un nombre commensurable. Si l'on a aussi

$$(1)\qquad \frac{mp}{q} < a_1 < (m+1)\frac{p}{q},$$

quelque petit que soit $\frac{p}{q}$, cela veut dire que $a = a_1$.

Donc a est alors déterminé.

Si les inégalités (1) n'ont pas lieu pour toutes les valeurs de $\frac{p}{q}$, c'est qu'il y aura des valeurs de $\frac{p}{q}$ suffisamment petites pour que a_1 soit en dehors de l'intervalle de $\frac{mp}{q}$ à $\frac{(m+1)p}{q}$. On peut donc décider si a_1 est plus grand ou plus petit que a. On a donc une classification des nombres commensurables en deux classes qui définit a.

210. *Valeurs à* $1, \frac{1}{10}, \frac{1}{100}, \frac{1}{1000}, \ldots$ *près.* — On définit en général un nombre, en donnant ses valeurs à une unité, un dixième, un centième, etc. près; c'est ce qu'on appelle, son *développement en décimales*.

211. *Définition des opérations effectuées sur les nombres incommensurables. Addition.* — Soient deux nombres incommensurables ou non, a et b.

Rangeons dans une première classe C les nombres commensurables qui sont la somme d'un nombre commensurable plus petit que a et d'un nombre commensurable plus petit que b; dans une seconde classe C′ les nombres commensurables qui sont la somme d'un nombre commensurable plus grand que a et d'un nombre commensurable plus grand que b. Il est bien évident que tout nombre de la classe C est inférieur à tout nombre de la classe C′.

Il est, de plus, évident qu'il n'y a pas dans la première classe C de nombre plus grand que tous les autres, ni dans la seconde C′ de nombre plus petit que tous les autres.

Si donc, de plus, aucun nombre commensurable n'échappe à cette classification, cette classification définit un nombre incommensurable c, qui, par définition, est la *somme* de a et de b.

Mais il peut se faire qu'un nombre commensurable échappe à cette classification. Je dis, en tout cas, qu'il n'y en a qu'un. En effet, supposons qu'il y en ait deux, α et β ($\alpha < \beta$). On voit facilement que, α n'étant pas dans la classe C, il en est de même de tout nombre commensurable supérieur; de même, β n'étant pas dans la classe C′, il en est de même de tout nombre commensurable inférieur. Donc tous les nombres commensurables compris entre α et β échapperaient à la classification, et par suite un nombre quelconque de la classe C différerait d'un nombre quelconque de la classe C′ d'au moins $\beta - \alpha$. Mais cela n'est pas.

En effet, on peut prendre un nombre commensurable inférieur à a et un nombre commensurable supérieur à a, qui diffèrent entre eux de moins de $\frac{\beta - \alpha}{2}$. Ensuite on peut prendre un nombre commensurable inférieur à b et un nombre commensurable supérieur qui diffèrent également de moins de $\frac{\beta - \alpha}{2}$. On en déduit un nombre de la classe C et un nombre de la classe C' qui diffèrent de moins de $\beta - \alpha$.

Dans le cas où il existe effectivement un nombre commensurable c, n'appartenant ni à la classe C, ni à la classe C', c'est ce nombre c qui est dit la *somme* de a et b.

C'est ce dernier cas qui se présente en particulier lorsque a et b sont eux-mêmes commensurables, et il est évident que la somme ainsi définie est le même nombre que celui qu'on entendait jusqu'à maintenant sous ce nom.

La somme de plus de deux nombres a, b, c, d se définit comme pour les nombres commensurables. Les deux classes qui définissent cette somme peuvent s'obtenir en additionnant d'une part les nombres commensurables inférieurs à a, b, c, d, d'autre part les nombres commensurables supérieurs. Il en résulte évidemment que cette somme est indépendante de l'ordre des nombres que l'on ajoute.

212. *Soustraction.* — On appelle *différence de deux nombres* a, b le nombre qui, ajouté à b, reproduit a.

Pour trouver ce nombre il suffit de placer dans une classe C, les nombres commensurables obtenus en retranchant un nombre commensurable supérieur à b, d'un nombre commensurable inférieur à a; et dans une classe C' les nombres commensurables obtenus en retranchant un nombre commensurable inférieur à b, d'un nombre commensurable supérieur à a. Le lecteur démontrera facilement, comme dans le numéro précédent, que cette classification satisfait aux conditions fondamentales; et qu'il y a au plus un nombre commensurable c qui puisse y échapper. Si cette dernière circonstance ne se présente pas, la classification définit un nombre incommensurable, sinon on peut dire qu'elle définit c. En tout cas, le nombre qu'elle définit est tel que tous les nombres commensurables inférieurs à lui, ajoutés aux nombres commensurables inférieurs à b, reproduisent les nombres incommensurables inférieurs à a, et que les nombres commensurables supérieurs à lui, ajoutés aux nombres commensurables supérieurs à b, reproduisent les nombres commensurables supérieurs à a. Donc la somme de ce nombre et de b est égale à a. Donc ce nombre est la différence entre a et b.

Le lecteur verra sans peine que les théorèmes fondamentaux sur l'addition et la soustraction, qui se résument dans les règles d'addition et de soustraction des polynômes, s'appliquent aux nombres incommensurables.

213. *Multiplication.* — Pour définir le produit de deux facteurs a, b (supposés positifs), nous rangeons dans une première classe C les nombres commensurables qui sont le produit d'un nombre commensurable plus petit que a par un nombre commensurable plus petit que b ; et dans une seconde classe C′ les nombres commensurables qui sont le produit d'un nombre commensurable plus grand que a par un nombre commensurable plus grand que b. Le lecteur achèvera sans peine le raisonnement qui est analogue à celui que l'on a fait pour l'addition.

Dans le courant de ce raisonnement, pour démontrer qu'il ne peut y avoir deux nombres commensurables, α et β, échappant à la classification, on est amené à démontrer que : on peut trouver deux nombres commensurables a_1, b_1, respectivement inférieurs à a et b, et deux nombres commensurables a'_1, b'_1 respectivement supérieurs, tels que

$$a'_1 b'_1 - a_1 b_1$$

soit plus petit qu'un nombre $\beta - \alpha$.

Pour cela, il suffit de remarquer qu'on peut écrire

$$a'_1 b'_1 - a_1 b_1 = (a'_1 - a_1)b_1 + (b'_1 - b_1)a_1 + (a'_1 - a_1)(b'_1 - b_1).$$

Pour que le premier membre soit plus petit qu'un nombre $\beta - \alpha$, il suffit que chacun des termes du second membre soit plus petit que $\dfrac{\beta - \alpha}{3}$. Il suffit pour cela, d'abord, que $a'_1 - a_1$ et $b'_1 - b_1$ soient plus petits respectivement que $\dfrac{\beta - \alpha}{3 b_1}$ et $\dfrac{\beta - \alpha}{3 a_1}$, et ensuite que ces deux nombres $a'_1 - a_1$ et $b'_1 - b_1$ soient tous les deux plus petits qu'un nombre dont le carré soit inférieur à $\dfrac{\beta - \alpha}{3}$, toutes conditions qui peuvent être réalisées.

Nous avons supposé les facteurs positifs, sinon on ferait le produit de leurs valeurs absolues et l'on suivrait la règle des signes.

Si l'un des facteurs est nul, le produit est nul par définition.

Le produit de plusieurs facteurs a, b, c est le nombre obtenu en multipliant a par b, puis le résultat par c, et ainsi de suite. Le lecteur démontrera facilement que ce produit est indépendant de l'ordre des facteurs. Il verra aussi que, pour multiplier un nombre par la somme de deux autres, il suffit de le multiplier successivement par chacun des termes de la somme et d'additionner les résultats. Ces deux théorèmes permettent d'étendre aux nombres incommensurables, les règles relatives aux produits de facteurs, à la mise en facteur commun et aux produits de polynômes.

214. *Division.* — Pour définir le quotient d'un nombre a par un nombre b (a et b étant supposés positifs), on range dans une première classe C les nombres commensurables qui sont le quotient d'un nombre commensurable plus petit que a, par un nombre commensurable plus grand que b; et dans une seconde classe C', les nombres commensurables qui sont le quotient d'un nombre commensurable plus grand que a, par un nombre incommensurable plus petit que b. Le raisonnement se fait comme dans les cas précédents.

Dans le courant de ce raisonnement on est amené à démontrer que l'on peut trouver deux nombres commensurables a_1, b_1 respectivement inférieurs à a et b, et deux nombres commensurables a'_1, b'_1 respectivement supérieurs tels que la quantité

$$\frac{a'_1}{b_1} - \frac{a_1}{b'_1}$$

soit plus petite qu'un nombre $\beta - \alpha$.

Or cette quantité peut s'écrire

$$\frac{a'_1 b'_1 - a_1 b_1}{b_1 b'_1}.$$

Soit B un nombre plus petit que b; on peut choisir b_1 de façon qu'il soit plus grand que B.

Quant à b'_1, il est nécessairement plus grand que B. Donc la quantité précédente est plus petite que

$$\frac{a'_1 b'_1 - a_1 b_1}{B^2}.$$

Pour que cette quantité soit plus petite qu'un nombre $\beta - \alpha$ il suffit que le numérateur $a'_1 b'_1 - a_1 b_1$ soit plus petit que $(\beta - \alpha)B^2$; or nous avons vu plus haut que cela pouvait être réalisé.

D'ailleurs le quotient ainsi défini, multiplié par b, donne un produit égal à a.

215. *Extraction des racines.* — Pour définir la racine $n^{\text{ième}}$ d'un nombre a nous partageons les nombres commensurables en deux classes, ceux dont la puissance $n^{\text{ième}}$ est plus petite que a, ceux dont la puissance $n^{\text{ième}}$ est plus grande.

On démontre qu'aucun nombre commensurable n'échappe à cette classification, excepté un seul, si a est un nombre commensurable puissance $n^{\text{ième}}$ parfaite. Donc cette classification définit un nombre α. Reste à démontrer que la puissance $n^{\text{ième}}$ de α est égale à a. En effet, si un nombre commensurable est plus petit que α, sa puissance $n^{\text{ième}}$ est plus petite que a. Donc, si l'on forme la division des nombres commensurables en les deux classes qu'il faut former pour définir la puissance $n^{\text{ième}}$ de α, on retrouve les deux classes qui définissent a.

En particulier, on définit ainsi, dans tous les cas, la racine $n^{\text{ième}}$ d'un nombre commensurable a, ce qui n'avait pu se faire au moyen des nombres commensurables seuls (n° 56).

216. Nous avons donc défini les opérations fondamentales sur les nombres incommensurables ([1]), mais il reste à montrer comment on les réalisera effectivement. Il faut pour cela remarquer que dans la pratique on définit un nombre incommensurable par une suite indéfinie de valeurs approchées avec une approximation de plus en plus grande (n° 209). Il faut donc montrer comment, de pareilles suites relatives à certains nombres étant connues, on peut en

---

([1]) Nous admettons implicitement, qu'un certain nombre de théorèmes, évidents ou démontrés pour les nombres commensurables, sont vrais aussi pour les nombres incommensurables.

Pour n'en citer qu'un exemple, nous admettons, dans la démonstration du n° 217, le théorème suivant :

Si des nombres sont respectivement plus petits que d'autres, la somme des premiers est plus petite que la somme des seconds.

Toutes ces démonstrations sont très simples, nous n'avons pas cru nécessaire de les donner (*voir* l'Introduction).

trouver d'autres relatives à la somme, à la différence, au produit, etc., de ces nombres.

Pour cela nous ferons usage des considérations suivantes :

217. *Définition générale de la limite.* — Maintenant que nous savons ce que c'est que la différence de deux nombres incommensurables, nous pouvons généraliser la définition de limite, donnée au n° 62 pour les nombres commensurables. Cette définition s'applique, mot pour mot, aux nombres incommensurables.

En particulier, si l'on calcule les valeurs d'un nombre à $\frac{1}{10}$, $\frac{1}{100}$, $\frac{1}{1000}$, etc. près par défaut, plus généralement à $\frac{p}{q}$, $\frac{p'}{q'}$, $\frac{p''}{q''}$, ... par défaut, $\frac{p}{q}$, $\frac{p'}{q'}$, $\frac{p''}{q''}$, ... tendant vers zéro, on obtient une suite de nombres commensurables qui tendent vers a.

218. Il faut maintenant remarquer qu'on peut généraliser le théorème du n° 209 et dire qu'*un nombre est déterminé quand on connaît une suite de nombres qui tendent vers lui.* Cela est évident, car de la définition même de la limite il résulte qu'une suite de nombres ne peut tendre que vers une seule limite.

Or on a les théorèmes suivants :

Si des nombres tendent vers des limites, la somme de ces nombres tend vers la somme des limites de ces nombres.

Soient des nombres variables a, b, c tendant vers des limites A, B, C. Je dis que $a + b + c$ tend vers $A + B + C$. En effet, on a

$$(A + B + C) - (a + b + c) = (A - a) + (B - b) + (C - c).$$

Donc, pour que la valeur absolue de la différence

$$(A + B + C) - (a + b + c)$$

soit plus petite qu'un nombre donné ε, il suffit que la valeur absolue de chacune des différences $A - a$, $B - b$, $C - c$ soit plus petite que $\frac{\varepsilon}{3}$. Or c'est ce qui arrive et subsiste à partir d'un certain moment.

On a un théorème et une démonstration analogues pour la différence de deux nombres.

Si des nombres tendent vers des limites, le produit de ces nombres tend vers le produit des limites.

Il suffit évidemment de démontrer ce théorème pour un produit de deux nombres. Or, pour cela, il suffit de remarquer que

$$AB - ab = (A - a)b + (B - b)a + (A - a)(B - b).$$

Pour que la valeur absolue du premier membre soit plus petit que ε, il suffit que la valeur absolue de chacun des termes du second membre soit plus petite que $\frac{\varepsilon}{3}$; et pour cela, enfin, il suffit que les inégalités suivantes soient satisfaites :

$$|A - a| < \frac{\varepsilon}{3b},$$

$$|B - b| < \frac{\varepsilon}{3a},$$

$$|A - a| < \sqrt{\frac{\varepsilon}{3}},$$

$$|B - b| < \sqrt{\frac{\varepsilon}{3}}.$$

Or ces inégalités peuvent avoir lieu et subsister.

Nous n'énoncerons ni ne démontrerons les théorèmes analogues, relatifs au quotient, aux puissances, aux racines, aux exposants incommensurables. En définitive, le lecteur voit qu'on est ramené à la théorie connue sous le nom de *théorie des limites*, qui est traitée dans tous les cours d'Analyse. Cette théorie ne fait plus partie de la théorie des nombres, c'est pourquoi nous n'y insistons pas.

219. Cette théorie, appliquée au calcul des nombres incommensurables, nous donne le résultat suivant : *Pour effectuer un certain calcul, composé d'additions, soustractions, multiplications, divisions, élévations aux puissances, extractions de racines sur des nombres incommensurables, on effectue le même calcul sur les valeurs approchées de ces nombres, pour des valeurs de plus en plus grandes de l'approximation, et l'on obtient une suite de résultats définissant un nombre qui est leur limite, et qui est le nombre cherché.*

Nous terminerons par les théorèmes suivants, qui sont d'une application constante :

220. Théorème. — *Si une suite indéfinie de nombres*

$$a_1, \quad a_2, \quad \ldots, \quad a_n, \quad \ldots$$

est telle que chacun d'eux soit supérieur ou égal au précédent; si, de plus, un quelconque de ces nombres est plus petit qu'un nombre déterminé A, *ces nombres tendent vers une limite inférieure ou égale à* A.

En effet, classons les nombres commensurables de la façon suivante : Dans la classe inférieure C, nous plaçons les nombres α, tels que, dans la suite

$$a_1, \quad a_2, \quad \ldots, \quad a_n, \quad \ldots,$$

il y ait des termes plus grands que α. Dans la classe supérieure C′, nous plaçons les nombres β, tels que dans la suite

$$a_1, \quad a_2, \quad \ldots, \quad a_n, \quad \ldots$$

il n'y ait pas de terme plus grand que β.

Il est évident qu'aucun nombre commensurable n'échappe à cette classification, et que d'ailleurs cette classification satisfait à toutes les autres conditions nécessaires pour qu'elle définisse un nombre. Soit a ce nombre. Je dis que les termes de la suite

$$a_1, \quad a_2, \quad \ldots, \quad a_n, \quad \ldots$$

tendent vers a.

En effet, soit b un nombre appartenant à la classe C, b' un nombre appartenant à la classe C′. On a

$$a - b < b' - b.$$

Mais quel que soit le nombre positif ε, on peut trouver les nombres b et b' tels que

$$b' - b < \varepsilon,$$

et d'ailleurs on peut trouver un terme a_n tel que

$$b < a_n < a.$$

On a alors

$$a - a_n < a - b < b' - b < \varepsilon.$$

Donc les termes de la suite

$$a_1, \quad a_2, \quad \ldots, \quad a_n, \quad \ldots$$

tendent vers a.

Il est d'ailleurs impossible que cette limite a soit supérieure à A, car si cela était, comme il y aurait des termes de la suite

$$a_1, \quad a_2, \quad \ldots, \quad a_n, \quad \ldots$$

qui différeraient de a de moins de $a - A$, ces nombres seraient supérieurs à A, ce qui est contre l'hypothèse.

On démontrerait de même que :

Si une suite indéfinie de nombres est telle que chacun d'eux soit inférieur, ou égal au précédent ; si, de plus, un quelconque de ces nombres est plus grand qu'un nombre déterminé A, ces nombres tendent vers une limite supérieure ou égale à A.

221. Dans ces théorèmes les nombres

$$a_1, \quad a_2, \quad \ldots, \quad a_n, \quad \ldots$$

sont commensurables ou non. Dans la théorie des nombres, ce seront les suites de nombres commensurables qui joueront le plus grand rôle ; par exemple, la suite des valeurs approchées par excès, ou celle des valeurs approchées par défaut, d'un nombre, à une approximation décimale de plus en plus grande ([1]).

Dans le Chapitre suivant, nous allons étudier d'autres suites du même genre : celles qu'on obtient par le développement d'un nombre incommensurable en fraction continue.

([1]) La définition des nombres incommensurables qui fait l'objet de ce Chapitre ; ou des définitions analogues ont été données par MM. Catalan, Bertrand, Méray, Lipschitz, du Bois-Reymond, Cantor, Dedekind, Heine, Weierstrass, Tannery. Elle a été exposée par M. Tannery dans l'*Introduction à la théorie des fonctions d'une variable* (Paris, Hermann) et dans ses *Leçons d'Arithmétique* (Paris, Armand Colin). Dans ce dernier Ouvrage, le lecteur pourra trouver plus de détails sur quelques points très simples, sur lesquels nous n'avons pas cru devoir insister ici.

§ II. — Développement des nombres incommensurables en fractions continues.

222. Revenons d'abord sur ce que nous avons dit (Chapitre II, § V) du développement en fraction continue d'un nombre commensurable, et faisons les remarques suivantes :

Lorsqu'un nombre commensurable x est développé en fraction continue

$$x = a_1 + \cfrac{1}{a_2 + \cfrac{1}{a_3 + \cfrac{\cdots}{\cdots + \cfrac{1}{a_n}}}},$$

a_1 *est le plus grand entier contenu dans* x ;

a_2 *le plus grand entier contenu dans* $\dfrac{1}{x - a_1}$.

D'une façon générale, soit $\dfrac{P_k}{Q_k}$ la $k^{\text{ième}}$ réduite

$$\frac{P_k}{Q_k} = a_1 + \cfrac{1}{a_2 + \cfrac{\cdots}{\cdots + \cfrac{1}{a_k}}}.$$

Posons

$$x_k = a_{k+1} + \cfrac{1}{a_{k+2} + \cfrac{\cdots}{\cdots + \cfrac{1}{a_n}}},$$

x et x_k sont liés par la relation

$$x = \frac{P_k x_k + P_{k-1}}{Q_k x_k + Q_{k-1}},$$

d'où

$$x_k = - \frac{Q_{k-1} x - P_{k-1}}{Q_k x - P_k} ;$$

a_{k+1} *est le plus grand entier contenu dans* x_k.

Les nombres a_1, ..., a_n sont positifs, excepté le premier qui peut être nul, ou même négatif si le nombre x est négatif.

223. Soit maintenant un nombre incommensurable x.

On peut déterminer des nombres entiers a_1, a_2, ... par les mêmes conditions, à savoir :

a_1 *est le plus grand entier contenu dans* x ;

a_2 *est le plus grand entier contenu dans* $\dfrac{1}{x - a_1}$.

D'une façon générale, ayant calculé $a_1, a_2, \ldots, a_k$, soit

$$\frac{P_{k-1}}{Q_{k-1}} = a_1 + \cfrac{1}{a_2 + \cdots + \cfrac{1}{a_{k-1}}}, \qquad \frac{P_k}{Q_k} = a_1 + \cfrac{1}{a_2 + \cdots + \cfrac{1}{a_k}},$$

on calculera x_k par la relation

$$x = \frac{P_k x_k + P_{k-1}}{Q_k x_k + Q_{k-1}},$$

d'où

$$x_k = -\,\frac{Q_{k-1} x - P_{k-1}}{Q_k x - P_k},$$

et l'on prendra pour a_{k+1} *le plus grand entier contenu dans x_k.*

Mais *cette suite de nombres $a_1, a_2, \ldots$ est illimitée,* car, sinon, on obtiendrait une fraction continue limitée, égale au nombre incommensurable x, ce qui est absurde.

Les nombres entiers $a_1, a_2, \ldots$ étant ainsi parfaitement déterminés, je dis qu'*ils sont positifs,* excepté a_1 qui peut être nul, ou même négatif si x est négatif.

Pour le démontrer je remarque que des égalités

$$x_k = -\,\frac{Q_{k-1} x - P_{k-1}}{Q_k x - P_k},$$

$$x_{k+1} = -\,\frac{Q_k x - P_k}{Q_{k+1} x - P_{k+1}},$$

on tire en éliminant x

$$x_k = -\,\frac{Q_{k-1}(P_{k+1} x_{k+1} + P_k) - P_{k-1}(Q_{k+1} x + Q_k)}{Q_k(P_{k+1} x_{k+1} + P_k) - P_k(Q_{k+1} x + Q_k)}.$$

Or les quantités P_k, Q_k, a_k satisfont évidemment aux mêmes relations de récurrence que dans les fractions continues limitées, c'est-à-dire aux relations

$$P_{k+1} = P_k a_{k+1} + P_{k-1},$$

$$Q_{k+1} = Q_k a_{k+1} + Q_{k-1}$$

et à la relation

$$P_k Q_{k-1} - P_{k-1} Q_k = (-1)^k.$$

Donc on peut écrire

$$x_k = - \frac{(P_{k+1}Q_{k-1} - P_{k-1}Q_{k+1})x_{k+1} + (-1)^k}{(-1)^{k+1}x_{k+1}}$$
$$= (-1)^k(P_{k+1}Q_{k-1} - P_{k-1}Q_{k+1}) + \frac{1}{x_{k+1}},$$

ou enfin, en remplaçant P_{k+1} et Q_{k+1} par leurs valeurs,

$$x_k = a_{k+1} + \frac{1}{x_{k+1}}.$$

Or, a_{k+1} étant le plus grand entier contenu dans x_k, ceci montre que $\frac{1}{x_{k+1}}$ est compris entre 0 et 1. Donc x_{k+1} est plus grand que 1. Donc a_{k+2} est positif.

224. Conclusion. — *A un nombre incommensurable x donné, correspond donc une suite de nombres entiers parfaitement déterminés $a_1, a_2, \ldots$ donnant lieu à une suite de réduites*

$$\frac{P_1}{Q_1}, \quad \frac{P_2}{Q_2}, \quad \frac{P_3}{Q_3}, \quad \ldots$$

Le théorème suivant montre que ces réduites tendent vers x.

225. Théorème. — *Étant donnée une suite indéfinie quelconque de nombres entiers positifs $a_1, a_2, \ldots$, si l'on forme les réduites*

$$\frac{P_1}{Q_1} = a_1, \qquad \frac{P_2}{Q_2} = a_1 + \frac{1}{a_2}, \qquad \ldots,$$

1° Ces réduites tendent vers une limite x;
2° Si l'on applique à ce nombre x le procédé précédent, on retrouve les nombres $a_1, a_2, \ldots$;
3° x est incommensurable.

En effet : 1° nous avons vu (n° 94) que, quelque loin qu'on pousse le calcul, les réduites de rang impair vont en croissant et restent toujours plus petites que $a_1 + \frac{1}{a_2}$. Donc elles ont une limite. De même les réduites de rang pair vont en décroissant et restent toujours plus grandes que a_1. Donc elles ont aussi une limite. D'ailleurs ces deux limites sont les mêmes. En effet, la différence entre une réduite de rang pair $\dfrac{P_{2n}}{Q_{2n}}$ et la réduite suivante $\dfrac{P_{2n+1}}{Q_{2n+1}}$ est égale à $\dfrac{1}{Q_{2n}Q_{2n+1}}$. Or Q_{2n} et Q_{2n+1} sont des entiers qui croissent avec n. Donc cette différence tend vers zéro.

Ainsi les réduites de rang pair et celles de rang impair ont une limite commune.

2° Soit x cette limite. On a

$$a_1 < x < a_1 + \frac{1}{a_2}.$$

Donc, *a fortiori*,

$$a_1 < x < a_1 + 1.$$

Donc a_1 est le plus grand entier contenu dans x.

Ensuite

$$a_1 + \cfrac{1}{a_2 + \cfrac{1}{a_3}} < x < a_1 + \frac{1}{a_2}.$$

Donc

$$a_2 < \frac{1}{x - a_1} < a_2 + \frac{1}{a_3}.$$

Donc, *a fortiori*,

$$a_2 < \frac{1}{x - a_1} < a_2 + 1.$$

Donc a_2 est le plus grand entier contenu dans $\dfrac{1}{x - a_1}$.

D'une façon générale,

$$\frac{P_{k+1}}{Q_{k+1}} < x < \frac{P_{k+2}}{Q_{k+2}} \qquad \text{(en supposant } k \text{ pair pour fixer les idées)},$$

ce qui peut s'écrire, en introduisant le nombre x_k défini par la relation $x = \dfrac{P_k x_k + P_{k-1}}{Q_k x_k + Q_{k-1}}$,

$$\frac{P_k a_{k+1} + P_{k-1}}{Q_k a_{k+1} + Q_{k-1}} < \frac{P_k x_k + P_{k-1}}{Q_k x_k + Q_{k-1}} < \frac{P_k \left(a_{k+1} + \dfrac{1}{a_{k+2}}\right) + P_{k-1}}{Q_k \left(a_{k+1} + \dfrac{1}{a_{k+2}}\right) + Q_{k-1}},$$

d'où l'on tire facilement

$$a_{k+1} < x_k < a_{k+1} + \frac{1}{a_{k+2}}.$$

Donc, *a fortiori*,

$$a_{k+1} < x_k < a_{k+1} + 1.$$

Donc a_{k+1} est le plus grand entier contenu dans x_k.

3° Enfin x est incommensurable, puisque si x était commensurable la suite d'opérations qu'on vient de dire serait limitée.

C.

Définition. — Les nombres entiers $a_1, a_2, \ldots, a_k, \ldots$ s'appellent quotients *incomplets;* les quantités $x, x_1, x_2, \ldots, x_k, \ldots$ s'appellent quotients *complets.*

226. *Limite de l'approximation obtenue en s'arrêtant à une réduite* $\dfrac{P_k}{Q_k}$. — Le nombre x étant compris entre $\dfrac{P_k}{Q_k}$ et $\dfrac{P_{k+1}}{Q_{k+1}}$, l'erreur commise en prenant $\dfrac{P_k}{Q_k}$ comme valeur approchée est plus petite que la valeur absolue de $\dfrac{P_{k+1}}{Q_{k+1}} - \dfrac{P_k}{Q_k}$, c'est-à-dire que $\dfrac{1}{Q_k Q_{k+1}}$ et *a fortiori* que $\dfrac{1}{Q_k^2}$.

227. *Exemple de développement d'un nombre en fraction continue illimitée.* — Développer en fraction continue le logarithme vulgaire de 17, c'est-à-dire calculer le nombre x satisfaisant à l'équation

$$10^x = 17.$$

Ce nombre étant compris entre 1 et 2, le premier quotient incomplet est 1.

Posons donc $x = 1 + \dfrac{1}{x_1}$.

L'équation devient

$$10^{1 + \frac{1}{x_1}} = 17$$

ou

$$(1,7)^{x_1} = 10.$$

Or on voit facilement que x_1 est compris entre 4 et 5 : le second quotient incomplet est donc 4. Posons maintenant

$$x_1 = 4 + \frac{1}{x_2}.$$

L'équation devient

$$(1,7)^{4 + \frac{1}{x_2}} = 10,$$

d'où

$$(0,83521)^{x_2} = 0,58823.$$

x_2 est compris entre 2 et 3. En continuant ce procédé on trouve le développement

$$x = [1, 4, 2, 1, 17, 1, 3, 1, 1, \ldots].$$

Il est bien évident que ce procédé réussit pour le développement en fraction continue d'une racine d'une équation quelconque. Les quotients incomplets successifs sont les parties entières de racines d'équations successives.

228. Théorème. — *Si l'on a deux valeurs approchées, l'une par défaut x_1, l'autre par excès x_2, d'un nombre incommensurable x, les premiers quotients incomplets, communs aux développements en fractions continues de x_1 et de x_2, appartiennent au développement en fraction continue de x.*

Soient $a_1, a_2, \ldots, a_n$ ces quotients incomplets communs.

a_1 étant la partie entière de x_1 et celle de x_2 est aussi la partie entière de x qui est comprise entre x_1 et x_2.

a_2 étant la partie entière de $\dfrac{1}{x_1 - a_1}$ et celle de $\dfrac{1}{x_2 - a_1}$ est aussi la partie entière de $\dfrac{1}{x - a_1}$ qui est compris entre $\dfrac{1}{x_1 - a_1}$ et $\dfrac{1}{x_2 - a_1}$, etc.

Exemple :

$$2,71828182845904 < e < 2,71828182845905.$$

Les quotients incomplets communs sont

$$2, \quad 1, \quad 2, \quad 1, \quad 1, \quad 4, \quad 1, 1, \quad 6, \quad 1, \quad 1, \quad 8, \quad 1, 1,$$

qui donnent les réduites communes

$$\frac{2}{1}, \quad \frac{3}{1}, \quad \frac{8}{3}, \quad \frac{11}{4}, \quad \frac{19}{7}, \quad \frac{87}{32}, \quad \frac{106}{39}, \quad \frac{193}{71}, \quad \frac{1264}{465}, \quad \frac{1457}{536}, \quad \frac{2721}{1001},$$

$$\frac{23225}{8544}, \quad \frac{25946}{9545}, \quad \frac{49171}{18089}.$$

Ces réduites appartiennent au développement de e en fraction continue.

229. *Réduction en fraction continue d'un nombre négatif.* — Ce que nous avons dit au n° 97 de la réduction en fraction continue d'un nombre commensurable négatif s'applique à un nombre incommensurable. Par exemple ayant

$$e = 2 + \cfrac{1}{1 + \cfrac{1}{2 + \cfrac{1}{1 + \cfrac{1}{1 + \ddots}}}},$$

on a

$$-e = -3 + \cfrac{1}{3 + \cfrac{1}{1 + \cfrac{1}{1 + \ddots}}}.$$

230. *Fractions continues irrégulières.* — Nous appellerons ainsi des fractions continues de la forme

$$a + \cfrac{1}{b + \cfrac{1}{c + \ddots + \cfrac{1}{k} + 1}} \qquad\text{ou}\qquad | a, b, \ldots, k, l, \alpha, \beta, \ldots |,$$

$$l + \cfrac{1}{\alpha + \cfrac{1}{\beta + \ddots}}$$

dans laquelle les éléments α, β, ... sont, à partir d'un certain rang, tous positifs, les précédents a, b, c, ..., l n'étant pas tous positifs, et pouvant être négatifs ou nuls. En particulier, nous appelons l le dernier élément qui n'est pas positif.

Il est bien évident que les formules qui permettent de calculer les réduites de proche en proche s'appliquent à ces fractions. Elles s'appliqueraient d'ailleurs à des fractions continues dans lesquelles les éléments seraient des nombres quelconques, non entiers.

231. Nous allons montrer qu'*on peut transformer une fraction continue irrégulière en une fraction continue ordinaire régulière, de façon que, dans les deux fractions continues, tous les éléments, à partir d'un certain rang, soient les mêmes.*

Pour cela, nous allons montrer que l'irrégularité qui va jusqu'à l'élément l peut être remontée d'un ou plusieurs éléments, de façon à obtenir une nouvelle fraction irrégulière dans laquelle le nombre des éléments irréguliers est plus petit que dans la fraction proposée. En recommençant cette opération sur la nouvelle fraction, puis sur la suivante, et ainsi de suite, on arrive de proche en proche à une fraction régulière.

Dans la démonstration, nous distinguerons plusieurs cas.

I. *Soit $l = 0$.* On a

$$k + \cfrac{1}{0 + \cfrac{1}{\dfrac{1}{A}}} = k + A;$$

d'où

$$k + \cfrac{1}{0 + \cfrac{1}{\alpha + \ddots}} = k + \alpha + \cfrac{1}{\beta + \ddots} \cdot$$

Donc

$$[a, b, \ldots, k, 0, \alpha, \beta, \ldots] = [a, b, \ldots, k + \alpha, \beta, \ldots].$$

L'irrégularité a donc remonté au moins d'un rang.

II. *Soit l négatif et différent de -1,*

$$l = -n.$$

On a

$$k + \cfrac{1}{-n + \cfrac{1}{A}} = k - 1 + \cfrac{1}{1 + \cfrac{1}{n - 1 + \cfrac{1}{-A}}} = k - 1 + \cfrac{1}{1 + \cfrac{1}{n - 2 + \cfrac{1}{1 + \cfrac{1}{A - 1}}}},$$

d'où

$$k + \cfrac{1}{-n + \cfrac{1}{\alpha + \cfrac{1}{\beta + \ddots}}} = k - 1 + \cfrac{1}{1 + \cfrac{1}{n - 2 + \cfrac{1}{1 + \cfrac{1}{\alpha - 1 + \cfrac{1}{\beta + \ddots}}}}},$$

d'où, en supposant $\alpha > 1$ et $n > 2$,

$$[a, b, \ldots, k, -n, \alpha, \beta, \ldots] = [a, b, \ldots, k - 1, 1, n - 2, 1, \alpha - 1, \beta, \ldots],$$

de sorte que, dans ce cas, l'irrégularité est remontée au moins d'un rang.

Si $\alpha = 1$ et $n > 2$, on écrit l'expression précédente

$$[a, b, \ldots, k-1, 1, n-2, 1+\beta, \gamma, \ldots].$$

Si $\alpha > 1$ et $n = 2$, on écrit l'expression

$$[a, b, \ldots, k-1, 2, \alpha-1, \beta, \ldots].$$

Si $\alpha = 1$ et $n = 2$, on écrit l'expression

$$[a, b, \ldots, k-1, \beta+2, \gamma, \ldots].$$

Dans tous les cas, l'irrégularité est remontée au moins d'un rang.

III. *Soit enfin* $l = -1$..

On part alors de l'identité

$$k + \cfrac{1}{-1 + \cfrac{1}{\Lambda}} = k - 2 + \cfrac{1}{1 + \cfrac{1}{\Lambda - 2}},$$

d'où

$$k + \cfrac{1}{-1 + \cfrac{1}{\alpha + \cfrac{1}{\beta + \ldots}}} = k - 2 + \cfrac{1}{1 + \cfrac{1}{\alpha - 2 + \cfrac{1}{\beta + \ldots}}},$$

d'où, en supposant $\alpha > 2$,

$$[a, b, c, \ldots, k, -1, \alpha, \beta, \ldots] = [a, b, \ldots, k-2, 1, \alpha-2, \beta, \ldots].$$

Si $\alpha = 2$, on écrit l'expression

$$[a, b, \ldots, k-2, 1+\beta, .$$

Si $\alpha = 1$, revenons à l'expression

$$k + \cfrac{1}{-1 + \cfrac{1}{1 + \cfrac{1}{\beta + \cfrac{1}{\gamma + \cfrac{1}{\delta + \ldots}}}}}$$

Cette expression est égale à

$$k - \beta - 2 + \cfrac{1}{1 + \cfrac{1}{\gamma - 1 + \cfrac{1}{\delta + \ldots}}}$$

Si l'on suppose $\gamma > 1$, on a donc

$$a, b, c, \ldots, k, -1, 1, \beta, \gamma, \delta, \ldots] = [a, b, \ldots, k - \beta - 2, 1, \gamma - 1, \delta, \ldots$$

Si $\gamma = 1$, on écrit l'expression

$$[a, b, \ldots, k - \beta - 2, 1 + \delta, \ldots].$$

Dans tous les cas, l'irrégularité a remonté d'au moins un rang.

Remarque. — Lorsque tous les éléments, à partir du second, auront été rendus positifs, si le premier élément est positif, la fraction continue est positive; si le premier élément est négatif, la fraction continue est négative.

232. *Remarque.* — *Le nombre des quotients incomplets modifiés dans le calcul précédent est de même parité que le nombre de ceux qui les remplacent.*

Il suffit de vérifier cette proposition dans tous les cas.

Dans le cas de $l = 0$, on a remplacé les *trois* éléments k, 0, α par *un* seul, $k + \alpha$.

Dans le cas de $l = -n \neq -1$ et $\alpha > 1$, $n > 2$, on a remplacé les *trois* éléments

$$k, \quad -n, \quad \alpha,$$

par *cinq*

$$k - 1, \quad 1, \quad n - 2, \quad 1, \quad \alpha - 1.$$

Dans le cas de

$$l = -n \neq -1, \qquad \alpha = 1, \qquad n > 2,$$

on a remplacé les *quatre* éléments

$$k, \quad -n, \quad 1, \quad \beta, \quad \ldots,$$

par *quatre*

$$k - 1, \quad 1, \quad n - 2, \quad 1 + \beta,$$

etc.

233. Comme application traitons la question suivante :

Condition pour que les fractions continues qui représentent deux nombres soient identiques à partir d'un certain quotient incomplet.

(Il s'agit, bien entendu, de fonctions continues régulières ordinaires.)

Cela revient à dire que ces deux nombres ω, ω' ont un même quotient complet x. On a les égalités

$$(4) \qquad \omega = \frac{Px + R}{Qx + S},$$

$$(5) \qquad \omega' = \frac{P'x + R'}{Q'x + S'},$$

en appelant $\dfrac{P}{Q}$ la réduite qui précède le quotient complet x, dans le développement de ω, et $\dfrac{R}{S}$ la réduite précédant $\dfrac{P}{Q}$; de même $\dfrac{P'}{Q'}$ désigne la réduite qui précède le quotient complet x, dans le développement de ω', et $\dfrac{R'}{S'}$ la réduite précédant $\dfrac{P'}{Q'}$. Soit k le nombre des éléments qui précèdent x, dans le développement de ω; k' le nombre de ceux qui précèdent x dans le développement de ω'.

P, Q, R, S, P', Q', R', S' sont des entiers satisfaisant aux conditions

$$PS - QR = (-1)^k,$$
$$P'S' - Q'R' = (-1)^{k'}.$$

Si, entre les égalités (4) et (5), on élimine x on trouve

$$\omega' = \frac{(P'S - QR')\omega + PR' - P'R}{(Q'S - QS')\omega + PS' - Q'R},$$

ou, en posant

$$P'S - QR = \alpha,$$
$$PR' - P'R = \beta,$$
$$Q'S - QS' = \gamma,$$
$$PS' - Q'R = \delta,$$
$$\omega' = \frac{\alpha\omega + \beta}{\gamma\omega + \delta}.$$

D'ailleurs on a

$$\alpha\delta - \beta\gamma = (P'S - QR')(PS' - Q'R) - (PR' - P'R)(Q'S - QS')$$
$$= (PS - QR)(P'S' - Q'R') = (-1)^{k+k'}.$$

Donc les deux nombres ω et ω' sont liés par une relation *de la forme*

$$(6) \qquad \omega' = \frac{\alpha\omega + \beta}{\gamma\omega + \delta},$$

α, β, γ, δ *étant quatre nombres entiers satisfaisant à la condition*

$$\alpha\delta - \beta\gamma = \pm 1.$$

($\alpha\delta - \beta\gamma = +1$ ou -1, suivant que les éléments qui précèdent le quotient complet commun, dans les développements de ω et de ω', sont en nombre de même parité ou non.)

Démontrons maintenant que *cette condition est suffisante.* En effet, supposons qu'elle soit remplie.

Supposons d'abord $\gamma = 0$.

On a alors

$$\alpha\delta = \pm 1;$$

d'où

$$\alpha = \pm 1,$$
$$\delta = \pm 1.$$

Donc ω' se réduit à $\pm \omega \pm \beta$.

Si $\omega' = \omega \pm \beta$, le théorème est évident.

Si $\omega' = -\omega \pm \beta$, on a

$$-\omega' = \omega \mp \beta.$$

Ce cas se ramène donc au précédent, car si l'on se reporte aux n°s 97 et 229, on remarque que les fractions continues qui représentent deux nombres égaux et de signe contraire, sont identiques à partir du quatrième quotient incomplet au plus.

Supposons maintenant $\gamma \neq 0$.

Réduisons la fraction $\dfrac{\alpha}{\gamma}$ en fraction continue. Soit

$$(7) \qquad \frac{\alpha}{\gamma} = [a, b, \ldots, l].$$

Remarquons que l'égalité

$$\alpha\delta - \beta\gamma = \pm 1$$

prouve que γ et α sont premiers entre eux. Donc $\dfrac{\alpha}{\gamma}$ est une fraction irréductible. Si donc on appelle $\dfrac{P_k}{Q_k}$ la dernière réduite de la fraction continue (7), on a

$$\alpha = P_k,$$
$$\gamma = Q_k.$$

On a d'ailleurs

$$\alpha\delta - \beta\gamma = \pm 1,$$

ou

$$P_k\delta - Q_k\beta = \pm 1.$$

Maintenant, on peut toujours supposer que k soit d'une parité telle que la quantité $\alpha\delta - \beta\gamma$ ou $P_k\delta - Q_k\beta$ soit égale à $(-1)^k$.

En effet, si $\alpha\delta - \beta\gamma$ était égal à $(-1)^{k+1}$, on écrirait la fraction (7) sous la forme

$$a + \cfrac{1}{b + \cfrac{\ddots}{{}\div \cfrac{1}{l - 1 + \cfrac{1}{1}}}},$$

de sorte que le nombre k serait augmenté d'une unité.

Les deux quantités $P_k Q_{k-1} - Q_k P_{k-1}$ et $P_k\delta - Q_k\beta$ étant alors, toutes les deux, égales à $(-1)^k$, on a

$$P_k Q_{k-1} - Q_k P_{k-1} = P_k\delta - Q_k\beta.$$

P_k et Q_k étant premiers entre eux, cette égalité donne (n° 111)

$$\beta = P_{k-1} + P_k l,$$
$$\delta = Q_{k-1} + Q_k l,$$

l étant un nombre entier positif ou négatif.

Par suite, si l'on remplace α, β, γ, δ par leurs valeurs dans l'égalité (6) il vient

$$\omega' = \frac{P_k \omega + P_{k-1} + P_k l}{Q_k \omega + Q_{k-1} + Q_k l},$$

ou

$$\omega' = \frac{P_k(\omega + l) + P_{k-1}}{Q_k(\omega + l) + Q_{k-1}}.$$

Ce qui montre que la valeur de ω' s'obtient en remplaçant, dans la fraction continue (7), l par $l + \dfrac{1}{\omega + l}$.

Si donc le développement de ω, en fraction continue régulière, est

$$(8) \qquad\qquad \omega = [m, n, p, \dots],$$

on en déduit

$$(9) \qquad \omega' = [a, b, \ldots, l, m + t, n, p, \ldots].$$

Si $m + t$ est positif, cette dernière fraction continue est régulière, c'est la fraction qui représente ω'. Il est visible que les deux fractions (8) et (9) sont identiques à partir du quotient incomplet n et le théorème est démontré.

Si $m + t$ est négatif ou nul, on commencera par rendre régulière la fraction continue (9). Comme dans cette transformation les quotients incomplets resteront invariables, à partir d'un certain d'entre eux, les fractions (8) et (9) sont identiques à partir de ce quotient incomplet-là.

234. Nous avons dit plus haut que $\alpha\delta - \beta\gamma = +1$ ou -1, suivant que les éléments qui précèdent le quotient incomplet commun, dans les développements de ω et de ω', sont en nombres de même parité ou non.

La réciproque est vraie.

En effet :

$$\alpha\delta - \beta\gamma = (-1)^k.$$

D'ailleurs k est le nombre des éléments $a, b, \ldots, l$.

Or comparons les fractions continues (8) et (9). Dans ces fractions, les éléments qui précèdent le quotient incomplet commun n sont au nombre de 1 pour la fraction continue (8) et $k + 1$ pour la fraction (9). Ces deux nombres sont donc de même parité ou non, suivant que k est pair ou impair. Si la fraction (9) est régulière, le théorème est démontré.

Sinon, on sait que, en rendant cette fraction régulière, le nombre des éléments modifiés dans le calcul est de même parité que ceux qui les remplacent.

Donc le théorème est encore vrai dans ce cas.

Mais il faut remarquer qu'il n'est pas impossible que deux nombres ω, ω' soient liés à la fois par deux relations

$$\omega' = \frac{\alpha\omega + \beta}{\gamma\omega + \delta} \qquad (\alpha\delta - \beta\gamma = +1),$$

$$\omega' = \frac{\alpha_1\omega + \beta_1}{\gamma_1\omega + \delta_1} \qquad (\alpha_1\delta_1 - \beta_1\gamma_1 = -1).$$

Si cela a lieu, il faut nécessairement qu'il y ait, dans ω, deux quotients complets de rangs différents, qui soient identiques à un même quotient complet de ω', et par conséquent identiques entre eux. De plus, ces deux quotients doivent être séparés par un nombre impair de quotients incomplets.

On en déduit facilement que les quotients incomplets de ω forment une suite périodique. Nous reviendrons plus loin sur ces fractions continues périodiques.

§ III. — Distinction entre les nombres commensurables et les incommensurables. Recherche des racines commensurables des équations algébriques. Nombres algébriques. Théorème de Liouville. Classification des nombres incommensurables.

235. La question suivante se pose maintenant : *Un nombre étant défini par une suite infinie de nombres entiers, reconnaître si ce nombre est commensurable ou incommensurable.*

Cette question est loin d'être résolue. Elle est d'ailleurs très vaste, à cause de la multitude de façons dont on peut composer la suite infinie qui définit un nombre. Mais nous possédons déjà les résultats suivants :

Un nombre étant défini par son développement en décimales, pour que ce nombre soit commensurable, il faut et il suffit que la suite des chiffres soit, à partir d'un certain rang, périodique.

Le développement en fraction continue donne un autre critérium.

Pour qu'un nombre soit commensurable, il faut et il suffit que son développement en fraction continue soit limité.

236. *Racines commensurables des équations algébriques.* — Soit une équation algébrique

$$a_0 x^n + a_1 x^{n-1} + \ldots + a_{n-1} x + a_n = 0,$$

dans laquelle les coefficients a_0, a_1, $\ldots$ a_n sont des nombres entiers.

Voyons d'abord si cette équation a des racines commensurables. Il suffit pour cela d'appliquer le théorème suivant :

237. Théorème. — *Si l'équation*

$$a_0 x^n + a_1 x^{n-1} + \ldots + a_{n-1} x + a_n = 0$$

$(a_0, a_1, \ldots, a_{n-1}, a_n$ *étant des nombres entiers) a une racine commensurable* $\dfrac{m}{p}$ $\left(\dfrac{m}{p}\right.$ *étant supposé une fraction réduite à sa plus simple expression*$\left.\right)$, *le polynôme premier membre de l'équation est algébriquement divisible par le binôme* $px - m$, *et tous les coefficients du quotient sont des nombres entiers.*

Que le polynôme premier membre de l'équation soit divisible algébriquement par $px - m$, cela résulte immédiatement de ce qu'il est divisible par $x - \dfrac{m}{p}$.

Quant au fait que les coefficients du polynôme sont entiers, ce n'est qu'un cas particulier du théorème suivant dû à Gauss :

238. *Si un polynôme à coefficients entiers*

$$a_0 x^n + a_1 x^{n-1} + \ldots + a_n$$

est divisible, algébriquement, par un autre polynôme à coefficients entiers

$$b_0 x^p + b_1 x^{p-1} + \ldots + b_p$$

dont les coefficients sont premiers dans leur ensemble, les coefficients du quotient sont des nombres entiers.

En effet, on peut en tout cas supposer les coefficients du quotient réduits au même dénominateur.

Soit alors $\dfrac{c_0 x^q + c_1 x^{q-1} + \ldots + c_{q-1} x + c_q}{\mathrm{M}}$ le quotient, de sorte que

$$(10) \quad \begin{cases} a_0 x^n + a_1 x^{n+1} + \ldots + a_{n-1} x + a_n \\ = (b_0 x^p + b_1 x^{p-1} + \ldots + b_{p-1} x + b_p) \dfrac{c_0 x^q + c_1 x^{q-1} + \ldots + c_{q-1} x + c_q}{\mathrm{M}}, \end{cases}$$

ou, pour abréger,

$$f = \varphi \times \frac{\psi}{M}.$$

Il faut démontrer que M divise tous les coefficients de ψ; pour cela il faut démontrer que tout facteur premier μ de M divise ces coefficients. Or μ divise tous les coefficients du produit $\varphi \times \psi$, d'ailleurs il ne peut pas diviser tous les coefficients de φ (puisque par hypothèse ces coefficients sont premiers dans leur ensemble). On est donc ramené à démontrer le théorème suivant :

Si un nombre premier μ divise tous les coefficients du produit de deux polynómes $\varphi \times \psi$, et qu'il ne divise pas tous les coefficients de φ, il divise tous les coefficients de ψ.

D'abord, si μ divise certains coefficients de φ, on peut dans le produit $\varphi\psi$ retrancher le produit de la somme de ces termes par ψ ; il reste le produit $\varphi_1\psi$, φ_1 étant un polynôme dans lequel aucun coefficient n'est divisible par μ, mais tous les coefficients de ce produit étant divisibles par μ. Pour ne pas multiplier les notations, supposons que ce polynôme φ_1 soit le polynôme φ.

Les coefficients du produit $\varphi\psi$ développé sont

$$b_0 c_0,$$
$$b_0 c_1 + b_1 c_0,$$
$$b_0 c_2 + b_1 c_1 + b_2 c_0.$$
$$\dots \dots \dots \dots \dots$$
$$b_p c_q;$$

μ divise tous ces coefficients.

Le facteur premier μ divisant $b_0 c_0$ et ne divisant pas b_0 divise c_0.

μ divisant $b_0 c_1 + b_1 c_0$, et divisant c_0 divise $b_0 c_1$, ne divisant pas b_0 il divise c_1.

μ divisant $b_0 c_2 + b_1 c_1 + b_2 c_0$, et divisant c_0 et c_1 divise $b_0 c_2$; ne divisant pas b_0 il divise c_2, etc.

On voit que μ divise tous les coefficients $c_0 c_1, \ldots, c_q$.

Le théorème est donc démontré.

239. Revenons au cas particulier de ce théorème énoncé au n° **237** dont nous avons à nous occuper maintenant.

Pour que l'équation

$$(11) \qquad a_0 x^n + a_1 x^{n-1} + \ldots + a_{n-1} x + a_n = 0$$

admette la racine commensurable $\dfrac{m}{p}$ $\left(\dfrac{m}{p}\right.$ étant réduite à sa plus simple expression$\Big)$ il faut, avons-nous dit, que le polynôme

$$a_0 x^n + a_1 x^{n-1} + \ldots + a_{n-1} x + a_n$$

soit divisible par le binôme $px - m$ et que tous les coefficients du quotient soient entiers.

En particulier il en résulte que m doit être diviseur de a_n et p diviseur de a_0. Donc pour trouver toutes les racines commensurables de l'équation (11) il faut procéder de la façon suivante : Prendre, de toutes les manières possibles, un diviseur de a_n comme numérateur, un diviseur de a_0 comme dénominateur; parmi les fractions ainsi obtenues, ne garder que les irréductibles, et les faire précéder des signes $+$ et $-$. Soit $\dfrac{m}{p}$ un des nombres ainsi obtenus : pour voir si ce nombre $\dfrac{m}{p}$ est racine, on divise $f(x)$ par $px - m$; si dans le courant de la division on obtient au quotient un coefficient fractionnaire, ou si le reste de la division n'est pas nul, $\dfrac{m}{p}$ n'est pas racine.

D'ailleurs des circonstances particulières peuvent simplifier le calcul.

En particulier, l'Algèbre enseigne à trouver une limite supérieure et une limite inférieure des racines. Il sera inutile d'essayer des nombres non compris dans ces limites.

On voit aussi que $f(x)$ étant divisible par $px - m$, et le quotient ayant ses coefficients entiers, si l'on donne à x une valeur entière, la valeur correspondante de $f(x)$ sera un nombre entier divisible par la valeur correspondante de $px - m$. Par exemple $f(1)$ est divisible par $p - m$, $f(-1)$ est divisible par $-p - m$. Ces conditions restreignent les essais à faire sur p et m.

240. *Nombres algébriques.* — Considérons maintenant une équation débarrassée de ses racines commensurables. Je suppose,

de plus, son premier membre débarrassé de ses facteurs multiples, d'après les règles données en Algèbre.

Soit $f(x) = 0$. Nous allons montrer comment cette équation peut encore admettre comme racines des nombres incommensurables. Pour cela, donnons à x une suite de valeurs commensurables

$$(12) \qquad \alpha < \beta < \gamma, \quad \ldots, \quad < \lambda,$$

et considérons les signes des expressions

$$(13) \qquad f(\alpha), \; f(\beta), \; f(\gamma), \; \ldots, \; f(\lambda).$$

On démontre, en Algèbre, qu'il y a un nombre maximum de variations de signe que la suite (13) puisse présenter, quels que soient les termes extrêmes α, λ, et quelque rapprochés que soient les termes intermédiaires de la suite (12). On obtient ce nombre maximum de variations en donnant à α une valeur plus petite qu'un certain nombre A (limite inférieure des racines), à λ une valeur plus grande qu'un certain nombre L (limite supérieure des racines), et en choisissant les termes intermédiaires successifs β, γ, $\ldots$ différant entre eux de moins d'un certain nombre l (limite supérieure du module de la différence des racines deux à deux). On apprend d'ailleurs, en Algèbre, à déterminer A, L, l.

Ceci posé, soient γ, δ, par exemple, deux termes consécutifs de la suite (12), tels que $f(\gamma)$ et $f(\delta)$ soient de signes contraires, tels de plus que si l'on insérait entre γ et δ un nombre quelconque de termes commensurables et que l'on substituât dans $f(x)$, la suite des résultats obtenus ne présentât jamais qu'une seule variation, quel que fût le nombre de termes introduits. Dans ces conditions on peut partager les nombres commensurables en deux classes :

1° Les nombres commensurables non supérieurs à γ, ou ceux qui, étant compris entre γ et δ, donnent à $f(x)$ le signe de $f(\gamma)$;

2° Les nombres commensurables non inférieurs à δ, ou ceux qui, étant compris entre γ et δ, donnent à $f(x)$ le signe de $f(\delta)$.

Aucun nombre commensurable n'échappe à cette classification, puisque, par hypothèse, aucun nombre commensurable n'annule $f(x)$. Donc cette classification définit un nombre incommensurable ξ.

Ce nombre incommensurable ξ est racine de l'équation

$$f(x) = 0,$$

c'est-à-dire qu'on a

$$f(\xi) = 0.$$

En effet, on démontre en Algèbre que, si x tend vers ξ, la valeur du polynôme $f(x)$ tend vers $f(\xi)$. Or, d'après la définition de ξ, suivant que x tend vers ξ par valeurs supérieures ou par valeurs inférieures à ξ, $f(x)$ tend vers $f(\xi)$ par valeurs d'un certain signe ou par valeurs d'un autre. Cela n'est possible que si

$$f(\xi) = 0.$$

211. Les règles données en Algèbre pour la division des polynômes en x s'appliquant quelles que soient les valeurs données au symbole x, on en conclut que, si l'équation $f(x) = 0$ admet la racine incommensurable ξ, $f(x)$ est divisible par $x - \xi$. On déduit de là qu'une équation algébrique de degré m a au plus m racines; le nombre maximum de variations de signe de la suite (13) dont on a parlé plus haut est donc au plus égal à m.

Ce nombre maximum peut d'ailleurs être nul, c'est-à-dire qu'il peut arriver que l'équation $f(x) = 0$ n'ait pas de racines.

Les nombres incommensurables ainsi définis comme racines d'une équation algébrique s'appellent *nombres algébriques*.

242. *Degré d'un nombre algébrique.* — Il vient naturellement à l'idée de classer les nombres algébriques d'après le degré de l'équation à coefficients entiers qui les définit; mais un nombre algébrique pouvant être racine de plusieurs équations algébriques à coefficients entiers, nous dirons : on appelle *degré* d'un nombre algébrique, *le degré de l'équation* ou *des équations algébriques à coefficients entiers de plus petit degré possible dont ce nombre est racine.*

243. *Équations et polynômes irréductibles.* — On dit qu'un polynôme à coefficients entiers $f(x)$ est *irréductible* lorsqu'il n'est divisible par aucun polynôme à coefficients entiers de degré inférieur à lui, pas même par un polynôme de degré zéro. Un polynôme de degré zéro est un nombre. Les coefficients d'un

C.   12

polynôme irréductible ne sont donc pas tous divisibles par un
même nombre, autrement dit ils sont premiers dans leur ensemble.

Le polynôme $f(x)$ étant irréductible, l'équation $f(x) = 0$ est
dite aussi *irréductible*.

Mais comme une équation n'est jamais définie qu'à un facteur
numérique près, nous dirons encore qu'une équation $f(x) = 0$
est irréductible, lorsque son premier nombre devient irréductible
après suppression d'un facteur numérique commun à tous ses
coefficients.

244. Théorème. — *L'équation à coefficients entiers de degré
le plus petit possible à laquelle satisfait un nombre algébrique,
est irréductible.*

En effet, soit $f(x) = 0$ cette équation. Si elle n'était pas irréductible, le polynôme $f(x)$ serait divisible par un polynôme à coefficients entiers $\varphi(x)$ de degré inférieur et l'on aurait

$$f(x) = \varphi(x)\,\psi(x).$$

On peut supposer que $\varphi(x)$ a ses coefficients premiers dans
leur ensemble; alors, $\psi(x)$ a ses coefficients entiers (n° **238**).

Le nombre algébrique en question serait alors racine de l'une
des équations $\varphi(x) = 0$ ou $\psi(x) = 0$. Donc l'équation $f(x) = 0$
ne serait pas l'équation de degré le plus petit possible à coefficients entiers à laquelle pourrait satisfaire ce nombre, ce qui est
contre l'hypothèse.

245. *Réciproquement : Si un nombre algébrique ξ satisfait
à une équation irréductible $f(x) = 0$, le nombre ξ ne peut
satisfaire à une équation à coefficients entiers de degré inférieur à celui de $f(x)$.* En effet, si le nombre ξ satisfaisait à une
équation $\varphi(x) = 0$ de degré inférieur de $f(x)$, le nombre ξ satis-
ferait aussi à l'équation $D(x) = 0$, $D(x)$ étant le plus grand
commun diviseur entre $f(x)$ et $\varphi(x)$.

Ce plus grand commun diviseur, obtenu par des divisions successives, est à coefficients commensurables. Il est de degré au plus
égal à celui de $\varphi(x)$, donc de degré inférieur à celui de $f(x)$;
d'ailleurs il divise $f(x)$. Donc l'équation $f(x) = 0$ ne serait pas
irréductible.

246. Théorème. — *Quand une équation à coefficients entiers* $F(x) = 0$ *admet une racine* ξ, *d'une équation irréductible* $f(x) = 0$, *elle les admet toutes.*

En effet, le nombre ξ est aussi racine de l'équation obtenue en égalant à zéro le plus grand commun diviseur $D(x)$ entre $F(x)$ et $f(x)$. Mais, comme l'équation $f(x) = 0$ est irréductible, $f(x)$ ne peut avoir d'autre diviseur que lui-même. Donc l'équation $D(x) = 0$ est identique à l'équation $f(x) = 0$.

Or l'équation $F(x) = 0$ admet toutes les racines de l'équation $D(x) = 0$, puisque $D(x)$ est un diviseur de $F(x)$: le théorème est donc démontré.

247. En particulier, si deux équations irréductibles ont une racine commune, elles sont identiques. En d'autres termes, un nombre algébrique déterminé ne satisfait qu'à une seule équation irréductible.

De ce dernier résultat combiné avec les théorèmes des noˢ **244** et **245**, il résulte que la définition du n° **242** peut être modifiée de la façon suivante :

On appelle degré d'un nombre algébrique le degré de l'équation irréductible à laquelle il satisfait.

Remarquons qu'un nombre commensurable $\dfrac{m}{p}$ satisfaisant à une équation du premier degré $px - m = 0$, les nombres commensurables peuvent se définir comme étant les *nombres algébriques du premier degré.*

248. Le fait qu'un nombre algébrique du degré m déterminé correspond à une équation irréductible de degré m déterminée peut être considéré du point de vue annoncé au n° **204**.

La connaissance d'un nombre algébrique détermine complètement les $m+1$ coefficients de l'équation irréductible correspondante (supposés premiers dans leur ensemble). La réciproque n'est pas toujours vraie, car si ces $m+1$ coefficients sont connus, l'équation est déterminée, mais elle peut avoir plusieurs racines. Dans ce cas, on définira le nombre algébrique par une condition supplémentaire, comme, par exemple, d'être compris entre deux nombres donnés.

Quoi qu'il en soit, on voit qu'il est inutile, pour définir les nombres algébriques, d'avoir recours, comme pour les nombres incommensurables en général, à une suite infinie de nombres entiers. C'est à ce point de vue que s'est placé Kronecker; mais bien que la définition du nombre algébrique soit ainsi plus simple, l'application est plus pénible.

249. On remarquera l'analogie qui existe entre les *polynômes irréductibles* et les *nombres premiers*.

On peut d'ailleurs faire une théorie des polynômes en x à coefficients entiers complètement analogue à celle des nombres entiers. L'addition, la soustraction, la multiplication de tels polynômes, donnent toujours naissance à des polynômes de même nature. Pour la division, il suffit qu'un polynôme dividende soit divisible algébriquement par un polynôme diviseur, pour que, en supposant les coefficients du diviseur premiers dans leur ensemble, il existe un quotient à coefficients entiers (n° **238**).

La théorie du plus grand commun diviseur subsiste sans modification. Les polynômes irréductibles sont analogues aux nombres premiers absolus. Tout polynôme à coefficients entiers est décomposable, d'une seule façon, en un produit de polynômes irréductibles; etc.

250. Maintenant, il faut résoudre le problème suivant :

Un nombre algébrique étant défini par une équation algébrique à coefficients entiers $f(x) = 0$ et par une condition supplémentaire [par exemple, par la condition d'être compris entre deux nombres a et b, ne comprenant qu'une racine de l'équation $f(x) = 0$], trouver le degré de ce nombre.

Ce problème revient immédiatement au suivant :

Décomposer un polynôme $f(x)$ à coefficients entiers en facteurs irréductibles.

On sait que cette décomposition n'est possible que d'une seule manière (n° 249). On peut d'ailleurs supposer que les coefficients du polynôme $f(x)$ soient premiers dans leur ensemble.

On peut aussi supposer que le polynôme $f(x)$ n'ait pas de facteurs multiples, car l'Algèbre apprend à trouver ces facteurs.

Pour effectuer la décomposition demandée, cherchons d'abord si $f(x)$ a des diviseurs du premier degré, ces diviseurs étant certainement irréductibles. Cette recherche revient immédiatement à celle des racines commensurables, dont on a parlé au n° 239.

Cette recherche effectuée, on divise $f(x)$ par le produit de ses facteurs irréductibles du premier degré, et l'on obtient un quotient $f_1(x)$ qui n'a plus que des facteurs irréductibles du second degré au moins [puisque $f(x)$ n'a pas de facteurs du premier degré, multiples].

Soit

(14)
$$a x^2 + b x + c$$

un tel facteur.

a est diviseur du premier coefficient de $f_1(x)$, c est diviseur du dernier; on aura donc un nombre limité de systèmes de valeurs possibles pour a et c.

D'ailleurs, $f_1(x)$ étant divisible par $a x^2 + b x + c$, et le quotient ayant ses coefficients entiers, si l'on donne à x une valeur entière, la valeur correspondante de $f_1(x)$ sera un nombre entier divisible par la valeur correspondante de $a x^2 + b x + c$. Par exemple, $f_1(1)$ est divisible par $a + b + c$. Il en résulte qu'à chaque système de valeurs possibles pour a, b, c, correspond un certain nombre de valeurs possibles pour b. Il reste à essayer les polynômes obtenus et à voir s'ils sont réellement diviseurs de $f_1(x)$. [Si, parmi les polynômes du second degré obtenus, il y en a certains que l'on aperçoit ne pas être irréductibles, il est inutile de les essayer : ils ne peuvent être diviseurs de $f_1(x)$, car $f_1(x)$ n'a pas de facteur irréductible du premier degré.]

Les polynômes irréductibles du second degré, facteurs de $f_1(x)$ étant trouvés, on divise $f_1(x)$ par le produit de ces facteurs; on obtient un quotient $f_2(x)$.

On cherche les facteurs irréductibles du troisième degré de $f_2(x)$ par une méthode analogue, en considérant les valeurs $+1$ et -1 de x par exemple, et ainsi de suite.

Exemple. — Soit le polynôme

$$f(x) = 6x^7 - 29x^6 + 58x^5 - 40x^4 - 57x^3 + 139x^2 - 111x + 36.$$

On trouve comme facteurs du premier degré $2x - 3$ et $3x - 4$, et si l'on divise le polynôme proposé par le produit

$$(2x - 3)(3x - 4),$$

on trouve comme quotient

$$f_1(x) = x^5 - 2x^4 + 2x^3 + 3x^2 - 5x + 3.$$

Soit $ax^2 + bx + c$ un diviseur du second degré de ce polynôme.

a est diviseur de 1, donc

$$a = \pm 1,$$

c est diviseur de 3, donc

$$c = \pm 1 \text{ ou } \pm 3.$$

Enfin $a + b + c$ est diviseur de $f_1(1)$, c'est-à-dire de 2, donc

$$a + b + c = \pm 1 \text{ ou } \pm 2.$$

On trouve les polynômes suivants comme facteurs possibles du second degré :

$$\pm(x^2 - x + 1), \quad \pm(x^2 - 3x + 1), \quad \pm(x^2 + 1), \quad \pm(x^2 - 4x + 1),$$
$$\pm(x^2 + x - 1), \quad \pm(x^2 - x - 1), \quad \pm(x^2 - 2x - 1), \quad \pm(x^2 + 2x - 2),$$
$$\pm(x^2 - 3x + 3), \quad \pm(x^2 - 5x + 3), \quad \pm(x^2 - 2x + 3), \quad \pm(x^2 - 6x + 3),$$
$$\pm(x^2 + 3x - 3), \quad \pm(x^2 + x - 3), \quad \pm(x^2 + 4x - 3), \quad \pm(x^2 - 3).$$

Il suffit évidemment d'essayer les polynômes précédés du signe $+$. On restreint le nombre des essais en remarquant que $f_1(-1)$ ou 6 doit être divisible par $a - b + c$, de sorte que $a - b + c$ ne peut être égal qu'à ± 1, ± 2, ± 3, ou ± 6.

D'ailleurs tous les polynômes satisfaisant à ces conditions sont irréductibles, il faut donc les essayer tous.

On voit que la méthode entraîne des calculs pénibles. Dans le cas présent, on trouvera que $x^2 - 2x + 3$ est seul un facteur de $f_1(x)$ et que le quotient est

$$f_2(x) = x^3 - x + 1.$$

Le polynôme $f_2(x)$ étant du troisième degré, et ne pouvant avoir de diviseur du premier ni du deuxième degré, est irréductible.

En définitive, la décomposition de $f(x)$ en facteurs irréductibles est

$$f(x) = (2x - 3)(3x - 4)(x^2 - 2x + 3)(x^3 - x + 1).$$

Les méthodes connues en Algèbre permettent de voir que l'équation $x^2 - 2x + 3 = 0$ n'a pas de racine, et que l'équation $x^3 - x + 1 = 0$ a une racine.

Donc l'équation $f(x) = 0$ a deux racines commensurables, et une racine qui est un nombre algébrique du troisième degré.

251. *Définitions.* — Les différents nombres algébriques,'racines d'une même équation irréductible, s'appellent *conjugués.*

Nombres transcendants. — Les nombres incommensurables qui ne sont pas algébriques sont dits *transcendants.*

L'existence de tels nombres n'est pas évidente *a priori,* elle sera démontrée plus loin.

252. La question suivante se pose maintenant :

Un nombre incommensurable étant défini, reconnaître si ce nombre est algébrique ou transcendant. Dans le cas où il est algébrique, trouver son degré.

Cette question, généralisation de celle posée au n° **235**, est, comme elle, loin d'être résolue. Elle est d'ailleurs aussi très vaste.

Nous avons rappelé plus haut (n° **235**) comment le développement en décimales, ou celui en fractions continues, permet de distinguer les nombres commensurables, ou algébriques du premier degré, de tous les autres nombres.

253. Le développement en fraction continue porte plus loin : il permet de distinguer les nombres algébriques du second degré, au moyen du théorème suivant dû à Lagrange :

Tout nombre algébrique du second degré est développable en fraction continue périodique, et, réciproquement, toute fraction continue périodique est égale à un nombre algébrique du second degré.

Une fraction continue périodique est une fraction continue dont les quotients incomplets se reproduisent périodiquement à partir d'un certain rang.

234. Avant de démontrer le théorème de Lagrange, nous ferons les remarques générales suivantes sur le développement en fractions continues des nombres algébriques de degrés quelconques.

Soit une équation algébrique de degré n n'ayant pas de racine multiple

$$(15) \qquad f(x) = 0.$$

Soit ξ une racine de cette équation, définie par le fait qu'elle est séparée, c'est-à-dire qu'elle est comprise entre deux nombres α et β, et qu'elle est la seule comprise entre α et β.

Pour la développer en fraction continue nous suivrons la méthode du n° 227.

Soit donc a_1 la partie entière de ξ, nous poserons dans l'équation (15)

$$x = a_1 + \frac{1}{x_1}.$$

L'équation qu'on obtient pour x_1,

$$(16) \qquad f_1(x_1) = 0$$

est également algébrique et de degré n.

A la racine ξ de l'équation (15) correspond une racine ξ_1 de l'équation (16) plus grande que 1. De même, toutes les racines de l'équation (16) correspondant à des racines de l'équation (15) ayant a_1 pour partie entière sont plus grandes que 1. Certaines d'entre elles peuvent avoir même partie entière que ξ_1.

Mais les racines de l'équation (16) qui correspondent à des racines de l'équation (15) n'ayant pas a_1 comme partie entière, sont plus petites que 1, et, par suite, n'ont pas même partie entière que ξ_1.

Maintenant soit a_2 cette partie entière de ξ_1, nous poserons dans l'équation (16)

$$x_1 = a_2 + \frac{1}{x_2}.$$

L'équation qu'on obtient pour x_2,

$$(17) \qquad f_2(x_2) = 0$$

est encore algébrique et de degré m.

A la racine ξ_1 de l'équation (16) et à toutes celles qui ont a_2 pour partie entière, correspondent des racines de l'équation (17) plus grandes que 1; mais aux autres racines de l'équation (16) correspondent des racines de l'équation (17) plus petites que 1.

En continuant ce procédé, comme il est impossible que deux racines de l'équation $f(x) = 0$ aient indéfiniment les mêmes quotients incomplets (puisque, si cela avait lieu, elles seraient égales, et qu'on a supposé l'équation (15) débarrassée de ses racines égales) on sera conduit à une équation

$$f_k(x_k) = 0$$

ayant une seule racine ξ_k plus grande que 1. Soit a_{k+1} la partie entière de ξ_k.

Si maintenant on pose

$$x_k = a_{k+1} + \frac{1}{x_{k+1}},$$

l'équation en x_{k+1} aura une racine positive correspondant à ξ_k et toutes les autres seront négatives; et il en sera de même dans toutes les équations suivantes.

255. Nous allons maintenant établir une relation de grandeur qui existe entre les coefficients des équations successives $f_k(x_k) = 0$.

Soient $\dfrac{P_{k-1}}{Q_{k-1}}$, $\dfrac{P_k}{Q_k}$ la $(k-1)^{\text{ième}}$ et la $k^{\text{ième}}$ réduite du développement de ξ.

Pour avoir le $(k+1)^{\text{ième}}$ quotient incomplet, il suffit, dans l'équation $f(x) = 0$ qui définit x, de poser

$$x = \frac{P_k x_k + P_{k-1}}{Q_k x_k + Q_{k-1}},$$

et de calculer la partie entière de x_k. L'équation en x_k est donc

$$f\left(\frac{P_k x_k + P_{k-1}}{Q_k x_k + Q_{k-1}}\right) = 0$$

ou, en rendant homogène la fonction f,

$$f(P_k x_k + P_{k-1}, Q_k x_k + Q_{k-1}) = 0,$$

ou en développant

$$(18) \quad \begin{cases} (x_k)^n f(P_k, Q_k) \\ \quad + (x_k)^{n-1}(P_{k-1} f'_{P_k} + Q_{k-1} f'_{Q_k}) + \ldots + f(P_{k-1}, Q_{k-1}) = 0. \end{cases}$$

Considérons les coefficients de cette équation, le premier est

$$A_0 = f(P_k, Q_k) = (Q_k)^n f\left(\frac{P_k}{Q_k}\right).$$

Posons

$$\frac{P_k}{Q_k} = \xi + \varepsilon_k.$$

Il en résulte

$$A_0 = (Q_k)^n f(\xi + \varepsilon_k)$$

ou

$$A_0 = (Q_k)^n \left[\varepsilon_k f'_\xi + \frac{\varepsilon_k^2}{1.2} f''_{\xi^2} + \ldots + \frac{\varepsilon_k^n}{1.2\ldots n} f^{(n)}_{\xi^n} \right]$$

[puisque $f(\xi) = 0$].

Maintenant, d'après ce qu'on a vu au n° 226,

$$|\varepsilon_k| < \frac{1}{Q_k Q_{k+1}} < \frac{1}{Q_k^2}.$$

Donc

$$|A_0| < (Q_k)^{n-2}\left[|f'_\xi| + \frac{1}{1.2\,Q_k^2} |f''_{\xi^2}| + \frac{1}{1.2.3\,Q_k^4} |f'''_{\xi^3}| + \ldots + \frac{1}{1.2.3\ldots n.Q_k^{2n-2}} |f^{(n)}_{\xi^n}| \right],$$

et comme $Q_k > 1$ et que $|f'_\xi|$, $|f''_{\xi^2}|$, etc., sont plus petits que des nombres fixes (indépendants de k), on voit que

$$|A_0| < \alpha_0 (Q_k)^{n-2},$$

α_0 étant un nombre positif fixe.

Le second coefficient de l'équation (18) est (en appelant φ et ψ les dérivées de $f(x)$ par rapport à x et à une variable d'homogénéité y),

$$A_1 = P_{k-1} f'_{P_k} + Q_{k-1} f'_{Q_k} = Q_k^{n-1} Q_{k-1} \left[\frac{P_{k-1}}{Q_{k-1}} \varphi\left(\frac{P_k}{Q_k}\right) + \psi\left(\frac{P_k}{Q_k}\right) \right]$$
$$= Q_k^{n-1} Q_{k-1} [(\xi + \varepsilon_{k-1}) \varphi(\xi + \varepsilon_k) + \psi(\xi + \varepsilon_k)].$$

Si l'on développe la quantité entre crochets, le terme indépendant des ε se réduit à $f(\xi)$, c'est-à-dire à zéro.

Les termes du premier degré, par rapport aux ε, sont

$$\varepsilon_{k-1} \varphi(\xi) + [\xi \varphi'(\xi) + \psi'(\xi)] \varepsilon_k;$$

ils sont plus petits en valeur absolue que $\dfrac{1}{Q_k Q_{k-1}}$ multiplié par un nombre fixe.

Quant aux termes de degré supérieur par rapport aux ε, par exemple les termes de degré p, en les calculant, on voit qu'ils sont plus petits en valeur absolue que des quantités de la forme

$\dfrac{1}{Q_{k-1}^2 Q_k^{2(p-1)}}$ multipliées par des nombres fixes; *a fortiori*, sont elles plus petites que $\dfrac{1}{Q_k Q_{k-1}}$ multiplié par un nombre fixe.

Il en résulte que

$$|A_1| < \alpha_1 Q_k^{n-2},$$

α_1 étant un nombre fixe.

Il en est de même pour tous les coefficients de l'équation (18).

Tous ces coefficients sont, en valeur absolue, plus petits que Q_k^{n-2} multipliés par des nombres fixes, indépendants de k.

256. De cette relation de grandeur à laquelle doivent satisfaire les coefficients des équations successives $f_k(x_k) = 0$, nous allons en déduire une autre relative aux quotients incomplets eux-mêmes.

On sait, en effet, que la seule racine positive de l'équation $f_k(x_k) = 0$ est plus petite que

$$1 + \frac{N}{A_0}$$

et *a fortiori* que

$$1 + N,$$

N désignant la valeur absolue du plus grand coefficient négatif dans l'équation. Il en est de même, *a fortiori*, du quotient incomplet a_{k+1}, d'où, d'après ce que l'on a dit plus haut,

$$(19) \qquad a_{k+1} < \alpha Q_k^{n-2},$$

α étant un nombre fixe.

Ce théorème est dû à Liouville, qui l'a démontré d'une autre façon ([1]).

([1]) *Sur des classes très étendues de quantités dont la valeur n'est ni algébrique, ni même réductible à des irrationnelles algébriques* (*Journal de Liouville*, t. XVI). La démonstration de Liouville est plus simple que la nôtre, mais elle ne donne pas le théorème de Lagrange comme cas particulier.

257. Comme le remarque Liouville, ce théorème prouve l'existence de nombres incommensurables transcendants, existence qui n'est pas évidente *a priori*.

Il est, en effet, bien évident que l'on peut choisir une suite de nombres entiers $a_1, a_2, \ldots, a_k, \ldots$ tels que, quels que soient les nombres fixes α et n, l'inégalité (19) ne soit pas vérifiée pour toute valeur de k ; il suffit, par exemple, de prendre

$$a_{k+1} > e^{Q_k} ;$$

la valeur de la fraction continue dont les quotients incomplets sont $a_1, a_2, \ldots, a_k, \ldots$ est nécessairement un nombre incommensurable transcendant.

§ IV. — Nombres algébriques du second degré.

258. Dans le cas où $n = 2$, Q_k^{n-2} se réduit à 1, donc les inégalités précédentes montrent que les coefficients A_0, A_1, A_2 sont inférieurs, en valeur absolue, à des nombres fixes.

Donc, après un certain nombre d'opérations on retombe sur une équation déjà trouvée; ces équations et, par suite, les quotients incomplets, se reproduisent périodiquement à partir d'un certain d'entre eux. On a donc le théorème de Lagrange, que nous avons déjà énoncé au n° **253** :

Les nombres algébriques du second degré se développent en fraction continue périodique.

259. Vu l'importance de ce théorème, nous allons en donner une démonstration directe. Cette démonstration repose sur le lemme suivant :

LEMME. — *Soit une équation du second degré à coefficients entiers*

$$(20) \qquad a x^2 + b x + c = 0.$$

Si l'on pose

$$(21) \qquad x = m + \frac{1}{y},$$

m étant un nombre entier, y satisfait à une équation du second degré à coefficients entiers

$$a'y^2 + b'y + c' = 0,$$

telle que

$$b'^2 - 4a'c' = b^2 - 4ac.$$

En effet, en remplaçant x par sa valeur (21) dans l'équation (20), on trouve

$$a\left(m + \frac{1}{y}\right)^2 + b\left(m + \frac{1}{y}\right) + c = 0$$

ou

$$(am^2 + bm + c)y^2 + (2am + b)y + a = 0,$$

équation à coefficients entiers. Or, si l'on pose

$$\begin{aligned}
am^2 + bm + c &= a', \\
2am + b &= b', \\
a &= c';
\end{aligned}$$

on a

$$b'^2 - 4a'c' = (2am + b)^2 - 4(am^2 + bm + c)a = b^2 - 4ac.$$

260. Ce lemme démontré, supposons que nous ayons à développer en fraction continue, une racine positive d'une équation du second degré. On sait qu'en suivant la méthode indiquée au n° 254, on est amené, après avoir trouvé un certain nombre de quotients incomplets, à une équation qui n'a qu'une racine positive. Nous raisonnerons donc sur une telle équation, c'est-à-dire sur une équation

$$(22) \qquad\qquad ax^2 + bx + c = 0,$$

dans laquelle a et c sont de signes contraires.

Soit m_1 la partie entière de la racine positive, nous devons poser

$$x = m_1 + \frac{1}{x_1},$$

et nous obtenons pour x_1 une équation du second degré

$$(23) \qquad\qquad a_1 x_1^2 + b_1 x_1 + c_1 = 0,$$

ayant une seule racine positive, et, par conséquent, dans laquelle a_1 et c_1 sont de signes contraires.

Soit m_2 la partie entière de la racine positive de cette nouvelle équation, nous posons

$$x_1 = m_2 + \frac{1}{x_2},$$

et nous obtenons pour x_2 une équation

$$(24) \qquad a_2 x_2^2 + b_2 x_2 + c_2 = 0,$$

ayant une seule racine positive, et, par conséquent, dans laquelle a_2 et c_2 sont de signes contraires.

Et ainsi de suite; les quotients complets successifs sont déterminés par les équations (22), (23), (24) et les suivantes

$$a_3 x_3^2 + b_3 x_3 + c_3 = 0,$$
$$a_4 x_4^2 + b_4 x_4 + c_4 = 0,$$
$$\dots\dots\dots\dots\dots\dots;$$

et l'on a

$$(25) \qquad b^2 - 4ac = b_1^2 - 4a_1 c_1 = b_2^2 - 4a_2 c_2 = \dots,$$

et, de plus,

$$ac < 0, \qquad a_1 c_1 < 0, \qquad a_2 c_2 < 0, \qquad \dots.$$

Mais le nombre des équations du second degré $Ax^2 + Bx + C = 0$ satisfaisant à ces conditions est limité. En effet, si l'on appelle Δ la valeur commune des quantités (25), on a

$$B^2 - 4AC = \Delta$$

avec

$$AC < 0.$$

On en déduit

$$B^2 < \Delta,$$

d'où

$$|B| < \sqrt{\Delta}.$$

On voit que si l'on appelle λ le plus grand entier contenu dans $\sqrt{\Delta}$, le nombre B ne peut avoir que les valeurs

$$0, \quad \pm 1, \quad \pm 2, \quad \dots, \quad \pm \lambda.$$

D'ailleurs, à une valeur déterminée de B, correspond pour A et C un système de valeurs devant satisfaire à la condition

$$AC = \frac{B^2 - \Delta}{4}.$$

Le nombre de ces systèmes de valeurs est également limité.

Puisque le nombre des équations satisfaisant aux conditions indiquées est limité, les quotients incomplets qui sont les racines positives de ces équations, sont aussi en nombre limité. Donc, si l'on effectue la réduction de x en fraction continue, il arrive un moment où l'on tombe sur un quotient incomplet déterminé par une équation identique à celle qui définissait un quotient incomplet précédent. Il est clair qu'à partir de ce moment, les équations et, par suite, les quotients incomplets se reproduisent périodiquement.

Exemple. — Soit l'équation

$$13x^2 - 69x + 49 = 0.$$

Cette équation a une racine comprise entre 4 et 5; c'est celle que nous voulons développer. On a les équations suivantes :

$$x = 4 + \frac{1}{x_1},$$
$$19x_1^2 - 35x_1 - 13 = 0,$$
$$x_1 = 2 + \frac{1}{x_2},$$
$$7x_2^2 - 41x_2 - 19 = 0,$$
$$x_2 = 6 + \frac{1}{x_3},$$
$$13x_3^2 - 43x_3 - 7 = 0,$$
$$x_3 = 3 + \frac{1}{x_4},$$
$$19x_4^2 - 35x_4 - 13 = 0.$$

L'équation en x_4 est identique à l'équation en x_1. On a donc

$$x = \left[4, \underbrace{2, 6, 3,}\ \underbrace{2, 6, 3,} \ldots \right],$$

la période étant

$$2 + \cfrac{1}{6 + \cfrac{1}{3}}.$$

261. La réciproque du théorème précédent est vraie :

Toute fraction continue périodique est égale à un nombre algébrique du second degré.

En effet, soient a_k le premier quotient incomplet de la première période, h le nombre de termes de la période, de sorte que

$$a_k = a_{k+h},$$

et aussi

$$x_{k-1} = x_{k+h-1}.$$

Soit x la valeur de la fraction continue illimitée.

On a

$$x = \frac{P_{k-1}x_{k-1} + P_{k-2}}{Q_{k-1}x_{k-1} + Q_{k-2}} = \frac{P_{k+h-1}x_{k-1} + P_{k+h-2}}{Q_{k+h-1}x_{k-1} + Q_{k+h-2}},$$

ou

$$(Q_{k-1}x - P_{k-1})x_{k-1} \quad + Q_{k-2}x \quad - P_{k-2} = 0,$$
$$(Q_{k+h-1}x - P_{k+h-1})x_{k-1} + Q_{k+h-2}x - P_{k+h-2} = 0.$$

Éliminant x_{k-1} entre ces deux équations, on trouve une équation du second degré x,

$$(26) \quad \left\{ \begin{aligned} &(Q_{k-1}Q_{k+h-2} - Q_{k-2}Q_{k+h-1})x^2 \\ &\quad - (Q_{k-1}P_{k+h-2} - Q_{k-2}P_{k+h-1} + P_{k-1}Q_{k+h-2} - P_{k-2}Q_{k+h-1})x \\ &\qquad\qquad\qquad + P_{k-1}P_{k+h-2} - P_{k-2}P_{k+h-1} = 0. \end{aligned} \right.$$

On voit facilement que cette équation a une racine comprise entre $\frac{P_{k-2}}{Q_{k-2}}$ et $\frac{P_{k-1}}{Q_{k-1}}$. En effet, les résultats de substitution de $\frac{P_{k-2}}{Q_{k-2}}$ et $\frac{P_{k-1}}{Q_{k-1}}$ à x, dans le premier membre, sont égaux respectivement à

$$\frac{(-1)^k Q_{k+h-2}}{Q_{k-2}} \left(\frac{P_{k-2}}{Q_{k-2}} - \frac{P_{k+h-2}}{Q_{k+h-2}} \right)$$

et à

$$\frac{(-1)^k Q_{k+h-1}}{Q_{k-1}} \left(\frac{P_{k-1}}{Q_{k-1}} - \frac{P_{k+h-1}}{Q_{k+h-1}} \right).$$

D'après les théorèmes connus sur le degré et le sens de l'approximation des réduites successives, il est visible que, dans tous les cas, ces deux quantités sont de signe contraire.

C'est cette racine qui est égale à x.

262. *Fractions continues périodiques simples, fractions continues périodiques mixtes.*

On appelle *fraction continue périodique simple* une fraction dont la période commence au premier quotient incomplet, c'est-à-dire une fraction de la forme

$$\left[\underbrace{a,\ b,\ \ldots,\ l,}\ \underbrace{a,\ b,\ \ldots\ l,}\ \ldots\right].$$

Au contraire, on appelle *fraction continue périodique mixte,* une fraction dont la période ne commence pas au premier quotient incomplet.

263. Posons-nous la question suivante : *Étant donné un nombre du second degré, reconnaître si ce nombre se réduit en fraction continue périodique simple ou en fraction périodique mixte.*

D'abord un nombre du second degré *négatif* donne naissance à une fraction continue dont le premier quotient incomplet est négatif, donc nécessairement à une fraction périodique *mixte.*

Ne considérons donc plus que les nombres du second degré positifs.

Nous allons d'abord étudier la question réciproque de la question proposée, à savoir : suivant que la fraction continue est simple ou mixte, quelles sont les propriétés des racines de l'équation à laquelle satisfait cette fraction.

264. THÉORÈME. — *L'équation du second degré à laquelle satisfait la valeur d'une fraction continue périodique simple a ses deux racines x_1, x_2 de signes contraires. De plus, ces racines satisfont aux inégalités*

$$(27) \qquad\qquad -1 < x_1 < 0 < 1 < x_2.$$

En effet, soit la fraction

$$(28) \qquad\qquad \left[\underbrace{a,\ b,\ \ldots,\ l,}\ \underbrace{a,\ b,\ \ldots\ l,}\ \ldots\right],$$

l'équation à laquelle satisfait la valeur de cette fraction s'obtient en faisant $k = 1$ dans l'équation (26), ce qui donne [en se rappelant (n° 90) que $P_0 = 1$, $Q_0 = 0$, $P_{-1} = 0$, $Q_{-1} = 1$]

$$Q_h x^2 + (Q_{h-1} - P_h)x - P_{h-1} = 0.$$

C. 13

Il est évident que cette équation a ses deux racines de signes contraires.

D'autre part, la racine positive de cette équation, étant égale à la fraction continue (28), est plus grande que a et, par suite, que 1.

Enfin, si nous remplaçons x par -1 dans le premier membre de l'équation, nous trouvons

$$Q_h - Q_{h-1} + P_h - P_{h-1},$$

quantité évidemment positive; donc -1 est extérieur aux racines; d'ailleurs, ne pouvant être plus grand que la plus grande, qui est positive, il est plus petit que la plus petite.

Les inégalités (27) sont donc établies.

265. Théorème. — *L'équation du second degré, à laquelle satisfait la valeur d'une fraction périodique mixte, dont la partie irrégulière ne contient qu'un quotient incomplet, peut avoir ses deux racines x_1, x_2 positives, ou ses deux racines de signes contraires; mais, dans ce dernier cas, la racine négative est plus petite que -1.*

Soit

$$\overline{m, a, b, \ldots, l, a, b, \ldots, l, \ldots}$$

la fraction considérée.

La valeur de cette fraction est racine d'une équation qui s'obtient en faisant $k = 2$ dans l'équation (26). On trouve ainsi, en remarquant d'ailleurs que $P_1 = m$ et $Q_1 = 1$,

$$Q_h x^2 - (P_h + m Q_h - Q_{h+1})x + m P_h - P_{h+1} = 0.$$

Le produit des racines est

$$\frac{m P_h - P_{h+1}}{Q_h}$$

ou, en remplaçant P_{h+1} par $l P_h + P_{h-1}$,

$$\frac{(m - l)P_h - P_{h-1}}{Q_h}.$$

Si $m > l$, comme d'ailleurs $P_h > P_{h-1}$, ce produit est positif.

D'ailleurs l'une des racines est égale à la valeur de la fraction continue que l'on a supposée positive.

Donc si $m > l$ les deux racines sont positives.

m ne peut pas être égal à l, parce qu'alors la période commencerait au premier quotient incomplet, et la fraction serait périodique simple.

Si $m < l$, le produit des racines est négatif; les racines sont donc de signes contraires.

Remplaçons alors x par -1 dans le premier membre de l'équation; nous trouvons

$$(Q_h + P_h)(1 + m) - (P_{h+1} + Q_{h+1})$$

ou, en remplaçant P_{h+1} et Q_{h+1} par $lP_h + P_{h-1}$ et $lQ_h + Q_{h-1}$,

$$(Q_h + P_h)(1 + m) - (lQ_h + Q_{h-1} + lP_h + P_{h-1})$$

ou

$$(Q_h + P_h)(1 + m - l) - (Q_{h-1} + P_{h-1}).$$

Or $1 + m - l$ étant négatif ou nul, ce résultat de substitution est négatif. Donc la racine négative est plus petite que -1.

266. Théorème. — *L'équation du second degré, à laquelle satisfait la valeur d'une fraction périodique mixte, dont la partie irrégulière contient deux quotients incomplets, a ses deux racines positives, excepté si le premier quotient incomplet est nul et le second plus petit que le dernier quotient incomplet de la période. Dans ce cas, les racines sont de signes contraires, mais la racine positive est plus petite que 1.*

En effet, soit

$$\left[m, n, \underbrace{a, b, \ldots, l}, \underbrace{a, b, \ldots, l}, \ldots \right],$$

la fraction proposée. On obtient l'équation à laquelle elle satisfait en faisant, dans l'équation (26), $k = 3$; on trouve ensuite, par un calcul analogue au précédent, pour produit des racines

$$m \cdot \frac{n - l + \dfrac{1}{m} - \dfrac{P_h}{P_{h+1}}}{n - l - \dfrac{Q_h}{Q_{h+1}}} \cdot \frac{P_{h+1}}{Q_{h+1}},$$

$n - l$ n'est pas nul, car sinon la période commencerait un rang plus tôt qu'on n'a supposé. Donc, si m n'est pas nul, les quantités $\frac{1}{m}$, $\frac{P_h}{P_{h+1}}$, $\frac{Q_h}{Q_{h+1}}$ étant plus petites que 1, on voit que les deux termes de la fraction sont du signe de $n - l$; donc cette fraction est positive, et les deux racines sont de même signe. D'ailleurs l'une d'elles (la valeur de la fraction continue) est positive. Donc elles le sont toutes les deux.

Si $m = 0$, la fraction se réduit à

$$\left[0, n, \underbrace{a, b, \ldots, l}, \underbrace{a, b, \ldots, l}, \ldots\right].$$

Elle est égale à l'inverse de la fraction

$$\left[n, \overbrace{a, \ldots, l}, \overbrace{a, \ldots, l}, \ldots\right].$$

Donc l'équation dont dépend la première fraction a comme racines les inverses de celle dont dépend la seconde fraction. Or on sait que, ou bien la seconde équation a ses deux racines positives (si $n > l$), il en est alors de même de la première; ou bien la seconde équation a une racine positive plus grande que 1, et une racine négative (si $n < l$); alors la première a une racine positive plus petite que 1 et une racine négative.

267. Théorème. — *L'équation du second degré, à laquelle satisfait la valeur d'une fraction périodique mixte, dont la partie irrégulière contient plus de deux quotients incomplets, a ses deux racines positives.*

En effet, soit

$$\left[m, n, \ldots, p, \underbrace{a, b, \ldots, l}, \underbrace{a, b, \ldots, l}, \ldots\right]$$

cette fraction, la partie irrégulière contient $k - 1$ termes.

L'équation à laquelle satisfait cette fraction est l'équation (26). Le produit des racines est

$$\frac{P_{k-1} P_{k+h-2} - P_{k-2} P_{k+h-1}}{Q_{k-1} Q_{k+h-2} - Q_{k-2} Q_{k+h-1}},$$

qu'on transforme facilement en

$$\frac{(p\,\mathrm{P}_{k-2}+\mathrm{P}_{k-3})\mathrm{P}_{k+h-2}-\mathrm{P}_{k-2}(l\,\mathrm{P}_{k+h-2}+\mathrm{P}_{k+h-3})}{(p\,\mathrm{Q}_{k-2}+\mathrm{Q}_{k-3})\mathrm{Q}_{k+h-2}-\mathrm{Q}_{k+2}(l\,\mathrm{Q}_{k+h-2}+\mathrm{Q}_{k+h-3})}$$

ou

$$\frac{p-l+\dfrac{\mathrm{P}_{k-3}}{\mathrm{P}_{k-2}}-\dfrac{\mathrm{P}_{k+h-3}}{\mathrm{P}_{k+h-2}}}{p-l+\dfrac{\mathrm{Q}_{k-3}}{\mathrm{Q}_{k-2}}-\dfrac{\mathrm{Q}_{k+h-3}}{\mathrm{Q}_{k+h-2}}}\ \frac{\mathrm{P}_{k-2}\,\mathrm{P}_{k+h-2}}{\mathrm{Q}_{k-2}\,\mathrm{Q}_{k+h-2}},$$

$p-l$ est un entier non nul; $\dfrac{\mathrm{P}_{k-3}}{\mathrm{P}_{k-2}}$, $\dfrac{\mathrm{P}_{k+h-3}}{\mathrm{P}_{k+h-2}}$, $\dfrac{\mathrm{Q}_{k-3}}{\mathrm{Q}_{k-2}}$, $\dfrac{\mathrm{Q}_{k+h-3}}{\mathrm{Q}_{k+h-2}}$ sont des fractions plus petites que 1; donc ce produit est positif. Donc les deux racines sont de même signe et, par suite, positives.

268. *Conclusion.* — Des théorèmes précédents on conclut que les racines de l'équation du second degré à laquelle satisfait une fraction périodique simple satisfont aux inégalités (27), mais que les racines de l'équation du second degré à laquelle satisfait une fraction non périodique simple n'y satisfont jamais. Donc :

La condition nécessaire et suffisante pour qu'un nombre algébrique du second degré soit convertible en une fraction continue périodique simple est que ce nombre soit plus grand que 1 et que son conjugué soit compris entre 0 et -1.

Soit

$$ax^2+2bx+c=0$$

l'équation dont ce nombre est racine.

Les conditions précédentes donnent

$$(a-2b+c)c<0,$$
$$(a+2b+c)a<0.$$

269. *Condition pour que deux nombres algébriques du second degré ω, ω' donnent naissance à deux fractions continues dont les périodes soient formées des mêmes termes, se succédant dans le même ordre, les périodes ne différant que par le terme initial.*

Autrement dit, les deux périodes se déduisent l'une de l'autre par permutation circulaire des éléments.

Si les deux périodes étaient écrites sur une circonférence, de façon que le dernier terme revînt se placer à côté du premier, elles seraient identiques.

Il est bien évident que cela revient à dire que les deux fractions continues sont identiques à partir d'un certain quotient incomplet et réciproquement.

Donc la condition cherchée est (n° **233**) qu'il existe entre les deux nombres ω, ω' une relation de la forme

$$\omega' = \frac{\alpha\omega + \beta}{\gamma\omega + \delta},$$

α, β, γ, δ étant quatre nombres entiers satisfaisant à l'une des conditions

$$\alpha\delta - \beta\gamma = \pm 1.$$

Nous terminerons ces considérations sur les fractions continues périodiques par le théorème suivant qui nous sera utile plus tard :

270. Théorème. — *Soit*

$$[a, b, \ldots, l, a, b, \ldots, l, \ldots] = x$$

une fraction périodique simple dont la période contient h éléments. Si h est impair, il existe quatre nombres entiers λ, μ, ν, ρ satisfaisant à l'égalité

$$(29) \qquad \lambda\rho - \mu\nu = -1$$

et tels que

$$(30) \qquad x = \frac{\lambda x + \mu}{\nu x + \rho}.$$

Réciproquement, si la valeur x d'une fraction périodique simple satisfait à une égalité de la forme (30), λ, μ, ν, ρ étant des nombres entiers satisfaisant à l'égalité (29), le nombre des termes de la période de x est impair.

En effet, si l'on désigne par $\frac{\lambda}{\nu}$ et $\frac{\mu}{\rho}$ la dernière et l'avant-dernière réduites de la fraction continue limitée

$$[a, b, \ldots, l],$$

on a, d'une part,

$$x = \frac{\lambda x + \mu}{\nu x + \rho}$$

et, d'autre part,

$$\lambda \rho - \mu \nu = (-1)^h = -1.$$

Réciproquement, si l'on a

$$x = \frac{\lambda x + \mu}{\nu x + \rho}$$

et

$$\lambda \rho - \mu \nu = -1,$$

h est impair.

En effet, l'égalité $x = \frac{\lambda x + \mu}{\nu x + \rho}$ est un cas particulier de l'égalité (6) du n° **233**, ω' et ω étant égaux à x.

Soit donc

$$\frac{\lambda}{\nu} = [\alpha, \beta, ..., \theta],$$

ce développement étant écrit de façon qu'il ait un nombre impair $2p + 1$ d'éléments $\left(\theta \text{ étant remplacé au besoin par } \theta - 1 + \frac{1}{1}\right)$, on en déduit, comme au n° **233**,

$$(31) \quad x = [\alpha, \beta, ..., \theta, t + x] = \left[\alpha, \beta, ..., \theta, t + a, b, c, ..., l, \underbrace{a, ..., l}, ...\right].$$

Si cette fraction est irrégulière, transformons-la en fraction continue régulière. On pourra dans la fraction (31) trouver une période $(a, b, ..., l)$ assez éloignée, la $(k+1)^{\text{ièn.e}}$ par exemple, telle que cette période et les suivantes ne soient pas changées.

Quant aux $2p + 1 + kh$ éléments précédents, ils sont remplacés par des éléments dont le nombre est de même parité que

$$2p + 1 + kh.$$

Le nombre de ces éléments peut donc être représenté par

$$2q + 1 + kh.$$

On obtient ainsi

$$x = \left(\alpha'\beta'...\zeta' \underbrace{a, b, ..., l}, \underbrace{a, b, ..., l}, ...\right);$$

le nombre des éléments $\alpha'\beta'...\zeta'$ étant

$$2q + 1 + kh.$$

Mais ce développement de x, étant régulier, doit être identique au développement

$$(a, b, c, \ldots, l, a, b, c, \ldots, l, \ldots).$$

Donc les $2q + 1 + kh$ premiers éléments constituent un certain nombre de périodes.

Donc $2q + 1 + kh$ est un multiple de h. Donc il en est de même de $2q + 1$. Mais $2q + 1$ est impair. Donc h, qui est un diviseur de $2q + 1$, est lui-même impair ([1]).

([1]) La recherche des caractères qui distinguent les nombres commensurables des incommensurables, les nombres algébriques des différents degrés entre eux, et enfin les nombres algébriques des nombres transcendants, est très peu avancée.

Il n'y a guère à citer comme résultat positif, à part ceux énoncés dans ce Chapitre, que le théorème suivant : *les nombres e et π sont transcendants.*

Les premières recherches relatives à ce sujet sont dues à Lambert (*Mémoires de l'Académie de Berlin*, 1761, p. 265).

La transcendance de e a été démontrée pour la première fois par M. Hermite (*Sur la fonction exponentielle*, Paris; 1874).

Celle de π a été démontrée pour la première fois par M. Lindemann (*Mathematische Annalen*, Bd. 20, p. 213).

En ces derniers temps, M. Klein a donné de ces deux transcendances la démonstration la plus simple qui existe (voir *Leçons sur certaines questions de Géométrie élémentaire*. Rédaction française par J. Griess; Paris, Nony).

Jacobi a essayé de généraliser le théorème de Lagrange, pour les nombres algébriques du troisième degré, par un algorithme, généralisation des fractions continues. La question a été reprise par MM. Hermite et Charve, mais n'a pas été résolue complètement. (Voir *Vorlesungen über die Natur der Irrationalzahlen*, par Bachmann, p. 125 et suiv. Leipzig, Teubner.)

CHAPITRE VI.

LES FORMES QUADRATIQUES BINAIRES.

§ I. — Formes quadratiques binaires. Formes contenues l'une dans l'autre.

271. On appelle *forme* un polynôme entier homogène. Les formes se classent, d'après le nombre de leurs variables, en formes à *une* variable, *deux* variables ou *binaires, trois* variables ou *ternaires,* etc.; et, d'après leur degré par rapport à ces variables, en formes *linéaires, quadratiques, cubiques,* etc.

Les formes dont nous nous occuperons ici sont à *coefficients entiers,* et les variables y sont supposées recevoir des *valeurs entières.* Aux n°s 113 et 114 nous avons parlé des formes linéaires. Actuellement nous nous occuperons des formes *quadratiques binaires.*

272. Dans une telle forme, il y a trois termes, un terme en x^2, un terme en xy et un terme en y^2 (x, y étant les variables). On peut supposer que le coefficient du terme en xy soit pair; car s'il n'en était pas ainsi, on multiplierait la forme par 2, et l'on étudierait la forme obtenue.

Soit donc

$$a x^2 + 2 b xy + c y^2$$

une forme quadratique binaire.

Nous désignerons souvent cette forme par la notation plus simple (a, b, c).

Si $b^2 - ac$ *est un carré parfait,* la forme quadratique se décompose en un produit de deux formes linéaires à coefficients entiers, divisé par a,

$$a x^2 + 2 b xy + c y^2 = \frac{1}{a}(a x + b y + \sqrt{b^2 - ac}\, y)(a x + b y - \sqrt{b^2 - ac}\, y).$$

Nous supposerons donc à l'avenir que $b^2 - ac$ *n'est pas un carré parfait.*

Cette expression changée de signe, soit $ac - b^2$, se nomme le *discriminant* de la forme et nous le désignerons par D.

273. Le problème qui nous occupera principalement est de savoir *quels sont les nombres qui sont représentables par une forme quadratique binaire.*

D'après les définitions données au n° 113 nous dirons qu'un nombre n est représentable par la forme $ax^2 + 2bxy + cy^2$ lorsqu'il existe des valeurs de x et y telles que

$$ax^2 + 2bxy + cy^2 = n.$$

274. *Représentation propre et impropre.* — Mais nous ferons immédiatement une distinction. Nous dirons que la représentation du nombre n par la forme est une représentation *propre, lorsque x et y sont premiers entre eux.*

La représentation est *impropre* dans le cas contraire.

Supposons qu'un nombre n soit *improprement* représenté par une forme $ax^2 + 2bxy + cy^2$, soit δ le plus grand commun diviseur de x et y; soit

$$x = \delta x',$$
$$y = \delta y', \quad$$

x' et y' sont premiers entre eux, et l'on a

$$ax'^2 + 2bx'y' + cy'^2 = \frac{n}{\delta^2},$$

ce qui montre : 1° que n est divisible par δ^2; 2° que $\frac{n}{\delta^2}$ est *proprement* représenté par la forme (a, b, c).

Il suit de là que pour trouver les formes qui peuvent représenter *improprement* un nombre donné, il suffit de diviser ce nombre par les diviseurs carrés qu'il peut avoir, et de chercher les représentations *propres* des quotients.

Inversement, pour trouver les nombres qu'une forme donnée peut représenter improprement, il suffit de trouver ceux qu'elle peut représenter proprement, et de les multiplier par des carrés quelconques.

A partir de maintenant nous ne nous occuperons donc plus que
de la représentation *propre,* et il nous arrivera de sous-entendre
le mot *propre* sans qu'il en résulte d'ambiguïté.

275. *Formes primitives ou non.* — On dit que la forme

$$a x^2 + 2 b x y + c y^2$$

est *primitive* lorsque les trois coefficients a, b, c n'ont pas de
diviseur commun.

Si la forme n'est pas primitive, soit δ le plus grand commun
diviseur de a, b, c, la forme peut s'écrire

$$\delta(a' x^2 + 2 b' x y + c' y^2),$$

$a' x^2 + 2 b' x y + c' y^2$ étant une forme primitive. On voit donc
que l'étude des formes non primitives, et de la représentation des
nombres par ces formes, se ramène à celle des formes primitives;
mais nous ne supposerons pas d'ailleurs dans ce qui va suivre
(à moins que nous ne le disions expressément) que les formes
soient primitives.

276. *Substitutions linéaires.* — Effectuer dans la forme

$$a x^2 + 2 b x y + c y^2 = (a, b, c)$$

une substitution linéaire $\begin{pmatrix} \alpha & \beta \\ \gamma & \delta \end{pmatrix}$, c'est remplacer dans cette forme

$$x \text{ par } \alpha x' + \beta y',$$
$$y \text{ par } \gamma x' + \delta y'$$

(nous supposons, bien entendu, les nombres α, β, γ, δ entiers.)

On obtient évidemment ainsi une nouvelle forme quadratique

$$a' x'^2 + 2 b' x' y' + c' y'^2 = (a', b', c');$$

en posant
$$a' = a \alpha^2 + 2 b \alpha \gamma + c \gamma^2,$$
$$b' = a \alpha \beta + b(\alpha \delta + \beta \gamma) + c \gamma \delta,$$
$$c' = a \beta^2 + 2 b \beta \delta + c \delta^2.$$

On dit que la forme (a', b', c') est la transformée de la forme
(a, b, c) par la substitution $\begin{pmatrix} \alpha & \beta \\ \gamma & \delta \end{pmatrix}$. α, β, γ, δ s'appellent respec-

tivement le *premier*, le *second*, etc. coefficient de la substitution. Comme nous ne nous occuperons que de substitutions *linéaires*, il nous arrivera de supprimer le mot *linéaire*, sans qu'il en résulte d'ambiguïté.

277. *Déterminant d'une substitution. Relation entre ce déterminant et les discriminants des deux formes.* — On appelle *déterminant de la substitution* le déterminant

$$\begin{vmatrix} \alpha & \beta \\ \gamma & \delta \end{vmatrix} = \alpha\delta - \beta\gamma.$$

Posons-le égal à Δ. Nous supposerons toujours $\Delta \neq 0$.

278. Soit D le discriminant de la forme $ax^2 + 2bxy + cy^2$; D′ celui de la forme $a'x'^2 + 2b'x'y' + c'y'^2$. On a la relation fondamentale

$$D' = D\Delta^2.$$

Pour la démontrer il n'y a qu'à remplacer D, D′, Δ par leurs valeurs, et vérifier l'identité obtenue.

Cette relation montre immédiatement que si la première forme (a, b, c) se décompose en un produit de formes linéaires, c'est-à-dire si — D est carré parfait, — D′ est également carré parfait, et, par suite, la seconde forme se décompose aussi.

Cette relation montre aussi pourquoi dans la substitution $\begin{pmatrix} \alpha & \beta \\ \gamma & \delta \end{pmatrix}$ nous supposons toujours $\Delta \neq 0$. C'est parce que, si l'on supposait $\Delta = 0$, on aurait aussi D′ $= 0$: la seconde forme serait donc carré parfait.

279. *Formes contenues l'une dans l'autre.* — Nous avons dit plus haut que le point le plus important de la théorie des formes est de savoir quels sont les nombres qu'une forme peut représenter.

Or considérons une forme (a, b, c) et sa transformée (a', b', c') par la substitution

$$\begin{pmatrix} \alpha & \beta \\ \gamma & \delta \end{pmatrix}.$$

Les variables x, y, x', y' étant liées par les relations

$$x = \alpha x' + \beta y',$$
$$y = \gamma x' + \delta y';$$

il est bien évident qu'à tout système de valeurs entières de $x'y'$ correspond un système de valeurs entières de x, y.

Donc, tout nombre représentable par la seconde forme l'est aussi par la première. On dit que la seconde forme est *contenue* dans la première.

§ II. — **Notions sur les substitutions linéaires à coefficients entiers. Substitutions modulaires. Groupes de substitutions. Congruences de substitutions.**

280. Supposons que sur une forme

$$(a, b, c)$$

on effectue la substitution linéaire $\begin{pmatrix} \alpha & \beta \\ \gamma & \delta \end{pmatrix}$; on obtient une nouvelle forme

$$(a', b', c').$$

Supposons que sur cette forme (a', b', c'), on effectue la nouvelle substitution $\begin{pmatrix} \alpha' & \beta' \\ \gamma' & \delta' \end{pmatrix}$, on obtient une nouvelle forme

$$(a'', b'', c'').$$

Or on peut passer de la forme (a, b, c) à la forme

$$(a'', b'', c'')$$

par une seule substitution linéaire. En effet, les relations

$$x = \alpha x' + \beta y', \qquad x' = \alpha' x'' + \beta' y'',$$
$$y = \gamma x' + \delta y', \qquad y' = \gamma' x'' + \delta' y''$$

donnent

$$x = (\alpha \alpha' + \beta \gamma') x'' + (\alpha \beta' + \beta \delta') y'',$$
$$y = (\gamma \alpha' + \delta \gamma') x'' + (\gamma \beta' + \delta \delta') y''.$$

Autrement dit, effectuer sur une forme la substitution $\begin{pmatrix} \alpha & \beta \\ \gamma & \delta \end{pmatrix}$, puis, sur la transformée, la substitution $\begin{pmatrix} \alpha' & \beta' \\ \gamma' & \delta' \end{pmatrix}$ revient à effec-

tuer sur la première forme la substitution $\begin{pmatrix} \alpha\alpha' + \beta\gamma' & \alpha\beta' + \beta\delta' \\ \gamma\alpha' + \delta\gamma' & \gamma\beta' + \delta\delta' \end{pmatrix}$.
On dit que cette dernière substitution est le *produit* des deux premières.

On conçoit facilement qu'au lieu de *deux* substitutions successives, on puisse en faire un nombre quelconque, et l'on voit que cette suite de substitutions peut toujours se remplacer par une seule, que l'on appelle *produit des précédentes*.

281. Théorème. — *Quand une substitution linéaire est égale au produit de plusieurs autres, le déterminant de cette substitution est égal au produit des déterminants des autres.*

Il suffit évidemment de vérifier ce théorème pour deux substitutions. Or le produit des deux substitutions $\begin{pmatrix} \alpha & \beta \\ \gamma & \delta \end{pmatrix}$, $\begin{pmatrix} \alpha' & \beta' \\ \gamma' & \delta' \end{pmatrix}$ étant égal à

$$\begin{pmatrix} \alpha\alpha' + \beta\gamma' & \alpha\beta' + \beta\delta' \\ \gamma\alpha' + \delta\gamma' & \gamma\beta' + \delta\delta' \end{pmatrix},$$

le théorème en question n'est autre chose que l'énoncé de l'identité bien connue

$$\begin{vmatrix} \alpha & \beta \\ \gamma & \delta \end{vmatrix} \times \begin{vmatrix} \alpha' & \beta' \\ \gamma' & \delta' \end{vmatrix} = \begin{vmatrix} \alpha\alpha' + \beta\gamma' & \alpha\beta' + \beta\delta' \\ \gamma\alpha' + \delta\gamma' & \gamma\beta' + \delta\delta' \end{vmatrix}.$$

282. *Remarque.* — L'expression employée, *produit* de substitutions, ne doit pas abuser sur l'analogie qui existe entre ces produits et les produits de nombres. Par exemple, *le produit de substitutions dépend, en général, de l'ordre de ces substitutions.* En effet, le produit de la substitution

$$\begin{pmatrix} \alpha & \beta \\ \gamma & \delta \end{pmatrix} \quad \text{par} \quad \begin{pmatrix} \alpha' & \beta' \\ \gamma' & \delta' \end{pmatrix} \quad \text{est} \quad \begin{pmatrix} \alpha\alpha' + \beta\gamma' & \alpha\beta' + \beta\delta' \\ \gamma\alpha' + \delta\gamma' & \gamma\beta' + \delta\delta' \end{pmatrix},$$

tandis que le produit de

$$\begin{pmatrix} \alpha' & \beta' \\ \gamma' & \delta' \end{pmatrix} \quad \text{par} \quad \begin{pmatrix} \alpha & \beta \\ \gamma & \delta \end{pmatrix} \quad \text{est} \quad \begin{pmatrix} \alpha\alpha' + \gamma\beta' & \beta\alpha' + \delta\beta' \\ \alpha\gamma' + \gamma\delta' & \beta\gamma' + \delta\delta' \end{pmatrix};$$

ces deux produits ne sont pas identiques en général.

283. *Puissance d'une substitution.* — En particulier, on appelle *puissance $m^{ième}$ d'une substitution*, le produit de m substitutions identiques à celle-là.

Par exemple

$$\begin{pmatrix} \alpha & \beta \\ \gamma & \delta \end{pmatrix}^2 = \begin{pmatrix} \alpha^2 + \beta\gamma & \beta(\alpha+\delta) \\ \gamma(\alpha+\delta) & \beta\gamma + \delta^2 \end{pmatrix}.$$

Le déterminant de la puissance $m^{ième}$ d'une substitution est égal à la puissance $m^{ième}$ du déterminant de cette substitution.

284. *Substitutions inverses.* — Si l'on passe des variables x, y aux variables x', y' par les relations

$$x = \alpha x' + \beta y',$$
$$y = \gamma x' + \delta y',$$

inversement, on passe des variables x', y' aux variables x, y par les relations

$$x' = \frac{\delta x - \beta y}{\Delta},$$
$$y' = \frac{-\gamma x + \alpha y}{\Delta}.$$

La substitution $\begin{pmatrix} \dfrac{\delta}{\Delta} & -\dfrac{\beta}{\Delta} \\ -\dfrac{\gamma}{\Delta} & \dfrac{\alpha}{\Delta} \end{pmatrix}$ s'appelle *substitution inverse* de la substitution $\begin{pmatrix} \alpha & \beta \\ \gamma & \delta \end{pmatrix}$.

285. Théorème. — *Le produit des déterminants de deux substitutions inverses est égal à* 1.

C'est-à-dire que

$$\begin{vmatrix} \alpha & \beta \\ \gamma & \delta \end{vmatrix} \times \begin{vmatrix} \dfrac{\delta}{\Delta} & -\dfrac{\beta}{\Delta} \\ -\dfrac{\gamma}{\Delta} & \dfrac{\alpha}{\Delta} \end{vmatrix} = 1.$$

C'est une identité extrêmement facile à vérifier, étant donné que $\Delta = \alpha\delta - \beta\gamma$.

286. *Substitutions de déterminant égal à ± 1. Substitutions modulaires.* — Tout ce que nous venons de dire jusqu'à maintenant s'applique quels que soient les nombres α, β, γ, δ; mais il est bien clair que, dans la théorie des nombres, on ne considère que des substitutions à coefficients entiers.

On n'aura donc à considérer la substitution inverse $\begin{pmatrix} \dfrac{\delta}{\Delta} & -\dfrac{\beta}{\Delta} \\ -\dfrac{\gamma}{\Delta} & \dfrac{\alpha}{\Delta} \end{pmatrix}$

de la substitution $\begin{pmatrix} \alpha & \beta \\ \gamma & \delta \end{pmatrix}$ qu'à condition que $\dfrac{\alpha}{\Delta}$, $\dfrac{\beta}{\Delta}$, $\dfrac{\gamma}{\Delta}$, $\dfrac{\delta}{\Delta}$ soient des nombres entiers. Il résulte de là que $\alpha\delta$ et $\beta\gamma$ doivent être divisibles par Δ^2. Donc $\alpha\delta - \beta\gamma$, c'est-à-dire Δ, doit lui-même être divisible par Δ^2, ce qui exige que $\Delta = \pm 1$ (le cas de $\Delta = 0$ étant écarté).

Ainsi nous n'aurons à considérer que des substitutions de déterminant égal à ± 1.

Parmi ces substitutions nous aurons principalement à considérer les substitutions de déterminant égal à $+1$. Nous les appellerons *substitutions modulaires*.

287. *Puissances négatives d'une substitution.* — Par définition, la puissance -1 d'une substitution, c'est la substitution inverse.

Quant à la puissance $(-m^{\text{ième}})$ d'une substitution, c'est la puissance $m^{\text{ième}}$ de la substitution inverse.

Le théorème du n° **283** s'applique aux puissances négatives.

288. *Notations abrégées pour les substitutions.* — Il nous arrivera souvent de désigner une substitution par une seule lettre et de dire, par exemple la substitution A, la substitution B, etc.

Le produit de plusieurs substitutions A, B, C se désigne par ABC, *la substitution à gauche étant celle que l'on effectue la première*, et ainsi de suite dans l'ordre. Le produit de plusieurs substitutions dépendant de l'ordre de ces substitutions, on n'a pas en général

$$ABC = CAB.$$

La puissance $m^{\text{ième}}$ d'une substitution A se désigne par A^m.

Cette notation s'applique encore lorsque m est négatif.

En particulier, la substitution inverse de la substitution A se désigne par A^{-1}.

Le produit de deux substitutions dépendant en général de leur ordre, quand on multiplie une substitution A par une substitution B, il faut indiquer si on la multiplie *à droite* ou *à gauche*. Le produit de A par B à droite est AB; le produit de A par B à gauche est BA.

289. *Égalités entre substitutions.* — Deux substitutions

$$A = \begin{pmatrix} \alpha & \beta \\ \gamma & \delta \end{pmatrix}, \quad B = \begin{pmatrix} \varepsilon & \zeta \\ \theta & \iota \end{pmatrix}$$

sont dites égales lorsqu'elles sont identiques, c'est-à-dire lorsque l'on a

$$\alpha = \varepsilon, \qquad \gamma = \theta,$$
$$\beta = \zeta, \qquad \delta = \iota,$$

et l'on indique cette égalité par la notation

$$A = B.$$

On peut multiplier les deux membres d'une égalité, tous les deux à droite, ou tous les deux à gauche, par une même substitution.

Ainsi, de l'égalité
$$A = B,$$
on déduit
$$AC = BC$$
ou
$$CA = CB.$$

290. *Substitutions échangeables.* — On dit que deux substitutions A, B sont *échangeables,* lorsque

$$AB = BA.$$

Soient

$$A = \begin{pmatrix} \alpha & \beta \\ \gamma & \delta \end{pmatrix},$$

$$B = \begin{pmatrix} \alpha' & \beta' \\ \gamma' & \delta' \end{pmatrix},$$

$$AB = \begin{pmatrix} \alpha\alpha' + \beta\gamma' & \alpha\beta' + \beta\delta' \\ \gamma\alpha' + \delta\gamma' & \gamma\beta' + \delta\delta' \end{pmatrix},$$

$$BA = \begin{pmatrix} \alpha\alpha' + \gamma\beta' & \beta\alpha' + \delta\beta' \\ \alpha\gamma' + \gamma\delta' & \beta\gamma' + \delta\delta' \end{pmatrix}.$$

C.

Pour que les substitutions soient échangeables il faut donc et il suffit que l'on ait

$$\alpha\alpha' + \beta\gamma' = \alpha\alpha' + \gamma\beta',$$
$$\alpha\beta' + \beta\delta' = \beta\alpha' + \delta\beta',$$
$$\gamma\alpha' + \delta\gamma' = \alpha\gamma' + \gamma\delta',$$
$$\gamma\beta' + \delta\delta' = \beta\gamma' + \delta\delta'.$$

Il serait facile de trouver la forme générale des coefficients α, β, γ, δ, α', β', γ', δ' satisfaisant à ces conditions, mais cela nous serait inutile.

291. En particulier, *deux puissances d'une même substitution sont échangeables entre elles.*

Car évidemment

$$A^m A^p = A^p A^m = A^{m+p}.$$

On voit de plus que *pour multiplier deux puissances d'une même substitution, il suffit d'ajouter les exposants.*

292. Cette règle s'applique aux puissances négatives, pourvu que l'on définisse convenablement la puissance zéro.

Il est bien évident que A^{-m} est la substitution inverse de A^m. Donc le produit de ces deux substitutions n'est autre que la substitution identique $\begin{pmatrix} 1 & 0 \\ 0 & 1 \end{pmatrix}$ (la substitution qui consiste à remplacer x par x et y par y, c'est-à-dire, en fait, à ne rien substituer).

Cette substitution identique pouvant, évidemment, être supprimée dans un produit quelconque, désignons-la par 1. Convenons ensuite que $A^0 = 1$, et nous voyons qu'on a

$$A^m A^{-m} = A^0.$$

La règle du produit de deux puissances s'applique donc à deux exposants égaux et de signe contraire; et on l'étend facilement à deux exposants quelconques.

293. *Remarque sur la substitution inverse d'un produit.* — Pour écrire la substitution inverse d'un produit de substitutions, il suffit de renverser l'ordre des facteurs et de changer de signe les exposants. Ainsi

$$(A^2 B^{-1} C^3)^{-1} = C^{-3} B A^{-2}.$$

294. *Groupes de substitutions.* — On dit que des substitutions, en nombre fini ou infini, forment un *groupe* lorsque : 1° *le produit de deux quelconques de ces substitutions appartient au groupe; 2° l'inverse d'une substitution du groupe appartient au groupe.*

Un groupe quelconque contient la substitution identique. En effet, soit A une substitution du groupe, la substitution A^{-1} appartient au même groupe, et il en est de même du produit $A \cdot A^{-1}$. Or ce dernier produit n'est autre que la substitution identique.

295. *Exemples de groupes.* — I. La substitution identique forme à elle seule un groupe.

II. Les deux substitutions

$$\begin{pmatrix} 1 & 0 \\ 0 & 1 \end{pmatrix} \quad \text{et} \quad \begin{pmatrix} -1 & 0 \\ 0 & -1 \end{pmatrix},$$

(nous désignerons cette dernière substitution par I).

III. Les six substitutions

$$\begin{pmatrix} 1 & 0 \\ 0 & 1 \end{pmatrix}, \begin{pmatrix} 0 & 1 \\ -1 & 1 \end{pmatrix}, \begin{pmatrix} 1 & -1 \\ 1 & 0 \end{pmatrix}, \begin{pmatrix} -1 & 0 \\ 0 & -1 \end{pmatrix}, \begin{pmatrix} 0 & -1 \\ 1 & -1 \end{pmatrix}, \begin{pmatrix} -1 & 1 \\ -1 & 0 \end{pmatrix},$$

comme on le vérifie facilement.

IV. D'après les théorèmes des numéros **281** et **285**, les puissances, tant positives que négatives, d'une substitution modulaire ou d'une substitution de déterminant égal à — 1 forment un groupe.

V. Toutes les substitutions modulaires forment aussi un groupe. Ce groupe est appelé le *groupe modulaire.*

VI. De même l'ensemble de toutes les substitutions modulaires et de toutes celles de déterminant — 1 forment un groupe.

296. *Congruence des substitutions par rapport à un module.* — On dit que deux substitutions à coefficients entiers $\begin{pmatrix} \alpha & \beta \\ \gamma & \delta \end{pmatrix}, \begin{pmatrix} \alpha' & \beta' \\ \gamma' & \delta' \end{pmatrix}$ sont congrues par rapport à un module n, lorsqu'on a

$$\begin{aligned} \alpha &\equiv \alpha', \\ \beta &\equiv \beta', \\ \gamma &\equiv \gamma', \\ \delta &\equiv \delta'. \end{aligned} \quad (\bmod n),$$

Relativement à un module n, il n'y a que n^4 substitutions incongrues deux à deux, à savoir, les n^4 substitutions qu'on obtient en donnant à α, β, γ, δ respectivement comme valeurs tout un système de restes incongrus $(\bmod n)$.

297. *Cas des substitutions modulaires.* — Mais occupons-nous spécialement des substitutions modulaires. Cherchons le *nombre de ces substitutions incongrues deux à deux* $(\bmod n)$. Pour cela, démontrons d'abord le lemme suivant :

LEMME. — *Soient* γ *et* δ *deux nombres tels que* γ, δ, n, *soient premiers dans leur ensemble, je dis qu'on peut déterminer deux nombres congrus respectivement à* γ *et* δ $(\bmod n)$ *et qui soient premiers entre eux.*

Soit ε le plus grand commun diviseur de γ et δ; par hypothèse ε et n sont premiers entre eux. De plus

$$\begin{aligned} \gamma &= \varepsilon\gamma', \\ \delta &= \varepsilon\delta'. \end{aligned}$$

γ' et δ' étant premiers entre eux; on peut donc déterminer deux nombres z et t tels que

$$t\gamma' - z\delta' = 1.$$

Posons alors

$$\begin{aligned} Z &= zn + \gamma, \\ T &= tn + \delta, \end{aligned}$$

Les nombres Z et T sont congrus respectivement à γ et δ $(\bmod n)$. Si nous démontrons qu'ils sont premiers entre eux le théorème sera démontré. Or, on a

$$\begin{aligned} T\gamma' - Z\delta' &= n, \\ -Tz + Zt &= \varepsilon. \end{aligned}$$

Si T et Z avaient un diviseur commun, ce diviseur diviserait n et ε, ce qui est impossible puisque n et ε sont premiers entre eux.

298. Ce lemme démontré, soit $\begin{pmatrix} \alpha & \beta \\ \gamma & \delta \end{pmatrix}$ une substitution. Cherchons si, parmi les substitutions congrues à celle-ci, il en existe une modulaire; c'est-à-dire, cherchons s'il existe des nombres x, y, z, t, tels que

$$(\alpha + xn)(\delta + tn) - (\beta + yn)(\gamma + zn) = 1,$$

ou

$$(1) \qquad (xt - yz)n^2 + (x\delta - y\gamma + t\alpha - z\beta)n + \alpha\delta - \beta\gamma - 1 = 0.$$

On voit que ce n'est possible que si

$$(2) \qquad \alpha\delta - \beta\gamma \equiv 1 \qquad (\bmod n).$$

Réciproquement, si cette condition est remplie, je dis qu'on peut déterminer des nombres entiers x, y, z, t satisfaisant à l'équation (1).

En effet, posons

$$\alpha\delta - \beta\gamma = 1 + kn.$$

L'équation (1) devient, après qu'on l'a divisée par n,

$$(xt - yz)n + (x\delta - y\gamma - z\beta + t\alpha) + k = 0,$$

ou

$$(3) \qquad x(tn + \delta) - y(zn + \gamma) + t\alpha - z\beta + k = 0.$$

Or la congruence (2) montre que le plus grand commun diviseur de γ et δ est premier avec n. On peut donc d'abord déterminer z et t de façon que les nombres $zn + \gamma = Z$ et $tn + \delta = T$ soient premiers entre eux. Alors l'équation (3) devient

$$Tx - Zy + M = 0,$$

T et Z étant premiers entre eux, on sait (n° **111**) qu'on peut trouver deux nombres x, y satisfaisant à cette équation.

Conséquence. — *Le nombre des substitutions modulaires incongrues deux à deux* (mod n) *est égal au nombre des systèmes incongrus de quatre nombres satisfaisant à la condition* (2).

299. Déterminons donc ce nombre.

Comme nous l'avons déjà dit, la condition (2) exige que le plus grand commun diviseur de γ et δ soit premier avec n, autrement dit que les trois nombres γ, δ, n soient premiers dans leur ensemble. Formons donc d'abord tous les couples de nombres γ, δ incongrus deux à deux $(\mathrm{mod}\, n)$, qui satisfont à cette condition. Le nombre de ces couples est $\varphi_2(n)$ (n° **77**).

Je dis qu'à chacun de ces couples correspondent n systèmes de valeurs (valeurs déterminées au mod n près) pour α, β. En effet, donnons à β une certaine valeur, la valeur de α est alors déterminée par la congruence

$$(4) \qquad\qquad \delta\alpha \equiv \gamma\beta + 1 \qquad (\mathrm{mod}\, n).$$

Soit d le plus grand commun diviseur de δ et n (d peut être égal à 1, cela ne change pas le raisonnement). Pour que la congruence (4) soit possible, il faut donner à β une valeur telle que

$$(5) \qquad\qquad \gamma\beta + 1 \equiv 0 \qquad (\mathrm{mod}\, d).$$

Or, γ et d sont premiers entre eux, car sinon γ, δ et n ne seraient pas premiers dans leur ensemble.

Donc la congruence (5) a une solution et une seule $(\mathrm{mod}\, d)$. Ayant pour β une valeur $(\mathrm{mod}\, d)$, on en déduit $\frac{n}{d}$ valeurs $(\mathrm{mod}\, n)$.

A chacune de ces valeurs de β correspond une valeur de $\gamma\beta + 1$ divisible par d, soit

$$\gamma\beta + 1 = rd.$$

La congruence (4) devient alors

$$\delta\alpha \equiv rd \qquad (\mathrm{mod}\, n)$$

ou

$$\frac{\delta}{d}\alpha \equiv r \qquad \left(\mathrm{mod}\, \frac{n}{d}\right).$$

Les nombres $\frac{\delta}{d}$ et $\frac{n}{d}$ sont premiers entre eux : donc cette congruence donne pour α une valeur $\left(\mathrm{mod}\, \frac{n}{d}\right)$.

Ayant pour α une valeur $\left(\mathrm{mod}\, \frac{n}{d}\right)$, on en déduit d valeurs $(\mathrm{mod}\, n)$.

Puisqu'il y a $\frac{n}{d}$ valeurs pour β, et qu'à chacune de ces valeurs répondent d valeurs pour α, cela fait bien n systèmes de valeurs pour β et α.

Conclusion. — Il y a $\varphi_2(n)$ systèmes de valeurs pour γ, δ, et à chacun de ces systèmes correspondent n systèmes de valeurs pour α, β. Donc le nombre des systèmes de quatre nombres α, β, γ, δ est égal à $n\varphi_2(n)$. C'est le nombre cherché.

Cas particulier. — Si n est premier, le nombre cherché est

$$n(n^2 - 1).$$

300. Théorème. — *Si deux substitutions* A *et* B *sont congrues* (mod n), *les produits à droite ou à gauche de ces substitutions par une même substitution* C *sont aussi congrus* (mod n).

Soit

$$A = \begin{pmatrix} \alpha & \beta \\ \gamma & \delta \end{pmatrix}, \quad B = \begin{pmatrix} \alpha' & \beta' \\ \gamma' & \delta' \end{pmatrix}, \quad C = \begin{pmatrix} \lambda & \mu \\ \nu & \rho \end{pmatrix}.$$

On a

$$AC = \begin{pmatrix} \alpha\lambda + \beta\nu & \alpha\mu + \beta\rho \\ \gamma\lambda + \delta\nu & \gamma\mu + \delta\rho \end{pmatrix}, \quad BC = \begin{pmatrix} \alpha'\lambda + \beta'\nu & \alpha'\mu + \beta'\rho \\ \gamma'\lambda + \delta'\nu & \gamma'\mu + \delta'\rho \end{pmatrix}.$$

Par hypothèse,

$$A \equiv B \quad (\bmod n),$$

c'est-à-dire

$$(6) \qquad \left. \begin{array}{l} \alpha \equiv \alpha' \\ \beta \equiv \beta' \\ \gamma \equiv \gamma' \\ \delta \equiv \delta' \end{array} \right\} \quad (\bmod n).$$

Il en résulte évidemment

$$(7) \qquad \left. \begin{array}{l} \alpha\lambda + \beta\nu \equiv \alpha'\lambda + \beta'\nu \\ \alpha\mu + \beta\rho \equiv \alpha'\mu + \beta'\rho \\ \gamma\lambda + \delta\nu \equiv \gamma'\lambda + \delta'\nu \\ \gamma\mu + \delta\rho \equiv \gamma'\mu + \delta'\rho \end{array} \right\} \quad (\bmod n),$$

c'est-à-dire

$$AC \equiv BC \quad (\bmod n).$$

On voit de même que

$$CA \equiv CB \quad (\bmod n).$$

Réciproquement, si

$$AC \equiv BC \qquad (\bmod n),$$

et si la substitution C *a un déterminant premier avec* n, *il en résulte*

$$A \equiv B \qquad (\bmod n).$$

C'est ce qui arrive, en particulier, lorsque *la substitution* C *est modulaire.*

En effet, par hypothèse, les conditions (7) sont remplies.

Multiplions la première par ρ, la seconde par $-\nu$, et ajoutons, il vient

$$\alpha(\lambda\rho - \mu\nu) \equiv \alpha'(\lambda\rho - \mu\nu) \qquad (\bmod n),$$

ou, puisque $\lambda\rho - \mu\nu$ est premier avec n,

$$\alpha \equiv \alpha' \qquad (\bmod n).$$

On voit, d'une façon analogue, que les autres conditions (6) sont remplies.

On voit de même que, si

$$CA \equiv CB \qquad (\bmod n),$$

et que le déterminant de C soit premier avec n, il en résulte

$$A \equiv B \qquad (\bmod n),$$

301. *Périodicité par rapport à un module n des puissances d'une substitution modulaire.* — Soit A une substitution modulaire. Considérons ses puissances successives : soient d'abord ses puissances positives

$$(8) \qquad A^0, \quad A^1, \quad A^2, \quad \ldots.$$

Toutes ces puissances sont elles-mêmes des substitutions modulaires (n° **295**).

Or le nombre des substitutions modulaires incongrues $(\bmod n)$ étant limité, il y a forcément, dans la suite (8), des termes qui se reproduisent.

Soit

$$A^m \equiv A^{m+p} \qquad (\bmod n).$$

Ceci peut s'écrire

$$A^m \times A^0 \equiv A^m \times A^p \qquad (\bmod n).$$

On en déduit (n° 300)

$$A^0 \equiv A^p \qquad (\bmod\, n)$$

On conclut de là que la première substitution qui se reproduit $(\bmod\, n)$ est A^0. Et si l'on appelle A^p la première substitution qui lui est congrue, les termes de la suite (8) forment une suite périodique, le nombre des termes de la période étant p.

Ce résultat s'étend sans peine à la série indéfinie dans les deux sens formée par les puissances négatives et positives de la substitution A.

302. Nous n'aurons pas besoin de déterminer plus précisément le nombre p (^{1}); bornons-nous à démontrer que p est un diviseur de $n\varphi_2(n)$.

En effet, considérons la suite des p puissances de A,

$$(9) \qquad A^0, \quad A^1, \quad \ldots, \quad A^{p-1}.$$

Si ces p substitutions forment toutes les substitutions modulaires incongrues deux à deux $(\bmod\, n)$, on a

$$p = n\varphi_2(n),$$

et le théorème est démontré.

Sinon, soit B une substitution non contenue dans la suite (9); considérons la suite

$$(10) \qquad BA^0, \quad BA^1, \quad \ldots, \quad BA^{p-1}.$$

Deux de ces substitutions sont incongrues $(\bmod\, n)$, puisque ce sont les produits à gauche par une même substitution B de deux substitutions incongrues.

De plus, une quelconque des substitutions (10) est incongrue à une quelconque des substitutions (9), car si l'on avait

$$BA^k \equiv A^{k'},$$

on aurait

$$B \equiv A^{k'-k},$$

ce qui n'est pas, par hypothèse.

(^{1}) Pour la détermination de ce nombre p, voir, par exemple pour le cas de n premier, l'*Algèbre supérieure* de SERRET, t. II, p. 342 et suiv.

Si les substitutions (9) et (10) forment toutes les substitutions modulaires incongrues deux à deux (mod n), on a

$$p = 2\,n\,\varphi_2(n),$$

et le théorème est démontré.

Sinon, prenons une substitution C qui ne soit contenue ni dans la suite (9), ni dans la suite (10); considérons la suite

$$(11) \qquad\qquad CA^0, \quad CA^1, \quad \ldots, \quad CA^{p-1}.$$

On verra que ces nouvelles substitutions sont incongrues entre elles et aux précédentes. Si les substitutions (9), (10), (11) forment toutes les substitutions incongrues deux à deux (mod n), on a

$$p = 3\,n\,\varphi_2(n),$$

et ainsi de suite.

§ III. — Formes équivalentes. Classes de formes.

303. *Formes équivalentes.* — Soit une forme

$$ax^2 + 2\,b\,xy + cy^2.$$

Faisons la substitution

$$x = \alpha x' + \beta y',$$
$$y = \gamma x' + \delta y',$$

nous obtenons une nouvelle forme

$$a'x'^2 + 2\,b'x'y' + c'y'^2.$$

Nous avons vu (n° **279**) que la première forme contient la seconde, parce que, *à tout système de valeurs entières de x' et y' correspond un système de valeurs entières de x et y.* Mais remarquons maintenant qu'on a inversement

$$(12) \qquad \begin{cases} x' = \dfrac{\delta x - \beta y}{\Delta}, \\[2mm] y' = \dfrac{\alpha y - \gamma x}{\Delta}. \end{cases}$$

Si donc $\Delta = \pm 1$, il s'ensuivra que, *à tout système de valeurs* *entières de x et y correspondra aussi un système de valeurs entières de x' et y'.*

Donc la seconde forme contient aussi la première. On dit alors que les deux formes sont *équivalentes*. Ainsi deux formes équivalentes sont deux formes telles que *l'on passe de l'une à l'autre, par une substitution linéaire de déterminant égal à ± 1*. Chacune de ces formes contient l'autre. Tout nombre représentable par l'une des deux formes l'est aussi par l'autre. Les deux formes représentent donc les mêmes nombres.

Exemple. — Soit la forme

$$x^2 - 4xy + 2y^2.$$

Faisons la substitution

$$x = 3x' + y',$$
$$y = 5x' + 2y',$$

dont le déterminant est égal à 1, et nous obtenons la forme transformée

$$- x'^2 - 2x'y' + y'^2,$$

équivalente à la première.

304. Étant donnée une forme, on obtient toutes les formes équivalentes, en lui appliquant toutes les substitutions de déterminant égal à ± 1.

Toutes ces formes équivalentes ont même discriminant, à cause de la relation du n° 278 que donne ici $D = D'$. Mais la réciproque n'est pas vraie; *deux formes de même discriminant ne sont pas toujours équivalentes.*

Exemple. — Les formes

$$x^2 + 12y^2, \quad 3x^2 + 4y^2$$

ont même discriminant 12; cependant elles ne sont pas équivalentes.

En effet, la première ne peut représenter qu'un nombre $\equiv 0$ ou $\equiv 1 \pmod 4$, tandis que la seconde peut représenter un nombre $\equiv 3 \pmod 4$.

305. *Classes de formes.* — Mais nous pouvons nous borner à la considération des formes qui se déduisent d'une forme donnée par toutes les substitutions de déterminant égal à $+1$ ou substitutions modulaires.

En effet, soit A une substitution de déterminant égal à -1.

Considérons la substitution

$$N = \begin{pmatrix} 1 & 0 \\ 0 & -1 \end{pmatrix}.$$

Le déterminant de cette substitution N est aussi égal à -1. Si donc nous posons

$$AN^{-1} = A',$$

A' est une substitution modulaire.

Or

$$A = A'N.$$

Donc *toute substitution de déterminant égal à -1 est égale à une substitution modulaire multipliée par* N.

Nous nous attacherons donc spécialement à l'équivalence des formes qui se déduisent l'une de l'autre par une substitution modulaire.

On dit que ces formes appartiennent à la même *classe* que la première.

Ainsi, on appelle *classe de formes toutes les formes qui se déduisent de l'une d'elles par les substitutions du groupe modulaire.*

Les formes équivalentes à une forme donnée se composent :

1° Des formes appartenant à la même classe.

2° De celles qui se déduisent des précédentes par la substitution N, c'est-à-dire en changeant le signe du terme en xy.

Actuellement les problèmes qui se posent sont les suivants :

I. *Étant données deux formes de même discriminant, voir si elles appartiennent à la même classe ou non.*

II. *Lorsque deux formes appartiennent à la même classe, trouver la ou les substitutions modulaires qui permettent de passer de la première à la seconde.*

III. *Étant donné un discriminant, trouver les différentes classes de formes ayant ce discriminant.*

Formes réduites. — Pour résoudre ces problèmes, qui reviennent au fond à la comparaison de deux formes, la méthode consiste à remplacer ces formes par des formes de même classe, mais d'une espèce particulière, et qu'on appelle *formes réduites*. Tout revient ensuite à comparer entre elles les formes réduites.

Mais ces formes réduites sont totalement différentes suivant qu'il s'agit de formes à discriminant positif, ou de formes à discriminant négatif.

Occupons-nous d'abord des formes à discriminant positif.

§ IV. — Résolution des trois problèmes du n° 305 pour les formes à discriminant positif. Équation de Pell pour un discriminant positif.

306. *Remarques sur les formes à discriminant positif.*

Soit une forme
$$(a, b, c).$$
Nous supposons
$$D = ac - b^2 > 0.$$

Il en résulte que a et c sont de même signe; supposons-les positifs.

Remarquons que a et c étant supposés positifs dans la forme donnée, il en sera de même dans toutes les formes de même classe, car si l'on effectue sur la forme une substitution linéaire quelconque $\begin{pmatrix} \alpha & \beta \\ \gamma & \delta \end{pmatrix}$, les nouveaux coefficients
$$a' = a\alpha^2 + 2b\alpha\gamma + c\gamma^2$$
et
$$c' = a\beta^2 + 2b\beta\delta + c\delta^2$$
sont aussi positifs.

D'ailleurs tous les nombres représentés par les formes de cette classe sont positifs.

307. *Formes réduites à discriminant positif.*

Nous dirons qu'une forme à discriminant positif (A, B, C) est *réduite,* quand les conditions suivantes sont remplies :

$$(13) \qquad\qquad C \geqq A \geqq 2 |B|,$$
$$(14) \qquad\qquad 2B \neq -A,$$

de plus, si $A = C$, il faut que

$$(15) \qquad\qquad 2B \geqq 0.$$

308. *Les substitutions* S *et* T. — Ce sont les substitutions

$$S = \begin{pmatrix} 1 & 1 \\ 0 & 1 \end{pmatrix}, \qquad T = \begin{pmatrix} 0 & 1 \\ -1 & 0 \end{pmatrix}.$$

Ces deux substitutions sont modulaires.

Comme nous aurons à appliquer la substitution S plusieurs fois de suite, remarquons tout de suite que

$$S^m = \begin{pmatrix} 1 & m \\ 0 & 1 \end{pmatrix},$$

m pouvant être positif ou négatif.

Nous pouvons aussi remarquer les égalités suivantes :

$$(ST)^3 = T^2 = 1.$$

Il n'y a qu'à les vérifier.

309. Nous allons maintenant démontrer le théorème suivant :

Théorème. — *On peut passer d'une forme à discriminant positif quelconque (a, b, c) à une forme réduite de même classe, en lui appliquant un certain nombre de fois les substitutions* S *et* T.

Ces deux substitutions étant modulaires, leur application réitérée donne toujours naissance à des formes de même classe que la forme primitive.

Il faut montrer que l'on peut transformer la forme (a, b, c) en une forme satisfaisant à toutes les conditions (13), (14), (15).

Montrons d'abord qu'on peut transformer la forme (a, b, c) en une forme satisfaisant seulement aux conditions (13).

Dans l'ordre de grandeur des coefficients de la forme, six cas sont possibles :

$$c \geqq a \geqq 2|b|, \qquad a > c \geqq 2|b|, \qquad c \geqq 2|b| > a,$$
$$a \geqq 2|b| > c, \qquad 2|b| > c \geqq a, \qquad 2|b| > a > c.$$

Dans le *premier cas*, $c \geqq a \geqq 2 \mid b \mid$, la forme satisfait aux conditions (13).

Dans le *second cas*, $a > c \geqq 2 \mid b \mid$, appliquons à la forme la substitution T. La forme devient

$$(c, -b, a).$$

Cette nouvelle forme satisfait alors aux conditions (13).

Dans le *troisième cas*, $c \geqq 2 \mid b \mid > a$, appliquons à la forme donnée m fois la transformation S, la forme (a, b, c) devient

$$(a, am + b, am^2 + 2bm + c).$$

Or on peut choisir m de façon que

$$2 \mid am + b \mid \leqq a$$

(il suffit de diviser b par a, de façon à obtenir le reste minimum, et de prendre pour m le quotient changé de signe); m étant ainsi choisi, posons

$$am + b = b_1,$$
$$am^2 + 2bm + c = c_1.$$

La forme (a, b, c) devient

$$(a, b_1, c_1),$$

et l'on a

$$a \geqq 2 \mid b_1 \mid.$$

Si l'on a de plus

$$c_1 \geqq 2 \mid b_1 \mid,$$

la forme (a, b_1, c_1) se trouve dans le premier ou le second cas et le problème est résolu.

Mais, si l'on a

$$2 \mid b_1 \mid > c,$$

faisons sur la forme (a, b_1, c_1) la transformation T, cette forme devient

$$(c_1, -b_1, a)$$

Puis, faisons m' fois la transformation S, m' étant choisi de façon que

$$2 \mid c_1 m' - b_1 \mid \leqq c_1.$$

La forme devient alors

$$(c_1, b_2, a_1),$$

en posant

$$c_1 m' - b_1 = b_2,$$
$$c_1 m'^2 - 2 b_1 m' - a = a_1$$

et l'on a
$$c_1 \gtrless 2\,|\,b_2\,|.$$

Si l'on a de plus
$$a_1 \geqq 2\,|\,b_2\,|,$$

la forme (c_1, b_2, a_1) se trouve dans le premier ou le second cas, et le problème est résolu.

Mais si l'on a
$$2\,|\,b_2\,| > a_1,$$

faisons de nouveau sur la forme (c_1, b_2, a_1) la transformation T, cette forme devient
$$(a_1, -b_2, c_1);$$

puis faisons la transformation S, m'' fois, m'' étant choisi de façon que
$$2\,|\,a_1 m'' - b_2\,| \lessgtr a_1.$$

Nous obtiendrons une forme
$$(a_1, b_3, c_2);$$

et ainsi de suite.

Je dis qu'en continuant ce procédé on arrivera forcément à une forme se trouvant dans le premier ou le second cas.

En effet, si cela n'a pas lieu pour la forme (a, b_1, c_1), comme la condition
$$a \geqq 2\,|\,b_1\,|$$

est remplie, c'est que la condition
$$c_1 \geqq 2\,|\,b_1\,|$$

ne l'est pas. On a donc
$$a \geqq |\,2b_1\,| > c_1.$$

De même si la forme (c_1, b_2, a_1) n'est pas dans le premier ou le second cas, c'est que l'on a
$$c_1 \geqq |\,2b_2\,| > a_1.$$

De même, si la forme (a_1, b_3, c_2) n'est pas dans le premier ou le second cas, c'est que l'on a
$$a_1 \geqq 2\,|\,b_3\,| > |\,c_2\,|;$$

et ainsi de suite.

On a donc
$$a > c_1 > a_1 > c_2 \ldots.$$

Les nombres a, c_1, a_1, … sont tous positifs. Donc cette suite d'inégalités ne peut se prolonger indéfiniment. Donc on arrive forcément à une forme appartenant au premier ou au second cas.

Dans le *quatrième cas*, $a \geqq 2|b| > c$, faisons la transformation T et nous sommes ramenés au troisième cas.

Dans le *cinquième et dans le sixième cas*, où l'on a

$$|2b| > a,$$

faisons m fois la transformation S, m étant choisi de façon que

$$2|am + b| \leqq a,$$

et nous sommes ramenés au *premier, second* ou *quatrième cas*.

Le problème de trouver une forme de même classe que la forme proposée et satisfaisant aux conditions (13) est donc résolu dans tous les cas.

310. Reste à montrer qu'on peut satisfaire aussi aux conditions (14) et (15). Supposons d'abord que la forme ne satisfasse pas à la condition (14) tout en satisfaisant aux conditions (13). Soit la forme

$$-2Bx^2 + 2Bxy + Cy^2 \qquad (C \geqq |B|).$$

Appliquons-lui la transformation S, cette forme devient

$$-2Bx^2 - 2Bxy + Cy^2.$$

Cette nouvelle forme satisfait alors à la condition (14), tout en continuant à satisfaire aux conditions (13).

Supposons maintenant que la forme ne satisfasse pas à la condition (15) tout en satisfaisant aux conditions (13) et (14). Soit la forme

$$Ax^2 - 2Bxy + Ay^2 \qquad (B > 0, A > 2B).$$

Appliquons-lui la transformation T, elle devient

$$Ax^2 + 2Bxy + Ay^2.$$

Cette nouvelle forme satisfait à la condition (15), tout en continuant à satisfaire aux conditions (13) et (14).

Exemple. — Soit à réduire la forme

$$204x^2 + 284xy + 101y^2.$$

C.   15

Nous sommes dans le sixième cas. Appliquons la substitution S^{-1}, nous obtenons

$$204\,x^2 - 124\,xy - 21\,y^2.$$

Nous sommes dans le quatrième cas. Donc nous appliquons la substitution T qui donne

$$21\,x^2 + 124\,xy + 204\,y^2.$$

Nous sommes maintenant dans le troisième cas. La substitution S^{-3} donne

$$21\,x^2 - 2\,xy + 21\,y^2.$$

Cette forme satisfait aux conditions (13), mais non à la condition (15). Appliquons-lui encore une fois la transformation T. La forme devient

$$21\,x^2 + 2\,xy + 21\,y^2.$$

Elle est réduite.

311. *Application au premier problème du n° 305.*

Étant données deux formes de même discriminant positif, voir si ces formes appartiennent à la même classe ou non.

Il suffit de remplacer les deux formes données par les formes réduites, respectivement de même classe qu'elles, et de voir si ces deux formes réduites sont de même classe. Or on a le théorème suivant :

THÉORÈME. — *Deux formes réduites de discriminant positif, ne peuvent être de même classe que si elles sont identiques.*

312. Pour démontrer ce théorème démontrons d'abord deux inégalités auxquelles satisfont les coefficients d'une forme réduite.

Soit (a, b, c) une forme réduite

De l'inégalité

$$2\,|b| \leq a,$$

on tire

$$(16) \qquad 4\,b^2 \leq a^2.$$

De l'inégalité

$$a \leq c.$$

on tire, a étant positif (n° 306),

$$(17) \qquad a^2 \leq ac.$$

Comparant les inégalités (16) et (17), on obtient

$$4\,b^2 \leqq ac,$$

d'où

$$3\,b^2 \leqq D,$$

d'où

$$(18) \qquad |b| \leqq \sqrt{\frac{D}{3}},$$

Ensuite on a

$$3\,ac = 3\,D + 3\,b^2 \leqq 4\,D,$$

d'où, *a fortiori*

$$3\,a^2 \leqq 4\,D,$$

et par conséquent

$$(19) \qquad a \leqq \sqrt{\frac{4\,D}{3}}.$$

313. Soient maintenant $(a,\, b,\, c)$, $(a',\, b',\, c')$ deux formes de même classe, et $\begin{pmatrix} \alpha & \beta \\ \gamma & \delta \end{pmatrix}$ la substitution par laquelle on passe de la première à la seconde. Nous voulons démontrer que, *ou bien ces deux formes de même classe ne sont pas toutes les deux réduites, ou bien elles sont identiques.* On peut évidemment supposer $a' \leqq a$.

On a

$$(20) \qquad 1 = \alpha\delta - \beta\gamma,$$
$$(21) \qquad a' = a\alpha^2 + 2\,b\alpha\gamma + c\gamma^2,$$
$$(22) \qquad b' = a\alpha\beta + b(\alpha\delta + \beta\gamma) + c\gamma\delta.$$

L'équation (21) donne

$$(23) \qquad aa' = (a\alpha + b\gamma)^2 + D\gamma^2;$$

or

$$a' \leqq a \leqq \sqrt{\frac{4}{3}\,D}.$$

Donc

$$aa' \leqq \frac{4}{3}\,D,$$

ou, d'après l'égalité (23)

$$(a\alpha + b\gamma)^2 + D\gamma^2 \leqq \frac{4}{3}\,D,$$

ou

$$(a\alpha + b\gamma)^2 \leqq D\left(\frac{4}{3} - \gamma^2\right).$$

Il résulte de là que

$$\gamma^2 \leqq \frac{4}{3}.$$

Donc γ qui est un nombre entier ne peut être égal qu'à o, ou à ± 1.

1. Soit d'abord $\gamma = 0$. — Les équations (20), (21), (22) deviennent alors

$$1 = \alpha\delta,$$
$$a' = a\,\alpha^2,$$
$$b' = a\,\alpha\beta + b\,\alpha\delta.$$

On en conclut immédiatement

$$\alpha = \delta = \pm 1,$$
$$a' = a,$$
$$b' - b = \pm a\beta,$$

$b' - b$ doit être divisible par a. Mais

$$|b| \leqq \frac{a}{2},$$

$$|b'| \leqq \frac{a'}{2} \leqq \frac{a}{2}.$$

Donc $|b' - b| \leqq a$ $\left(\text{l'égalité n'étant atteinte que si des deux}\right.$ nombres b, b' l'un égale $\frac{1}{2}\,a$ et l'autre $\left. -\frac{1}{2}\,a\right)$.

Si $|b' - b| < a$, $b' - b$ devant être divisible par a, c'est que

$$b = b'.$$

On a déjà

$$a = a'$$

et

$$ac - b^2 = a'c' - b'^2.$$

On en déduit

$$c = c'.$$

Donc les deux formes sont identiques.

Si $|b' - b| = a$, les deux nombres b et b' sont égaux, l'un à $\frac{1}{2}\,a$, l'autre à $-\frac{1}{2}\,a$. Donc, l'une des deux formes n'est pas réduite (condition 14).

II. $\gamma = \pm 1$. — Les équations (20), (21), (22) deviennent

$$(24) \qquad 1 = \alpha\delta \mp \beta,$$
$$(25) \qquad a' = a\alpha^2 \pm 2b\alpha + c,$$
$$(26) \qquad b' = a\alpha\beta + b(\alpha\delta \pm \beta) \pm c\delta.$$

L'équation (25) s'écrit

$$(27) \qquad a' - c = a\alpha^2 \pm 2b\alpha.$$

Or

$$(28) \qquad a' \leqq a \leqq c.$$

Donc

$$(29) \qquad a\alpha^2 \pm 2b\alpha \leqq 0.$$

D'autre part,

$$a \geqq |2b|$$

et

$$\alpha^2 \geqq |\alpha|.$$

Donc

$$a\alpha^2 \geqq |2b\alpha|.$$

Donc

$$(30) \qquad a\alpha^2 \pm 2b\alpha \geqq 0.$$

Comparant les inégalités (29) et (30) on en déduit

$$a\alpha^2 \pm 2b\alpha = 0,$$

et, par suite, l'égalité (27) donne

$$(31) \qquad a' = c,$$

et les inégalités (28) montrent alors que

$$a' = a = c.$$

Ensuite l'égalité (26) peut s'écrire en tenant compte de l'égalité (24)

$$b + b' = a\alpha\beta + 2b\alpha\delta \pm c\delta,$$

ou en remplaçant c par a et $2b\alpha$ par $\mp a\alpha^2$

$$b + b' = a\alpha\beta \mp a\alpha^2\delta \pm a\delta = a(\alpha\beta \mp \alpha^2\delta \pm \delta)$$

c'est-à-dire que $b + b'$ est divisible par a.

On voit, comme plus haut, qu'il faut pour cela ou bien que

$$b' = - b$$

ou bien que

$$b' = b = \pm \frac{1}{2} a.$$

Dans le cas où

$$b' = - b,$$

comme déjà

$$a' = a,$$

et que

$$a'c' - b'^2 = ac - b^2,$$

on en déduit

$$c' = c.$$

Mais la condition (31) donne de plus

$$a' = a = c' = c.$$

Les deux formes sont donc (a, b, a), $(a, - b, a)$; une seule peut être réduite d'après la condition (15).

Dans le cas où

$$b' = b = \pm \frac{1}{2} a,$$

on trouve encore

$$a' = a = c' = c.$$

Les deux formes sont donc identiques.

314. Le premier problème du n° 305 est maintenant résolu pour les formes à discriminant positif. On voit que *pour que deux formes de même discriminant positif appartiennent à la même classe, il faut et il suffit que leurs formes réduites soient identiques.*

Exemple. Les deux formes du n° 304. — Nous avons vu par un procédé détourné qu'elles ne sont pas équivalentes. Nous voyons maintenant que cela résulte aussi de ce qu'elles sont réduites, et ne sont pas identiques.

315. *Autre exemple.* — Soient les deux formes de même discriminant égal à 6 :

$$309 x^2 - 888 xy + 638 y^2,$$
$$35 x^2 + 184 xy + 242 y^2.$$

Appliquant le procédé connu, on trouve que la première forme se réduit par l'application successive des substitutions

$$S, \quad T, \quad S^{-2}, \quad T, \quad S^3, \quad T, \quad S^{-1}$$

et devient

$$2x^2 + 3y^2.$$

Pour la seconde forme, elle se réduit par l'application successive des substitutions

$$S^{-3}, \quad T, \quad S^{-3}, \quad T, \quad S^{-1}$$

et devient aussi

$$2x^2 + 3y^2.$$

Donc les deux formes proposées appartiennent à la même classe.

316. *Résolution du second problème du n° 305 pour les formes à discriminant positif.*

Deux formes à discriminant positif, ayant été reconnues appartenir à la même classe, trouver les substitutions modulaires qui permettent de passer de la première à la seconde.

La méthode qu'on vient d'employer pour reconnaître que deux formes appartiennent à la même classe permet en même temps de trouver *une* substitution modulaire qui transforme l'une dans l'autre.

En effet, soient (a, b, c), (a', b', c') ces deux formes et (A, B, C) la forme réduite qui est de même classe que chacune d'elles.

On passe de (a, b, c) à (A, B, C) par une suite de substitutions S et T, qu'on peut remplacer par une seule substitution G égale à leur produit. De même l'on passe de (a, b, c) à (A, B, C) par une substitution H. Dans ces conditions, il est bien évident que l'on passe de la forme (a, b, c) à la forme (a', b', c') par la substitution GH^{-1}, égale au produit de la substitution G par l'inverse de la substitution H. On obtient ainsi *une* substitution K répondant à la question et qui est évidemment modulaire. Il faut maintenant avoir *toutes* les substitutions modulaires répondant à la question.

Soit L une substitution modulaire *transformant* (a, b, c) *en elle-même.* Il est bien évident que la substitution $M = LK$ transforme (a, b, c) en (a', b', c').

Réciproquement, soit M une substitution qui transforme

(a, b, c) en (a', b', c'). Puisque la substitution K transforme (a, b, c) en (a', b', c'), la substitution inverse K^{-1} transforme (a', b', c') en (a, b, c). Donc la substitution MK^{-1} transforme (a, b, c) en elle-même. Soit L cette substitution. On a

$$MK^{-1} = L,$$

d'où, en multipliant les deux membres à droite par K,

$$M = LK,$$

et, de plus, L est modulaire.

En résumé, on voit que *pour trouver toutes les substitutions modulaires qui transforment (a, b, c) en (a', b', c'), il faut multiplier la substitution K, à gauche, par toutes les substitutions modulaires qui laissent invariable la substitution (a, b, c)*. De sorte que le problème proposé est ramené au suivant :

Trouver toutes les substitutions modulaires qui laissent invariable une forme (a, b, c).

317. Soit $\begin{pmatrix} \alpha & \beta \\ \gamma & \delta \end{pmatrix}$ une telle substitution, α, β, γ, δ sont déterminés par les conditions

$$(32) \qquad \alpha\delta - \beta\gamma = 1,$$
$$(33) \qquad a\alpha^2 + 2b\alpha\gamma + c\gamma^2 = a,$$
$$(34) \qquad a\alpha\beta + b(\alpha\delta + \beta\gamma) + c\gamma\delta = b.$$

(La dernière équation $a\beta^2 + 2b\beta\delta + c\delta^2 = c$ est rendue inutile par la condition $\alpha\delta - \beta\gamma = 1$, car cette condition suffit pour établir que la forme (a, b, c) et sa transformée ont même discriminant. Si, de plus, le coefficient de x^2 et celui de xy sont les mêmes dans les deux formes, il en sera de même du coefficient de y^2.)

Si dans l'équation (34) on remplace $\alpha\delta$ par $1 - \beta\gamma$, elle s'écrit

$$(35) \qquad a\alpha\beta + 2b\beta\gamma + c\gamma\delta = 0.$$

Multiplions l'équation (35) par α, l'équation (33) par $-\beta$ et ajoutons, il vient

$$c\gamma(\alpha\delta - \beta\gamma) + a\beta = 0,$$

ou, en tenant compte de l'équation (32),

$$(36) \qquad c\gamma + a\beta = 0.$$

Ensuite, multiplions l'équation (33) par δ, l'équation (35) par $-\gamma$ et ajoutons, il vient de même, en tenant compte de l'équation (32),

$$(37) \qquad a(\alpha - \delta) + 2b\gamma = 0.$$

Les équations (36) et (37) peuvent s'écrire

$$\frac{\beta}{-c} = \frac{\gamma}{a} = \frac{\alpha - \delta}{-2b}.$$

Soit σ le *diviseur* de la forme, c'est-à-dire le plus grand commun diviseur de a, $2b$, c, les équations précédentes peuvent encore s'écrire

$$\frac{\beta}{-\dfrac{c}{\sigma}} = \frac{\gamma}{\dfrac{a}{\sigma}} = \frac{\alpha - \delta}{-\dfrac{2b}{\sigma}};$$

d'où, en posant ces rapports égaux à u,

$$(38) \qquad \beta = -\frac{c}{\sigma}u,$$

$$(39) \qquad \gamma = \frac{a}{\sigma}u,$$

$$(40) \qquad \alpha - \delta = -\frac{2b}{\sigma}u.$$

Pour que β, γ, $\alpha - \delta$ soient entiers, il faut que u soit entier.

En effet, les nombres $\dfrac{c}{\sigma}$, $\dfrac{a}{\sigma}$, $\dfrac{2b}{\sigma}$ n'ayant pas de facteur commun, le dénominateur de u, supposé réduit à sa plus simple expression, ne peut diviser à la fois $\dfrac{-c}{\sigma}$, $\dfrac{a}{\sigma}$, $\dfrac{-2b}{\sigma}$ que s'il est égal à 1.

Remplaçons β et γ par leurs valeurs dans l'équation (32), il vient

$$\alpha\delta + \frac{ac}{\sigma^2}u^2 = 1$$

ou

$$\frac{(\alpha + \delta)^2 - (\alpha - \delta)^2}{4} + \frac{ac}{\sigma^2}u^2 = 1,$$

ou, d'après l'équation (40),

$$\left(\frac{\alpha+\delta}{2}\right)^2 - \frac{b^2 u^2}{\sigma^2} + \frac{ac}{\sigma^2} u^2 = 1$$

ou

$$\left(\sigma\,\frac{\alpha+\delta}{2}\right)^2 = -\,\mathrm{D}\,u^2 + \sigma^2.$$

Il suit de là que $\sigma\,\dfrac{\alpha+\delta}{2}$ est un nombre entier. Posons

$$(41) \qquad\qquad \sigma\,\frac{\alpha+\delta}{2} = t;$$

on a

$$(42) \qquad\qquad t^2 + \mathrm{D}\,u^2 = \sigma^2,$$

et les nombres α, β, γ, δ sont donnés par les équations (38), (39), (40), (41)

$$(43) \qquad\qquad \alpha = \frac{t - bu}{\sigma}.$$

$$(44) \qquad\qquad \beta = \frac{-\,cu}{\sigma},$$

$$(45) \qquad\qquad \gamma = \frac{au}{\sigma},$$

$$(46) \qquad\qquad \delta = \frac{t + bu}{\sigma}.$$

Réciproquement, si l'on détermine deux nombres entiers satisfaisant à l'équation (42), *puis qu'on prenne pour* α, β, γ, δ *les valeurs données par les formules* (43), (44), (45), (46) : 1° *ces valeurs sont entières;* 2° *la substitution* $\begin{pmatrix}\alpha & \beta \\ \gamma & \delta\end{pmatrix}$ *laisse invariable la forme* (a, b, c).

En effet :

1° σ divisant a et c, β et γ donnés par les formules (44) et (45) sont des nombres entiers. De plus, σ^2 divisant ac et $4b^2$ divise $4\mathrm{D}$, l'équation (42) montre, par suite, que σ^2 divise $4t^2$. Donc σ divise $2t$. Il divise d'ailleurs $2b$. Ceci montre que 2α et 2δ donnés par les formules (43) et (46) sont des nombres entiers. D'ailleurs leur somme $\dfrac{4t}{\sigma}$ étant un nombre pair, ces deux nombres sont de même parité.

Enfin leur produit

$$\frac{4(t^2 - b^2 u^2)}{\sigma^2} = \frac{4(\sigma^2 - ac\,u^2)}{\sigma^2} = 4\left(1 - \frac{a}{\sigma}\,\frac{c}{\sigma}\,u^2\right)$$

étant pair, ces deux nombres sont pairs.

Les nombres 2α et 2δ étant pairs, les nombres α et δ sont entiers.

2° Pour vérifier que la substitution $\begin{pmatrix} \alpha & \beta \\ \gamma & \delta \end{pmatrix}$ laisse la forme (a, b, c) invariable, il suffit d'effectuer cette substitution, en remplaçant α, β, γ, δ par leurs valeurs, et de tenir compte de l'équation (42).

318. _Équation de Pell._ — Tout revient à trouver les valeurs entières de t et de u satisfaisant à l'équation (42); cette équation se nomme _équation de Pell_. Or, dans le cas qui nous occupe, $D > 0$, la résolution de l'équation de Pell est très simple. Il suffit de donner à u les valeurs $0, \pm 1, \pm 2, \ldots$ croissantes en valeur absolue, jusqu'à ce que la valeur correspondante de t^2

$$t^2 = \sigma^2 - D\,u^2$$

devienne négative et, par suite, inadmissible. A chaque valeur de u, correspondra 0 ou 2 valeurs de t, suivant que $\sigma^2 - D\,u^2$ sera ou non carré parfait.

Examinons les choses d'un peu plus près :

1° D'abord on peut toujours prendre pour u la valeur 0, il faut prendre alors pour t l'une des valeurs $\pm \sigma$. Ces valeurs de u et t, transportées dans les formules (43), (44), (45), (46), donnent. pour α, β, γ, δ, les valeurs $(\pm 1, 0, 0, \pm 1)$, c'est-à-dire qu'on obtient ainsi la substitution identique et la substitution $\begin{pmatrix} -1 & 0 \\ 0 & -1 \end{pmatrix}$ évidentes _a priori_. La seconde substitution est celle que nous avons désignée par I (n° **295**).

2° Essayons maintenant pour u les valeurs ± 1, il en résulte

$$(47) \qquad\qquad t^2 = \sigma^2 - D.$$

Faisons les remarques suivantes :

La quantité

$$4D = 4ac - (2b)^2$$

est positive et divisible par σ^2.

Le quotient de $4D$ par σ^2

$$4\frac{a}{\sigma}\frac{c}{\sigma} - \left(\frac{2b}{\sigma}\right)^2$$

est évidemment congru à o ou à $-1\,(\mathrm{mod}\,4)$. Donc ce quotient est égal au moins à 3. On a donc

$$(48) \qquad\qquad 4D \geqq 3\,\sigma^2.$$

On conclut de là que la valeur (47) de t^2 ne peut être positive ou nulle que si

$$4D = 3\sigma^2$$

ou

$$4D = 4\sigma^2.$$

Dans le cas où $4D = 3\sigma^2$, σ est pair, et l'on obtient pour t l'une des deux valeurs $\pm\dfrac{\sigma}{2}$.

On a alors quatre systèmes de solutions

$$u = +1, \qquad u = -1, \qquad u = 1, \qquad u = -1,$$
$$t = \frac{\sigma}{2}, \qquad t = \frac{\sigma}{2}, \qquad t = -\frac{\sigma}{2}, \qquad t = -\frac{\sigma}{2},$$

qui donnent quatre substitutions :

$$\begin{pmatrix} \dfrac{\frac{\sigma}{2}-b}{\sigma} & \dfrac{-c}{\sigma} \\[2em] \dfrac{a}{\sigma} & \dfrac{\frac{\sigma}{2}+b}{\sigma} \end{pmatrix}, \qquad \begin{pmatrix} \dfrac{\frac{\sigma}{2}+b}{\sigma} & \dfrac{c}{\sigma} \\[2em] \dfrac{-a}{\sigma} & \dfrac{\frac{\sigma}{2}-b}{\sigma} \end{pmatrix},$$

$$\begin{pmatrix} \dfrac{\frac{-\sigma}{2}-b}{\sigma} & \dfrac{-c}{\sigma} \\[2em] \dfrac{a}{\sigma} & \dfrac{\frac{-\sigma}{2}+b}{\sigma} \end{pmatrix}, \qquad \begin{pmatrix} \dfrac{\frac{-\sigma}{2}+b}{\sigma} & \dfrac{c}{\sigma} \\[2em] \dfrac{-a}{\sigma} & \dfrac{\frac{-\sigma}{2}-b}{\sigma} \end{pmatrix}.$$

Appelons A la première de ces substitutions, on voit facilement que les trois autres sont A^{-1}, AI, $A^{-1}I$. Avec la substitution identique et la substitution I, cela fait en tout six substitutions modulaires qui transforment la forme en elle-même.

Dans le cas où $4\mathrm{D} = 4\sigma^2$, on obtient pour t la valeur $t = 0$ et l'on a deux systèmes de solutions :

$$u = +1, \qquad u = -1.$$
$$t = 0, \qquad t = 0,$$

qui donnent deux substitutions :

$$\begin{pmatrix} -\dfrac{b}{\sigma} & -\dfrac{c}{\sigma} \\[2mm] \dfrac{a}{\sigma} & \dfrac{b}{\sigma} \end{pmatrix}, \quad \begin{pmatrix} \dfrac{b}{\sigma} & \dfrac{c}{\sigma} \\[2mm] -\dfrac{a}{\sigma} & -\dfrac{b}{\sigma} \end{pmatrix}.$$

L'une étant A, l'autre est AI. Avec la substitution identique et la substitution I, cela fait en tout quatre substitutions qui transforment la forme en elle-même.

3° Enfin on ne peut donner à u de valeurs supérieures à 1; car on aurait alors

$$u^2 \geqq 4.$$

Donc

$$t^2 = \sigma^2 - \mathrm{D}\,u^2 \leqq \sigma^2 - 4\mathrm{D}.$$

Or $\sigma^2 - 4\mathrm{D}$ est négatif, à cause de l'inégalité (48). La valeur de t^2, étant négative, ne peut convenir.

En résumé, on a trouvé dans tous les cas les substitutions modulaires qui laissent une forme invariable.

En général il n'y en a que deux.

Lorsque $4\mathrm{D} = 3\sigma^2$, il y en a six.

Lorsque $4\mathrm{D} = 4\sigma^2$, il y en a quatre.

319. *Remarque.* — Dans tous les cas, il est évident, *a priori*, que les substitutions modulaires qui laissent une forme invariable forment un groupe. C'est ce que l'on vérifie facilement.

320. *Exemple I.* — Reprenons les deux formes équivalentes du n° 315 :

$$309x^2 - 888xy + 638y^2,$$
$$35x^2 - 184xy + 242y^2.$$

On passe de la première à la forme réduite par la substitution

$$\mathrm{S\,TS^{-2}\,TS^3\,TS^{-1}}.$$

On passe de la seconde à la forme réduite par la substitution

$$S^{-3}TS^{-3}TS^{-1}.$$

On passe donc de la première à la seconde par la substitution

$$(STS^{-2}TS^3TS^{-1}) \times (S^{-3}TS^{-3}TS^{-1})^{-1}$$

ou

$$STS^{-2}TS^6TS^3.$$

En faisant le calcul, on trouve que cette substitution est la suivante :

$$\begin{pmatrix} 19 & 54 \\ 13 & 37 \end{pmatrix}.$$

Cherchons maintenant toutes les substitutions modulaires qui transforment la forme

$$309\,x^2 - 888\,xy + 638\,y^2$$

en elle-même. On a ici

$$D = 6, \qquad \sigma = 1.$$

L'équation en t et u est donc

$$t^2 + 6\,u^2 = 1,$$

qui n'a que les deux solutions :

$$u = 0, \qquad u = 0,$$
$$t = 1, \qquad t = -1,$$

c'est-à-dire qu'il n'y a que la substitution identique ou la substitution I qui répondent à la question. Il n'y a donc que les deux substitutions :

$$\begin{pmatrix} 19 & 54 \\ 13 & 37 \end{pmatrix} \quad \text{et} \quad \begin{pmatrix} -19 & -54 \\ -13 & -37 \end{pmatrix}$$

qui transforment la forme

$$309\,x^2 - 888\,xy + 638\,y^2$$

en la forme

$$35\,x^2 + 184\,xy + 242\,y^2.$$

321. *Exemple II.* — *Quelles sont les substitutions qui transforment la forme* $2x^2 + 10xy + 14y^2$ *en elle-même?*

On a ici

$$\sigma = 2,$$
$$D = 3,$$

L'équation en t et u est

$$t^2 + 3u^2 = 4.$$

Elle a comme solutions :

$$u = 0, \quad u = 0 \quad u = 1, \quad u = -1, \quad u = -1, \quad u = 1,$$
$$t = 2, \quad t = -2, \quad t = 1, \quad t = -1, \quad t = 1, \quad t = -1.$$

Le premier système de solutions donne la substitution identique.

Le second donne la substitution I.

Le troisième donne la substitution $A = \begin{pmatrix} -2 & -7 \\ 1 & 3 \end{pmatrix}$.

Les trois autres donnent A^{-1}, AI et $A^{-1}I$.

322. *Résolution du troisième problème du n° 305 pour les formes à discriminant positif.*

Étant donné un discriminant positif, trouver les différentes classes de formes ayant ce discriminant.

Soit D le discriminant donné. Il suffit de trouver les formes réduites ayant ce discriminant. Or, dans une forme réduite, on a

$$|b| \leqq \sqrt{\frac{D}{3}}.$$

On prendra donc pour b toutes les valeurs entières, positives, négatives ou nulles, satisfaisant à cette condition. Ces valeurs sont en nombre limité.

Une valeur de b étant choisie, on a

$$ac = b^2 + D.$$

On décomposera donc, de toutes les façons possibles, $b^2 + D$ en un produit de deux facteurs positifs ([1]), et, parmi toutes les valeurs possibles pour a et c, on choisira celles qui donnent une forme réduite (a, b, c).

([1]) On suppose toujours a et c positifs.

Il importe de remarquer que l'on obtient ainsi un nombre *fini* de formes.

323. *Exemple I :*

$$D = 1.$$

Dans ce cas

$$|b| \leqq \sqrt{\frac{1}{3}}.$$

Donc

$$b = 0.$$

Alors

$$ac = 1.$$

Donc

$$a = c = 1.$$

Il n'y a donc qu'une forme réduite de discriminant 1, à savoir

$$x^2 + y^2.$$

Exemple II :

$$D = 2.$$

Dans ce cas

$$|b| \leqq \sqrt{\frac{2}{3}}.$$

Donc

$$b = 0.$$

Alors

$$ac = 2.$$

D'ailleurs a doit être plus petit que c. Donc

$$a = 1, \qquad c = 2.$$

Il n'y a donc qu'une forme réduite de discriminant 2, à savoir

$$x^2 + 2y^2.$$

Exemple III :

$$D = 3.$$

Dans ce cas

$$|b| \leqq \sqrt{\frac{3}{3}}.$$

Donc

$$b = 0 \qquad \text{ou} \qquad b = \pm 1.$$

Si $b = 0$,
$$ac = 3.$$

Donc
$$a = 1, \quad c = 3.$$

Si $b = \pm 1$,
$$ac = 4.$$

D'ailleurs a doit être au moins égal à $|2b|$, c'est-à-dire à 2. Donc
$$a = 2, \quad c = 2.$$

a et c étant égaux, b doit être positif. Donc $b = 1$. En résumé, il y a deux formes réduites de discriminant 3, à savoir
$$x^2 + 3y^2 \quad \text{et} \quad 2x^2 + 2xy + 2y^2.$$

Exemple IV :
$$D = 7.$$

Dans ce cas
$$|b| \leqq \sqrt{\frac{7}{3}}.$$

Donc
$$b = 0 \quad \text{ou} \quad b = \pm 1.$$

Si $b = 0$,
$$ac = 7.$$

Donc
$$a = 1, \quad c = 7.$$

Si $b = \pm 1$,
$$ac = 8.$$

D'ailleurs a doit être au moins égal à 2 ; donc
$$a = 2, \quad c = 4.$$

La condition $2b \neq -a$ montre que b ne peut être égal à -1 ; donc $b = 1$. En résumé, il y a deux formes de discriminant 7, à savoir
$$x^2 + 7y^2 \quad \text{et} \quad 2x^2 + 2xy + 4y^2.$$

Exemple V :
$$D = 11.$$

Dans ce cas
$$b \leqq \sqrt{\frac{11}{3}} ;$$

donc
$$b = 0 \quad \text{ou} \quad b = \pm 1.$$

C. 16

Si $b = 0$,
$$ac = 11;$$
donc
$$a = 1, \quad c = 11.$$
Si $b = \pm 1$,
$$ac = 12.$$

D'ailleurs a doit être au moins égal à 2; donc
$$a = 2, \quad c = 6,$$
ou
$$a = 3, \quad c = 4.$$

Mais si $a = 2$, b ne peut être égal à -1. En résumé il y a quatre formes réduites de discriminant 11.

$$x^2 + 11y^2, \quad 2x^2 + 2xy + 6y^2, \quad 3x^2 + 2xy + 4y^2, \quad 3x^2 - 2xy + 4y^2.$$

Exemple VI :
$$D = 17.$$

Dans ce cas
$$b \leqq \sqrt{\frac{17}{3}};$$
donc
$$b = 0, \quad b = \pm 1, \quad b = \pm 2.$$
Si $b = 0$
$$ac = 17;$$
donc
$$a = 1, \quad c = 17.$$
Si $b = \pm 1$,
$$ac = 18.$$

D'ailleurs a doit être au moins égal à 2.
On peut donc prendre
$$a = 2, \quad c = 9,$$
$$a = 3, \quad c = 6.$$
Si $b = \pm 2$
$$ac = 21.$$

Mais a devant être égal au moins à 4, le plus petit diviseur de 21 supérieur à 4 est 7; mais si l'on prenait $a = 7$ il faudrait prendre $c = 3$, ce qui ne doit pas être; donc on n'obtient pas ainsi de nouvelle forme réduite.

En résumé, il y a cinq formes réduites de déterminant 17.

$$x^2 + 17 y^2, \quad 2 x^2 \pm 2xy + 9 y^2, \quad 3 x^2 \pm 2xy + 6 y^2.$$

§ V. — Résolution des problèmes du n° 305 pour les formes à discriminant négatif. Équation de Pell pour un discriminant négatif.

324. Soit (a, b, c) une forme à discriminant négatif.

Nous supposons donc $D = ac - b^2 < 0$.

Il en résulte que l'équation

$$a\omega^2 + 2b\omega + c = 0$$

a deux racines réelles

$$\frac{-b \pm \sqrt{-D}}{a},$$

ou

$$\frac{-b \pm \sqrt{\Delta}}{a}$$

en posant

$$-D = \Delta,$$

Δ est alors positif.

Ces racines sont d'ailleurs incommensurables, puisque nous supposons toujours que $-D$ n'est pas carré parfait.

Ce sont des *nombres algébriques du second degré*. Nous les appellerons *racines de la forme*.

Nous distinguerons la racine qui correspond au signe $+$ du radical, que nous appellerons *première racine* et désignerons par ω_1, de l'autre que nous appellerons *seconde racine* et désignerons par ω_2.

$$\omega_1 = \frac{-b + \sqrt{\Delta}}{a}, \qquad \omega_2 = \frac{-b - \sqrt{\Delta}}{a}.$$

Si $a > 0$ la première racine est la plus grande. Si $a < 0$ c'est le contraire.

325. Remarquons que la connaissance d'une forme entraîne celle de son discriminant et de sa première racine.

Réciproquement, *si l'on connaît le discriminant et la première racine d'une forme, cette forme est déterminée.*

En effet, si l'on connaît la première racine, on connaît la seconde, qui est le nombre conjugué. On a donc

$$b^2 - ac = \Delta,$$

$$\frac{-b + \sqrt{\Delta}}{a} = \omega_1,$$

$$\frac{-b - \sqrt{\Delta}}{a} = \omega_2.$$

On en tire

$$a = \frac{2\sqrt{\Delta}}{\omega_1 - \omega_2},$$

$$b = \frac{-(\omega_1 + \omega_2)\sqrt{\Delta}}{\omega_1 - \omega_2},$$

$$c = \frac{2\omega_1\omega_2\sqrt{\Delta}}{\omega_1 - \omega_2}.$$

Donc la forme est déterminée.

326. *Remarque.* — Les deux formes (a, b, c), $(-a, -b, -c)$ ont mêmes racines, mais la première racine de l'une est la seconde racine de l'autre.

Réciproquement. — Si deux formes de même discriminant ont les mêmes racines, mais de façon que la première racine de l'une soit la seconde racine de l'autre, ces deux formes ont leurs coefficients égaux et de signes contraires.

En effet, soient (a, b, c), (a', b', c') ces deux formes. On a, par hypothèse,

$$(49) \qquad b^2 - ac = b'^2 - a'c' = \Delta,$$

$$(50) \qquad \frac{-b + \sqrt{\Delta}}{a} = \frac{-b' - \sqrt{\Delta}}{a'}.$$

L'égalité (50) donne

$$(a + a')\sqrt{\Delta} = ba' - ab'.$$

$\sqrt{\Delta}$ étant incommensurable, ceci ne peut avoir lieu que si

$$a + a' = 0,$$
$$ba' - ab' = 0,$$

d'où

$$a = -a',$$
$$b = -b',$$

et alors de l'égalité (49) on tire

$$c = -c'.$$

327. *Substitutions linéaires sur une seule variable.* — Effectuer sur une variable ω une substitution linéaire $\begin{pmatrix} \alpha & \beta \\ \gamma & \delta \end{pmatrix}$, c'est remplacer ω par $\dfrac{\alpha\omega + \beta}{\gamma\omega + \delta}$.

Quand on effectue sur deux variables x, y, la substitution $\begin{pmatrix} \alpha & \beta \\ \gamma & \delta \end{pmatrix}$, la substitution $\begin{pmatrix} \alpha & \beta \\ \gamma & \delta \end{pmatrix}$ se trouve aussi effectuée sur leur rapport $\dfrac{x}{y}$. Mais toutes les substitutions qu'on peut déduire de celle-là, en multipliant ou divisant les quatre coefficients par un même nombre, sont distinctes comme substitutions sur deux variables, et ne le sont pas comme substitutions sur une seule.

En particulier, si l'on ne s'occupe que des substitutions à coefficients entiers, de déterminant égal à ± 1; ou, plus particulièrement encore, si l'on ne s'occupe que des substitutions modulaires, les deux substitutions $\begin{pmatrix} \alpha & \beta \\ \gamma & \delta \end{pmatrix}$, $\begin{pmatrix} -\alpha & -\beta \\ -\gamma & -\delta \end{pmatrix}$ distinctes comme substitutions sur deux variables, ne le sont pas comme substitutions sur une seule.

On peut donc distinguer le *groupe des substitutions modulaires sur deux variables* et le *groupe des substitutions modulaires sur une variable.*

328. *Relation entre les racines de deux formes équivalentes.* — Soit une forme (a, b, c) dont les racines sont ω_1 et ω_2. Supposons que par la substitution $\begin{pmatrix} \alpha & \beta \\ \gamma & \delta \end{pmatrix}(\alpha\delta - \beta\gamma = \pm 1)$ cette forme se transforme en une équivalente (a', b', c'). Il est bien évident que, si l'on appelle ω_1', ω_2' les *racines de la seconde forme,* celles de la première sont égales à

$$\frac{\alpha\omega_1' + \beta}{\gamma\omega_1' + \delta}, \quad \frac{\alpha\omega_2' + \beta}{\gamma\omega_2' + \delta},$$

de sorte que : *les substitutions qui transforment une forme en une autre, transforment les racines de la seconde en celles de la première.*

Mais, je dis de plus que, si $\alpha\delta - \beta\gamma = 1$, autrement dit, *si les deux formes sont de même classe, les racines de même nom se correspondent.* C'est le contraire si $\alpha\delta - \beta\gamma = -1$.

En effet, soit

$$\omega_1 = \frac{\alpha\omega'_1 + \beta}{\gamma\omega'_1 + \delta};$$

on en tire

$$\omega'_1 = \frac{\delta\omega_1 - \beta}{-\gamma\omega_1 + \alpha}.$$

Supposons que ω_1 soit la première racine, remplaçons-la par sa valeur

$$\omega_1 = \frac{-b + \sqrt{b^2 - ac}}{a}.$$

Il vient

$$\omega'_1 = \frac{\delta(-b + \sqrt{b^2 - ac}) - \beta a}{-\gamma(-b + \sqrt{b^2 - ac}) + \alpha a}.$$

En faisant disparaître le radical du dénominateur, on trouve après simplifications

$$\omega'_1 = \frac{-[a\alpha\beta + b(\alpha\delta + \beta\gamma) + c\gamma\delta] + (\alpha\delta - \beta\gamma)\sqrt{b^2 - ac}}{a\alpha^2 + 2b\alpha\gamma + c\gamma^2},$$

c'est-à-dire

$$\omega'_1 = \frac{b' + (\alpha\delta - \beta\gamma)\sqrt{b'^2 - a'c'}}{a'}.$$

Donc : si $\alpha\delta - \beta\gamma = 1$

$\qquad\omega'_1$ est la première racine,

si $\alpha\delta - \beta\gamma = -1$

$\qquad\omega'_1$ est la seconde racine.

Réciproquement, si entre les racines de même nom, ω, ω', de deux formes, il existe une relation de la forme

$$\omega_1 = \frac{\alpha\omega'_1 + \beta}{\gamma\omega'_1 + \delta} \qquad (\alpha\delta - \beta\gamma = +1),$$

ou si entre des racines de nom contraire, il existe une relation de même forme mais pour laquelle $\alpha\delta - \beta\gamma = -1$, si de plus les deux formes ont même déterminant, on passe de la première forme à la seconde par la substitution $\begin{pmatrix} \alpha & \beta \\ \gamma & \delta \end{pmatrix}$.

En effet, supposons, pour fixer les idées, que la relation existe entre les racines de même nom, et que $\alpha\delta - \beta\gamma = 1$. En faisant sur la forme (a, b, c) la substitution $\begin{pmatrix} \alpha & \beta \\ \gamma & \delta \end{pmatrix}$, on obtient une forme ayant même discriminant et même première racine que la forme (a', b', c'); elle lui est donc identique (n° 325).

329. Revenons maintenant aux trois problèmes du n° 305. Le premier de ces problèmes s'énonce ainsi :

Étant données deux formes, de même discriminant (négatif), voir si elles appartiennent à la même classe ou non?

Soient $(a, b, c)(a', b', c')$ ces deux formes. Pour qu'elles appartiennent à la même classe, il faut et il suffit que leurs premières racines ω_1 et ω'_1, soient liées par une relation de la forme

$$\omega'_1 = \frac{\alpha\omega_1 + \beta}{\gamma\omega_1 + \delta} \qquad (\alpha\delta - \beta\gamma = 1).$$

Or, nous avons vu (n° 269) que pour cela, il faut que les périodes obtenues par la réduction de ω_1 et ω'_1, en fractions continues, soient composées des mêmes éléments, dans le même ordre, de façon que l'une des périodes se déduise de l'autre par une permutation circulaire des éléments.

Cette condition est-elle suffisante?

Soit $A, B, \ldots, L$ la période de ω_1.

$$\omega_1 = \left[m, n, \ldots, r, \underbrace{A, B, \ldots, L}, \underbrace{A, B, \ldots} \right].$$

La racine ω'_1 ayant une période composée des mêmes éléments dans le même ordre, écrivons

$$\omega'_1 = \left[m', n', \ldots, p', \underbrace{A, B, \ldots, L}, \underbrace{A, B, \ldots} \right],$$

la période de ω'_1 pouvant d'ailleurs commencer en réalité avant A.

Soient

h le nombre des éléments $A, B, \ldots, L$ de la période;

k le nombre des éléments $m, n, \ldots, r$;

k' celui des éléments $m', n', \ldots, p'$.

Soit d'ailleurs

$$\left[\underbrace{A, B, \ldots, L,}\ \underbrace{A, B, \ldots} \right] = x.$$

On a les égalités

$$\omega_1 = \frac{P\,x + R}{Q\,x + S}, \qquad PS - QR = (-1)^k,$$

$$\omega'_1 = \frac{P'x + R'}{Q'x + S'}, \qquad P'S' - Q'R' = (-1)^{k'},$$

$\dfrac{P}{Q}, \dfrac{R}{S}$ étant respectivement la dernière et l'avant-dernière réduite de la fraction continue $[m, n, \ldots, r]$; $\dfrac{P'}{Q'}, \dfrac{R'}{S'}$ étant celles de la fraction continue $[m', n', \ldots, p']$, d'où en éliminant x, on obtient une relation de la forme

$$\omega'_1 = \frac{\alpha\omega_1 + \beta}{\gamma\omega_1 + \delta},$$

avec

$$\alpha = P'S - QR',$$
$$\beta = PR' - P'R.$$
$$\gamma = Q'S - QS',$$
$$\delta = PS' - Q'R$$

et

$$\alpha\delta - \beta\gamma = (PS - QR)(P'S' - Q'R') = (-1)^{k+k'}.$$

Si donc k et k' *sont de même parité*, $k + k'$ *est pair et* $\alpha\delta - \beta\gamma = 1$: donc *les deux formes sont de la même classe.*

Si k *et* k' *ne sont pas de même parité* mais que h *est impair,* rien n'empêche de supposer que la période de ω_1 commence h termes plus loin. On peut donc, dans le raisonnement précédent, remplacer k par $k + h$; mais $k + h + k'$ est pair; donc *dans ce cas encore les deux formes sont de la même classe.*

Reste le cas où k *et* k' *ne sont pas de même parité* et où h *est pair.* Je dis que dans ce cas *les deux formes ne sont pas de la même classe.*

En effet, on a

$$\omega_1 = \frac{P\,x + R}{Q\,x + S}, \qquad PS \;-QR \;=(-1)^k,$$

$$\omega'_1 = \frac{P'x + R'}{Q'x + S'}, \qquad P'S'- Q'R' =(-1)^{k'}.$$

Supposons que les deux formes soient de la même classe, c'est-à-dire que l'on ait

$$\omega'_1 = \frac{\alpha\omega_1 + \beta}{\gamma\omega_1 + \delta} \qquad (\alpha\delta - \beta\gamma = 1).$$

Par l'élimination de ω_1 et ω'_1 entre ces trois équations, on obtiendrait une équation de la forme

$$x = \frac{\lambda\,x + \mu}{\nu\,x + \rho},$$

avec

$$\lambda = P(\alpha S'- \gamma R') \dotplus Q(\beta S'- \delta R'),$$
$$\mu = R(\alpha S'- \gamma R') \dotplus S(\beta S'- \delta R'),$$
$$\nu = P(\gamma P'- \alpha Q') + Q(\delta P'- \beta Q'),$$
$$\rho = R(\gamma P'- \alpha Q') \dotplus S(\delta P'- \beta Q'),$$

d'où

$$\lambda\rho - \mu\nu = (PS - QR)(P'S'- Q'R')(\alpha\delta - \beta\gamma) = (-1)^{k+k'}.$$

Donc, dans le cas qui nous occupe, k et k' étant de parités différentes, on aurait

$$\lambda\rho - \mu\nu = -1.$$

Or cette égalité est incompatible avec l'hypothèse h pair d'après le théorème du n° 270.

Dans ce cas, les deux formes sont équivalentes, mais non de même classe.

En résumé, *pour que deux formes de même discriminant négatif soient de la même classe, il faut et il suffit : 1° que leurs premières racines développées en fractions continues donnent naissance à des périodes composées des mêmes éléments dans le même ordre, de façon que l'une des périodes se déduise de l'autre par permutation circulaire des éléments ; 2° que le nombre des éléments de la période soit impair, ou bien, si ce nombre est pair, que les nombres d'éléments qui, dans chaque fraction, précèdent un même élément de la période, soient de même parité.*

330. *Exemple I.* — Soient les deux formes

$$x^2 + 2xy - 4y^2$$

et

$$-145x^2 - 210xy - 76y^2$$

de discriminant — 5.

On a

$$\omega_1 = -1 + \sqrt{5} = [1, 4, 4, 4 \ldots]$$

et

$$\omega_1' = \frac{105 + \sqrt{5}}{-145} = [-1, 3, 1, 5, 4, 4, 4, \ldots].$$

Les deux périodes sont identiques. De plus $h = 1$ est impair. Donc les deux formes sont de même classe.

Exemple II. — Soient les deux formes

$$77x^2 - 40xy + 5y^2,$$
$$5x^2 - 10xy + 2y^2$$

de discriminant — 15.

On a

$$\omega_1 = \frac{20 + \sqrt{15}}{77} = [0, 3, 4, \underbrace{2, 3}, \underbrace{2, 3}, \ldots]$$

et

$$\omega_1' = \frac{5 + \sqrt{15}}{5} = [1, 1, \underbrace{3, 2}, \underbrace{3, 2}, \ldots].$$

Les deux périodes se déduisent l'une de l'autre par permutation circulaire; $h = 2$ est pair. Mais en faisant commencer la période de ω_1' au quotient incomplet 2, de façon que les périodes soient identiques, on a $k = k' = 3$. Donc k et k' sont de même parité. Donc les deux formes sont de même classe.

Exemple III. — Soient enfin les deux formes

$$x^2 - 3y^2,$$
$$-x^2 + 6xy - 6y^2,$$

de discriminant — 3.

On a

$$\omega_1 = \sqrt{3} = [1, \underbrace{1, 2}, \underbrace{1, 2}, \ldots]$$

et

$$\omega_1' = \frac{-3 + \sqrt{3}}{-1} = [1, 3, \underbrace{1, 2}, \underbrace{1, 2}, \ldots].$$

Les deux périodes sont identiques; $h = 2$ est pair, $k = 1$, $k' = 2$ sont de parités différentes. Donc les deux formes sont équivalentes, mais non de même classe.

331. *Autre façon d'exposer les résultats précédents. Formes réduites.* — On peut exposer la solution précédente, de manière à rappeler celle qu'on a donnée pour les formes à discriminant positif. En effet, nous montrerons encore que toute forme est de même classe qu'une forme particulière, dite *forme réduite*, et nous serons ramenés à voir si deux formes réduites sont équivalentes.

Nous appellerons *forme réduite*, dans le cas des formes à discriminant négatif, une forme dans laquelle *la première racine est supérieure à* 1, *et la seconde comprise entre* — 1 *et* 0.

Pour qu'une forme (a, b, c) soit réduite, il faut d'abord que la première racine soit supérieure à la seconde, ce qui exige

$$a > 0.$$

Ensuite, il faut que le nombre 1 soit intérieur et le nombre — 1 extérieur à l'intervalle des racines, ce qui donne les deux autres conditions

$$a + 2b + c < 0,$$
$$a - 2b + c > 0.$$

Enfin, il faut que les deux racines soient de signes contraires. Donc il faut

$$c < 0,$$

Ces quatre conditions sont d'ailleurs suffisantes.

La propriété fondamentale et caractéristique de ces formes réduites est la suivante :

Lorsqu'une forme est réduite, sa première racine se développe en fraction continue périodique simple et réciproquement.

Ce théorème résulte immédiatement de ce qu'on a dit au n° 268.

332. *Toute forme est de même classe qu'une forme réduite au moins.* — En effet, soit une forme (a, b, c). Développons sa première racine en fraction continue. Soit

$$\omega_1 = \left[m, n, \ldots, r, \underbrace{A, B, \ldots, L}, \underbrace{A, B, \ldots} \right].$$

Soit h le nombre des termes de la période A, B, ..., L; soit k le nombre des termes irréguliers m, m, ..., r.

Posons, si k est pair,

$$x = \left[\underbrace{A, B, \ldots, L}, \underbrace{A, B, \ldots} \right],$$

Posons, si k est impair,

$$x = \left[\underbrace{B, \ldots, L, A}, \underbrace{B, \ldots} \right].$$

Dans les deux cas on a une relation de la forme

$$\omega_1 = \frac{Px + R}{Qx + S} \qquad (PS - QR = +1).$$

D'ailleurs, il est évident qu'un nombre algébrique du second degré, est toujours la première racine d'une certaine forme.

Donc, x est la première racine d'une certaine forme. Cette forme est réduite, et elle est de même classe que la forme (a, b, c), puis-qu'elle s'en déduit par la substitution modulaire $\begin{pmatrix} P & R \\ Q & S \end{pmatrix}$. Le théorème est donc démontré.

Remarquons d'ailleurs que l'on pouvait faire commencer la période de x, deux éléments ou quatre, etc., plus loin. Donc, excepté pour $h = 1$ ou $h = 2$, il y a plusieurs formes réduites équivalentes à la proposée.

333. Maintenant, le premier problème du n° 305 est ramené au suivant : *Reconnaître si deux formes réduites sont de la même classe*. C'est ici que l'aspect de la solution est différent de ce qu'il était pour les formes à discriminant positif. Pour les formes à dis-criminant positif, nous avons, en effet, vu (n° 311) que deux formes réduites ne peuvent être de même classe sans être iden-tiques. Il n'en est pas de même pour les formes à discriminant négatif.

En effet, si l'on applique aux formes réduites la condition

trouvée au n° **329**, on voit que : *pour que deux formes réduites soient de même classe, il faut et il suffit :* 1° *que leurs premières racines, développées en fractions continues, donnent naissance à des périodes composées des mêmes éléments dans le même ordre, de façon que l'une des périodes se déduise de l'autre par permutation circulaire des éléments;* 2° *que le nombre des éléments de la période soit impair, ou bien si ce nombre est pair, que le nombre d'éléments qui, dans la seconde fraction, précède l'élément qui est à la première place dans la première fraction, soit pair.*

334. Étant donnée une forme réduite, il est facile de former toutes les formes réduites qui sont de même classe qu'elle. Soit, en effet,

$$(51) \qquad x = \Big[\underbrace{A, B, \ldots, L,}\, A, B, \ldots \Big]$$

le développement en fraction continue de la première racine de la forme. Cette forme est équivalente à celles qui ont pour premières racines les nombres

$$\Big[\underbrace{C, D, \ldots, L, A, B,}\, C, D, \ldots \Big],$$

$$\Big[\underbrace{E, \ldots, A, B, C, D,}\, E, \ldots \Big],$$

$$\ldots\ldots\ldots\ldots\ldots\ldots\ldots\ldots\ldots\ldots,$$

c'est-à-dire les nombres qu'on obtient en faisant commencer la fraction continue (51) successivement au 3e, au 5e, etc., élément.

Soit h le nombre d'éléments de la période de x. Si h est pair, il y a $\dfrac{h}{2}$ formes réduites équivalentes à la proposée; si h est impair, il y en a h.

335. *Résolution du second problème du n° 305.* — Nous allons maintenant résoudre, pour les formes à discriminant négatif, le second problème du n° **305**.

Deux formes à discriminant négatif ayant été reconnues appartenir à la même classe, trouver les substitutions modulaires qui permettent de passer de la première à la seconde.

La méthode qu'on vient d'employer pour reconnaître que deux formes (a, b, c), (a', b', c') appartiennent à la même classe, donne en même temps *une* substitution modulaire qui transforme l'une dans l'autre. En effet, on a trouvé, au n° 329, une substitution

$$G = \begin{pmatrix} P & R \\ Q & S \end{pmatrix}$$

qui transforme x en ω_1, et une substitution

$$H = \begin{pmatrix} P' & R' \\ Q' & S' \end{pmatrix}$$

qui transforme x en ω'_1.

Dans ces conditions, il est évident que la substitution G transforme la forme (a, b, c) en la forme (d, e, f); [en appelant (d, e, f) la forme qui admet x pour première racine]; et que H^{-1} transforme (d, e, f) en (a', b', c'). Donc la substitution GH^{-1} transforme (a, b, c) en (a', b', c'). Elle répond donc à la question.

Il faut maintenant trouver *toutes* les substitutions modulaires qui transforment (a, b, c) en (a, b', c').

Il suffit pour cela de trouver toutes les substitutions modulaires qui transforment ω'_1 en ω_1 et de prendre toutes ces substitutions-là et toutes celles qu'on en déduit en changeant les quatre coefficients de signe (n° 327).

Soit L une substitution modulaire et qui transforme x en lui-même. Il est évident que la substitution

$$GLH^{-1}$$

transforme (a, b, c) en (a', b', c') et par suite ω'_1 en ω_1.

Réciproquement, soit K une substitution modulaire transformant ω'_1 en ω_1; il est évident que la substitution

$$G^{-1}KH$$

transforme la forme (d, e, f) en elle-même, et par suite x en lui-même.

Posons cette substitution égale à L. On a

$$G^{-1}KH = L;$$

d'où

$$K = GLH^{-1}.$$

En résumé, on voit que *pour trouver toutes les substitutions modulaires transformant ω'_1 en ω_1, il faut trouver toutes les* *substitutions modulaires transformant x en lui-même; puis multiplier ces substitutions, à gauche par G, à droite par H^{-1}.*

336. Nous allons donc chercher les substitutions modulaires qui transforment x en lui-même.

Considérons la fraction continue formée par les éléments d'*une* période de x, si le nombre h de ces éléments est pair, ou par les éléments de *deux* périodes de x, dans le cas contraire.

Soit $[A, B, \ldots, L]$ cette fraction continue.

Appelons $\dfrac{P_1}{Q_1}$ la dernière réduite et $\dfrac{R_1}{S_1}$ l'avant-dernière réduite de cette fonction. On a

$$x = \frac{P_1 x + R_1}{Q_1 x + S_1}$$

et

$$P_1 S_1 - Q_1 R_1 = +1,$$

puisque le nombre d'éléments de la fraction continue est pair.

Donc la substitution

$$\begin{pmatrix} P_1 & R_1 \\ Q_1 & S_1 \end{pmatrix}$$

répond à la question.

Considérons maintenant les fractions continues qu'on obtient en prenant les éléments de $2, 3, 4, 5, \ldots$ périodes lorsque h est pair; $4, 6, 8, 10, \ldots$ périodes lorsque h est impair.

On obtient de la même façon *de nouvelles substitutions.*

$$\begin{pmatrix} P_2 & R_2 \\ Q_2 & S_2 \end{pmatrix}, \quad \begin{pmatrix} P_3 & R_3 \\ Q_2 & S_3 \end{pmatrix}, \quad \ldots$$

répondant à la question.

Enfin, *les substitutions inverses des précédentes répondent également à la question.*

337. Je dis que ce sont là *toutes* les substitutions répondant à la question.

En effet, soit

$$(52) \qquad \begin{pmatrix} \alpha & \beta \\ \gamma & \delta \end{pmatrix} \qquad (\alpha\delta - \beta\gamma = 1)$$

une telle substitution.

Nous allons d'abord trouver des inégalités auxquelles satisfont les coefficients α, β, γ, δ. On a par hypothèse

$$(53) \qquad x = \frac{\alpha x + \beta}{\gamma x + \delta}.$$

On en tire

$$\gamma x^2 + (\delta - \alpha)x - \beta = 0.$$

Or cette équation ayant pour racine le nombre x qui se développe en fraction continue périodique simple, a nécessairement ses deux racines de signes contraires, la positive étant plus grande que 1, et la négative plus grande que -1 (n° 268).

Comme on peut évidemment supposer

$$\gamma > 0,$$

car sinon on changerait le signe des quatre coefficients α, β, γ, δ, les conditions précédentes s'expriment par les inégalités

$$\beta > 0,$$
$$(54) \qquad \gamma + \delta - \alpha - \beta < 0,$$
$$(55) \qquad \gamma - \delta + \alpha - \beta > 0.$$

Les nombres β et γ étant positifs, il en est de même de $\beta\gamma$. L'égalité

$$(56) \qquad \alpha\delta - \beta\gamma = 1$$

montre alors que le produit $\alpha\delta$ est aussi positif, c'est-à-dire que α et δ sont de même signe. Mais remarquons maintenant que, si dans une substitution de la forme (52), les deux coefficients α et δ ont un certain signe, lorsque les deux autres sont positifs; dans la substitution inverse

$$x = \frac{-\delta x + \beta}{\gamma x - \alpha},$$

les coefficients qui occupent les places α et δ, dans la substitution précédente ont le signe contraire lorsque les deux autres coefficients sont encore positifs. Donc on peut se borner à chercher les substitutions de la forme (52) pour lesquels on a

$$\alpha > 0, \quad \beta > 0, \quad \gamma > 0, \quad \delta > 0.$$

et l'on aura ensuite à adjoindre aux substitutions trouvées leurs inverses.

Je dis que l'on a
$$\beta < \alpha.$$

En effet, si l'on avait

(57)
$$\beta > \alpha,$$

l'inégalité (55) donnerait

(58)
$$\gamma > \delta.$$

Des inégalités (57) et (58) on déduirait
$$\beta\gamma > \alpha\delta,$$

ce qui est incompatible avec l'égalité (56).
On a donc
$$\beta < \alpha.$$

338. Ceci posé, réduisons $\dfrac{\alpha}{\gamma}$ en fraction continue.
Soit
$$\frac{\alpha}{\gamma} = [a, b, \ldots, l];$$

$\dfrac{\alpha}{\gamma}$ étant irréductible, à cause de l'égalité (56), est identique à la dernière réduite de cette fraction continue.

D'autre part, soit $\dfrac{\beta'}{\delta'}$ l'avant-dernière réduite de cette fraction continue.
On a
$$\beta' < \alpha, \quad \delta' < \gamma$$
et
$$\alpha\delta' - \beta'\gamma = \pm 1,$$

suivant que le nombre des quantités $a, b, \ldots, l$ est pair ou impair. Mais on peut toujours supposer que ce nombre est pair et que $\alpha\delta' - \beta'\gamma = +1$. Il suffit, en effet, dans le cas contraire, de remplacer l par $(l - 1) + \dfrac{1}{1}$.
Soit donc

(59)
$$\alpha\delta' - \beta'\gamma = 1,$$

le nombre des quantités $a, b, \ldots, l$ étant pair.
Des égalités (56) et (59) on déduit

(60)
$$\alpha(\delta - \delta') = \gamma(\beta - \beta');$$

C.

17

α divise donc $\gamma(\beta - \beta')$. Mais il est premier avec γ : donc il divise $\beta - \beta'$. Or β et β' sont plus petits que α.

Donc

$$\beta = \beta',$$

et l'égalité (60) donne alors

(61) $$\delta = \delta'.$$

L'égalité (53) s'écrit alors

$$x = \frac{\alpha x + \beta}{\gamma x + \delta},$$

d'où

$$x = [\,a, b, \ldots, l, x\,],$$

d'où

$$x = \left[\underbrace{a, b, \ldots, l}, \underbrace{a, b,} \ldots\,\right].$$

Comme il n'y a qu'un développement possible de x en fraction continue, et que d'ailleurs la suite $a, b, \ldots, l$ contient un nombre pair d'éléments, cette suite se compose d'une ou plusieurs fois la suite $(A, B, \ldots, L)$ définie au n° 336. Donc la substitution

$$\begin{pmatrix} \alpha & \beta \\ \gamma & \delta \end{pmatrix} \quad \text{ou} \quad \begin{pmatrix} \alpha & \beta' \\ \gamma & \delta' \end{pmatrix}$$

est une des substitutions que nous avons désignées plus haut par

$$\begin{pmatrix} P_1 & R_1 \\ Q_1 & S_1 \end{pmatrix}, \quad \begin{pmatrix} P_2 & R_2 \\ Q_2 & S_2 \end{pmatrix} \quad \ldots$$

Il est donc démontré que les substitutions $\begin{pmatrix} \alpha & \beta \\ \gamma & \delta \end{pmatrix}$, changeant x en lui-même, pour lesquelles $\alpha, \beta, \gamma, \delta$ sont positifs, ne sont autres que les substitutions

$$\begin{pmatrix} P_1 & R_1 \\ Q_1 & S_1 \end{pmatrix}, \quad \begin{pmatrix} P_2 & R_2 \\ Q_2 & S_2 \end{pmatrix}, \quad \ldots$$

Quant aux substitutions dans lesquelles $\alpha, \beta, \gamma, \delta$ ne sont pas tous positifs, nous avons dit que ce sont les inverses des précédentes.

Donc, en définitive, le procédé indiqué au n° 336 donne bien toutes les substitutions modulaires transformant x en lui-même.

339. *Remarque. — Toutes ces substitutions constituent la suite des puissances, positives ou négatives, de la substitution*

$$\begin{pmatrix} P_1 & R_1 \\ Q_1 & S_1 \end{pmatrix}.$$

Il suffit, pour le démontrer, de démontrer que la substitution $\begin{pmatrix} P_{n+1} & R_{n+1} \\ Q_{n+1} & S_{n+1} \end{pmatrix}$ est le produit de la substitution $\begin{pmatrix} P_n & R_n \\ Q_n & S_n \end{pmatrix}$ par la substitution $\begin{pmatrix} P_1 & R_1 \\ Q_1 & S_1 \end{pmatrix}.$

En effet

$$\frac{P_1}{Q_1} = [A, B, \ldots, K, L],$$

$$\frac{R_1}{S_1} = [A, B, \ldots, K],$$

$$\frac{P_n}{Q_n} = [\underbrace{A, B, \ldots, L}, \underbrace{A, \ldots, L}, \ldots, A, \ldots, L]$$
$$\frac{R_n}{S_n} = [\underbrace{A, B, \ldots, L}, \underbrace{A, \ldots, L}, \ldots, A, \ldots, K]$$

$(n$ périodes $A, B, \ldots, L).$

$\dfrac{P_{n+1}}{Q_{n+1}}$ s'obtient en remplaçant dans $\dfrac{P_n}{Q_n}$ le dernier quotient incomplet L par

$$L + \frac{1}{\dfrac{P_1}{Q_1}};$$

$\dfrac{R_{n+1}}{S_{n+1}}$ s'obtient en remplaçant dans $\dfrac{P_n}{Q_n}$ le dernier quotient incomplet L par

$$L + \frac{1}{\dfrac{R_1}{S_1}}.$$

Donc

$$\frac{P_{n+1}}{Q_{n+1}} = \frac{\dfrac{P_1}{Q_1} P_n + R_n}{\dfrac{P_1}{Q_1} Q_n + S_n} = \frac{P_1 P_n + Q_1 R_n}{P_1 Q_n + Q_1 S_n}$$

et

$$\frac{R_{n+1}}{S_{n+1}} = \frac{\dfrac{R_1}{S_1} P_n + R_n}{\dfrac{R_1}{S_1} Q_n + S_n} = \frac{R_1 P_n + S_1 R_n}{R_1 Q_n + S_1 S_n}.$$

D'ailleurs on voit facilement que les nombres $P_1 P_n + Q_1 R_n$ et $P_1 Q_n + Q_1 S_n$ sont premiers entre eux ; de même les nombres $R_1 P_n + S_1 R_n$ et $R_1 Q_n + S_1 S_n$. Les égalités précédentes donnent donc

$$P_{n+1} = P_1 P_n + Q_1 R_n,$$
$$Q_{n+1} = P_1 Q_n + Q_1 S_n,$$
$$R_{n+1} = R_1 P_n + S_1 R_n,$$
$$S_{n+1} = R_1 Q_n + S_1 S_n.$$

Donc la substitution

$$\begin{pmatrix} P_{n+1} & R_{n+1} \\ Q_{n+1} & S_{n+1} \end{pmatrix}$$

est identique à

$$\begin{pmatrix} P_1 P_n + Q_1 R_n & R_1 P_n + S_1 R_n \\ P_1 Q_n + Q_1 S_n & R_1 Q_n + S_1 S_n \end{pmatrix}.$$

Or il est facile de reconnaître dans cette dernière le produit des deux substitutions

$$\begin{pmatrix} P_n & R_n \\ Q_n & S_n \end{pmatrix} \quad \text{et} \quad \begin{pmatrix} P_1 & R_1 \\ Q_1 & S_1 \end{pmatrix}.$$

Le théorème est donc démontré.

340. *Exemple*. — Soient les deux formes

$$(1, 1, -1), \quad (-145, -105, -76)$$

du n° 330.

On a

$$\omega_1 = [1, 4, 4, 4, \ldots],$$
$$\omega_1' = [-1, 3, 1, 5, 4, 4, \ldots].$$

Donc en posant

$$x = [4, 4, \ldots],$$

on a

$$\omega_1 = [1, 4, x],$$
$$\omega_1' = [-1, 3, 1, 5, x]$$

ou

$$\omega_1 = \frac{5x + 1}{4x + 1},$$
$$\omega_1' = \frac{-17x - 3}{23x + 4}.$$

On en déduit

(62)
$$\omega_1 = \frac{3\omega_1' + 2}{7\omega_1' + 5}.$$

Donc la substitution $\begin{pmatrix} 3 & 2 \\ 7 & 5 \end{pmatrix}$ transforme ω'_1 en ω_1.

Maintenant, cherchons toutes les substitutions modulaires qui jouissent de cette propriété.

Pour cela cherchons toutes les substitutions modulaires qui transforment x en lui-même.

Or

$$x = [4, 4, x] = \frac{17x + 4}{4x + 1};$$

donc les substitutions cherchées sont les puissances positives ou négatives de la substitution

$$\begin{pmatrix} 17 & 4 \\ 4 & 1 \end{pmatrix}.$$

Les substitutions modulaires, transformant ω'_1 en ω_1, sont les substitutions de la forme

$$\begin{pmatrix} -17 & -3 \\ 23 & 4 \end{pmatrix}^{-1} \cdot \begin{pmatrix} 17 & 4 \\ 4 & 1 \end{pmatrix}^n \cdot \begin{pmatrix} 5 & 1 \\ 4 & 1 \end{pmatrix}$$

ou

$$\begin{pmatrix} 4 & 3 \\ -23 & -17 \end{pmatrix} \cdot \begin{pmatrix} 17 & 4 \\ 4 & 1 \end{pmatrix}^n \cdot \begin{pmatrix} 5 & 1 \\ 4 & 1 \end{pmatrix}.$$

Enfin les substitutions modulaires transformant la première des formes données dans la seconde sont les substitutions précédentes, ou ces substitutions multipliées par la substitution I (n° **295**).

341. *Résolution de l'équation de Pell, dans le cas du discriminant négatif.* — Mais on pourrait chercher à résoudre autrement le problème de trouver toutes les substitutions modulaires qui transforment une forme, réduite ou non, en elle-même.

En effet, la solution donnée au n° **317** pour les formes à discriminant positif s'applique sans y rien changer aux formes à discriminant négatif. Nous avons vu que :

Toutes les substitutions modulaires qui laissent invariable une forme (a, b, c) sont de la forme

$$\begin{pmatrix} \alpha & \beta \\ \gamma & \delta \end{pmatrix},$$

α, β, γ, δ *étant données par les formules*

$$(63)\quad \begin{cases} \alpha = \dfrac{t - bu}{\sigma}, & \beta = \dfrac{cu}{\sigma}, \\[2mm] \gamma = \dfrac{au}{\sigma}, & \delta = \dfrac{t + bu}{\sigma}, \end{cases}$$

σ *étant le diviseur de la forme et* t, u *étant deux nombres entiers satisfaisant à l'équation de Pell*

$$t^2 - \Delta u^2 = \sigma^2.$$

Mais le coefficient de u^2 étant ici négatif, la méthode de résolution de cette équation donnée au n° 318 ne s'applique plus.

Nous allons donc, au contraire, déduire la solution de l'équation de Pell, de la connaissance des substitutions $\begin{pmatrix} \alpha & \beta \\ \gamma & \delta \end{pmatrix}$ déterminées par la méthode précédente.

342. Nous rappellerons d'abord que, ainsi qu'on l'a remarqué au n° 318, la quantité $4\,\mathrm{D}$ est divisible par σ^2, et que le quotient est congru à zéro ou à $-1 \ (\mathrm{mod}\ 4)$. Donc la quantité

$$4\Delta = -4\,\mathrm{D}$$

est aussi divisible par σ^2, et le quotient $\dfrac{4\Delta}{\sigma^2}$ est congru à zéro ou à un $(\mathrm{mod}\ 4)$ ou ce qui revient au même; on a l'une des deux congruences

$$\Delta \equiv 0 \qquad (\mathrm{mod}\ \sigma^2),$$

ou

$$4\Delta \equiv \sigma^2 \qquad (\mathrm{mod}\ 4\sigma^2).$$

Je dis que, réciproquement, deux nombres Δ et σ qui satisfont à l'une de ces conditions sont l'un le discriminant changé de signe et l'autre le diviseur d'une forme réduite.

En effet, si c'est la première condition $\Delta \equiv 0\,(\mathrm{mod}\ \sigma^2)$ qui est satisfaite, considérons la forme

$$\left(\dfrac{\Delta}{\sigma} - \sigma a^2,\ -a\sigma,\ -\sigma \right),$$

a étant la racine à une unité près par défaut de $\dfrac{\Delta}{\sigma^2}$.

Si c'est la seconde condition $4\Delta \equiv \sigma^2\,(\mathrm{mod}\ 4\sigma^2)$ qui est satisfaite, considérons la forme

$$\left(\frac{4\Delta - \sigma^2}{4\sigma} - \sigma(a^2 - a), \quad -\frac{\sigma}{2}(2a - 1), \quad -\sigma\right),$$

a étant la racine à moins de $\frac{1}{2}$ unité près de $\frac{\Delta}{\sigma^2}$, c'est-à-dire celle des deux racines, par défaut ou par excès, qui est la plus approchée.

Ces deux formes ont comme discriminant $-\Delta$, comme diviseur σ, et elles sont réduites.

En effet, en calculant le discriminant de ces formes, on trouve dentiquement $-\Delta$.

D'autre part, dans ces deux formes les coefficients de x^2, de xy et de y^2 sont divisibles par σ, et comme d'ailleurs, le dernier est $-\sigma$, ce nombre σ est leur plus grand commun diviseur.

Enfin ces formes sont réduites, car les conditions du n° 331 deviennent ici : pour la première forme

$$\begin{cases} \dfrac{\Delta}{\sigma^2} - a^2 > 0, \\[2mm] \dfrac{\Delta}{\sigma^2} - (a+1)^2 < 0, \\[2mm] \dfrac{\Delta}{\sigma^2} - (a-1)^2 > 0, \\[2mm] \sigma > 0 \end{cases}$$

et pour la seconde

$$\begin{cases} \dfrac{\Delta}{\sigma^2} - \left(a - \dfrac{1}{2}\right)^2 > 0. \\[2mm] \dfrac{\Delta}{\sigma^2} - \left(a + \dfrac{1}{2}\right)^2 < 0, \\[2mm] \dfrac{\Delta}{\sigma^2} - \left(a - \dfrac{3}{2}\right)^2 > 0, \\[2mm] \sigma > 0, \end{cases}$$

conditions remplies, d'après la définition de a.

Connaissant une forme réduite ayant comme discriminant $-\Delta$ et comme diviseur σ, pour résoudre l'équation $t^2 - \Delta u^2 = \sigma^2$, on calculera, comme on l'a fait plus haut, une substitution modulaire $\begin{pmatrix} \alpha & \beta \\ \gamma & \delta \end{pmatrix}$ qui laisse cette forme invariable, et les nombres t, u correspondants sont, d'après les formules (63), donnés par les relations

$$u = -\frac{\sigma\beta}{c},$$

$$t = \sigma\alpha + bu,$$

b et c étant le deuxième et le troisième coefficient de la forme.

De sorte que, dans le cas de $\Delta \equiv 0 \,(\mathrm{mod}\,\sigma^2)$, on a

$$u = \beta,$$

$$t = \sigma(\alpha - a\beta)$$

et, dans le cas de $4\Delta \equiv \sigma^2 \,(\mathrm{mod}\,4\sigma^2)$, on a

$$u = \beta$$

$$t = \frac{\sigma}{2}(2\alpha - 2a\beta + \beta).$$

Dans ces formules, on donnera à α et β toutes les valeurs possibles, à savoir les premiers et seconds coefficients des substitutions modulaires qui laissent la forme invariable, et l'équation de Pell sera complètement résolue. Cette résolution n'est d'ailleurs qu'un cas particulier de l'analyse indéterminée du second degré qui sera exposée plus loin.

343. Cherchons, en particulier, le système de solutions dont les valeurs absolues sont les plus petites possibles (la solution $t = \sigma$, $u = 0$ non comprise). Remarquons, en effet, que d'après la forme de l'équation

$$t^2 - \Delta u^2 = \sigma^2,$$

les valeurs absolues de t et de u satisfaisant à l'équation croissent ou décroissent ensemble.

Pour cela, d'après la formule

$$u = \beta,$$

il faut prendre pour β la plus petite valeur possible.

Or les valeurs de β sont les nombres

$$R_1, \quad R_2, \quad \ldots$$

du n° 336 pour les substitutions dans lesquelles β est positif, et les valeurs

$$-R_1, \quad -R_2, \quad \ldots$$

pour les substitutions inverses (sans compter la valeur $\beta = 0$ correspondant à la substitution identique, qui donnerait la solution écartée par hypothèse $u = 0$, $t = \sigma$).

D'autre part,

$$R_1 < R_2 < \ldots;$$

il faut donc prendre

$$\beta = R_1$$

et, par suite,

$$\alpha = P_1.$$

Donc, dans le cas de

$$\Delta \equiv 0 \qquad (\mathrm{mod}\ \sigma^2),$$

on a

$$u = R_1,$$
$$t = \sigma(P_1 - a R_1)$$

et, dans le cas de

$$4\Delta \equiv \sigma^2 \qquad (\mathrm{mod}\ 4\sigma^2),$$

on a

$$u = R_1,$$
$$t = \frac{\sigma}{2}(2P_1 - 2a R_1 + R_1).$$

Tel est le système des deux plus petites solutions positives.

344. *Exemple.* — Soit l'équation

$$t^2 - 45 u^2 = 9.$$

Ici

$$\sigma = 3,$$
$$\Delta = 45,$$

de sorte que

$$\Delta \equiv 0 \qquad (\mathrm{mod}\ \sigma^2).$$

On doit prendre pour a la racine à une unité près de $\frac{\Delta}{\sigma^2}$, c'est-à-dire ici

$$a = 2.$$

La forme à considérer est

$$(3, -6, -3),$$
$$\omega_1 = 2 + \sqrt{5} = 4 + \cfrac{1}{4 + \ldots}.$$

La période de ω_1 a un terme : il faut donc prendre deux périodes, pour former $\dfrac{P_1}{Q_1}$,

$$\frac{P_1}{Q_1} = 4 + \frac{1}{4} = \frac{17}{4}$$

et

$$\frac{R_1}{S_1} = \frac{4}{1}.$$

Donc

$$P_1 = 17 \qquad \text{et} \qquad R_1 = 4.$$

On aura donc ici

$$u = 4,$$
$$t = 3(17 - 2 \times 4) = 27.$$

Tel est le système des deux plus petites solutions positives.

345. *Du système des deux plus petites solutions positives de l'équation de Pell déduire toutes les autres.*

Comme on sait trouver toutes les substitutions qui laissent une forme invariable, on sait aussi trouver toutes les solutions de l'équation de Pell. Il suffit, dans les formules du n° 343, de remplacer P_1 et R_1 successivement par P_2 et R_2, P_3 et R_3, ... Mais on peut aussi déduire directement toutes les solutions de l'équation des deux plus petites solutions positives.

Faisons d'abord la remarque suivante : soient t', u', t'', u'' deux systèmes de solutions de l'équation de Pell.

Posons

$$(64) \qquad \frac{t' + u'\sqrt{\Delta}}{2} \times \frac{t'' + u''\sqrt{\Delta}}{2} = \frac{t + u\sqrt{\Delta}}{2},$$

c'est-à-dire

$$(65) \qquad t = \frac{t't'' + \Delta u'u''}{2},$$

$$(66) \qquad u = \frac{t'u'' + t''u'}{2}.$$

Je dis que les nombres t et u forment un nouveau système de solutions. En effet, de l'égalité (64) on déduit aussi

$$(67) \qquad \frac{t' - u'\sqrt{\Delta}}{2} \times \frac{t'' - u''\sqrt{\Delta}}{2} = \frac{t - u\sqrt{\Delta}}{2};$$

d'où, en multipliant les équations (64) et (67),

$$\frac{t'^2 - \Delta u'^2}{\sigma^2} \times \frac{t''^2 - \Delta u''^2}{\sigma^2} = \frac{t^2 - \Delta u^2}{\sigma^2}.$$

Or les deux facteurs qui figurent dans le premier membre sont, par hypothèse, égaux à 1. Donc

$$\frac{t^2 - \Delta u^2}{\sigma^2} = 1$$

ou

$$t^2 - \Delta u^2 = \sigma^2 ;$$

t et u satisfont donc à l'équation. Mais il reste à montrer qu'ils sont entiers. Supposons d'abord

$$\Delta \equiv 0 \qquad (\bmod \ \sigma^2);$$

on a

$$t'^2 - \Delta u'^2 = \sigma^2,$$
$$t''^2 - \Delta u''^2 = \sigma^2.$$

Donc σ^2, qui divise Δ, divise aussi t'^2 et t''^2. Donc σ divise t' et t''. Donc les formules (65) et (66) donnent pour t et u des valeurs entières.

Supposons maintenant

$$4\Delta \equiv \sigma^2 \qquad (\bmod \ 4\sigma^2);$$

on en déduit d'abord que σ est pair.

Soit

$$\sigma = 2\rho.$$

On a

$$\begin{aligned}
(68) \qquad & \Delta \equiv \rho^2 \qquad (\bmod \ 4\rho^2). \\
(69) \qquad & t'^2 - \Delta u'^2 = 4\rho^2, \\
(70) \qquad & t''^2 - \Delta u''^2 = 4\rho^2, \\
& t = \frac{t't'' + \Delta u'u''}{2\rho}, \\
& u = \frac{t'u'' + t''u'}{2\rho}.
\end{aligned}$$

L'équation (68) montre que Δ est divisible par ρ^2. Les équations (69) et (70) montrent alors que t'^2 et t''^2 sont divisibles par ρ^2 et, par suite, que t' et t'' sont divisibles par ρ.

Soit

$$\Delta = \delta \rho^2, \qquad t' = \theta' \rho, \qquad t'' = \theta'' \rho.$$

Les formules précédentes deviennent :

$$(71) \qquad \delta \equiv 1 \qquad (\bmod 4),$$

$$(72) \qquad \theta'^2 - \delta u'^2 = 4,$$

$$(73) \qquad \theta''^2 - \delta u''^2 = 4.$$

$$t = \frac{(\theta'\theta'' + \delta u'u'')\rho}{2},$$

$$u = \frac{\theta' u'' + \theta'' u'}{2}.$$

L'équation (72) montre que θ'^2 est de même parité que $\delta u'^2$, et l'équation (73) que θ''^2 est de même parité que $\delta u''^2$.

Donc $(\theta'\theta'')^2$ est de même parité que $(\delta u'u'')^2$ et, par suite, $\theta'\theta''$ est de même parité que $\delta u'u''$.

Donc t est un nombre entier.

D'autre part, d'après l'équation (71), δ est impair.

Donc θ'^2, étant de même parité que $\delta u'^2$, est aussi de même parité que u'^2.

Donc θ' et u' sont de même parité.

Il en est de même de θ'' et u''.

Donc $\theta' u''$ et $\theta'' u'$ sont de même parité.

Il en résulte que u est entier.

346. Nous ferons encore la remarque suivante : soit t, u un système de solutions positives. Les deux quantités t et $(-u)$ constituent aussi évidemment un système de solutions de l'équation de Pell. On a d'ailleurs

$$(74) \qquad \frac{t + u\sqrt{\Delta}}{\sigma} \times \frac{t - u\sqrt{\Delta}}{\sigma} = \frac{t^2 - \Delta u^2}{\sigma^2} = 1.$$

Ceci prouve d'abord que la quantité $\dfrac{t - u\sqrt{\Delta}}{\sigma}$ est positive.

De plus les deux quantités positives $\dfrac{t + u\sqrt{\Delta}}{\sigma}$, $\dfrac{t - u\sqrt{\Delta}}{\sigma}$ ayant comme produit 1, la plus grande, $\dfrac{t + u\sqrt{\Delta}}{\sigma}$, est plus grande que 1; l'autre, $\dfrac{t - u\sqrt{\Delta}}{\sigma}$, est plus petite que 1.

Réciproquement, si un système de solutions t, u est tel que $\dfrac{t + u\sqrt{\Delta}}{\sigma}$ soit plus grand que 1, t et u sont positifs.

Car l'égalité (74) montre que $\dfrac{t - u\sqrt{\Delta}}{\sigma}$ est positif et plus petit que 1. On a donc

$$0 < \frac{t - u\sqrt{\Delta}}{\sigma} < \frac{t + u\sqrt{\Delta}}{\sigma};$$

d'où l'on déduit sans peine que t et u sont positifs.

Si, au contraire, un système de solutions t, u était tel que la quantité $\dfrac{t + u\sqrt{\Delta}}{\sigma}$ fût plus petite que 1, c'est que t serait positif et u négatif.

347. Ces remarques étant faites, appelons t, u le système des deux plus petites solutions positives et posons

$$\left(\frac{t_1 + u_1\sqrt{\Delta}}{\sigma}\right)^n = \frac{t_n + u_n\sqrt{\Delta}}{\sigma},$$

c'est-à-dire

$$t_n = \frac{1}{\sigma^{n-1}}\left[t_1^n + \frac{n(n-1)}{1.2}\Delta u_1^2 t_1^{n-2} + \frac{n(n-1)(n-2)(n-3)}{1.2.3.4}\Delta^2 u_1^4 t_1^{n-4} + \ldots\right],$$

$$u_n = \frac{1}{\sigma^{n-1}}\left[\frac{n}{1} u_1 t_1^{n-1} + \frac{n(n-1)(n-2)}{1.2.3}\Delta u_1^3 t_1^{n-3} + \ldots\right].$$

En donnant à n les valeurs entières successives croissantes

$$1, \quad 2, \quad 3, \quad \ldots,$$

on obtient une suite indéfinie de systèmes de solutions positives

$$t_1, u_1, \quad t_2, u_2, \quad \ldots, \quad t_n, u_n, \quad \ldots.$$

Je dis qu'on les a tous. Supposons, en effet, qu'il existe un système de solutions positives, T, U, non contenu dans la suite précédente. T ne pouvant être plus petit que t_1, puisque t, u représente le système des deux plus petites solutions positives, T serait compris entre deux nombres consécutifs de la suite t_n et t_{n+1}; par suite, U serait compris entre u_n et u_{n+1}, et l'on aurait

$$\frac{t_n + u_n\sqrt{\Delta}}{\sigma} < \frac{T + U\sqrt{\Delta}}{\sigma} < \frac{t_{n+1} + u_{n+1}\sqrt{\Delta}}{\sigma},$$

ou

$$\frac{t_n + u_n\sqrt{\Delta}}{\sigma} < \frac{T + U\sqrt{\Delta}}{\sigma} < \frac{t_n + u_n\sqrt{\Delta}}{\sigma} \times \frac{t_1 + u_1\sqrt{\Delta}}{\sigma},$$

ou

$$(75) \qquad 1 < \frac{T + U\sqrt{\Delta}}{\sigma} \times \frac{\sigma}{t_n + u_n\sqrt{\Delta}} < \frac{t_1 + u_1\sqrt{\Delta}}{\sigma}.$$

Mais

$$\frac{\sigma}{t_n + u_n\sqrt{\Delta}} = \frac{\sigma\left(t_n - u_n\sqrt{\Delta}\right)}{t_n^2 - \Delta u_n^2} = \frac{t_n - u_n\sqrt{\Delta}}{\sigma}.$$

Donc les inégalités (75) peuvent s'écrire

$$1 < \frac{T + U\sqrt{\Delta}}{\sigma} \times \frac{t_n - u_n\sqrt{\Delta}}{\sigma} < \frac{t_1 + u_1\sqrt{\Delta}}{\sigma}.$$

Or on verra, comme précédemment, qu'en posant

$$\frac{T + U\sqrt{\Delta}}{\sigma} \times \frac{t_n - u_n\sqrt{\Delta}}{\sigma} = \frac{T' + U'\sqrt{\Delta}}{\sigma}$$

T' et U' seraient entiers et satisferaient à l'équation de Pell.

D'ailleurs $\dfrac{T' + U'\sqrt{\Delta}}{\sigma}$ étant plus grand que 1, les quantités T', U' formeraient un système de solutions positives, et ces solutions seraient plus petites que t_1, u_1; ce qui est impossible.

348. *Remarque.* — Considérons les formes réduites du n° 342. Soit, par exemple, $\Delta \equiv 0 \pmod{\sigma^2}$ et, par suite, la forme réduite

$$\left(\frac{\Delta}{\sigma} - \sigma a^2, \ -a\sigma, \ -\sigma\right),$$

t_n, u_n étant un système de solutions de l'équation de Pell; on a, par les formules (63),

$$(76) \qquad \begin{cases} \alpha_n = \dfrac{t_n + a\sigma u_n}{\sigma}, & \beta_n = u_n. \\[2mm] \gamma_n = \left(\dfrac{\Delta}{\sigma^2} - a^2\right) u_n, & \delta_n = \dfrac{t - a\sigma u_n}{\sigma} \end{cases}$$

comme coefficients d'une substitution laissant la forme invariable.

D'autre part, toutes ces substitutions sont, comme nous l'avons vu au n° 339, les puissances de la substitution $\begin{pmatrix} P_1 & R_1 \\ Q_1 & S_1 \end{pmatrix}$.

Cherchons comment les indices des solutions de l'équation de Pell correspondent aux exposants des puissances.

Je dis que t_n, u_n *correspondent à* $\begin{pmatrix} P_1 & R_1 \\ Q_1 & S_1 \end{pmatrix}^n$.

En effet, il est évident que les valeurs positives de α_n et γ_n données par les formules (76) correspondent aux valeurs positives de n et croissent avec n.

D'autre part, il en est de même des coefficients de la puissance $n^{\text{ième}}$ de $\begin{pmatrix} P_1 & R_1 \\ Q_1 & S_1 \end{pmatrix}$.

Donc t_n, u_n correspondent à $\begin{pmatrix} P_1 & R_1 \\ Q_1 & S_1 \end{pmatrix}^n$.

Le théorème s'étend facilement au cas de $n < 0$.

Il se démontre de la même façon dans le cas où $4\Delta \equiv \sigma^2 \pmod{4\sigma^2}$.

349. *Résolution du troisième problème du n° 305 pour les formes à discriminant négatif : Étant donné un discriminant négatif, trouver les différentes classes de formes ayant ce discriminant.*

Soit Δ le discriminant changé de signe. Cherchons d'abord les formes réduites ayant ce discriminant. Soit (a, b, c) une telle forme; on a (n° 331)

$$(77) \qquad a > 0,$$
$$(78) \qquad c < 0,$$
$$(79) \qquad a + 2b + c < 0,$$
$$(80) \qquad a - 2b + c > 0,$$

parce que la forme est réduite, et, d'autre part,

$$(81) \qquad b^2 - ac = \Delta.$$

Les inégalités (79) et (80) donnent, en les retranchant membre à membre,

$$(82) \qquad b < 0,$$

et, en les multipliant membre à membre,

$$(83) \qquad (a + c)^2 - 4b^2 < 0.$$

Réciproquement les deux inégalités (82) et (83) peuvent remplacer les deux inégalités (79) et (80), car l'inégalité (83) montre que les deux quantités $a + 2b + c$ et $a - 2b + c$ sont de signes contraires; et d'ailleurs puisque $b < 0$, c'est évidemment la première de ces quantités qui est négative, et la seconde positive.

Ainsi l'on peut remplacer les cinq conditions précédentes par les cinq suivantes :

$$(84) \qquad a > 0,$$
$$(85) \qquad b < 0,$$
$$(86) \qquad c < 0,$$
$$(87) \qquad (a + c)^2 - 4b^2 < 0,$$
$$(88) \qquad b^2 - ac = \Delta.$$

Ajoutons à l'égalité (87) l'égalité (88) multipliée par 4; il vient

$$(89) \qquad (a - c)^2 < 4\Delta,$$

d'où, puisque

$$a > 0 \quad \text{et} \quad c < 0,$$
$$(90) \qquad a - c < \sqrt{4\Delta},$$

et *a fortiori*

$$a < \sqrt{4\Delta}.$$

On donnera donc à a successivement toutes les valeurs entières positives, depuis 1 jusqu'au plus grand nombre entier inférieur à $\sqrt{4\Delta}$.

Une valeur de a étant choisie, l'inégalité (90) montre que l'on pourra prendre pour c toutes les valeurs négatives, depuis -1 jusqu'à l'entier négatif immédiatement supérieur à $a - \sqrt{4\Delta}$.

a et c étant choisis, on prendra pour b la valeur négative

$$b = -\sqrt{\Delta + ac},$$

à condition que cette valeur soit rationnelle.

Les valeurs de a, b, c trouvées, satisfaisant à l'inégalité (90) et à l'égalité (88), satisfont à l'inégalité (87). D'ailleurs la valeur de a est positive, celles de b et de c sont négatives. Ces valeurs satisfont donc à toutes les conditions.

On trouvera ainsi plusieurs formes réduites de discriminant $-\Delta$ (on en trouvera certainement, car il existe certainement des formes de discriminant $-\Delta$, par exemple la forme $x^2 - \Delta y^2$).

Il restera à reconnaître celles de ces formes qui sont de même classe. D'après ce qu'on a dit au n° 334, ces formes se distribuent en groupes de formes de même classe. Le nombre de ces groupes est le nombre des classes des formes de discriminant $-\Delta$.

Il importe de remarquer que ce nombre est fini.

350. *Exemple I.* — $\Delta = 2$,

$$a < \sqrt{8}.$$

On doit essayer

$$a = 1, \qquad a = 2.$$

Pour $a = 1$,

$$c > 1 - \sqrt{8}.$$

Donc on peut essayer

$$c = -1.$$

Pour $a = 2$,

$$c > 2 - \sqrt{8},$$

ce qui ne donne aucune valeur de c.

Il faut donc prendre

$$a = 1, \qquad c = -1,$$

alors

$$b = -\sqrt{2 - 1} = -1;$$

il y a donc une seule forme réduite

$$(1, -1, -1).$$

Par suite, il y a une seule classe de formes de discriminant égal à -2.

Exemple II. — $\Delta = 3$. Alors

$$a < \sqrt{12}.$$

On doit essayer

$$a = 1, \qquad a = 2, \qquad a = 3.$$

Pour $a = 1$,

$$c > 1 - \sqrt{12}.$$

Donc on peut essayer

$$c = -1, \qquad c = -2.$$

C.   18

Pour $c = -1$,

$$b = -\sqrt{3-1},$$

valeur qui n'est pas rationnelle.

Pour $c = -2$,

$$b = -\sqrt{3-2} = -1.$$

Pour $a = 2$,

$$c > 2 - \sqrt{12}.$$

Donc on peut essayer

$$c = -1.$$

Alors

$$b = -\sqrt{3-2} = -1.$$

Pour $a = 3$,

$$c > 3 - \sqrt{12},$$

il n'y a aucune valeur possible de c.

On trouve ainsi deux formes

$$(1, -1, -2) \quad \text{et} \quad (2, -1, -1).$$

On vérifie qu'elles ne sont pas de même classe.

Il y a donc deux classes de formes de discriminant égal à -3.

Exemple III. — $\Delta = 5$,

$$a < \sqrt{20},$$

Il faut essayer

$$a = 1, \qquad a = 2, \qquad a = 3, \qquad a = 4.$$

Pour $a = 1$,

$$c > 1 - \sqrt{20},$$

il faut essayer

$$c = -1, \qquad c = -2, \qquad c = -3.$$

Pour $a = 2$,

$$c > 2 - \sqrt{20},$$

il faut essayer

$$c = -1, \qquad c = -2.$$

Pour $a = 3$,

$$c > 3 - \sqrt{20},$$

il faut essayer

$$c = -1.$$

Pour $a = 4$, il n'y a aucune valeur possible de c.

Ne gardant de ces valeurs que celles qui donnent des valeurs rationnelles de b, on trouve les formes réduites

$$(1, -2, -1) \quad \text{et} \quad (2, -1, -2),$$

qui ne sont pas de même classe.

Il y a donc deux classes de formes de discriminant égal à -5.

Exemple IV. — $\Delta = 7$,
$$a < \sqrt{28}.$$

Il faut essayer

$$a = 1, \quad a = 2, \quad a = 3, \quad a = 4, \quad a = 5.$$

Pour $a = 1$,

il faut essayer
$$c > 1 - \sqrt{28},$$

$$c = -1, \quad c = -2, \quad c = -3, \quad c = -4.$$

Pour $a = 2$,

il faut essayer
$$c > 2 - \sqrt{28},$$
$$c = -1, \quad c = -2, \quad c = -3.$$

Pour $a = 3$,

il faut essayer
$$c > 3 - \sqrt{28},$$
$$c = -1, \quad c = -2.$$

Pour $a = 4$,

il faut essayer
$$c > 4 - \sqrt{28},$$
$$c = -1.$$

Pour $a = 5$,
$$c > 5 - \sqrt{28},$$

il n'y a aucune valeur possible de c.

Si l'on essaye ces différents systèmes de valeurs de a et c, on ne trouve que quatre de ces systèmes donnant une valeur rationnelle de b, et l'on arrive aux quatre formes réduites

$$(1, -2, -3), \quad (2, -1, -3), \quad (3, -2, -1), \quad (3, -1, -2).$$

Mais si l'on développe les premières racines de ces formes en fraction continue, on trouve respectivement

$$\left[4, 1, 1, 1, 4, 1, 1, 1, \ldots\right], \quad \left[1, 1, 4, 1, 1, 1, 4, 1, \ldots\right],$$
$$\left[1, 1, 1, 4, 1, 1, 1, 4, \ldots\right], \quad \left[1, 4, 1, 1, 1, 4, 1, 1, \ldots\right].$$

D'où l'on déduit que la première et la seconde forme sont de même classe, ainsi que la troisième et la quatrième (n° 333).

Il y a deux classes de formes de discriminant égal à -7.

§ VI. — Recherche des nombres représentables par une forme.

351. Nous revenons enfin au problème fondamental de la théorie des formes, énoncé au n° 273 :

Voir si un nombre m est représentable par une forme (a, b, c) et trouver les valeurs de x et de y, pour lesquelles la représentation a lieu.

En d'autres termes, *résoudre, si c'est possible, l'équation indéterminée*

$$a x^2 + 2 b x y + c y^2 = m.$$

Tout d'abord, nous pouvons nous borner à chercher les représentations *propres* du nombre m par la forme (a, b, c). En effet, comme nous l'avons vu au n° 274, si un nombre m est improprement représenté par une forme (a, b, c), pour les valeurs $\delta x'$, $\delta y'$ des variables : 1° le nombre m est divisible par δ^2; 2° le nombre $\frac{m}{\delta^2}$ est proprement représenté par la forme (a, b, c) pour les valeurs x', y' des variables.

Donc cherchons les diviseurs de m qui sont carrés parfaits. S'il n'en existe pas, le nombre m ne peut être improprement représenté. S'il en existe, soit δ^2 l'un d'eux; on cherchera les représentations propres du nombre $\frac{m}{\delta^2}$.

Le problème étant ainsi limité aux représentations propres, démontrons le théorème suivant :

352. THÉORÈME. — *Pour qu'un nombre m soit proprement représentable par une forme (a, b, c), il faut que le discriminant de la forme, changé de signe, soit reste quadratique de m.*

En effet, soient α, γ le système de valeurs de x et y pour lesquelles la forme (a, b, c) représente proprement le nombre m, de sorte que

$$a\alpha^2 + 2 b \alpha\gamma + c \gamma^2 = m,$$

α et γ étant premiers entre eux, il existe deux nombres β, δ, tels que

$$\alpha\delta - \beta\gamma = 1.$$

Ceci posé, effectuons sur la forme (a, b, c), la substitution modulaire

$$\begin{pmatrix} \alpha & \beta \\ \gamma & \delta \end{pmatrix}.$$

Cette forme devient

$$[a\alpha^2 + 2b\alpha\gamma + c\gamma^2, \quad 2(a\alpha\beta + b\alpha\delta + b\beta\gamma + c\gamma\delta), \quad a\beta^2 + 2b\beta\delta + c\delta^2].$$

Le premier coefficient de cette forme est justement égal à m ; posons les deux autres égaux à n et p, et cette forme s'écrit

$$(m, n, p).$$

Mais elle est de même classe que la proposée, puisqu'elle s'en déduit par la substitution modulaire $\begin{pmatrix} \alpha & \beta \\ \gamma & \delta \end{pmatrix}$. Donc elle a même discriminant. Donc

$$mp - n^2 = D ;$$

d'où

$$n^2 \equiv -D \qquad (\bmod\ m),$$

ce qui démontre le théorème.

353. Cette condition que $-D$ soit reste quadratique de m est donc nécessaire, mais n'est évidemment pas suffisante, pour que le nombre m soit représentable par la forme (a, b, c), puisque deux formes de même discriminant ne sont pas toujours équivalentes.

Mais on voit, par la démonstration précédente, que non seulement $-D$ est reste quadratique de m et que, par conséquent, on peut déterminer des entiers n, p satisfaisant à la condition

$$(91) \qquad mp - n^2 = D,$$

mais que, de plus, *la forme*

$$(m, n, p)$$

est de même classe que la forme (a, b, c).

Réciproquement, *si l'on peut déterminer des entiers n, p satisfaisant à la condition (91) (ce qui exige que $-D$ soit* *reste quadratique de m), et que ces nombres n, p soient tels que les formes (m, n, p) et (a, b, c) soient de même classe, le nombre m est représentable par la forme (a, b, c).*

En effet, le nombre m est évidemment représentable par la forme (m, n, p) (pour $x = 1$, $y = 0$) : il l'est donc aussi par la forme (a, b, c) qui est de même classe.

D'ailleurs on sait trouver les substitutions qui permettent de passer de la forme (m, n, p) à la forme (a, b, c), on saura donc trouver des valeurs de x et y pour lesquelles la forme (a, b, c) représente le nombre m, correspondantes à la racine n de la congruence

$$n^2 \equiv - D \qquad (\mathrm{mod}\ m).$$

Soit $\begin{pmatrix} \alpha & \beta \\ \gamma & \delta \end{pmatrix}$, la substitution qui fait passer de la forme (a, b, c) à la forme (m, n, p); α et γ sont un système de valeurs de x et y pour lesquels la forme (a, b, c) représente le nombre n.

354. Mais dans la congruence

$$n^2 \equiv - D \qquad (\mathrm{mod}\ m),$$

si l'on trouve une racine n, il en résulte une infinité d'autres qui sont congrues à celle-ci $(\mathrm{mod}\ m)$. Je dis que toutes ces valeurs de n donnent un même système de valeurs pour x et y. En effet, à un tel système de valeurs α, γ correspondent une infinité de systèmes de valeurs pour β, δ, déterminés par l'équation

$$\alpha\delta - \beta\gamma = 1.$$

Soient β_0, δ_0 l'un d'eux, tous les autres sont donnés par les formules

$$\beta = \beta_0 + \alpha l,$$
$$\delta = \delta_0 + \gamma l,$$

l étant un entier arbitraire.

Si l'on remplace β et δ par ces valeurs, dans l'expression de n,

$$n = a\alpha\beta + b\alpha\delta + b\beta\gamma + c\gamma\delta,$$

on trouve

$$n = a\alpha_0\beta_0 + b\alpha\delta_0 + b\beta_0\gamma + c\gamma\delta_0 + (a\alpha^2 + 2b\alpha\gamma + c\gamma^2)l$$

ou, puisque $a\alpha^2 + 2b\alpha\gamma + c\gamma^2 = m$,

$$n = n_0 + mt.$$

On voit donc bien que les valeurs de n congrues à une même valeur $n_0 \pmod{m}$ correspondent au même système de valeurs α, γ pour x et y.

355. En résumé :

Pour savoir si un nombre m est proprement représentable par une forme (a, b, c), on voit d'abord si le discriminant changé de signe de la forme est reste quadratique de m. Si cette condition n'est pas satisfaite, le nombre n'est pas représentable par la forme. Si, au contraire, cette condition est satisfaite, on résout la congruence

$$(92) \qquad\qquad n^2 \equiv -\,D \qquad (\bmod\; m).$$

Soit n une solution (au module m près). On détermine le nombre p, tel que

$$mp - n^2 = D,$$

et l'on voit si la forme (m, n, p) est de même classe que la forme (a, b, c). S'il en est ainsi, soit $\begin{pmatrix} \alpha & \beta \\ \gamma & \delta \end{pmatrix}$ une substitution modulaire transformant (a, b, c) en (m, n, p); alors le nombre n est représenté par la forme (a, b, c) pour le système de valeurs $x = \alpha,\ y = \gamma$. Il y a autant de systèmes de représentations correspondantes à la racine n de la congruence (92) qu'il y a de telles substitutions.

Soit n' une autre racine de la congruence (92), incongrue à la précédente $(\bmod\, m)$. On opère avec la racine n' comme avec la racine n.

Si aucune des racines de la congruence (92) ne donne de représentations pour le nombre m, le nombre m n'est pas proprement représentable.

Cette méthode s'applique aux formes à discriminant positif et à celles à discriminant négatif.

356. *Exemple.* — Résoudre en nombres entiers l'équation

$$2x^2 + 6xy - 7y^2 = 197.$$

On a

$$D = -23.$$

Cherchons si 23 est reste quadratique de 197.

197 étant premier, il suffit pour cela de calculer le symbole de Legendre.

$$\left(\frac{23}{197}\right) = \left(\frac{197}{23}\right) = \left(\frac{13}{23}\right) = \left(\frac{23}{13}\right) = \left(\frac{10}{13}\right) = \left(\frac{2}{13}\right)\left(\frac{5}{13}\right)$$

$$= -\left(\frac{5}{13}\right) = -\left(\frac{13}{5}\right) = -\left(\frac{3}{5}\right) = -\left(\frac{5}{3}\right) = -\left(\frac{2}{3}\right) = +1.$$

Donc 23 est reste quadratique de 197.

Nous avons à résoudre la congruence

$$n^2 \equiv 23 \qquad (\text{mod } 197),$$

ou

$$2 \operatorname{ind} n \equiv 68 \qquad (\text{mod } 196),$$
$$\operatorname{ind} n \equiv 34,$$
$$n = \pm 107.$$

Le nombre p est égal à

$$\frac{-23 + \overline{107}^{\,2}}{197} = 58.$$

Donc la forme (m, n, p) est ici, en posant $n = +107$,

$$(197, 107, 58).$$

Pour voir si les formes $(2, 3, -7)$ et $(197, 107, 58)$ sont de même classe, ces formes étant à discriminant négatif, il faut réduire en fractions continues leurs premières racines.

Pour la forme $(2, 3, -7)$ on trouve

$$\omega_1 = \left[0, \, 1, 8, 1, 3, \, 1, 8, 1, 3 \ldots \right],$$

la période étant 1, 8, 1, 3.

Pour la forme $(197, 107, 58)$ on trouve

$$\omega_1' = \left[-1, 2, 12, \, 1, 3, 1, 8, \, 1, 3, 1, 8, \ldots \right].$$

Si l'on fait commencer la période de ω'_1 au troisième élément de la vraie période, ω_1 et ω'_1 se trouvent avoir la même période. D'ailleurs le nombre d'éléments précédant la période est un pour ω_1 et cinq pour ω'_1. Donc les deux formes sont de même classe (n° 329).

Posant

$$x = \Big(1, 8, 1. 3, 1, 8, 1, 3, \ldots \Big),$$

on a

$$\omega_1 = \frac{1}{x},$$

et

$$\omega'_1 = \frac{-55x - 14}{106x + 27}.$$

Éliminant x entre ces deux équations, on obtient

$$\omega_1 = \frac{-106\omega'_1 - 55}{27\omega'_1 + 14}.$$

Donc la forme $(2, 3, -7)$ se transforme en la forme $(197, 107, 58)$ par la substitution

$$\begin{pmatrix} -106 & -55 \\ 27 & 14 \end{pmatrix}.$$

Donc

$$x = -106,$$
$$y = \quad 27$$

sont un système de valeurs satisfaisant à l'équation proposée.

Maintenant il faut les trouver tous. Pour cela il faut chercher toutes les substitutions qui transforment la forme $(2, 3, -7)$ en la forme $(197, 107, 58)$, ou, ce qui revient au même, toutes celles qui transforment ω'_1 en ω_1. Ces substitutions sont de la forme (n° 335)

$$\begin{pmatrix} 0 & 1 \\ 1 & 0 \end{pmatrix} L \begin{pmatrix} 27 & 14 \\ -106 & -55 \end{pmatrix},$$

L étant une substitution qui transforme x en lui-même.

D'autre part, d'après la méthode du n° 339, on voit que les substitutions L sont de la forme

$$\begin{pmatrix} 39 & 10 \\ 35 & 9 \end{pmatrix}^k,$$

k étant un entier positif, négatif ou nul.

Soit

$$\begin{pmatrix} \alpha_k & \beta_k \\ \gamma_k & \delta_k \end{pmatrix} = \begin{pmatrix} 39 & 10 \\ 35 & 9 \end{pmatrix}^k.$$

On a

$$\begin{pmatrix} 0 & 1 \\ 1 & 0 \end{pmatrix}\begin{pmatrix} \alpha_k & \beta_k \\ \gamma_k & \delta_k \end{pmatrix}\begin{pmatrix} 27 & 14 \\ -106 & -55 \end{pmatrix} = \begin{pmatrix} 27\gamma_k - 106\delta_k & 14\gamma_k - 55\delta_k \\ 27\alpha_k - 106\beta_k & 14\alpha_k - 55\beta_k \end{pmatrix};$$

de sorte que la forme générale des systèmes de solutions de l'équation proposée est

$$x = 27\gamma_k - 106\delta_k,$$
$$y = 27\alpha_k - 106\beta_k,$$

ou ces valeurs changées de signe.

Pour $k = 1$, par exemple, on trouve

$$x = 27.35 - 106.9 \ = -9,$$
$$y = 27.39 - 106.10 = -7.$$

On obtient ainsi les systèmes de nombres qui représentent *proprement* le nombre 197. D'ailleurs 197 étant premier ne peut être représenté improprement.

357. La méthode précédente donne toutes les solutions.

Pour les formes à discriminant négatif, ces solutions, quand elles existent, sont en nombre illimité, parce que, comme on l'a vu aux n°s 336 et suivants, il y a une infinité de substitutions modulaires transformant une telle forme en elle-même.

Pour les formes à discriminant positif, au contraire, le nombre des solutions est limité.

Ce dernier résultat peut d'ailleurs se démontrer de la façon suivante :

Soit à résoudre en nombres entiers l'équation

$$ax^2 + 2bxy + cy^2 = m,$$

$ac - b^2 = D$ étant supposé positif.

Cette équation peut s'écrire

$$(ax + by)^2 + Dy^2 = am;$$

donc

$$Dy^2 \leqq am.$$

Donc le nombre de valeurs possibles pour y est limité.

D'ailleurs connaissant y, la valeur de x s'en déduit. Donc il y a un nombre limité de solutions.

358. Ce procédé peut même servir à résoudre l'équation. Soit, par exemple,

$$13x^2 + 20xy + 12y^2 = 717.$$

On peut écrire

$$(13x + 10y)^2 + 56y^2 = 9321.$$

Il faut prendre y de façon que $9321 - 56y^2$ soit un carré.

D'ailleurs x, y étant une solution, $-x$, $-y$ en est aussi une. Donc on peut se borner à y positif.

Pour

$y = 0$	$9321 - 56y^2 = 9321$	qui n'est pas un carré.
$y = 1$	$9321 - 56y^2 = 9265$	id.
$y = 2$	$9321 - 56y^2 = 9097$	id.
$y = 3$	$9321 - 56y^2 = 8817$	id.
$y = 4$	$9321 - 56y^2 = 8425$	id.
$y = 5$	$9321 - 56y^2 = 7921$	qui est le carré de 89.
$y = 6$	$9321 - 56y^2 = 7305$	qui n'est pas un carré.
$y = 7$	$9321 - 56y^2 = 6577$	id.
$y = 8$	$9321 - 56y^2 = 5737$	id.
$y = 9$	$9321 - 56y^2 = 4785$	id.
$y = 10$	$9321 - 56y^2 = 3721$	qui est le carré de 61.
$y = 11$	$9321 - 56y^3 = 2545$	qui n'est pas un carré.
$y = 12$	$9321 - 56y^2 = 1257$	id.
$y = 13$	$9321 - 56y^2$	est négatif.

On peut donc prendre

$$y = 5 \quad \text{avec} \quad 13x + 10y = \pm 89,$$

ou

$$y = 10 \quad \text{avec} \quad 13x + 10y = \pm 61.$$

Pour $y = 5$ avec $13x + 10y = 89$, il vient

$$13x = 39, \quad x = 3.$$

Pour $y = 5$ avec $13x + 10y = -89$, il vient

$$13x = -139, \quad \text{impossible.}$$

Pour $y = 10$ avec $13x + 10y = 61$, il vient

$$13x = -39, \qquad x = -3.$$

Pour $y = 10$ avec $13x + 10y = -61$, il vient

$$13x = -161, \qquad \text{impossible.}$$

En résumé, quatre systèmes de solutions

$$x = 3, \qquad x = -3, \qquad x = -3, \qquad x = 3,$$
$$y = 5, \qquad y = -5, \qquad y = 10, \qquad y = -10.$$

359. *Cas particulier où $m = 0$.* — Dans ce cas particulier, l'équation indéterminée à résoudre est

$$a x^2 + 2b x y + c y^2 = 0,$$

ou, en posant $\dfrac{x}{y} = \omega$,

$$a \omega^2 + 2 b \omega + c = 0.$$

Pour qu'elle soit possible en nombres entiers, il faut donc que l'équation

$$a \omega^2 + 2 b \omega + c = 0$$

ait ses racines commensurables, ce qui exige que D soit un carré parfait. Cette condition étant remplie, soient

$$\frac{\alpha}{\beta} \quad \text{et} \quad \frac{\gamma}{\delta}$$

ces deux racines réduites à leur plus simple expression. On a

$$\frac{x}{y} = \frac{\alpha}{\beta} \qquad \text{ou} \qquad \frac{x}{y} = \frac{\gamma}{\delta}.$$

Les solutions générales de l'équation proposée sont alors données par les deux systèmes

$$\left\{ \begin{array}{l} x = \alpha t, \\ y = \beta t, \end{array} \right. \qquad \left\{ \begin{array}{l} x = \gamma t, \\ x = \delta t, \end{array} \right.$$

t étant un entier arbitraire.

360. Nous avons toujours supposé jusqu'ici que le discriminant changé de signe de la forme n'était pas un carré parfait ; parce que, s'il en était ainsi, la forme se décomposerait en un produit de deux formes linéaires divisé par a (n° **272**).

Supposons maintenant que $b^2 - ac$ soit un carré parfait d^2. Comment résoudrait-on alors l'équation indéterminée

$$ax^2 + 2bxy + cy^2 = m?$$

Cette équation peut s'écrire

$$[ax + (b + d)y][ax + (b - d)y] = am.$$

Pour la résoudre, il faut décomposer de toutes les façons possibles le nombre am en un produit de deux facteurs α, α' et poser

$$ax + (b + d)y = \alpha,$$
$$ax + (b - d)y = \alpha',$$

d'où

$$x = \frac{(d - b)\alpha + (d + b)\alpha'}{2ad},$$
$$y = \frac{\alpha - \alpha'}{2d}.$$

Mais parmi les différents systèmes de valeurs en nombre fini ainsi trouvés pour x, y, on ne devra accepter que celles qui sont entières.

§ VII. — Analyse indéterminée du second degré.

361. La question traitée dans le Chapitre précédent appartient à l'analyse indéterminée du second degré, dont nous allons maintenant nous occuper en général.

Soit d'abord une équation du second degré à une inconnue

$$ax^2 + bx + c = 0.$$

Les coefficients a, b, c étant des nombres entiers, on demande pour x des valeurs entières.

Or on a

$$x = \frac{-b \pm \sqrt{b^2 - 4ac}}{2a},$$

Donc, pour que l'équation proposée admette une solution entière, il faut d'abord que $b^2 - 4ac$ soit un carré parfait m^2.

Ensuite, il faut que l'un des deux nombres $- b \pm m$ ou tous les deux soient divisibles par $2a$.

On voit d'ailleurs immédiatement qu'une solution entière de l'équation est un diviseur de c. D'ailleurs la question n'est qu'un cas particulier de la recherche des racines commensurables, exposée au n° 239.

362. *Équation du second degré à deux inconnues.* — La forme générale d'une telle équation est

$$(93) \qquad ax^2 + 2bxy + cy^2 + 2dx + 2ey + f = 0.$$

Les coefficients a, b, c étant des nombres entiers, on demande les systèmes de valeurs entières de x et y, qui satisfont à cette équation.

(On peut toujours supposer que les coefficients des termes en xy, x, y soient pairs, car, s'il n'en était pas ainsi, on multiplierait tous les termes de l'équation par 2.)

Dans le cas particulier où les coefficients d et e sont nuls, l'équation proposée se réduit à

$$ax^2 + 2bxy + cy^2 = -f;$$

et la résolution de l'équation n'est autre chose que la question traitée dans le Chapitre précédent.

363. Passons maintenant au cas général où d et e sont quelconques. Nous diviserons ce cas général en deux, suivant que $ac - b^2$ est différent de zéro ou non, ou, pour parler un langage géométrique, suivant que l'équation (92) représente une courbe à centre unique ou une courbe du genre parabole.

Premier cas. — $ac - b^2 \neq 0$. Cas d'une courbe à centre unique. — Multiplions l'équation proposée par $(ac - b^2)^2$ qui n'est pas nul. L'équation obtenue peut s'écrire

$$a[(ac - b^2)x - (be - cd)]^2$$
$$+ 2b[(ac - b^2)x - (be - cd)][(ac - b^2)y - (bd - ae)]$$
$$+ c[(ac - b^2)y - (bd - ae)]^2$$
$$+ (ac - b^2)(acf + 2bde - ae^2 - cd^2 - fb^2),$$

Posons

$$(ac - b^2)x - (be - cd) = X,$$
$$(ac - b^2)y - (bd - ae) = Y.$$

Posons aussi

$$ac - b^2 = D,$$
$$acf + 2bde - ae^2 - cd^2 - fb^2 = \Delta,$$

il vient

(94) $$a X^2 + 2b XY + c Y^2 = - D\Delta.$$

(Remarquons que la transformation précédente est la même que celle qu'on fait en Géométrie analytique pour rapporter la courbe à des axes passant par son centre.)

A des valeurs entières de x et y correspondent des valeurs entières pour X et Y. Il faut donc commencer par résoudre l'équation (94), ce que l'on sait faire.

Si elle était impossible, l'équation proposée le serait elle-même.

Si elle est possible, soit X_0, Y_0 un système de solutions. On aura

(95)
$$\begin{cases} x = \dfrac{X_0 + be - cd}{ac - b^2}, \\ y = \dfrac{Y_0 + bd - ae}{ac - b^2}, \end{cases}$$

solutions qui ne seront acceptables que si elles sont entières.

Si $D > 0$, la question peut être considérée comme résolue, parce que le nombre des valeurs de X_0, Y_0 étant limité (n° 357), il est facile de voir quelles sont celles qui satisfont à cette condition que les expressions (95) soient entières.

Mais si $D < 0$, le nombre des systèmes de valeurs trouvées pour X_0, Y_0 étant infini, il n'en est plus ainsi.

Dans ce cas, ces systèmes de valeurs sont les premiers et troisièmes coefficients des substitutions qui transforment la forme (a, b, c) en une certaine forme $(- D\Delta, n, p)$ (n° 355).

Ces substitutions sont de la forme GLH^{-1}, H et G étant certaines substitutions déterminées; L étant une puissance quelconque, positive ou négative, d'une substitution déterminée

$$\begin{pmatrix} \alpha & \beta \\ \gamma & \delta \end{pmatrix}.$$

Soit
$$\begin{pmatrix} \alpha & \beta \\ \gamma & \delta \end{pmatrix}^k = \begin{pmatrix} \alpha_k & \beta_k \\ \gamma_k & \delta_k \end{pmatrix};$$

X et Y sont des fonctions linéaires de α_k, β_k, γ_k, δ_k.

Or on a vu (n° 301) que les restes de α_k, β_k, γ_k, δ_k par rapport à un module quelconque, se reproduisent périodiquement. Il en est donc de même pour X_0 et Y_0 et, par suite, pour les numérateurs des expressions (95), relativement au module $ac - b^2$. Donc il suffira de trouver la période, puis d'essayer dans une période, les valeurs de X et Y qui rendent les expressions (95) entières.

Dans les autres périodes, ce seront les valeurs de même rang qui satisferont à la question.

364. *Exemple I.* — Soit à résoudre en nombres entiers l'équation

$$x^2 + 2xy - 2y^2 + 2x - 4y - 6 = 0.$$

On a

$$D = -3,$$
$$\Delta = 12.$$

L'équation (94) est ici

$$(96) \qquad X^2 + 2XY - 2Y^2 = 36$$

Cherchons d'abord des représentations propres du nombre 36 par la forme $X^2 + 2XY - 2Y^2$.

Nous devons pour cela commencer par déterminer un nombre n satisfaisant à la congruence

$$n^2 \equiv 3 \qquad (\text{mod } 36).$$

n doit être divisible par 3, posons $n = 3n'$; il vient

$$3n'^2 \equiv 1 \qquad (\text{mod } 12),$$

congruence évidemment impossible.

Cherchons donc des représentations impropres du nombre 36. On a

$$36 = 2^2 . 3^2.$$

Les carrés par lesquels 36 est divisible sont 9, 4, 36 et les quotients sont 4, 9, 1. Il faut donc chercher des représentations propres soit de 4, soit de 9, soit de 1.

1° *Représentation propre de 4.*

$$X'^2 + 2X'Y' - 2Y'^2 = 4,$$

il faut d'abord déterminer n tel que

$$n^2 \equiv 3 \qquad (\text{mod } 4),$$

celte congruence est impossible, parce que 3 n'est pas reste quadratique de 4.

2° *Représentation propre de* 9.

$$X'^2 + 2X'Y' - 2Y'^2 = 9.$$

Il faut déterminer n tel que

$$n^2 \equiv 3 \qquad (\bmod\ 9),$$

n doit être divisible par 3. Posons $n = 3n'$;

$$3n'^2 \equiv 1 \qquad (\bmod\ 3),$$

congruence impossible.

3° *Représentation propre de* 1.

$$(97) \qquad X'^2 + 2X'Y' - 2Y'^2 = 1.$$

Il faut déterminer n tel que

$$n^2 \equiv 3 \qquad (\bmod\ 1).$$

La valeur de n, n'ayant besoin d'être déterminée qu'au module 1 près, on peut prendre pour n n'importe quelle valeur, par exemple $n = 0$. On doit ensuite déterminer p par la condition

$$-p = 3,$$

d'où

$$p = -3,$$

et l'on a à considérer la forme

$$(1,\ 0,\ -3).$$

Cherchons si les formes $(1,\ 1,\ -2)$ et $(1,\ 0,\ -3)$ sont de même classe.

Les premières racines de ces formes sont

$$\omega_1 = -1 + \sqrt{3}, \qquad \omega'_1 = \sqrt{3},$$

$$\omega_1 = \left[0,\ \underbrace{1,\ 2},\ \underbrace{1,\ 2},\ \ldots \right], \qquad \omega'_1 = \left[1,\ \underbrace{1,\ 2},\ \underbrace{1,\ 2},\ \ldots \right].$$

On reconnaît que les deux formes sont de même classe.

Posons

$$x = \left[\underbrace{1,\ 2},\ \underbrace{1,\ 2},\ \ldots \right],$$

C. 19

on a

$$\omega_1 = \frac{1}{x},$$

$$\omega'_1 = 1 + \frac{1}{x}.$$

Quant aux substitutions modulaires qui transforment x en lui-même, ce sont les puissances de la substitution $\begin{pmatrix} 3 & 1 \\ 2 & 1 \end{pmatrix}$.

Les substitutions qui transforment ω'_1 en ω_1 sont de la forme

$$\begin{pmatrix} 0 & 1 \\ 1 & 0 \end{pmatrix}\begin{pmatrix} \alpha_k & \beta_k \\ \gamma_k & \delta_k \end{pmatrix}\begin{pmatrix} 0 & 1 \\ 1 & -1 \end{pmatrix} = \begin{pmatrix} \delta_k & \gamma_k - \delta_k \\ \beta_k & \alpha_k - \beta_k \end{pmatrix},$$

en posant

$$\begin{pmatrix} 3 & 1 \\ 2 & 1 \end{pmatrix}^k = \begin{pmatrix} \alpha_k & \beta_k \\ \gamma_k & \delta_k \end{pmatrix}.$$

Les valeurs de X, Y qui satisfont à l'équation (97) sont donc les premiers et troisièmes coefficients de ces substitutions, ou ces coefficients changés de signe, c'est-à-dire

$$X' = \pm \delta_k,$$
$$Y' = \pm \beta_k$$

(les signes $+$ ou $-$ étant pris ensemble).

Les valeurs de X et Y qui satisfont à l'équation (96) sont donc

$$X = \pm 6\delta_k,$$
$$Y = \pm 6\beta_k.$$

Les formules (95) donnent alors

$$x = \pm \frac{6\delta_k}{-3} = \mp 2\delta_k,$$

$$y = \frac{\pm 6\beta_k + 3}{-3} = \mp 2\beta_k - 1.$$

Pour $k = 0$,
$$x = \pm 2, \qquad y = -1.$$

Pour $k = 1$
$$x = 2, \qquad y = 1,$$
$$x = -2, \qquad y = -3.$$

Pour $k = -1$,
$$x = 6, \qquad y = -3,$$
$$x = -6, \qquad y = 1,$$

etc.

365. *Exemple II.* — Soit l'équation

$$x^2 + 2xy - 6y^2 + 2x - 2y + 3 = 0.$$

Ici

$$D = -7,$$
$$\Delta = -18.$$

On a donc à résoudre l'équation

$$X^2 + 2XY - 6Y^2 = -126.$$

Cherchons d'abord les représentations propres de -126 par la forme $(1, 1, -6)$, il faut pour cela résoudre d'abord la congruence

$$n^2 \equiv 7 \qquad (\mathrm{mod} -126).$$

On trouve

$$n = \pm 49.$$

1° Prenons d'abord $n = -49$.

Nous déterminons alors p par l'équation

$$n^2 + 126 p = 7,$$

d'où

$$p = -19.$$

Nous avons à chercher si les deux formes

$$(1, 1, -6) \quad \text{et} \quad (-126, -49, -19)$$

sont de même classe.

On trouve pour les développements des premières racines de ces formes en fractions continues

$$\omega_1 = -1 + \sqrt{7} = \left[1, 1, 1, 1, 4, \ldots \right],$$

$$\omega_1' = \frac{49 + \sqrt{7}}{-126} = \left[-1, 1, 1, 2, 3, 1, 1, 1, 4, \ldots \right].$$

Les deux formes sont de même classe, et posant

$$x = \left[1 \ 1 \ 1 \ 4, \ 1 \ 1 \ 1 \ 4, \ \ldots \right],$$

on trouve

$$\omega_1 = \frac{x + 1}{x},$$

$$\omega_1' = \frac{-7x - 2}{17x + 5}.$$

Les substitutions qui transforment x en lui-même sont les puissances de la substitution

$$\begin{pmatrix} 14 & 3 \\ 9 & 2 \end{pmatrix}.$$

Posant

$$\begin{pmatrix} 14 & 3 \\ 9 & 2 \end{pmatrix}^k = \begin{pmatrix} \alpha_k & \beta_k \\ \gamma_k & \delta_k \end{pmatrix},$$

on trouve que les substitutions qui transforment la forme $(1, 1, -6)$ en la forme $(-126, -49, -19)$ sont de la forme

$$\begin{pmatrix} 1 & 1 \\ 1 & 0 \end{pmatrix} \begin{pmatrix} \alpha_k & \beta_k \\ \gamma_k & \delta_k \end{pmatrix} \begin{pmatrix} 5 & 2 \\ -17 & -7 \end{pmatrix}$$
$$= \begin{pmatrix} 5\alpha_k - 17\beta_k + 5\gamma_k - 17\delta_k & 2\alpha_k - 7\beta_k + 2\gamma_k - 7\delta_k \\ 5\alpha_k - 17\beta_k & 2\alpha_k - 7\beta_k \end{pmatrix}.$$

Les valeurs de X et Y sont donc

$$X = (5\alpha_k - 17\beta_k + 5\gamma_k - 17\delta_k),$$
$$Y = (5\alpha_k - 17\beta_k),$$

ou

$$X = -(5\alpha_k - 17\beta_k + 5\gamma_k - 17\delta_k),$$
$$Y = -(5\alpha_k - 17\beta_k),$$

d'où

$$(98) \qquad \begin{cases} x = \dfrac{\pm(5\alpha_k - 17\beta_k + 5\gamma_k - 17\delta_k) + 5}{-7}, \\[2mm] y = \pm\dfrac{(5\alpha_k - 17\beta_k) + 2}{-7} \end{cases}$$

(les signes $+$ se correspondant ainsi que les signes $-$).

Reste à déterminer k de façon que les numérateurs de ces expressions soient divisibles par 7. Or, si l'on forme les puissances successives de la substitution $\begin{pmatrix} 14 & 3 \\ 9 & 2 \end{pmatrix}$, depuis la puissance zéro, on trouve qu'elles sont respectivement congrues (mod 7) à

$$\begin{pmatrix} 1 & 0 \\ 0 & 1 \end{pmatrix} \begin{pmatrix} 0 & 3 \\ 2 & 2 \end{pmatrix} \begin{pmatrix} 6 & 6 \\ 4 & 3 \end{pmatrix} \begin{pmatrix} 5 & 2 \\ 6 & 4 \end{pmatrix} \begin{pmatrix} 4 & 5 \\ 1 & 5 \end{pmatrix} \begin{pmatrix} 3 & 1 \\ 3 & 6 \end{pmatrix} \begin{pmatrix} 2 & 4 \\ 5 & 0 \end{pmatrix}$$

pour les sept premières puissances; à partir de quoi les mêmes résultats se reproduisent, la période étant ainsi composée de sept termes.

Ceci posé, il est facile de voir que les numérateurs des expressions (98), prises avec le signe $+$, sont divisibles par 7 pour toutes les valeurs de k, tandis que les numérateurs de ces mêmes expressions, prises avec le signe $-$, ne le sont pour aucune valeur de k. On a donc les expressions

$$x = \frac{5\alpha_k - 17\beta_k + 5\gamma_k - 17\delta_k + 5}{-7},$$

$$y = \frac{5\alpha_k - 17\beta_k + 2}{-7}$$

comme solutions de l'équation.

Pour $k = 0$,
$$x = 1, \qquad y = -1.$$

Pour $k = 1$,
$$x = -5, \qquad y = -3,$$

etc.

$2°$ Prenons maintenant $n = +49$.

Les deux formes à comparer sont

$$(1, 1, -6), \quad (-126, 49, -19).$$

$$\omega_1 = -1 + \sqrt{7} = \left[1, 1, 1, 1, 4, \ldots\right],$$

$$\omega'_1 = \frac{-49 + \sqrt{7}}{-126} = \left[0, 2, 1, 2, 1, 1, 4, 1, \ldots\right].$$

En posant ici

$$x = \left[1, 1, 4, 1, \ldots\right],$$

et faisant commencer la période de ω_1 au second élément de la période véritable, on voit que les deux formes sont de même classe. On a d'ailleurs

$$\omega_1 = \frac{2x + 1}{x + 1},$$

$$\omega'_1 = \frac{3x + 1}{8x + 3},$$

et les substitutions qui laissent x invariable sont

$$\begin{pmatrix} 11 & 9 \\ 6 & 5 \end{pmatrix}^k = \begin{pmatrix} \alpha_k & \beta_k \\ \gamma_k & \delta_k \end{pmatrix};$$

on trouve

$$X = \pm(6\alpha_k - 16\beta_k + 3\gamma_k + 8\delta_k),$$
$$Y = \pm(3\alpha_k - 8\beta_k + 3\gamma_k + 8\delta_k),$$

d'où

$$(99) \qquad \begin{cases} x = \dfrac{\pm(6\alpha_k - 16\beta_k + 3\gamma_k - 8\delta_k) + 5}{-7}, \\[2mm] y = \dfrac{\pm(3\alpha_k - 8\beta_k + 3\gamma_k - 8\delta_k) + 2}{-7}. \end{cases}$$

On trouve comme période

$$\begin{pmatrix} 1 & 0 \\ 0 & 1 \end{pmatrix}, \quad \begin{pmatrix} 4 & 2 \\ 6 & 5 \end{pmatrix}, \quad \begin{pmatrix} 0 & 4 \\ 5 & 2 \end{pmatrix}, \quad \begin{pmatrix} 3 & 6 \\ 4 & 6 \end{pmatrix},$$
$$\begin{pmatrix} 6 & 1 \\ 3 & 3 \end{pmatrix}, \quad \begin{pmatrix} 2 & 3 \\ 2 & 0 \end{pmatrix}, \quad \begin{pmatrix} 5 & 5 \\ 1 & 4 \end{pmatrix}.$$

Les expressions (99) prises avec le signe $+$ ne sont entières pour aucune valeur de k. Prises avec le signe $-$, elles sont entières pour toute valeur de k.

On trouve ainsi pour $k = 0$,

$$x = -1, \qquad y = -1;$$

pour $k = 1$,

$$x = -15, \qquad y = -9,$$

etc.

Nous avons trouvé les représentations propres de -126 par la forme $(1, 1, -6)$. Mais 126 étant divisible par 9, il y a peut-être des représentations impropres de -126 par la forme $(1, 1, -6)$. Pour les trouver, il faut chercher les représentations de

$$\frac{-126}{9} = -14,$$

c'est-à-dire résoudre l'équation

$$X'^2 + 2X'Y' - 6Y'^2 = -14.$$

Il faut d'abord résoudre la congruence

$$n^2 \equiv 7 \qquad (\bmod -14);$$

on trouve

$$n = \pm 7.$$

1° Prenons d'abord $n = 7$. Nous déterminons alors p par

l'équation
$$n^2 + 14p = 7,$$
d'où
$$p = -3.$$

On a donc à comparer les formes
$$(1, \ 1, \ -6), \quad (-14, \ 7, \ -3).$$

Les premières racines sont
$$\omega_1 = -1 + \sqrt{7}, \qquad \omega_1' = \frac{-7 + \sqrt{7}}{-14},$$
$$\omega_1 = \left[1, \ \underbrace{1, 1, 1, 4}, \ \underbrace{1, 1, 1, 4}, \ \cdots\right],$$
$$\omega_1' = \left[0, 3, 4, \ \underbrace{1, 1, 1, 4}, \ \cdots\right].$$

Les deux formes sont de même classe
$$x = \left[\underbrace{1, 1, 1, 4}, \ \underbrace{1, 1, 1, 4}, \ \cdots\right],$$
$$\omega_1 = \frac{x+1}{x},$$
$$\omega_1' = \frac{4x+1}{13x+3}.$$

Les substitutions qui laissent x invariable sont de la forme
$$\begin{pmatrix} 14 & 3 \\ 9 & 2 \end{pmatrix}^k = \begin{pmatrix} \alpha_k & \beta_k \\ \gamma_k & \delta_k \end{pmatrix}.$$

On trouve
$$X' = \pm(3\alpha_k - 13\beta_k + 3\gamma_k - 13\delta_k),$$
$$Y' = \pm(3\alpha_k - 13\beta_k),$$
d'où
$$X = \pm(9\alpha_k - 39\beta_k + 9\gamma_k - 39\delta_k),$$
$$Y = \pm(9\alpha_k - 39\beta_k)$$
et
$$x = \frac{\pm(9\alpha_k - 39\beta_k + 9\gamma_k - 39\delta_k) + 5}{-7},$$
$$y = \frac{\pm(9\alpha_k - 39\beta_k) + 2}{-7}.$$

On n'obtient pour x, y aucune valeur entière, en prenant le signe $+$ dans ces expressions. En prenant le signe $-$, toutes les valeurs trouvées sont entières.

Pour $k = 0$,
$$x = -5, \qquad y = 1.$$
Pour $k = 1$,
$$x = 1, \qquad y = 1,$$
etc.

2° Reste à prendre la valeur $n = -7$, mais nous laissons au lecteur le soin d'achever ces calculs.

366. *Remarque.* — La méthode précédente s'applique quel que soit le signe de D. Dans le cas où cette quantité est positive, le nombre des solutions est limité. Il peut alors être préférable de procéder par la décomposition en carrés, comme le montre l'exemple suivant.

Soit l'équation

(100)
$$x^2 + xy + y^2 - 5x + 6y - 4 = 0.$$

Nous pouvons écrire après avoir décomposé le premier membre en carrés par la méthode connue, et rendu l'équation entière,

$$3(2x + y - 5)^2 + (3y + 17)^2 = 412.$$

On voit que la quantité $(3y + 17)$ doit, en valeur absolue, être au plus égale à la racine à une unité près de 412, c'est-à-dire qu'on doit avoir
$$-20 \leqq 3y + 17 \leqq 20,$$
d'où
$$-12 \leqq y \leqq 1.$$

On essaye pour y toutes les valeurs entières satisfaisant à ces conditions, et l'on voit si l'équation (100) donne pour x des valeurs entières. On trouve ainsi les systèmes de solutions :

$$\begin{cases} x = 1, \\ y = 1, \end{cases} \quad \begin{cases} x = 3, \\ y = 1, \end{cases} \quad \begin{cases} x = 1, \\ y = -8, \end{cases} \quad \begin{cases} x = 12, \\ y = -8, \end{cases} \quad \begin{cases} x = 12, \\ y = -10, \end{cases} \quad \begin{cases} x = 3, \\ y = -10. \end{cases}$$

367. Deuxième cas : $ac - b^2 = 0$. — *Cas d'une courbe du genre parabole.* — Remarquons d'abord que a et c ne sont pas tous les deux nuls, car, s'il en était ainsi, b le serait aussi d'après l'équation
$$ac - b^2 = 0,$$
et l'équation proposée ne serait plus du second degré.

Supposons donc a, par exemple, différent de zéro, et multi-

plions l'équation proposée par a, elle devient (en vertu de l'hypothèse $ac - b^2 = 0$)

$$(101) \qquad (ax + by)^2 + 2adx + 2aey + af = 0.$$

Posons

$$(102) \qquad \begin{cases} ax + by = X, \\ 2adx + 2aey + af = -Y. \end{cases}$$

L'équation (101) devient

$$(103) \qquad X^2 = Y.$$

À des valeurs entières de x et y correspondent des valeurs entières de X et Y.

Il faut donc d'abord résoudre l'équation (103) en nombres entiers, mais cette solution est évidente; il suffit de prendre une
valeur quelconque entière pour X, puis pour Y le carré de cette
valeur. Les formules (102) donnent alors

$$(104) \qquad \begin{cases} y = \dfrac{X^2 + 2dX + af}{2(bd - ae)}, \\ x = \dfrac{-bX^2 - 2aeX - abf}{2a(bd - ae)}. \end{cases}$$

Il faut prendre pour X des valeurs telles que ces expressions
soient entières, c'est-à-dire telles que

$$X^2 + 2dX + af \equiv 0 \qquad [\bmod\, 2(bd - ae)],$$
$$-bX^2 - 2aeX - abf \equiv 0 \qquad [\bmod\, 2a(bd - ae)],$$

congruences du second degré que l'on sait résoudre.

368. *Exemple I.* — Soit à résoudre l'équation

$$2x^2 - 8xy + 8y^2 - 6x + 4y - 1 = 0.$$

Les formules (104) donnent

$$y = \frac{X^2 - 6X - 2}{16},$$
$$x = \frac{4X^2 - 8X - 8}{32} = \frac{X^2 - 2X - 2}{8}.$$

Il faut choisir X de façon que

$$X^2 - 6X - 2 \equiv 0 \qquad (\bmod\, 16)$$

et

$$X^2 - 2X - 2 \equiv 0 \qquad (\bmod\ 8).$$

Mais ces congruences sont impossibles, donc l'équation proposée est impossible.

Exemple II. — Soit à résoudre l'équation

$$x^2 + 6xy + 9y^2 - 4x + 5y - 111 = 0.$$

Il faut d'abord multiplier par 2 pour rendre le coefficient de x pair,

$$2x^2 + 12xy + 18y^2 - 8x + 10y - 222 = 0.$$

Les formules (104) donnent

$$(105) \qquad \begin{cases} x = \dfrac{-6X^2 - 20X + 2664}{-136} = \dfrac{-3X^2 - 10X + 1332}{-68}, \\[2mm] y = \dfrac{X^2 - 8X - 444}{-68}. \end{cases}$$

Il faut choisir X de façon que

$$\text{et} \qquad \left. \begin{array}{l} 3X^2 + 10X - 1332 \equiv 0 \\[2mm] X^2 - 8X - 444 \equiv 0 \end{array} \right\} \qquad (\bmod\ 68).$$

Les solutions de la première sont congrues à

$$20, \quad -12, \quad 22, \quad -14 \qquad (\bmod\ 68).$$

Celles de la seconde sont les mêmes.

Il faut donc dans les formules (105) poser

$$X = 20 + 68\,t,$$
ou
$$X = -12 + 68\,t,$$
ou
$$X = 22 + 68\,t,$$
ou
$$X = -14 + 68\,t,$$

ce qui donne successivement

$$\begin{cases} x = 204\,t^2 + 130\,t + 1, \\ y = -68\,t^2 - 32\,t + 3, \end{cases} \qquad \begin{cases} x = 204\,t^2 - 62\,t - 15, \\ y = -68\,t^2 + 32\,t + 3, \end{cases}$$

$$\begin{cases} x = 204\,t^2 + 142\,t + 5, \\ y = -68\,t^2 - 36\,t + 2, \end{cases} \qquad \begin{cases} x = 204\,t^2 - 74\,t - 13, \\ y = -68\,t^2 + 36\,t + 2, \end{cases}$$

t étant un nombre entier quelconque.

369. Problème. — *Pour quelles valeurs de x le trinôme $ax^2 + bx + c$, est-il un carré parfait?*

Cette question revient à résoudre l'équation indéterminée

$$ax^2 + bx + c = y^2,$$

ce qui se fera par la méthode précédente.

Suivant les valeurs de a, b, c, le problème peut être possible ou impossible. Lorsque le coefficient a est positif ou nul, le problème peut avoir un nombre indéfini de solutions. Lorsque le coefficient a est négatif, le problème ne peut avoir qu'un nombre limité de solutions.

§ VIII. — Réduction des formes quadratiques à des formes linéaires.

370. La question de la représentation des nombres par les formes quadratiques peut être regardée d'un autre point de vue que celui du § VI de ce Chapitre. Dans ce paragraphe, nous nous étions proposé, étant donnée une certaine forme, et étant donné un nombre, voir si le nombre est représentable par la forme, et trouver la représentation. Mais on peut se proposer le problème suivant : *Étant donnée une forme, quelle est l'expression générale des nombres qui sont représentables par cette forme?*

Nous bornant à des exemples particuliers, nous allons voir que les nombres représentables par une forme quadratique sont, à de certaines conditions, représentables aussi par certaines formes linéaires. Ce résultat justifie le titre de ce paragraphe.

371. *Décomposition des nombres en somme de deux carrés.* — Décomposer un nombre m en une somme de deux carrés, c'est trouver deux nombres x, y tels que

$$x^2 + y^2 = m.$$

C'est donc voir si le nombre m est représentable par la forme $(1, 0, 1)$.

Examinons d'abord le cas particulier où m *est impair*, et où l'on demande pour x et y des *nombres premiers entre eux;*

autrement dit, l'on cherche les représentations *propres* du nombre m par la forme $(1, 0, 1)$.

Pour que le nombre impair m soit représentable par la forme $x^2 + y^2$, il faut que le discriminant changé de signe de forme de la forme, c'est-à-dire -1, soit reste quadratique de m. Le nombre -1 doit donc aussi être reste quadratique de tous les facteurs premiers de m.

Il faut donc *que tous les facteurs premiers de m soient de la forme $4h + 1$.*

Réciproquement, supposons cette condition remplie. La congruence

$$(106) \qquad\qquad n^2 \equiv -1 \qquad (\mathrm{mod}\, m)$$

est alors possible, et a 2^μ solutions incongrues, μ étant le nombre des facteurs premiers différents de m (n° 169, VII).

Soit n une solution, et soit p le nombre tel que

$$n^2 - mp = -1.$$

Pour qu'à cette solution corresponde une représentation propre du nombre m par la forme $(1, 0, 1)$, il suffit que cette forme et la forme (m, n, p) soient de même classe. Mais ces deux formes ont le même discriminant 1, et nous avons vu (n° 323) qu'il n'y a qu'une classe de formes de discriminant 1. Donc ces deux formes sont de même classe. Donc à chaque solution de la congruence (106) correspond autant de décompositions du nombre m en une somme de deux carrés, qu'il y a de substitutions modulaires transformant la forme (m, n, p) en la forme $(1, 0, 1)$ (n° 353). Or ce nombre est égal au nombre de substitutions modulaires transformant la forme $(1, 0, 1)$ en elle-même (n° 316). Enfin ce dernier nombre est égal à 4 (n° 318). Il y a donc $4 \cdot 2^\mu$ représentations du nombre.

Remarquons d'ailleurs que chaque décomposition

$$m = x^2 + y^2$$

en donne immédiatement sept autres

$$x^2 + (-y)^2, \quad (-x)^2 + y^2, \quad (-x)^2 + (-y)^2, \quad y^2 + x^2,$$
$$y + (-x)^2, \quad (-y)^2 + x^2, \quad (-y)^2 + (-x)^2.$$

D'ailleurs deux de ces décompositions ne sont pas identiques, excepté si $m = 1$. En effet, pour que deux de ces décompositions soient identiques, il faut que l'un des nombres x ou y soit nul, ou bien que ces deux nombres soient égaux. Si l'un des nombres x, y est nul, comme ces nombres sont d'ailleurs premiers entre eux, il faut que celui qui n'est pas nul soit égal à 1. Alors $m = 1$. Si x et y sont égaux, pour qu'ils soient premiers entre eux, il faudrait que x et y fussent égaux à 1; alors m serait égal à 2, cas supposé écarté, puisque m est impair.

Donc, le cas de $m = 1$ écarté, si l'on ne considère pas les huit représentations trouvées plus haut comme distinctes, le nombre $4 \cdot 2^\mu$ de représentations doit être divisé par 8, ce qui donne $2^{\mu-1}$, et l'on arrive finalement au résultat suivant :

Tout nombre impair m différent de 1, et dont tous les facteurs premiers sont de la forme $4h + 1$, est décomposable en une somme de deux carrés, de $2^{\mu-1}$ façons en désignant par μ le nombre des facteurs premiers différents contenus dans m.

Quant au nombre 1 il est décomposable d'une seule façon en $0^2 + 1^2$.

Exemples :
$$5 = 1^2 + 2^2,$$
$$325 = 5^2 \cdot 13 = 1^2 + 18^2 = 6^2 + \overline{17}^2.$$

$\left(325 \right.$ est encore décomposable en $\overline{10}^2 + \overline{15}^2$, mais les nombres 10 et 15 ne sont pas premiers entre eux; cette sorte de décomposition va être examinée tout à l'heure.$\left. \right)$

Comme cas particulier, on a ce théorème, dû à Fermat et démontré par Euler :

Tout nombre premier de la forme $4h + 1$ est décomposable d'une seule façon en une somme de deux carrés.

372. Passons maintenant à la représentation des nombres *pairs*, et nous examinerons encore, en premier lieu, la représentation impropre.

Soient $2m$ le nombre proposé et
$$2m = x^2 + y^2$$
une décomposition de $2m$ en une somme de deux carrés.

x et y ne peuvent être pairs tous les deux, puisque, par hypothèse, ils sont premiers entre eux.

Il ne se peut pas non plus que l'un de ces nombres soit pair et l'autre impair, puisque alors la somme de leurs carrés ne pourrait être paire.

Donc x et y sont impairs tous les deux.

Soient

$$x = 2x' + 1,$$
$$y = 2y' + 1.$$

On a alors

$$2m = (2x' + 1)^2 + (2y' + 1)^2,$$

d'où

$$m = 2x'^2 + 2y'^2 + 2x' + 2y' + 1.$$

Une première conséquence est que m est impair. Ainsi, *un nombre pair ne peut être décomposé en une somme de deux carrés premiers entre eux, que si ce nombre est simplement pair.*

Ensuite on peut écrire

$$m = (x' + y' + 1)^2 + (x' - y')^2.$$

D'ailleurs, $x' + y' + 1$ et $x' - y'$ sont premiers entre eux, car s'ils avaient un diviseur commun, ce diviseur diviserait leur somme $2x' + 1$ et leur différence $2y' + 1$; ce qui est impossible, puisque $2x' + 1$ et $2y' + 1$ sont premiers entre eux. Donc à toute décomposition propre de $2m$, correspond une décomposition propre de m.

Réciproquement, soit

$$m = X^2 + Y^2$$

une décomposition propre de m, on a

$$2m = 2(X^2 + Y^2) = (X + Y)^2 + (X - Y)^2.$$

X et Y étant premiers entre eux, $X + Y$ et $X - Y$ le sont aussi.

Donc aussi, à toute décomposition propre de m, en correspond une de $2m$.

Il résulte de là que *le nombre de décompositions propres de $2m$ est égal au nombre de décompositions propres de m.*

Exemple :

$$10 = 1^2 + 3^2,$$
$$65o = \overline{19}^2 + \overline{17}^2 = \overline{23}^2 + \overline{11}^2.$$

373. Occupons-nous enfin des décompositions *impropres.*

Soient m un nombre et

$$m = (\delta x')^2 + (\delta y')^2$$

une décomposition de m en une somme de carrés de deux nombres $\delta x'$, $\delta y'$, ayant δ comme plus grand commun diviseur. On voit que m est divisible par δ^2, et que l'on a

$$\frac{m}{\delta^2} = x'^2 + y'^2.$$

x' et y' étant premiers entre eux il en résulte qu'à la décomposition supposée de m, correspond une décomposition propre de $\frac{m}{\delta^2}$. Réciproquement, à toute décomposition propre de $\frac{m}{\delta^2}$, correspond une décomposition de m en une somme de carrés de deux nombres ayant δ comme plus grand commun diviseur.

On peut supposer, dans ce qui précède, $\delta = 1$, ce qui correspond aux décompositions propres.

En résumé, *pour trouver toutes les décompositions propres ou impropres de m, il faut diviser m par tous les carrés par lesquels il est divisible, 1 compris; chercher les décompositions propres du quotient et remultiplier les deux termes de chaque décomposition par le carré qui a servi de diviseur.*

Exemple I. — Soit le nombre

$$325 = 5^2.13,$$

considéré au n° **371.** Outre 1, ce nombre admet encore 5^2 comme diviseur carré.

Le quotient de 325 par 5^2 est 13 qui se décompose proprement de la façon suivante

$$13 = 2^2 + 3^2.$$

On en déduit

$$5^2.13 = (5.2)^2 + (5.3)^2$$

ou

$$325 = \overline{10}^2 + \overline{15}^2,$$

comme seule décomposition impropre de 325.

Exemple II. — Soit le nombre

$$7605 = 3^2.5.\overline{13}^2.$$

Ce nombre est divisible par les carrés

$$1^2, \quad 3^2, \quad \overline{13}^2, \quad (3.13)^2.$$

Les quotients sont

$$3^2.5.\overline{13}^2, \quad 5.\overline{13}^2, \quad 3^2.5, \quad 5.$$

Le premier et le troisième de ces quotients ne sont pas représentables proprement, parce qu'ils contiennent un facteur premier 3 qui n'est pas congru à 1 (mod 4). Mais le second et le troisième quotient sont représentables proprement. On a

$$5.\overline{13}^2 = 2^2 + \overline{29}^2 = \overline{19}^2 + \overline{22}^2,$$
$$5 = 1^2 + 2^2.$$

On en déduit les trois représentations suivantes du nombre 7605, toutes trois impropres :

$$7605 = 3^2.5.\overline{13}^2 = 6^2 + \overline{87}^2 = \overline{57}^2 + \overline{66}^2 = \overline{39}^2 + \overline{78}^2.$$

374. On peut remarquer que les considérations précédentes, non seulement montrent de combien de façons un nombre est décomposable en une somme de deux carrés, mais permettent d'opérer la décomposition.

D'ailleurs, il pourra être plus simple d'opérer par tâtonnements.

Comme conséquence de ce qui précède, on a le théorème suivant :

Si un nombre m est décomposable en une somme de deux carrés premiers entre eux, il en est de même de tout diviseur de m.

En effet, d'après l'hypothèse, ce nombre m ne peut être qu'un produit de facteurs premiers de la forme $4h + 1$, ou le double d'un tel produit. Il en est évidemment de même de tout diviseur de ce nombre.

375. *Décomposition d'un nombre en la somme d'un carré et du double d'un carré.* — Occupons-nous maintenant de la décomposition d'un nombre en la somme d'un carré et du double

d'un carré ; c'est-à-dire, proposons-nous, étant donné m, de trouver les nombres x, y tels que

$$x^2 + 2y^2 = m.$$

Examinons d'abord le cas particulier où m est impair et où l'on demande pour x et y des nombres premiers entre eux. Il faut d'abord que le discriminant changé de signe de la forme, c'est-à-dire -2, soit reste quadratique de m, et, pour cela, il faut que tous les facteurs premiers de m soient de l'une des formes $8h + 1$ ou $8h + 3$.

Réciproquement, supposons cette condition remplie. La congruence

$$(107) \qquad\qquad n^2 \equiv -2 \qquad (\bmod m)$$

est alors possible et a 2^μ solutions incongrues, μ étant le nombre des facteurs premiers différents de m (n° **169**, VII).

Soit n une solution et soit

$$n^2 - mp = -2.$$

Pour qu'à cette solution corresponde une représentation propre du nombre m par la forme $(1, 0, 2)$, il suffit que cette forme et la forme (m, n, p) soient de même classe. Mais nous avons vu (n° **323**) qu'il n'y a qu'une classe de formes de discriminant 2. Donc les deux formes $(1, 0, 2)$, (m, n, p) sont de même classe.

De plus, à chaque solution de la congruence (107), correspondent autant de substitutions modulaires transformant la forme (m, n, p) en la forme $(1, 0, 2)$ qu'il y en a transformant la forme $(1, 0, 2)$ en elle-même, c'est-à-dire deux (n° **318**) et, par suite, deux représentations propres du nombre par la forme. Il y a donc $2 \cdot 2^\mu$ de ces représentations.

Remarquons d'ailleurs que chaque décomposition

$$m = x^2 + 2y^2$$

en donne immédiatement trois autres

$$x^2 + 2(-y)^2, \quad (-x)^2 + 2y^2, \quad (-x)^2 + 2(-y)^2.$$

D'ailleurs, on voit immédiatement que deux de ces décompositions ne sont pas identiques, excepté si $m = 1$.

C. $\hfill$ 20

Donc, ce cas écarté, si l'on ne considère pas les quatre représentations, dont on vient de parler, comme distinctes, le nombre $2 \cdot 2^\mu$ des représentations doit être divisé par 4, ce qui donne $2^{\mu-1}$, et l'on a le résultat suivant :

Tout nombre impair m, différent de 1, et dont tous les facteurs premiers sont de l'une des formes $8h + 1$ ou $8h + 3$, est décomposable en la somme d'un carré et du double d'un carré de deux nombres premiers entre eux, de $2^{\mu-1}$ façons, en désignant par μ le nombre des facteurs premiers différents contenus dans m.

Quant au nombre 1, il est décomposable d'une seule façon :

$$1 = 1^2 + 2 \cdot 0^2.$$

Exemples :

$$17 = 3^2 + 2 \cdot 2^2,$$
$$363 = 3 \times 11^2 = 5^2 + 2 \cdot \overline{13}^2 = \overline{19}^2 + 2 \cdot 1^2$$

$\left(363 \text{ est encore décomposable en } \overline{11}^2 + 2 \cdot \overline{11}^2 \text{, mais c'est une décomposition impropre.}\right)$

Comme cas particulier, on a ce théorème dû à Lagrange :

Tout nombre premier de l'une des formes $8h + 1$ ou $8h + 3$ est décomposable d'une seule façon en une somme d'un carré et du double d'un carré.

376. Passons maintenant à la représentation impropre des nombres *pairs*.

Soient $2m$ le nombre proposé, et

$$2m = x^2 + 2y^2.$$

Il s'ensuit que x est pair; par suite y est impair, puisque x et y sont premiers entre eux. Soit

$$x = 2x',$$
$$y = 2y' + 1.$$

On a alors

$$2m = (2x')^2 + 2(2y' + 1)^2,$$

d'où

$$m = 2x'^2 + (2y' + 1)^2.$$

D'abord m est impair. Ainsi, *un nombre pair ne peut être décomposé en la somme du carré et du double du carré de deux nombres pemiers entre eux, que s'il est simplement pair.*

De plus

$$m = (2y' + 1)^2 + 2 . x'^2,$$

x' et $2y' + 1$ sont premiers entre eux, puisque x et y le sont. Donc à toute décomposition propre de $2m$ correspond une décomposition propre de m.

Réciproquement, soit $m = X^2 + 2Y^2$ une décomposition propre de m; X est impair, et l'on a

$$2m = 2X^2 + 4Y^2 = (2Y)^2 + 2X^2,$$

$2Y$ et X sont premiers entre eux, car X et Y le sont et X est impair.

Donc aussi à toute décomposition propre de m en correspond une de $2m$.

Il résulte de là que *le nombre de décompositions propres de $2m$ est égal au nombre de décompositions propres de m.*

Exemples :

$$34 = 4^2 + 2 . 3^2,$$
$$726 = \overline{26}^2 + 2 . 5^2 = 2^2 + 2 . \overline{19}^2.$$

377. Occupons-nous enfin des décompositions impropres.

On arrive comme au n° 373 à la conclusion suivante :

Pour trouver toutes les décompositions propres ou impropres de m, il faut diviser m par tous les carrés par lesquels il est divisible, 1 compris; chercher les décompositions propres du quotient et remultiplier les deux termes de chaque décomposition par le carré qui a servi de diviseur.

Exemple I. — Soit le nombre $363 = 3 . \overline{11}^2$, considéré au n° 375, Outre 1, ce nombre admet encore $\overline{11}^2$ comme diviseur carré. Le quotient $\dfrac{363}{11^2} = 3$ se décompose proprement en

$$3 = 1^2 + 2 . 1^2.$$

On en déduit

$$363 = \overline{11}^2 + 2 . \overline{11}^2.$$

Exemple II. — Soit le nombre

$$79475 = 5^2 \cdot 11 \cdot \overline{17}^2.$$

Ce nombre est divisible par 1^2, 5^2, $\overline{17}^2$, $(5 \cdot 17)^2$ et les quotients sont

$$5^2 \cdot 11 \cdot \overline{17}^2, \quad 11 \cdot \overline{17}^2, \quad 5 \cdot 11, \quad 11.$$

Le premier et le troisième quotient ne sont pas représentables. Quant aux deux autres ils donnent

$$11 \cdot \overline{17}^2 = \overline{21}^2 + 2 \cdot \overline{37}^2 = \overline{27}^2 + 2 \cdot \overline{35}^2,$$
$$11 = 3^2 + 2 \cdot 1^2,$$

d'où l'on déduit

$$79.475 = \overline{105}^2 + 2 \cdot \overline{185}^2 = \overline{135}^2 + 2 \cdot \overline{175}^2 = \overline{255}^2 + 2 \cdot \overline{85}^2,$$

pour représentations du nombre proposé.

378. On a le théorème suivant, analogue à celui du n° 374 :

Si un nombre m est décomposable en la somme d'un carré et du double d'un carré de deux nombres premiers entre eux, il en est de même de tout diviseur de m.

379. *Décomposition d'un nombre en la somme d'un carré et du triple d'un carré.* — Occupons-nous maintenant de la décomposition d'un nombre m en la somme d'un carré et du triple d'un carré

$$x^2 + 3y^2 = m.$$

Nous supposons d'abord m *impair* et *non divisible par* 3, et nous cherchons les valeurs de x et y premières entre elles.

Il faut d'abord que le discriminant changé de signe de la forme, c'est-à-dire — 3, soit reste quadratique de m, et pour cela il faut que tous les facteurs premiers de m soient de la forme $6h + 1$.

Réciproquement, supposons cette condition remplie, la congruence

$$n^2 \equiv -3 \,(\operatorname{mod} m)$$

est alors possible et a 2^μ solutions incongrues, μ étant le nombre des facteurs premiers différents de m.

Soit n une solution et

$$n^2 - mp = -3.$$

Pour qu'à cette solution corresponde une représentation propre du nombre m par la forme $(1, 0, 3)$, il suffit que cette forme et la forme (m, n, p) soient de même classe. Mais nous avons vu (n° 323) qu'il y a deux classes de formes de discriminant 3. Ces deux classes ont comme représentantes les deux formes réduites

$$(1, 0, 3) \quad \text{et} \quad (2, 1, 2).$$

Si donc la forme (m, n, p) n'était pas de même classe que la forme $(1, 0, 3)$, elle serait de même classe que la forme $(2, 1, 2)$; et le nombre m serait représentable par cette seconde forme. Mais cela est impossible, parce que m est supposé impair, tandis que la forme $(2, 1, 2)$ ou $2x^2 + 2xy + 2y^2$ ne peut évidemment représenter que des nombres pairs. Donc la forme (m, n, p) et la forme $(1, 0, 3)$ sont de même classe.

En poursuivant le raisonnement comme aux n°s **371** et **375** on trouve que :

Tout nombre impair m, différent de 1, dont tous les facteurs premiers sont de la forme $6h + 1$, est décomposable en la somme d'un carré et du triple d'un carré de deux nombres premiers entre eux, de $2^{\mu-1}$ façons en désignant par μ le nombre des facteurs premiers différents contenus dans m.

Exemples :

$$7 = 2^2 + 3.1^2,$$
$$1183 = 7 \times \overline{13}^2 = \overline{10}^2 + 3.\overline{19}^2 = \overline{34}^2 + 3.3^2.$$

(1183 est encore décomposable en $\overline{26}^2 + 3.\overline{13}^2$, mais c'est une décomposition impropre.)

Comme cas particulier, on a ce théorème dû à Euler :

Tout nombre premier de la forme $6h + 1$ est décomposable d'une seule façon en une somme d'un carré et du triple d'un carré.

380. Passons maintenant à la représentation impropre des nombres *pairs*. Soit $2m$ le nombre proposé et

$$2m = x^2 + 3y.$$

Il s'ensuit que x et y sont de même parité, comme d'ailleurs ils sont premiers entre eux, ils sont tous les deux impairs.

$$x = 2x' + 1,$$
$$y = 2y' + 1.$$

On a alors

$$2m = (2x' + 1)^2 + 3(2y' + 1)^2,$$

d'où

$$m = 2x'^2 + 2x' + 6y'^2 + 6y' + 2.$$

Donc m est aussi pair. Soit $m = 2m'$,

$$m' = x'^2 + x' + 3(y'^2 + y') + 1.$$

$x'^2 + x'$ et $y'^2 + y'$ sont pairs. Donc m' est impair. Ainsi, *un nombre pair ne peut être décomposé en la somme d'un carré et du triple d'un carré de deux nombres premiers entre eux, que s'il est doublement et non triplement pair.*

De plus, on a les deux équations

$$(1) \qquad m' = \left(\frac{x' + 3y' + 2}{2}\right)^2 + 3\left(\frac{y' - x'}{2}\right)^2.$$

$$(109) \qquad m' = \left(\frac{x' - 3y' + 1}{2}\right)^2 + 3\left(\frac{y' + x' + 1}{2}\right)^2.$$

Si x' et y' sont de même parité, l'équation (108) donne une décomposition de m' en un carré et le triple d'un carré de deux nombres

$$\frac{x' + 3y' + 2}{2}, \quad \frac{y' - x'}{2}.$$

Ces deux nombres sont d'ailleurs premiers entre eux, car, s'ils avaient un diviseur commun, ce diviseur diviserait les nombres

$$\frac{x' + 3y' + 2}{2} - 3\left(\frac{y' - x'}{2}\right) = 2x' + 1 = x$$

et

$$\frac{x' + 3y' + 2}{2} + \frac{y' - x'}{2} = 2y' + 1 = y,$$

ce qui est impossible.

Cette décomposition de m' est donc une décomposition propre.

Si x' et y' ne sont pas de même parité, c'est l'équation (109) qui donne une décomposition propre de m'.

En tout cas, à une décomposition propre de $2m$ correspond une décomposition propre de m'.

Réciproquement, soit

$$m' = X^2 + 3\,Y^2,$$

une décomposition propre de m'. X et Y seront de parités différentes, puisque m' est impair. On aura

$$2m = 4m' = 4X^2 + 12Y^2 = (X + 3Y)^2 + 3(X - Y)^2.$$

$X + 3Y$ et $X - Y$ sont premiers entre eux. En effet, un facteur premier commun à ces deux nombres diviserait

$$X + 3Y - (X - Y) = 4Y$$

et

$$X + 3Y + 3(X - Y) = 4X;$$

X et Y étant premiers entre eux, ce facteur premier commun ne pourrait être que 2.

Mais X et Y étant de parités différentes, les nombres $X + 3Y$ et $X - Y$ ne sont pas divisibles par 2. Ils sont donc bien premiers entre eux.

Donc aussi à toute décomposition propre de m', correspond une décomposition propre de $2m$.

Il résulte de là que *le nombre de décompositions propres de $2m$ est égal au nombre de décompositions propres de m'.*

381. Passons maintenant à la représentation propre des nombres divisibles par 3. Soient $3m$ le nombre proposé et

$$3m = x^2 + 3y^2.$$

Il s'ensuit que x est divisible par 3 et, par suite, y ne l'est pas. Soient

$$x = 3x', \qquad y = 3y' \pm 1.$$

On a alors

$$m = 3x'^2 + (3y' \pm 1)^2.$$

D'abord m n'est pas divisible par 3. *Donc un nombre divisible par 3 ne peut être décomposé en la somme du carré et du triple du carré de deux nombres premiers entre eux, que s'il est simplement divisible par 3.*

De plus,
$$m = (3\,y' \pm 1)^2 + 3x'^2,$$

x' et $2\,y' \pm 1$ sont premiers entre eux, puisque x et y le sont. Donc à toute décomposition propre de $3\,m$ correspond une décomposition propre de m.

Réciproquement, soit
$$m = X^2 + 3\,Y^2$$

une décomposition propre de m.

X n'est pas divisible par 3, et l'on a
$$3\,m = 3\,X^2 + 9\,Y^2 = (3\,Y)^2 + 3\,X^2.$$

$3\,Y$ et X sont premiers entre eux, car X et Y le sont, et X n'est pas divisible par 3. Donc, aussi à toute décomposition propre de m, en correspond une de $3\,m$.

Il résulte de là que *le nombre de décompositions propres de $3\,m$ est égal au nombre de décompositions propres de m.*

Nous laissons au lecteur le soin de terminer cette question en examinant le cas de la décomposition impropre et en traitant quelques exemples numériques.

On remarquera aussi que : *lorsqu'un nombre est décomposable en la somme d'un carré et du triple d'un carré de deux nombres premiers entre eux, il en est de même de tout diviseur de ce nombre.*

382. Nous avons été amenés, dans le courant de la question précédente, à parler de la forme $2x^2 + 2xy + 2y^2$. Occupons-nous de la représentation des nombres par cette forme. Cette question pourrait se traiter directement; mais on peut aussi la ramener à la précédente en remarquant les identités :

$$2(x^2 + xy + y^2) = 2\left[\left(x + \frac{y}{2}\right)^2 + \frac{3\,y^2}{4}\right].$$

si y est pair et x impair;

$$2(x^2 + xy + y^2) = 2\left[\left(\frac{x}{2} + y\right)^2 + \frac{3\,x^2}{4}\right],$$

si y est impair et x pair;

$$2(x^2 + xy + y^2) = 2\left[\left(\frac{x-y}{2}\right)^2 + 3\left(\frac{x+y}{2}\right)^2\right],$$

si x et y sont de même parité ; et l'identité

$$2(X^2 + 3Y^2) = 2[(X - Y)^2 + (X - Y)(2Y) + (2Y)^2].$$

Ces identités montrent que tout nombre représentable par la forme

$$2(x^2 + xy + y^2)$$

est égal au double d'un nombre représentable par la forme

$$(x^2 + 3y^2),$$

et qu'il y a autant de représentations du premier nombre par la première forme que du second nombre par la seconde forme.

383. *Décomposition d'un nombre en la somme d'un carré et du quintuple d'un carré.* — Traitons encore de la décomposition d'un nombre en un carré et en un quintuple de carré.

La forme $x^2 + 5y^2$, ayant comme discriminant 5, remarquons tout de suite qu'il existe une autre classe de formes de discriminant 5, représenté par la forme réduite

$$2x^2 + 2xy + 3y^2.$$

Cherchons d'abord les nombres m impairs et non divisibles par 5, représentables proprement par l'une ou l'autre de ces formes. Ces nombres ne doivent contenir que des facteurs premiers dont — 5 soit reste quadratique ; c'est-à-dire de l'une des formes

$$20h + 1, \quad 20h + 3, \quad 20h + 7, \quad 20h + 9.$$

Cette condition remplie, soit μ le nombre de ces facteurs premiers différents, on voit qu'il y a $2^{\mu+1}$ représentations propres du nombre m par l'une ou l'autre des deux formes citées plus haut.

Mais il reste à déterminer par laquelle de ces deux formes se font ces représentations. Or il est évident que la première forme $x^2 + 5y^2$ ne peut représenter que des nombres congrus à 1 ou à — 1 (mod 5), tandis que la seconde forme

$$2x^2 + 2xy + 3y^2 = \frac{(2x + y)^2 + 5y^2}{2}$$

ne peut représenter que des nombres congrus à 2 ou — 2 (mod 5).

Donc les $2^{\mu+1}$ représentations propres du nombre m sont des représentations par la première forme si m est de l'une des deux formes $5h \pm 1$, par la seconde si m est de l'une des deux formes $5h \pm 2$.

Remarquons d'ailleurs que les $2^{\mu+1}$ représentations par la première forme ne donnent que $2^{\mu-1}$ décompositions distinctes du nombre en un carré et en un quintuple de carré.

384. Des considérations analogues s'appliquent aux formes à discriminant négatif, mais le nombre de représentations est infini.

Cherchons, par exemple, les nombres décomposables en la différence entre un carré et le double d'un carré,

$$(110) \qquad\qquad x^2 - 2y^2 = m.$$

Examinons d'abord les nombres m *impairs*, et ne cherchons que les valeurs de x et de y, premières entre elles. Pour que l'équation (110) soit possible, il faut que 2 soit reste quadratique de tous les facteurs premiers de m. Il faut donc que ces facteurs premiers soient tous de l'une des formes $8h + 1$ ou $8h - 1$.

Réciproquement, si cette condition est satisfaite, on voit, comme dans les questions précédentes, que le nombre m est représentable proprement par une forme de discriminant -2 et par toutes les formes de même classe. Mais nous avons vu (n° 350) qu'il n'y a qu'une classe de ces formes. Donc le nombre m est représentable par la forme $x^2 - 2y^2$. Mais, d'après ce qu'on a vu, il y a une infinité de valeurs de x et y répondant à la question.

Exemple :

$$7 = 3^2 - 2 \cdot 1^2 = 5^2 - 2 \cdot 3^2 = \overline{13}^2 - 2 \cdot 9^2 = \ldots$$

385. Pour ce qui est de la représentation propre des nombres pairs, soit

$$2m = x^2 - 2y^2,$$

x doit être pair, et, par suite, y impair. Soit $x = 2x'$, $y = 2y' + 1$

$$m = 2x'^2 - (2y' + 1)^2 = (2x' - 2y' - 1)^2 - 2(x' - 2y' - 1)^2.$$

On voit que m doit être impair. De plus, on voit qu'à chaque représentation propre de $2m$ correspond une représentation propre de m et réciproquement.

Enfin les représentations impropres d'un nombre m s'obtiennent, comme toujours, en divisant m par ses diviseurs carrés, et cherchant les représentations propres du quotient.

NOTES.

NOTE A.

SUR LES DIFFÉRENTS SYSTÈMES DE NUMÉRATION.

386. La base b d'un système de numération (n° 21) est un nombre différent de 1, d'ailleurs absolument quelconque. Pour écrire les nombres dans le système de base b, il faut employer, outre le zéro, $b-1$ chiffres, représentant les $b-1$ premiers nombres.

Les règles des opérations sont les mêmes, dans tous les systèmes de numération.

387. Une numération curieuse est la numération de base 2 ou binaire. Dans cette numération il n'est fait usage que de deux chiffres, 0 et 1.

Voici les premiers nombres écrits dans ce système :

un	deux	trois	quatre	cinq	six	sept
1	10	11	100	101	110	111

huit	neuf	dix	onze	douze	treize	quatorze
1000	1001	1010	1011	1100	1101	1110

Dans ce système les opérations seraient plus simples que dans le système décimal; mais les nombres seraient beaucoup plus longs à écrire.

388. La possibilité d'écrire tout nombre dans le système binaire peut encore s'énoncer en disant que *tout nombre est décomposable en une somme de puissances de 2 (la puissance d'exposant zéro comprise), chaque puissance étant prise au plus une fois.*

Exemple. — Le nombre quatorze qui s'écrit 1110 se décompose en

$$2 + 2^2 + 2^3.$$

389. On peut donner à ce théorème une forme matérielle : une boîte de poids contenant les poids de 1^{gr}, 2^{gr}, 4^{gr}, 8^{gr}, ..., $(2^{n-1})^{gr}$ peut servir à peser tous les corps (à 1^{gr} près) jusqu'à $1 + 2 + \ldots + 2^{n-1}$ grammes ou $(2^n - 1)^{gr}$, les poids se plaçant tous dans le même plateau.

390. Voici une autre réalisation matérielle : Inscrivons sur un carton, par ordre de grandeur, tous les nombres, depuis 1 jusqu'à $2^n - 1$, qui, étant écrits dans le système binaire, auraient pour dernier chiffre à droite un 1 (c'est-à-dire les nombres de la forme $2h + 1$) le premier de ces nombre est 1; sur un second carton, tous les nombres (depuis 1 jusqu'à $2^n - 1$) qui, étant écrits dans le système binaire, auraient pour avant-dernier chiffre un 1 (c'est-à-dire les nombres de l'une des formes $4h + 2$, $4h + 3$), le premier de ces nombres est 2; sur un troisième carton, tous les nombres (depuis 1 jusqu'à $2^n - 1$) qui, étant écrits dans le système binaire, auraient pour avant-dernier chiffre à droite un 1 (c'est-à-dire les nombres de l'une des formes $4h + 4, 4h + 5, 4h + 6, 4h + 7$), le premier de ces nombres est 2^2, ...; enfin, sur un $n^{\text{ième}}$ carton, tous les nombres (depuis 1 jusqu'à $2^n - 1$) qui auraient pour $n^{\text{ième}}$ chiffre en partant de la droite un 1 (c'est-à-dire les nombres 2^{n-1}, $2^{n-1} + 1$, $2^{n-1} + 2$, ..., $2^{n-1} + 2^{n-1} - 1$), le premier de ces nombres est 2^{n-1}.

Dans ces conditions, il est clair que tout nombre est égal à la somme des premiers nombres des cartons sur lesquels il est inscrit. Par exemple, le nombre 53, qui s'écrit 110101, est inscrit sur le premier carton qui commence par 1, sur le troisième qui commence par 4, sur le cinquième qui commence par 16, sur le sixième qui commence par 32. Or

$$1 + 4 + 16 + 32 = 53.$$

391. La numération ternaire donne des résultats analogues. Quand un nombre est écrit dans le système ternaire, les chiffres ne sont que des 1 ou des 2. Exemple :

$$10211201.$$

Mais quand un chiffre est un 2, retranchons-lui 3, le chiffre devient égal à (-1) (nous l'écrirons $\bar{1}$). Ajoutons d'ailleurs 1 au chiffre qui précède à gauche, le nombre n'aura pas changé. De proche en proche, on arrivera à ce que tous les chiffres soient des 1 en valeur absolue. Ainsi le nombre précédent s'écrit successivement

$$10211201 = 10212\bar{1}01 = 1022\bar{1}\bar{1}01 = 110\bar{1}\bar{1}\bar{1}01.$$

Donc : *tout nombre est décomposable en une somme de puissances de 3, diminuée d'une somme d'autres puissances de 3, chaque puissance n'étant prise qu'une fois.*

Une boîte de poids, contenant les poids de 1^{gr}, 3^{gr}, 9^{gr}, ..., $(3^{n-1})^{\text{gr}}$, peut servir à peser tous les corps à 1^{gr} près, jusqu'à $1 + 3 + 3^2 ... 3^{n-1}$ ou $\dfrac{3^n - 1}{2}$ grammes, les poids se plaçant les uns dans un plateau, les autres dans l'autre.

Il existe encore d'autres applications intéressantes. *Voir* LUCAS, *Récréations mathématiques* (Paris, Gauthier-Villars).

NOTE B.

SUR LES NOMBRES PREMIERS.

392. Nous avons démontré (n° 35) que *la suite des nombres premiers est illimitée.*

Ce théorème se trouve déjà dans Euclide.

Une généralisation très belle de ce théorème a été énoncée par Legendre et démontrée par Lejeune-Dirichlet, à savoir : *Toute progression arithmétique dans laquelle le premier terme et la raison sont premiers entre eux contient une infinité de nombres premiers* (¹).

Voici des cas particuliers de ce théorème :

393. *Il existe une infinité de nombres premiers de la forme* $4h - 1$. Autrement dit, *soit p un tel nombre, il en existe un plus grand.* En effet, faisons le produit de tous les nombres premiers de 1 à p; multiplions ce produit par 2 et retranchons 1 au résultat. Nous obtenons un nombre A

$$A = 2(1.2.3.5.7...p) - 1.$$

Si A est premier, comme il est de la forme $4h - 1$ et qu'il est évidemment plus grand que p, le théorème est démontré.

Si A n'est pas premier, il admet des diviseurs premiers, et l'on démontre, comme au n° 35, que tous ces diviseurs sont plus grands que p. Mais, d'autre part, ces diviseurs ne sont pas tous de la forme $4h + 1$, puisque leur produit n'est pas de cette forme. Donc il y a au moins un diviseur premier de A, de la forme $4h - 1$, et plus grand que p. Le théorème est donc démontré.

394. On démontre de la même façon qu'*il existe une infinité de nombres premiers de la forme* $6h - 1$.

395. *Il existe une infinité de nombres premiers de la forme* $4h + 1$. En effet, soit p un tel nombre. Formons la quantité

$$A = (1.2.3.5.7...p)^2 + 1.$$

Si A est premier, comme il est de la forme $4h + 1$ et plus grand que p, le théorème est démontré. Sinon A admet des diviseurs premiers, tous plus grands que p. Tout revient à démontrer que les diviseurs premiers de A sont de la forme $4h + 1$. En effet, A est un nombre impair égal à la somme

---

(¹) M. de La Vallée Poussin a donné dans ces derniers temps une démonstration de ce théorème, plus simple que celle de Dirichlet. Voyez : *Recherches analytiques sur la Théorie des nombres premiers*, 2ᵉ partie, Chap. IV. Bruxelles; Hayez.

de deux carrés premiers entre eux. Donc, d'après ce qu'on a vu au n° 374, tous ses diviseurs premiers sont de la forme $4h+1$.

396. Pour démontrer qu'*il existe une infinité de nombres premiers de la forme* $6h+1$ on considérera l'expression

$$3(1.2.3.5\ldots)^2+1,$$

et l'on s'appuiera sur le résultat du n° 381.

397. *Il y a une infinité de nombres premiers de la forme* $8h+5$.

Ici l'on considérera la quantité

$$A = (3.5.7\ldots p)^2 + 2^2.$$

C'est un nombre impair égal à la somme de deux carrés premiers entre eux, donc les facteurs premiers de cette expression sont tous de la forme $4h+1$, par conséquent de l'une des formes $8h+1$ ou $8h+5$. De plus, A étant de la forme $8h+5$, ces facteurs premiers ne sont pas tous de la forme $8h+1$. La démonstration s'achève facilement.

398. Quant à la démonstration générale du théorème de Dirichlet, nous ne la donnerons pas ici. Elle repose sur la considération de séries de la forme $\displaystyle\sum_{n=1}^{\infty}\frac{\alpha_n}{n^s}$, α_n étant un coefficient indépendant de s, et sur la transformation de ces séries en produits contenant les nombres premiers.

Nous allons seulement ici considérer une de ces séries, la série

$$(1) \qquad \frac{1}{1^s}+\frac{1}{2^s}+\frac{1}{3^s}+\ldots+\frac{1}{n^s}+\ldots.$$

Nous allons montrer, d'après Euler, comment on la transforme en produit contenant tous les nombres premiers. Nous en déduirons le théorème du n° 35, *la suite des nombres premiers est illimitée.*

399. Nous démontrerons d'abord les théorèmes suivants :

1° *La série* (1) *est convergente pour* $s>1$; 2° *elle est divergente pour* $s\leqq1$; 3° *lorsque* s *tend vers* 1 *par valeurs plus grandes que* 1, *la somme de cette série croît indéfiniment.*

En effet :

1° On peut grouper les termes de la série (1) de la façon suivante :

$$\frac{1}{1^s}+\left(\frac{1}{2^s}+\frac{1}{3^s}\right)+\left(\frac{1}{4^s}+\frac{1}{5^s}+\frac{1}{6^s}+\frac{1}{7^s}\right)+\ldots$$

$$+\left[\frac{1}{(2^n)^s}+\frac{1}{(2^n+1)^s}+\ldots+\frac{1}{(2^{n+1}-1)^s}\right]+\ldots.$$

Si, dans chacun des groupes, l'on remplace chaque terme par le premier d'entre eux, qui est le plus grand, on obtient une progression géométrique de raison $\dfrac{1}{2^{s-1}}$

$$\frac{1}{1^{s-1}} + \frac{1}{2^{s-1}} + \frac{1}{4^{s-1}} + \frac{1}{8^{s-1}} + \ldots + \frac{1}{(2^n)^{s-1}},$$

qui est convergente pour $s > 1$ et a pour somme $\dfrac{1}{1 - \dfrac{1}{2^{s-1}}}$.

La série (1) est donc, *a fortiori*, convergente pour $s > 1$. Désignons, d'après Riemann, sa somme par $\zeta(s)$, on a

$$\zeta(s) < \frac{1}{1 - \dfrac{1}{2^{s-1}}}.$$

2° Si, maintenant, l'on groupe les termes de la façon suivante :

$$\frac{1}{1^s} + \frac{1}{2^s} + \left(\frac{1}{3^s} + \frac{1}{4^s} \right) + \left(\frac{1}{5^s} + \frac{1}{6^s} + \frac{1}{7^s} + \frac{1}{8^s} \right) + \ldots$$
$$+ \left[\frac{1}{(2^n + 1)^s} + \frac{1}{(2^n + 2)^s} + \ldots + \frac{1}{(2^{n+1})^s} \right] + \ldots,$$

et que, dans chaque groupe, l'on remplace chaque terme par le dernier d'entre eux qui est le plus petit, on obtient l'expression suivante :

$$1 + \frac{1}{2^s} \left[1 + \frac{1}{2^{s-1}} + \frac{1}{4^{s-1}} + \frac{1}{8^{s-1}} + \ldots + \frac{1}{(2^{n+1})^{s-1}} + \ldots \right],$$

la quantité entre crochets étant une progression géométrique de raison $\dfrac{1}{2^{s-1}}$, qui est divergente pour $s \leq 1$. La série (1) est donc, *a fortiori*, divergente pour $s \leq 1$.

3° Si $s > 1$, la seconde transformation montre que

$$\zeta(s) > 1 + \frac{1}{2^s} \frac{1}{1 - \dfrac{1}{2^{s-1}}},$$

ou

$$\zeta(s) > 1 + \frac{1}{2} \frac{1}{2^{s-1} - 1}.$$

Si s tend vers 1, le second membre de cette inégalité, et *a fortiori* le premier, croît indéfiniment.

400. Nous allons maintenant montrer comment on transforme $\zeta(s)$ en produit contenant tous les nombres premiers.

On a, pour $s > 1$,

$$\zeta(s) = \frac{1}{1^s} + \frac{1}{2^s} + \frac{1}{3^s} + \ldots + \frac{1}{p^s} + \ldots$$

On en déduit

$$\frac{\zeta(s)}{2^s} = \frac{1}{2^s} + \frac{1}{4^s} + \frac{1}{6^s} + \ldots,$$

d'où, en soustrayant membres à membres,

$$(2) \qquad \zeta(s)\left(1 - \frac{1}{2^s}\right) = \frac{1}{1^s} + \frac{1}{3^s} + \frac{1}{5^s} + \ldots,$$

les termes du second membre de cette égalité ne contenant plus au dénominateur que les nombres impairs.

Maintenant, de l'égalité (2), on déduit

$$(3) \qquad \zeta(s)\left(1 - \frac{1}{2^s}\right)\frac{1}{3^s} = \frac{1}{3^s} + \frac{1}{9^s} + \frac{1}{15^s} + \ldots,$$

et en retranchant membres à membres les égalités (2) et (3),

$$\zeta(s)\left(1 - \frac{1}{2^s}\right)\left(1 - \frac{1}{3^s}\right) = \frac{1}{1^s} + \frac{1}{5^s} + \frac{1}{7^s} + \frac{1}{11^s} + \ldots,$$

les termes du second membre ne contenant plus au dénominateur que les nombres non divisibles par 2 ni par 3.

En continuant ce procédé jusqu'au nombre premier p, on obtient

$$(4) \qquad \zeta(s)\left(1 - \frac{1}{2^s}\right)\left(1 - \frac{1}{3^s}\right)\cdots\left(1 - \frac{1}{p^s}\right) = \frac{1}{1^s} + \ldots,$$

les termes du second membre ne contenant plus, au dénominateur, que les nombres non divisibles par 2 ni par 3,... ni par p ([1]).

401. Ceci suffit pour démontrer que la suite des nombres premiers est illimitée. Supposons, en effet, pour un moment, qu'il n'y ait qu'un nombre limité de nombres premiers $1, 2, \ldots, p$. L'égalité (4) deviendrait alors

$$\zeta(s)\left(1 - \frac{1}{2^s}\right)\left(1 - \frac{1}{3^s}\right)\cdots\left(1 - \frac{1}{p^s}\right) = 1$$

([1]) Rien d'ailleurs, dans le raisonnement précédent, n'oblige à supposer que les nombres premiers introduits dans le calcul aient été *tous* les nombres premiers croissants successifs. Soient $p, q, \ldots, r$ des nombres premiers quelconques, différents deux à deux, on a

$$\zeta(s)\left(1 - \frac{1}{p^s}\right)\left(1 - \frac{1}{q^s}\right)\cdots\left(1 - \frac{1}{r^s}\right) = \frac{1}{1^s} + \ldots,$$

les termes du second membre ne contenant plus au dénominateur que des nombres non divisibles par $p, q, \ldots, r$.

C.   21

ou

$$\zeta(s) = \cfrac{1}{\left(1 - \dfrac{1}{2^s}\right)\left(1 - \dfrac{1}{3^s}\right) \cdots \left(1 - \dfrac{1}{p^s}\right)} \cdot$$

Mais cette égalité est impossible, car s tendant vers 1, le premier membre croîtrait indéfiniment, tandis que le second tendrait vers

$$\cfrac{1}{\left(1 - \dfrac{1}{2}\right)\left(1 - \dfrac{1}{3}\right) \cdots \left(1 - \dfrac{1}{p}\right)} \cdot$$

Donc la suite des nombres premiers est illimitée.

402. Reprenons l'égalité (4); supposons que p avance indéfiniment dans la série des nombres premiers. Dans le second membre de l'égalité le terme qui suit $\dfrac{1}{1^s}$ est un terme qui, dans la série $\sum \dfrac{1}{n^s}$, a un rang au moins égal à $p + 2$. Donc le second membre tend vers 1, quand p croît indéfiniment.

On obtient donc à la limite

$$\zeta(s) \prod \left(1 - \frac{1}{p^s}\right) = 1$$

ou

$$\sum \frac{1}{n^s} = \prod \cfrac{1}{\left(1 - \dfrac{1}{p^s}\right)},$$

le signe $\sum$ s'étendant à tous les nombres entiers, et le signe $\prod$ à tous les nombres premiers.

C'est l'identité d'Euler [1].

---

[1] Voici une généralisation facile et qui mettra le lecteur sur la voie de la démonstration générale de Dirichlet :

Considérons la série

$$\sum \frac{(-1)^n}{(2n+1)^s} = \frac{1}{1^s} - \frac{1}{3^s} + \frac{1}{5^s} - \frac{1}{7^s} + \cdots$$

On démontre qu'elle est convergente pour $s > 0$. Pour ces valeurs de s, elle représente une fonction de s que nous désignerons par $\chi(s)$. En particulier

$$\chi(1) = \frac{\pi}{4} \cdot$$

On démontre ensuite que

$$\chi(s) = \prod \cfrac{1}{1 + \cfrac{(-1)^{\frac{p+1}{2}}}{p^s}} = \prod \cfrac{1}{\left(1 - \dfrac{1}{p'^s}\right)} \times \prod \cfrac{1}{\left(1 + \dfrac{1}{p''^s}\right)},$$

le nombre premier 2 n'entrant pas dans le produit, p' désignant les nombres premiers de la forme $4h + 1$, p'' ceux de la forme $4h - 1$.

En comparant cette identité avec celle d'Euler, on arrive à démontrer qu'il y a

403. L'identité d'Euler, et les fonctions $\zeta(s)$ et analogues, ont donné naissance à de nombreux travaux (¹). Parmi les problèmes qui y sont traités, se trouvent ceux relatifs à la façon dont les nombres premiers sont distribués dans la suite naturelle des nombres. Parmi les résultats obtenus se trouve celui-ci :

Quelque petit que soit le nombre positif k, le nombre des nombres premiers compris entre x et $(1 + k)x$ augmente indéfiniment avec x, démontré à peu près en même temps par MM. Hadamard et de la Vallée-Poussin (²).

404. Signalons en passant un travail d'une autre nature dû à Tchebyscheff et permettant de calculer une limite inférieure et une limite supérieure du

---

une infinité de nombres premiers de chacune des deux formes. (Pendant que nous sommes sur ce point, disons que le théorème de Dirichlet *sur la progression arithmétique* a été étendu par lui-même aux nombres représentés par une forme quadratique.)

(¹) Contentons-nous d'indiquer les principaux :

LEJEUNE-DIRICHLET, *Abhandlungen der Berliner Akademie* (1837) ou *Vorlesungen über Zahlentheorie,* pnblié par Dedekind (3ᵉ édition, Brunswick, 1881).

SCHLŒMILCH, *Zeitschrift für Mathematik und Physik* (1849).

Ibid. (1858).

RIEMANN, *Ueber die Anzahl der Primzahlen unter einer gegebenen Grösse* (*Monatsberichte der Berliner Akademie;* novembre 1859, ou *Œuvres complètes*).

HURWITZ, *Einige Eingeschaften der Dirichlet'schen Functionen* $\sum \left(\dfrac{\mathrm{D}}{n}\right) \dfrac{1}{n^s}$ (*Zeitschrift für Mathematik und Physik,* t. XXVII, 1882).

A. PILTZ, *Ueber die Häufigkeit der Primzahlen in arithmetischen Progressionen und über verwandte Gesetze.* (Dissertation). Iéna, A. Neuenhahn ; 1884.

LIPSCHITZ, *Untersuchung der Eigenschaften einer Gattung von unendlichen Reihen* (*Journal de Crelle,* t. CV, 1889).

HADAMARD, *Étude sur les propriétés des fonctions entières, et en particulier d'une fonction considérée par Riemann* (*Journal de Liouville,* 1893).

CAHEN, *Sur la fonction $\zeta(s)$ de Riemann, et sur des fonctions analogues* (*Annales de l'École Normale supérieure,* 1894).

DE LA VALLÉE-POUSSIN, *Reoherches analytiques sur la théorie des nombres premiers* (*Annales de la Société scientifique de Bruxelles,* t. XX, 2ᵉ partie, 1896).

HADAMARD, *Sur la distribution des zéros de la fonction $\zeta(s)$, etc.* (*Bulletin de la Société Mathématique de France,* t. XXIV; 1896).

VON MANGOLDT, *Journal für die reine und angewandte Mathematik,* t. CXIV.

(²) J'ai donné (*Annales de l'École Normale supérieure,* 1894) une démonstration non rigoureuse mais très simple. Cette démonstration deviendrait rigoureuse si l'on parvenait à démontrer ce théorème énoncé par Riemann : *Les racines imaginaires de la fonction $\zeta(s)$ sont de la forme $\frac{1}{2} + ti$, t étant réel.*

nombre des nombres premiers compris entre deux nombres donnés a et b. Ce Travail se trouve reproduit dans le second Volume du *Cours d'Algèbre supérieure* de Serret.

NOTE C.

SUR LA DÉCOMPOSITION DES NOMBRES EN FACTEURS PREMIERS.

405. Nous avons vu, au n° 37, comment on reconnaît si un nombre est premier. On le divise successivement par les nombres plus petits que lui, et l'on voit si certaines de ces divisions réussissent.

Il est évidemment avantageux d'essayer les diviseurs par ordre de grandeur croissante. On peut d'ailleurs se borner aux diviseurs premiers. On est donc aidé par une table des nombres premiers, même n'allant pas jusqu'au nombre proposé. En tout cas il est inutile d'essayer les diviseurs que l'on reconnaît immédiatement n'être pas premiers, par exemple les nombres pairs, les nombres divisibles par 3, par 5.

Enfin, les divisions étant faites dans l'ordre qu'on a dit plus haut, tandis que les diviseurs augmentent, les quotients vont en diminuant ou tout au moins n'augmentent pas. On arrive donc à une division dans laquelle le quotient est inférieur ou égal au diviseur.

Si, à ce moment, aucune division n'a réussi, on peut arrêter les essais, le nombre proposé est premier. En effet, si une division suivante réussissait, le nombre proposé serait divisible par le quotient de cette division, c'est-à-dire par un nombre inférieur ou au plus égal au diviseur de la division à laquelle on s'est arrêté, ce qui est impossible.

Ceci revient à dire qu'on n'a besoin d'essayer que des diviseurs inférieurs à la racine carrée du nombre proposé.

406. Enfin nous allons montrer comment on peut restreindre le choix des diviseurs à essayer. La théorie des formes quadratiques va nous permettre, en effet, de fixer certaines formes linéaires dans lesquelles doivent se trouver les facteurs premiers d'un nombre.

Soit m le nombre dont il s'agit de savoir s'il est premier ou non. Je peux supposer m impair. Supposons qu'on ait mis m sous la forme

$$(1) \qquad m = ax^2 + 2bxy + cy^2.$$

Si x et y n'étaient pas premiers entre eux, m ne serait pas premier. Supposons donc que x et y soient premiers entre eux. On sait alors (n° 352) que la congruence

$$(2) \qquad n^2 \equiv -D \qquad (\bmod m),$$

est possible, en posant

$$D = ac - b^2.$$

Soit p un facteur premier quelconque de m. Le nombre p est nécessairement impair, puisque m l'est.

La congruence (2) entraîne la suivante

$$n^2 \equiv - D \qquad (\operatorname{mod} p),$$

cette dernière entraine la condition

$$(3) \qquad \left(\frac{-D}{p}\right) = 1.$$

Soit D'^2 le plus grand carré par lequel soit divisible D. Posons

$$D = D'^2 D''.$$

La condition (3) peut s'écrire plus simplement

$$\left(\frac{-D''}{p}\right) = 1.$$

Or D'' n'étant plus divisible par aucun carré différent de 1, et p étant impair, cette condition entraine (n° 194) que p appartienne à certaines progressions arithmétiques de raison D'' ou $4 D''$. Pour voir si m est premier, il suffira donc d'essayer les diviseurs de m par des diviseurs appartenant à ces progressions.

407. Remarque. — Supposons qu'on ait mis m sous différentes formes
$$m = ax^2 + 2bxy + cy^2 = a'x'^2 + 2b'x'y' + c'y'^2 = a''x''^2 + 2b''x''y'' + c''y''^2,$$
x, y étant premiers entre eux, ainsi que x', y' et x'', y''. On en déduit plusieurs systèmes de progressions arithmétiques auxquelles appartiennent nécessairement tous les facteurs premiers impairs de m. Il ne peut y avoir que les nombres communs à ces différents systèmes qui soient facteurs premiers impairs de m.

Remarque. — Le procédé précédent permet ainsi non seulement de reconnaitre si un nombre est premier, mais de le décomposer en facteurs premiers.

408. Pour appliquer cette théorie, il faut, étant donné un nombre m, le mettre sous la forme
$$ax^2 + 2bxy + cy^2.$$

On peut y arriver par tâtonnements. Si, par exemple, on se borne à la forme particulière $x^2 + Dy^2$, il suffira de prendre un nombre x quelconque, de l'élever au carré, de retrancher le résultat du nombre m, puis de mettre la différence sous la forme Dy^2, ce qui est toujours possible, puisqu'on peut, en tout cas, prendre $y = 1$. En prenant x assez voisin de $\sqrt{m}$, on aura, pour Dy^2, un nombre relativement petit.

On trouvera d'ailleurs à la fin du Volume une Table donnant les expressions linéaires des diviseurs des formes quadratiques $x^2 + Dy^2$, pour toutes les valeurs de D de -- 101 à + 101.

409. *Exemple.* — Dans la démonstration du n° 35, nous avons considéré l'expression A obtenue en faisant le produit des nombres premiers depuis 1 jusqu'au nombre premier p, et nous avons raisonné successivement dans l'hypothèse où cette expression est première, et dans l'hypothèse où elle ne l'est pas. En fait, est-elle première ou non?

Pour $p = 2, 3, 5, 7, 11$, on a respectivement

$$A = 3, 7, 31, 211, 2311.$$

Toutes ces valeurs de A sont premières, elles sont contenues dans la Table donnée à la fin de cet Ouvrage.

Soit maintenant $p = 13$, on trouve

$$A = 30031.$$

Ce nombre sort des limites de la Table. Sa racine, à une unité près, est 173.

On sait d'ailleurs, d'après le raisonnement fait au n° 35, que ses facteurs premiers sont supérieurs à 13. On voit donc dès maintenant qu'on n'a besoin de'ssayer que les divisions de A par les nombres premiers de 17 à 173, tous contenus dans la Table I.

Maintenant mettons 30301 sous la forme $x^2 + D y^2$. Si l'on essaye $x = 173$, on trouve

$$30031 = \overline{173}^2 + 102,$$

valeur peu favorable, car la forme $x^2 + 102 y^2$ sort des limites de la Table III.

Essayons $x = 174$, on trouve

$$30031 = \overline{174}^2 - 5.7^2.$$

D'ailleurs 174 et 7 sont premiers entre eux. Donc 30031 est représenté proprement par la forme

$$x^2 - 5 y^2.$$

Donc, ses diviseurs premiers sont de l'une des formes

$$(4) \qquad 20 h + 1, 9, 11, 19.$$

En essayant $x = 172$, on ne trouve rien de favorable.

En essayant $x = 175$, on trouve

$$30031 = \overline{175}^2 - 66.3^2.$$

175 et 3 sont premiers entre eux. Donc 30031 est représenté proprement par la forme

$$x^2 - 66 y^2.$$

Donc ses diviseurs premiers sont de l'une des formes

$$(5) \quad \begin{cases} 24 h + 1, 5, 13, 17, 19, 25, 31, 41, 43, 49, 53, 59, 61, 65, \\ 85, 95, 97, 103, 109, 125, 139, 155, 161, 167, 169, \ldots \end{cases}$$

(Nous ne terminons pas l'énumération, car nous n'en avons pas besoin, n'ayant à rechercher que les facteurs premiers entre 17 et 173.)

Les nombres premiers de l'une des formes (4), compris entre 13 et 173, sont

(6)   19, 29, 31, 41, 59, 61, 71, 79, 89, 101, 109, 131, 139, 149, 151.

Les nombres premiers de l'une des formes (5), compris dans les mêmes limites, sont

(7)   17, 19, 31, 41, 43, 53, 59, 61, 97, 103, 109, 139, 167.

Donc, un facteur premier de 30031 doit appartenir à la fois aux deux suites (6) et (7) et, par conséquent, ne peut être que l'un des nombres

(8)   19, 31, 41, 59, 61, 109, 139.

Enfin on peut encore faire cette remarque, à savoir que 30031 étant de la forme $4h - 1$, a au moins un facteur premier de cette forme.

Parmi les nombres (8), il ne reste donc à essayer que

$$19,\ 31,\ 59,\ 139.$$

Les divisions par 19 et 31 ne réussissent pas. Mais la division par 59 réussit, et l'on trouve

$$30031 = 59 \times 509.$$

Ainsi, pour $p = 13$, l'expression A n'est plus un nombre premier ([1]).

D'ailleurs le nombre 509 est dans la Table I. Il est premier.

110. *Sur la décomposition en facteurs premiers des nombres de la forme $a^m \pm 1$.* — Nous nous proposons, ici encore, de déterminer certaines formes dans lesquelles sont compris les facteurs premiers des nombres de la forme $a^m \pm 1$.

Examinons d'abord les nombres de la forme $a^m - 1$.

Soit m' un diviseur de m. On sait que $a^{m'} - 1$ est un diviseur de $a^m - 1$. Donc tout facteur premier de $a^{m'} - 1$ est aussi un facteur premier de $a^m - 1$.

Nous pouvons donc diviser les facteurs premiers de $a^m - 1$ en deux classes : 1° ceux qui ne sont facteurs d'aucun nombre de la forme $a^{m'} - 1$, m' étant un diviseur de m; 2° ceux qui sont facteurs de quelque nombre de cette forme.

Bornons-nous à chercher les premiers. Or on a le théorème suivant :

([1]) En continuant ce calcul, on trouve :

Pour $p = 17$,
$$A = 19 \times 97 \times 277;$$

pour $p = 19$,
$$A = 347 \times 27953;$$

pour $p = 23$,
$$A = 317 \times 703\,763.$$

411. Théorème. — *Tout facteur premier impair de $a^m - 1$ qui n'est facteur d'aucun nombre de la forme $a^{m'} - 1$, m' étant un diviseur de m, est de la forme $hm + 1$.*

En effet, soit p un tel facteur. Dire que $a^m - 1$ est divisible par p, mais qu'aucun nombre de la forme $a^{m'} - 1$ n'est divisible par p, c'est dire que a appartient à l'exposant m par rapport à p (n° 149). Donc m est un diviseur de $p - 1$,

$$m = \frac{p - 1}{h},$$

d'où

$$p = mh + 1.$$

412. Cas particulier. — *m étant un nombre premier impair, tout facteur premier impair de $a^m - 1$, qui ne l'est pas de $a - 1$, est de la forme $hm + 1$.* D'ailleurs, devant être impair, *ce facteur est de la forme $2hm + 1$.*

Comme cas encore plus particulier on a le théorème suivant : *m étant un nombre premier impair, tout facteur premier de $2^m - 1$ est de la forme $2hm + 1$.*

On peut d'ailleurs, dans la recherche des facteurs de $a^m - 1$, s'aider des résultats tirés de la théorie des formes quadratiques. En particulier, si m est impair, $a^m - 1 = a\left(a^{\frac{m-1}{2}}\right)^2 - 1$. Le nombre $a^m - 1$ est donc représenté proprement par la forme $a x^2 - y^2$.

413. Exemple. — *Décomposer en facteurs premiers $10^9 - 1 = 999\,999\,999$*
$10^9 - 1$ est divisible par $10^3 - 1 = 3^3 \times 37$, et l'on trouve

$$10^9 - 1 = 3^3 \times 37 \times 1\,001\,001.$$

Le nombre $1\,001\,001$ est encore une fois divisible par 3, mais il ne l'est pas par 37, et l'on a

$$10^9 - 1 = 3^4 \times 37 \times 333\,667.$$

Reste à décomposer $333\,667$ en facteurs premiers.

Or les facteurs premiers de $333\,667$ étant facteurs du nombre $10^9 - 1$, mais ne l'étant pas du nombre $10 - 1$, ni du nombre $10^3 - 1$, sont de la forme $9h + 1$.

D'autre part, la racine de $333\,667$, à une unité près, est 577.

Cherchons donc, dans la Table, les nombres premiers de la forme $9h + 1$, compris entre 1 et 577. Nous trouvons

(9) $\begin{cases} 19,\ 37,\ 73,\ 109,\ 127,\ 163,\ 181,\ 199, \\ 271,\ 307,\ 379,\ 397,\ 433,\ 487,\ 523,\ 541. \end{cases}$

D'autre part, remarquons qu'on peut écrire

$$10^9 - 1 = 10\,(10^4)^2 - 1^2.$$

Donc le nombre $-(10^9 - 1)$ est représentable proprement par la forme

$$x^2 - 10\,y^2.$$

Donc, d'après la Table IV, ses facteurs premiers sont de l'une des formes

$$40\,h - 1, 3, 9, 13, 27, 31, 37, 39.$$

Or, parmi les nombres (9), les seuls qui soient de l'une de ces formes sont

$$(10) \qquad 37,\ 109,\ 163,\ 199,\ 271,\ 307,\ 397,\ 487,\ 523.$$

On peut encore restreindre le nombre d'essais. En effet, s'appuyant sur ce que la racine de $333\,667$, à une unité près, est 577, on trouve

$$333\,667 = \overline{577}^2 + 82.3^2.$$

Le nombre $333\,667$ étant représenté proprement par la forme $x^2 + 82\,y^2$, la Table III montre que ses diviseurs sont de l'une des formes

$$328\,h + 1, 7, \ldots \qquad (voir \text{ la Table}).$$

Parmi les nombres (10), les seuls qui appartiennent à l'une de ces formes sont

$$109,\ 163,\ 199,\ 307,\ 397,\ 523.$$

Enfin, remarquons que le nombre $333\,667$ étant de la forme $4\,h - 1$, a au moins un facteur premier de cette forme.

On peut se borner à essayer les facteurs

$$163,\ 199,\ 307,\ 523.$$

Si l'on essaye les divisions de $333\,667$ par ces nombres, aucune ne réussit. Donc $333\,667$ est premier. En définitive,

$$10^9 - 1 = 3^4 \times 37 \times 333\,667.$$

414. *Nombres de la forme $a^m + 1$.* -- Tout facteur premier de $a^m + 1$ est aussi facteur de $a^{2m} - 1$.

La question est donc ramenée à la précédente.

Remarquons d'ailleurs qu'un facteur premier impair de $a^m + 1$ n'est certainement pas facteur de $a^m - 1$, puisqu'il ne divise pas la différence 2 de ces nombres.

415. En particulier, tout facteur premier impair d'un nombre de la forme

$$a^{2^n} + 1$$

est facteur du nombre $a^{2^{n+1}} - 1$, mais il ne l'est d'aucun nombre de la forme $a^{m'} - 1$, m' étant un diviseur de 2^{n+1}, car un tel diviseur est de la forme $2^\alpha (\alpha \leqq n)$, de sorte que le facteur en question serait aussi diviseur de $a^{2^n} - 1$, ce qui est impossible.

Donc *tout facteur premier impair de* $a^{2^n} + 1$ *est de la forme*

$$2^{n+1} h + 1.$$

416. *Exemple.* — Fermat avait pensé, sans en avoir de démonstration, que les nombres de la forme $2^{2^n} + 1$ sont premiers.

Pour $n = 1$,
$$2^2 + 1 = 5 \qquad \text{qui est premier.}$$
Pour $n = 2$,
$$2^4 + 1 = 17 \qquad \text{id.}$$
Pour $n = 3$,
$$2^8 + 1 = 257 \qquad \text{id.}$$
Pour $n = 4$,
$$2^{16} + 1 = 65537.$$

Cherchons si 65557 est premier.

D'après ce qui précède, les facteurs premiers impairs de 65537 ne peuvent être que de la forme $32 h + 1$. D'autre part, la racine, à une unité près, de 65537 est évidemment 2^8 ou 256. On n'a donc à essayer que les facteurs premiers de la forme $32 h + 1$, compris entre 1 et 256, c'est-à-dire 97 et 193. On constate que ni 97, ni 193 ne divisent 65537. Donc 65537 est premier, et la remarque de Fermat se vérifie encore pour ce nombre.

Mais, pour $n = 5$, on a

$$2^{32} + 1 = 4294967297,$$

dont les facteurs premiers impairs doivent être de la forme $64 h + 1$.

Or les nombres premiers de cette forme, compris entre 1 et la racine, à une unité près, de 4294967297, soit 2^{16} ou 65536, sont

$$193, \ 257, \ 449, \ 577, \ 641. \ \ldots$$

Si l'on essaye les divisions de 4293967297 par ces nombres, la division par 641 réussit et l'on trouve

$$2^{25} + 1 = 4294967297 = 641 \times 6700417.$$

Ainsi la remarque de Fermat est inexacte [1]. Ce dernier résultat est dû à Euler.

---

[1] Voici quelques résultats curieux relatifs à ce genre de questions :
$2^{31} - 1 = 2147483647$ est un nombre *premier* (Euler).

Reste à voir si le facteur 6700417 est premier. Sa racine carrée à une unité près est 2588. Il suffit donc d'essayer les divisions de ce nombre, par tous les facteurs premiers de la forme $64h + 1$, depuis 641 jusqu'à 2588, c'est-à-dire par

$$641,\ 769,\ 1153,\ 1217,\ 1409,\ 1601,\ 2113,\ 2561.$$

Or aucune de ces divisions ne réussit. Donc 6700417 est premier.

NOTE D.

SUITES DE BROCOT ET DE FAREY.

417. Considérons deux fractions $\dfrac{a}{b}$, $\dfrac{a'}{b'}$. La fraction $\dfrac{a + a'}{b + b'}$ s'appellera la fraction *médiante* de ces deux-là.

Les nombres de la forme $2^{4h+2} + 1$ *ne sont pas premiers.* En effet,

$$2^{4h+2} + 1 = (2^{2h+1} + 2^{h+1} + 1)(2^{2h+1} - 2^{h+1} + 1) \qquad \text{(Aurifeuille)}.$$

$2^{2^{12}} + 1$ n'est pas premier, il est divisible par 114689 (Lucas).

$2^{2^{16}} + 1$ est divisible par 2748779069441 (Seelhoff).

Pour obtenir ce dernier résultat, on remarque d'abord que les facteurs de $2^{2^{36}} + 1$ sont de la forme

$$2^{37} + 1 = 137438953472\,h + 1.$$

Mais, pour essayer un de ces facteurs, soit f, on ne peut effectuer la division, car le nombre $2^{2^{16}} + 1$ a plus de vingt milliards de chiffres. On se contente de calculer le reste de la division de $2^{2^{36}} + 1$ par f. Pour cela, on forme la suite des nombres 2, 2^2, 2^{2^2}, 2^{2^4}, ..., dont chacun est le carré de l'autre. Aussitôt qu'un résultat dépasse f, on le remplace par le reste de sa division par f.

On constate que, pour $h = 20$, on obtient un facteur de $2^{2^{36}} + 1$. Ce facteur étant le plus petit diviseur de $2^{2^{16}} + 1$ est premier.

Le plus grand nombre premier calculé est, croyons-nous,

$$2918000731816531 \qquad \text{(Le Lasseur)}.$$

On trouve, dans les Tables, des nombres premiers, assez considérables, se suivant à deux unités d'intervalle. Exemple : 3029867 et 3029869.

D'autre part, il est facile de former *n nombres consécutifs qui ne soient pas premiers*, à savoir les nombres :

$$1.2\ldots n(n+1) + 2, \quad 1.2\ldots n(n+1) + 3,$$
$$\ldots\ldots\ldots\ldots\ldots\ldots, \quad \ldots\ldots\ldots\ldots\ldots\ldots,$$
$$1.2\ldots n(n+1) + n, \quad 1.2\ldots n(n+1) + (n+1),$$

qui sont divisibles respectivement par $2, 3, \ldots, n, n+1$.

Considérons une suite de deux fractions $\frac{a}{b}$ et $\frac{a'}{b'}$, telles que

$$(1) \qquad a'b - b'a = 1.$$

Ces deux fractions sont irréductibles, car un diviseur commun de a et b, divisant $a'b$ et $b'a$, divise leur différence et ne peut être autre que 1.

Entre ces deux fractions, intercalons une médiante. Nous obtenons une suite de trois fractions formant deux intervalles.

Dans l'un de ces intervalles ou dans les deux, intercalons encore une fraction médiante et nous obtenons une troisième suite.

Continuons ainsi; en général, ayant la $n^{\text{ième}}$ suite dans certains des intervalles laissés par les fractions de cette suite, intercalons des médiantes, nous obtenons une $(n + 1)^{\text{ième}}$ suite.

418. On voit que la définition de ces suites est susceptible d'un assez grand arbitraire. Voici cependant quatre propriétés générales de ces suites :

1° *Les fractions d'une suite sont rangées par ordre de grandeur croissante.* — C'est vrai pour les deux fractions de la première suite, à cause de la relation (1); et alors c'est évident pour les autres suites.

2° *Toute fraction d'une suite est médiante des deux qui la comprennent.* — Supposons que ce soit vrai pour la $(n - 1)^{\text{ième}}$ suite, et soient

$$\frac{m}{p}, \quad \frac{m'}{p'}, \quad \frac{m''}{p''}, \quad \frac{m'''}{p'''}$$

quatre fractions consécutives de cette suite. Supposons que nous intercalions une médiante entre $\frac{m'}{p'}$ et $\frac{m''}{p''}$, nous obtenons

$$\frac{m}{p}, \quad \frac{m'}{p'}, \quad \frac{m'+m''}{p'+p''}, \quad \frac{m''}{p''}, \quad \frac{m'''}{p'''}.$$

Il faut démontrer que $\frac{m'}{p'}$ est médiante de $\frac{m}{p}$ et $\frac{m'+m''}{p'+p''}$, et que $\frac{m''}{p''}$ est médiante de $\frac{m'+m''}{p'+p''}$ et $\frac{m'''}{p'''}$; c'est-à-dire que

$$\frac{m'}{p'} = \frac{m+m'+m''}{p+p'+p''}$$

et

$$\frac{m''}{p''} = \frac{m'+m''+m'''}{p'+p''+p'''}.$$

Or ces deux égalités sont vraies, car elles se réduisent à

$$\frac{m'}{p'} = \frac{m+m''}{p+p''},$$

$$\frac{m''}{p''} = \frac{m'+m'''}{p'+p'''},$$

égalités vraies par hypothèse.

418. *Entre deux fractions consécutives* $\dfrac{m}{p}$, $\dfrac{m'}{p'}$ *existe la relation*

$$m'p - mp' = 1.$$

En effet, c'est vrai par hypothèse pour les deux fractions de la première suite; démontrons que si c'est vrai pour les fractions $\dfrac{m}{p}$ et $\dfrac{m'}{p'}$ ce sera encore vrai pour les deux fractions $\dfrac{m}{p}$ et $\dfrac{m + m'}{p + p'}$, ainsi que pour les fractions $\dfrac{m + m'}{p + p'}$ et $\dfrac{m'}{p'}$.

Or
$$(m + m')p - (p + p')m = m'p - pm' = 1$$
et
$$m'(p + p') - p'(m + m') = m'p - pm' = 1.$$

Le théorème est donc démontré.

4° *Toute fraction d'une des suites est irréductible.*

En effet, l'égalité $m'p - mp' = 1$ montre que m et p sont premiers entre eux.

419. *Suites de Brocot.* — Les suites de Brocot s'obtiennent en partant des deux fractions $\dfrac{0}{1}$ et $\dfrac{1}{1}$ et intercalant des médiantes dans tous les intervalles qui se présentent. On obtient ainsi les suites suivantes :

$$\frac{0}{1} \qquad\qquad\qquad\qquad\qquad\qquad\qquad\qquad\qquad\qquad \frac{1}{1}$$

$$\frac{0}{1} \qquad\qquad\qquad\qquad\qquad \frac{1}{2} \qquad\qquad\qquad\qquad\qquad \frac{1}{1}$$

$$\frac{0}{1} \qquad\quad \frac{1}{3} \qquad\quad \frac{1}{2} \qquad\quad \frac{2}{3} \qquad\quad \frac{1}{1}$$

$$\frac{0}{1} \quad \frac{1}{4} \quad \frac{1}{3} \quad \frac{2}{5} \quad \frac{1}{2} \quad \frac{3}{5} \quad \frac{2}{3} \quad \frac{3}{4} \quad \frac{1}{1}$$

$$\frac{0}{1} \ \frac{1}{5} \ \frac{1}{4} \ \frac{2}{7} \ \frac{1}{3} \ \frac{3}{8} \ \frac{2}{5} \ \frac{3}{7} \ \frac{1}{2} \ \frac{4}{7} \ \frac{3}{5} \ \frac{5}{8} \ \frac{2}{3} \ \frac{5}{7} \ \frac{3}{4} \ \frac{4}{5} \ \frac{1}{1}$$

$$\frac{0}{1}\ \frac{1}{6}\ \frac{1}{5}\ \frac{2}{9}\ \frac{1}{4}\ \frac{3}{11}\ \frac{2}{7}\ \frac{3}{10}\ \frac{1}{3}\ \frac{4}{11}\ \frac{3}{8}\ \frac{5}{13}\ \frac{2}{5}\ \frac{5}{12}\ \frac{3}{7}\ \frac{4}{9}\ \frac{1}{2}\ \frac{5}{9}\ \frac{4}{7}\ \frac{7}{12}\ \frac{3}{5}\ \frac{8}{13}\ \frac{5}{8}\ \frac{7}{11}\ \frac{2}{3}\ \frac{7}{10}\ \frac{5}{7}\ \frac{8}{11}\ \frac{3}{4}\ \frac{7}{9}\ \frac{4}{5}\ \frac{5}{6}\ \frac{1}{1}$$

. . . .

420. *Suites de Farey.* — Les suites de Farey s'obtiennent en partant des deux mêmes fractions $\dfrac{0}{1}$ et $\dfrac{1}{1}$, mais en n'intercalant de médiantes *qu'entre les fractions dont la somme des dénominateurs est égale au rang de* *la suite que l'on forme.* On obtient ainsi

$$
\begin{array}{l}
\dfrac{0}{1} \qquad\qquad\qquad\qquad\qquad\qquad\qquad\qquad\qquad \dfrac{1}{1} \\[2mm]
\dfrac{0}{1} \qquad\qquad\qquad\qquad \dfrac{1}{2} \qquad\qquad\qquad\qquad \dfrac{1}{1} \\[2mm]
\dfrac{0}{1} \qquad\qquad \dfrac{1}{3}\ \ \dfrac{1}{2}\ \ \dfrac{2}{3} \qquad\qquad \dfrac{1}{1} \\[2mm]
\dfrac{0}{1}\ \ \dfrac{1}{4}\ \ \dfrac{1}{3}\ \ \dfrac{1}{2}\ \ \dfrac{2}{3}\ \ \dfrac{3}{4}\ \ \dfrac{1}{1} \\[2mm]
\dfrac{0}{1}\ \ \dfrac{1}{5}\ \dfrac{1}{4}\ \ \dfrac{1}{3}\ \dfrac{2}{5}\ \ \dfrac{1}{2}\ \ \dfrac{3}{5}\ \dfrac{2}{3}\ \ \dfrac{3}{4}\ \dfrac{4}{5}\ \ \dfrac{1}{1} \\[2mm]
\dfrac{0}{1}\ \ \dfrac{1}{6}\ \dfrac{1}{5}\ \dfrac{1}{4}\ \ \dfrac{1}{3}\ \dfrac{2}{5}\ \ \dfrac{1}{2}\ \ \dfrac{3}{5}\ \dfrac{2}{3}\ \ \dfrac{3}{4}\ \dfrac{4}{5}\ \dfrac{5}{6}\ \ \dfrac{1}{1} \\[2mm]
\dfrac{0}{1}\ \dfrac{1}{7}\ \dfrac{1}{6}\ \dfrac{1}{5}\ \dfrac{1}{4}\ \dfrac{2}{7}\ \dfrac{1}{3}\ \dfrac{2}{5}\ \dfrac{3}{7}\ \dfrac{1}{2}\ \dfrac{4}{7}\ \dfrac{3}{5}\ \dfrac{2}{3}\ \dfrac{5}{7}\ \dfrac{3}{4}\ \dfrac{4}{5}\ \dfrac{5}{6}\ \dfrac{6}{7}\ \dfrac{1}{1}
\end{array}
$$

$$\dots\dots\dots\dots\dots\dots\dots\dots\dots\dots\dots\dots\dots\dots\dots$$

Par exemple, pour passer de la sixième suite à la septième, on n'a intercalé des médiantes que dans les intervalles

$$\frac{0}{1}\ \frac{1}{6},\quad \frac{1}{4}\ \frac{1}{3},\quad \frac{2}{5}\ \frac{1}{2},\quad \frac{1}{2}\ \frac{3}{5},\quad \frac{2}{3}\ \frac{3}{4},\quad \frac{5}{6}\ \frac{1}{1}.$$

421. D'après la façon dont les suites de Farey ont été formées, il n'y a dans la $n^{\text{ième}}$ suite que des fractions irréductibles plus petites que 1 et dont le dénominateur ne dépasse pas n; je dis de plus qu'*elles y sont toutes.*

En effet, supposons que ce soit vrai pour la $(n-1)^{\text{ième}}$ suite.

Soit alors $\dfrac{c}{n}$ une fraction irréductible plus petite que 1, je dis qu'elle est dans la $n^{\text{ième}}$ suite. En effet, $\dfrac{c}{n}$ n'étant pas dans la $(n-1)^{\text{ième}}$ suite est comprise entre deux termes de cette suite $\dfrac{m}{p}$ et $\dfrac{m'}{p'}$

$$\frac{m}{p} < \frac{c}{n} < \frac{m'}{p'}.$$

On n'a pas $p+p' < n$, car sinon la fraction $\dfrac{m+m'}{p+p'}$, médiante de $\dfrac{m}{p}$ et $\dfrac{m'}{p'}$ appartiendrait à la $(n-1)^{\text{ième}}$ suite, de sorte que $\dfrac{m}{p}$ et $\dfrac{m'}{p'}$ ne seraient pas deux fractions consécutives de cette suite.

Posons

$$(2)\qquad \begin{cases} cp - mn = \alpha, \\ m'n - p'c = \beta; \end{cases}$$

α et β sont des entiers positifs.

Multiplions les égalités (2) respectivement par p' et p et ajoutons. Il vient

$$n(m'p - mp') = \alpha p' + \beta p,$$

ou

$$n = \alpha p' + \beta p.$$

Or comme $p + p' \geq n$, il résulte évidemment de là que

$$\alpha = 1,$$
$$\beta = 1$$

et

$$p + p' = n.$$

Reste à montrer que $c = m + m'$, alors il sera prouvé que $\dfrac{c}{n}$ est la médiante des fractions $\dfrac{m}{p}$ et $\dfrac{m'}{p'}$, donc elle sera dans la $n^{\text{ième}}$ suite. Pour cela nous retranchons les égalités (2) membre à membre, il vient

$$c(p + p') - n(m + m') = \alpha - \beta = 0.$$

Or

$$p + p' = n,$$

donc

$$c = m + m'.$$

COROLLAIRE. — *Si l'on range par ordre de grandeur toutes les fractions irréductibles comprises entre o et 1, chacune de ces fractions est la médiante des deux qui la comprennent* ([1]).

NOTE E.

SUR LE CALCUL DES RACINES PRIMITIVES DES NOMBRES PREMIERS.

422. Nous avons vu (n°s 159 et suivants) que la recherche d'une racine primitive d'un nombre premier est en général pénible. Voici quelques théorèmes qui permettent, dans certains cas, de prévoir une racine primitive.

THÉORÈME. — *Tout nombre premier de la forme* $2^{2n} + 1$ *admet comme racine primitive le nombre* 3 ([2]).

En effet, toute racine primitive d'un nombre premier impair est un non-reste quadratique de ce nombre.

([1]) FAREY, *Bulletin de la Société philomathique;* 1816.

HALPHEN, *Sur des suites de fractions analogues à la suite de Farey* (*Bulletin de la Société mathématique*, t. V, p. 170; 1877).

([2]) Quant aux nombres de la forme $2^{2n+1} + 1$, ils ne sont pas premiers, étant divisibles par 3.

La réciproque n'est pas vraie en général, mais elle l'est lorsque le nombre premier est de la forme $p = 2^{2n} + 1$. En effet, l'exposant auquel un nombre a appartient par rapport à p, est un diviseur de $p - 1 = 2^{2n}$. Si donc a n'est pas racine primitive, c'est-à-dire si son exposant n'est pas égal à 2^{2n}, il est un diviseur de 2^{2n-1}, c'est-à-dire de $\dfrac{p-1}{2}$.

On a donc

$$a^{\frac{p-1}{2}} \equiv 1 \ (\bmod\, p).$$

Donc a est un reste quadratique.

Ainsi, tout nombre qui n'est pas racine primitive est un reste. Il en résulte que, inversement, tout non-reste est une racine primitive.

Ceci posé, pour démontrer le théorème, il faut donc démontrer que

$$\left(\frac{3}{2^{2n} + 1} \right) = -1.$$

Mais $2^{2n} + 1$ étant de la forme $4h + 1$, on a

$$\left(\frac{3}{2^{2n} + 1} \right) = \left(\frac{2^{2n} + 1}{3} \right).$$

D'ailleurs

$$2^{2n} + 1 \equiv 2 \ (\bmod\, 3).$$

Donc

$$\left(\frac{2^{2n} + 1}{3} \right) = \left(\frac{2}{3} \right) = -1,$$

ce qui démontre le théorème.

Exemple. — Depuis 1 jusqu'à 200 on rencontre comme nombres premiers de la forme précédente les nombres $2^2 + 1 = 5$ et $2^4 + 1 = 17$. Ils admettent 3 comme racine primitive.

423. **Théorème.** — *Soit p un nombre premier impair, tel que $2p + 1$ soit aussi un nombre premier. Si p est de la forme $4h + 1$, le nombre $2p + 1$ admet 2 comme racine primitive. Si p est de la forme $4h - 1$, le nombre $2p + 1$ admet (-2) ou, ce qui revient au même, $2p - 1$ comme racine primitive.*

En effet, par rapport au nombre premier $2p + 1$, tout nombre ne peut appartenir qu'à un exposant diviseur de $2p$; c'est-à-dire (puisque p est premier) à l'un des quatre exposants

$$1, \quad 2, \quad p, \quad 2p.$$

Le seul nombre appartenant à l'exposant 1 est 1.

Le seul nombre appartenant à l'exposant 2 est -1.

Donc, pour démontrer qu'un nombre différent de 1 et de -1 est racine primitive de $2p + 1$, il suffit de démontrer qu'il n'appartient pas à l'exposant p; autrement dit, qu'il est non-reste du nombre $2p + 1$.

Ceci posé, soit d'abord
$$p = 4h + 1.$$
Alors
$$2p + 1 = 8h + 3.$$

Or on sait que le nombre 2 n'est pas reste quadratique des nombres de la forme $8h + 3$. Donc 2 est racine primitive.

Soit, au contraire,
$$p = 4h - 1.$$
Alors
$$2p + 1 = 8h - 1.$$

Or on sait que le nombre -2 n'est pas reste quadratique des nombres de la forme $8h - 1$. Donc ce nombre (-2) ou le nombre $2p - 1$ [qui lui est congru $\mod(2p + 1)$] est racine primitive.

Exemple. — Depuis 1 jusqu'à 200 on rencontre, comme nombres premiers de la forme $2p + 1$, tels que p soit premier de la forme $4h + 1$, les nombres

$$11, \quad 59, \quad 83, \quad 107, \quad 179.$$

Ils admettent 2 comme racine primitive. Comme nombres premiers de la forme $2p + 1$, tels que p soit premier de la forme $4h - 1$, on rencontre les nombres

$$7, \quad 23, \quad 47, \quad 167,$$

qui admettent -2 comme racine primitive.

424. THÉORÈME. — *Soit p un nombre premier impair, tel que $4p + 1$ soit aussi un nombre premier. Le nombre $4p + 1$ admet comme racine primitive le nombre* 2.

En effet, par rapport au nombre premier $4p + 1$, tout nombre appartient à un exposant diviseur de $4p$, c'est-à-dire à l'un des six exposants

$$1, \quad 2, \quad 4, \quad p, \quad 2p, \quad 4p.$$

Or le nombre 2 n'appartient ni à l'exposant 1, ni à l'exposant 2.
Il n'appartient pas non plus à l'exposant 4. En effet
$$2^4 = 16.$$

Donc 2 ne peut appartenir à l'exposant 4, si $4p + 1 > 15$. D'ailleurs le seul nombre premier de la forme en question, pour lequel cette condition ne soit pas réalisée est 13, et pour ce nombre le théorème se vérifie directement.

Restent les exposants
$$p, \quad 2p, \quad 4p.$$

C.   22

On voit donc que si 2 n'était pas racine primitive, il appartiendrait à l'exposant p ou à l'exposant $2p$. Dans les deux cas on aurait

$$2^{2p} \equiv 1 \qquad (\bmod\ 4p + 1),$$

c'est-à-dire que 2 serait reste quadratique de $4p + 1$.

Mais c'est impossible. En effet, p étant un nombre premier impair est de la forme $2h + 1$. Donc

$$4p + 1 = 8h + 5.$$

Or on sait que 2 n'est pas reste quadratique des nombres de cette forme.

Exemple. — De 1 à 200, on rencontre, comme nombres premiers de la forme $4p + 1$, tels que p soit premier impair, les nombres

$$13, \quad 29, \quad 149, \quad 173.$$

Ces nombres admettent 2 comme racine primitive.

425. Théorème. — *Soit p un nombre premier, tel que*

$$2^{m+2} p + 1 \qquad (m \geqq 1)$$

soit aussi un nombre premier. Si, de plus, la condition

$$p > \frac{3^{(2^{m+1})} - 1}{2^{m+3}}$$

est satisfaite, le nombre $2^{m+2} p + 1$ admet 3 comme racine primitive.

En effet, par rapport au nombre premier $2^{m+2} p + 1$, tout nombre appartient à un exposant diviseur de $2^{m+2} p$, c'est-à-dire à l'un des exposants

$$1, \quad 2, \quad 2^2, \quad \ldots, \quad 2^{m+1}, \quad 2^{m+2}, \quad p, \quad 2p, \quad 2^2 p, \quad \ldots, \quad 2^{m+1} p, \quad 2^{m+2} p.$$

Le nombre 3 ne pourrait appartenir à l'un des exposants

$$1, \quad 2, \quad 2^2, \quad \ldots, \quad 2^{m+1}, \quad 2^{m+2},$$

que si l'on avait

$$(1) \qquad 3^{(2^{m+2})} - 1 \equiv 0 \qquad [\bmod\ (2^{m+2} p + 1)]$$

ou

$$(2) \qquad (3^{(2^{m+1})} - 1)(3^{(2^{m+1})} + 1) \equiv 0 \qquad [\bmod\ (2^{m+2} p + 1)].$$

Or l'on n'a certainement pas

$$3^{(2^{m+1})} - 1 \equiv 0 \qquad [\bmod\ (2^{m+2} p + 1)],$$

car cette congruence entraînerait

$$3^{[2^{(m+1)}p]} - 1 \equiv 0 \qquad [\bmod\ (2^{m+2} p + 1)],$$

ce qui voudrait dire que 3 serait reste quadratique du nombre $2^{m+2} p + 1$.

Or ceci est impossible. car le nombre $2^{m+2}p+1$ n'est certainement pas de l'une des formes $12h\pm1$. $\Big[$Il ne pourrait y avoir exception que pour $p=3$, mais la condition $p>\dfrac{3^{(2^{m+1})}}{2^{m+3}}$ $(m\geqq1)$ entraîne *a fortiori* $p>3\Big]$.

La congruence (2) entraînerait donc

$$3^{(2^{m+1})}+1\equiv0\qquad[\bmod(2^{m+2}p+1)],$$

ou

$$(3)\qquad\qquad 3^{(2^{m+1})}+1=h(2^{m+2}p+1),$$

h étant un certain nombre entier.

Dans cette égalité h ne peut être nul; il ne peut non plus être égal à 1 puisque alors on aurait

$$3^{(2^{m+1})}=2^{m+2}p,$$

ce qui est manifestement impossible, l'un des nombres étant pair et l'autre impair.

Donc $h\geqq2$. Donc l'égalité (3) donnerait

$$3^{2^{m+1}}+1\geqq2(2^{m+2}p+1),$$

d'où

$$p\leqq\dfrac{3^{(2^{m+1})}-1}{2^{m+3}}.$$

Or ceci est contraire à l'hypothèse.

Il en résulte que la congruence (1) est impossible; et, par suite, que le nombre 3 ne peut appartenir qu'à l'un des exposants

$$p,\quad 2p,\quad 2^2p,\quad\ldots,\quad 2^{m+1}p,\quad 2^{m+2}p.$$

Il en résulte que si 3 n'était pas racine primitive, il appartiendrait à l'un des exposants

$$p,\quad 2p,\quad 2^2p,\quad\ldots\ 2^{m+1}p.$$

Dans tous les cas, on aurait

$$3^{(2^{m+1}p)}\equiv1\qquad[\bmod(2^{m+2}p+1)]$$

c'est-à-dire que 3 serait reste quadratique de $(2^{m+2}p+1)$.

Mais nous avons déjà vu plus haut que c'est impossible. Le théorème est donc démontré [1].

---

[1] L'énoncé de ce théorème se trouve dans la *Théorie des congruences* (*Éléments de la théorie des nombres*) de Tchebyscheff, avec cette différence, qu'au lieu de la condition $p>\dfrac{3^{(2^{m+1})}-1}{2^{m+3}}$, il y a la condition, évidemment moins avantageuse, $p>\dfrac{3^{(2^{m+1})}}{2^{m+2}}$.

Exemple. — Faisons $m = 1$. De 1 à 200 on rencontre comme nombres premiers de la forme $8p + 1$, tels que p soit premier impair et satisfasse à la condition $p > \dfrac{3^4 - 1}{2^4}$ ou $p > 5$, les nombres 89 et 137. Ces nombres admettent 3 comme racine primitive.

NOTE F.

SUR LA FRACTION APPROCHANT LE PLUS D'UN NOMBRE a ET DONT LE DÉNOMINATEUR EST PLUS PETIT QU'UN ENTIER m.

426. A la théorie des fractions continues se rattache la question intéressante suivante :

Parmi toutes les fractions dont le dénominateur est plus petit qu'un entier donné m, trouver celle qui approche le plus par défaut d'un nombre donné a. De même trouver celle qui approche le plus par excès.

Considérons les valeurs approchées par défaut du nombre a à $\dfrac{1}{1}, \dfrac{1}{2}, \dfrac{1}{3}, \cdots$ près; elles forment une suite

$$\frac{\mu_1}{1}, \quad \frac{\mu_2}{2}, \quad \frac{\mu_3}{3}, \quad \cdots$$

Dans cette suite, *barrons tout terme qui n'est pas plus grand que tous les précédents.* Nous obtenons une nouvelle suite que nous appellerons suite (A).

Il est bien évident que pour trouver, parmi toutes les fractions dont le dénominateur est plus petit que m celle qui approche le plus par défaut de a, il suffit de prendre, dans la suite (A), la fraction qui a pour dénominateur le nombre le plus voisin de m et inférieur à ce nombre.

Si, au lieu des valeurs par défaut, on prenait les valeurs par excès de a, et que *l'on barrât tout terme qui n'est pas plus petit que tous les précédents,* on formerait de même une suite (B). Pour trouver, parmi toutes les fractions dont le dénominateur est plus petit que m, celle qui approche le plus, par excès, de a, il suffit de prendre, dans la suite (B), la fraction qui a pour dénominateur le nombre le plus voisin de m et inférieur à ce nombre.

Il est bien évident qu'il n'y a qu'une suite jouissant de cette propriété de la suite (A) et qu'une suite jouissant de cette propriété de la suite (B).

Exemple. — Pour le nombre e on trouvera facilement les suites

$$(A) \quad \frac{2}{1}, \ \frac{5}{2}, \ \frac{8}{3}, \ \frac{19}{7}, \ \frac{106}{39}, \ \frac{299}{110}, \ \frac{492}{181}, \ \frac{685}{252}, \ \frac{878}{323}, \ \frac{1071}{394}, \ \frac{1264}{465}, \ \cdots,$$

$$(B) \quad \frac{3}{1}, \ \frac{11}{4}, \ \frac{30}{11}, \ \frac{49}{18}, \ \frac{68}{25}, \ \frac{87}{32}, \ \frac{193}{71}, \ \frac{1457}{536}, \ \frac{4178}{1537}, \ \frac{6899}{2538}, \ \frac{9620}{3539}, \ \cdots,$$

427. Remarquons que, si nous réduisons a en fraction continue, les réduites de rang impair sont nécessairement contenues dans la suite (A), et les réduites de rang pair dans la suite (B), d'après les propriétés de ces réduites démontrées au n° 96.

Nous allons montrer comment de ces réduites on peut déduire tous les termes de la suite (A) et tous ceux de la suite (B).

Soient deux réduites consécutives de rang impair, par exemple,

$$\frac{P_{k-1}}{Q_{k-1}} \quad \text{et} \quad \frac{P_{k+1}}{Q_{k+1}}.$$

On a

$$\frac{P_{k+1}}{Q_{k+1}} = \frac{P_{k-1} + a_{k+1} P_k}{Q_{k-1} + a_{k+1} Q_k}.$$

Considérons l'expression

$$\frac{P_{k-1} + m P_k}{Q_{k-1} + m Q_k}.$$

Pour $m = 0$, cette expression donne la réduite $\frac{P_{k-1}}{Q_{k-1}}$.

Pour $m = a_{k+1}$, elle donne la réduite $\frac{P_k}{Q_k}$.

Pour les valeurs $1, 2, \ldots, a_{k+1} - 1$ de m, on obtient donc $a_{k+1} - 1$ fractions intermédiaires entre $\frac{P_{k-1}}{Q_{k-1}}$ et $\frac{P_{k+1}}{Q_{k+1}}$.

428. Je dis que *la suite* (A') *formée par les réduites de rangs impairs et les fractions intermédiaires n'est autre que la suite* (A).

En effet, d'après la façon dont elle a été formée, la suite (A') se compose de fractions croissantes, à dénominateurs croissants et tendant vers a.

Considérons deux fractions consécutives de la suite (A'), soient $\frac{p}{q}$ et $\frac{p'}{q'}$. Je dis qu'on a

$$p'q - q'p = 1.$$

En effet, $\frac{p}{q}$ est de la forme

$$\frac{P_{k-1} + m P_k}{Q_{k-1} + m Q_k},$$

et $\frac{p'}{q'}$ de la forme

$$\frac{P_{k-1} + (m+1) P_k}{Q_{k-1} + m Q_k}.$$

Donc

$$p'q - q'p = [P_{k-1} + (m+1)P_k][Q_{k-1} + m Q_k]$$
$$- [P_{k-1} + m P_k][Q_{k-1} + (m+1)Q_k] = P_k Q_{k-1} - Q_k P_{k-1} = 1.$$

Ceci posé, je dis que la suite (A') jouit de la propriété caractéristique de la suite (A), ce qui prouvera qu'elle lui est identique.

Pour cela, il suffit évidemment de démontrer que *si une fraction $\frac{y}{x}$ est comprise entre deux fractions consécutives $\frac{p}{q}$, $\frac{p'}{q'}$ de la suite (A'), y est plus grand que q'.*

En effet, on a, par hypothèse,

$$\frac{p}{q} < \frac{x}{y} < \frac{p'}{q'},$$

d'où, en se rappelant que $p'q - q'p = 1$,

$$0 < qx - py < \frac{y}{q'},$$

d'où

$$y > q'(qx - py);$$

$qx - py$ étant positif, est au moins égal à 1. Donc y est plus grand que q'. Le théorème est donc démontré.

Si l'on opérait de même avec les réduites de rangs pairs, on trouverait la suite (B).

429. Lorsque le nombre proposé est commensurable, les suites (A) et (B) sont évidemment limitées, le nombre proposé faisant partie des deux suites. Exemple, le nombre $\frac{913}{250}$ donne naissance aux deux suites :

$$(A) \quad \frac{3}{1}, \ \frac{7}{2}, \ \frac{18}{5}, \ \frac{29}{8}, \ \frac{40}{11}, \ \frac{51}{14}, \ \frac{62}{17}, \ \frac{73}{20}, \ \frac{157}{43}, \ \frac{241}{66},$$

$$\frac{325}{89}, \ \frac{409}{112}, \ \frac{493}{135}, \ \frac{577}{158}, \ \frac{661}{181}, \ \frac{745}{204}, \ \frac{829}{227}, \ \frac{913}{250}$$

et

$$(B) \quad \frac{4}{1}, \ \frac{11}{3}, \ \frac{84}{23}, \ \frac{913}{250}.$$

430. Voici encore une autre manière de former ces suites. Soit a un nombre.

Posons

$$a = a_1 + \cfrac{1}{a_2 + \cfrac{1}{a_3 + \dots}},$$

a_1, a_2, a_3 étant des nombres entiers positifs ou négatifs, en nombre limité ou illimité.

Si l'on prend :

Pour a_1, la valeur de a à une unité près par *défaut*,

» a_2, la valeur de $\dfrac{1}{a - a_1}$ à une unité près par *défaut*,

» a_3, la valeur de $\dfrac{1}{\dfrac{1}{a - a_1} - a_2}$ à une unité près par *défaut*,

etc., on retrouve le développement en fraction continue ordinaire.

Mais si l'on prend :

Pour a_1, la valeur de a à une unité près par *défaut*,

» a_2, la valeur de $\dfrac{1}{a - a_1}$ à une unité près par *excès*,

» a_3, la valeur de $\dfrac{1}{\dfrac{1}{a - a_1} - a_2}$ à une unité près par *défaut*,

et ainsi de suite en alternant, on obtient un autre développement.

Si l'on calcule les réduites de ce développement, ce sont justement des fractions de la suite (A).

Si l'on prend :

Pour a_1, la valeur de a à une unité près par *excès*,

» a_2, la valeur de $\dfrac{1}{a - a_1}$ à une unité près par *excès*,

» a_3, la valeur de $\dfrac{1}{\dfrac{1}{a - a_1} - a_2}$ à une unité près par *excès*,

et ainsi de suite, on obtient un troisième développement. Si l'on calculait les réduites de ce développement, en obtiendrait la suite (B).

Nous laissons au lecteur le soin de démontrer ces théorèmes.

NOTE G.

SUR LE GROUPE MODULAIRE.

431. Les résultats démontrés au § IV du Chapitre VI sur la réduction des formes à discriminant positif donnent, en passant, un résultat important relatif au groupe modulaire.

Soit (A, B, C) une forme réduite, soit (a, b, c) une forme de même classe. Il y a autant de substitutions modulaires transformant (a, b, c) en (A, B, C) qu'il y en a transformant (A, B, C) en elle-même (n° 316), c'est-à-dire qu'il peut y en avoir deux, quatre ou six (n° 318).

Nous allons supposer que la forme réduite (A, B, C) soit une forme *primitive*, c'est-à-dire que les trois coefficients A, B, C n'ont pas de diviseurs communs (n° 275).

Nous allons d'abord montrer qu'il n'y a que *deux* substitutions qui transforment (A, B, C) en elle-même, excepté :

1° Si $A = 2$, $B = 1$, $C = 2$, auquel cas il y a six de ces substitutions;

2° Si $A = 1$, $B = 0$, $C = 1$, auquel cas il y en a quatre.

En effet :

1° On sait (n° 318) que, pour qu'il y ait six des substitutions en question, il faut que

$$(1) \qquad\qquad 4D = 3\sigma^2.$$

Puisque A, B, C n'ont pas de diviseur commun, le plus grand commun diviseur σ de A, $2B$ et C ne peut être que 1 ou 2. Dans le cas qui nous occupe, il doit être pair d'après l'égalité (1); il est donc égal à 2, et l'on a

$$4D = 12$$

ou

$$D = 3.$$

Or, il n'y a (n° 323) que deux formes réduites de discriminant égal à 3, à savoir les formes $(1, 0, 3)$ et $(2, 1, 2)$. Mais, pour la première, $\sigma = 1$. Donc la seconde seule répond à la question.

2° Pour qu'il y ait quatre des substitutions en question, il faut que

$$4D = 4\sigma^2.$$

Si $\sigma = 1$, on a

$$D = 1.$$

Or il n'y a qu'une forme réduite de discriminant égal à 1, à savoir $(1, 0, 1)$. Elle répond à la question.

Si $\sigma = 2$, $D = 4$. Or il n'y a que deux formes réduites de discriminant égal à 4, à savoir $(2, 0, 2)$ et $(1, 0, 4)$. Mais la première n'est pas primitive, et pour la seconde $\sigma = 1$.

432. A partir de maintenant, nous supposerons que (A, B, C) est une forme *réduite, primitive, différente* de $(1, 0, 1)$ ou de $(2, 1, 2)$.

Dans ces conditions, soit (a, b, c) une forme de même classe que (A, B, C), il n'y a que *deux* substitutions modulaires qui transforment (a, b, c) en (A, B, C).

Soit R l'une de ces substitutions, l'autre est RI (n° 318).

Soit alors R une substitution modulaire quelconque. Si l'on applique à (A, B, C) la substitution R^{-1}, on trouve une forme (a, b, c). Inversement, la substitution R transforme (a, b, c) en (A, B, C). Il en est de même de la substitution RI; mais il n'y a pas d'autre substitution modulaire que ces deux-là qui transforment (a, b, c) en (A, B, C).

D'autre part, on peut passer de (a, b, c) à (A, B, C) par une suite de substitutions S et T (n°s 309 et 310).

On en déduit donc que *toute substitution du groupe modulaire à deux variables est identique à un produit de substitutions S et T ou à ce produit multiplié par I.*

433. Si l'on considère le groupe modulaire à une variable (n° 327), comme, dans ce groupe, les deux substitutions R et RI sont identiques, on peut dire que *toute substitution du groupe modulaire à une variable est identique à un produit de substitutions S et T* ([1]).

NOTE II.

SUR LES FONCTIONS NUMÉRIQUES.

434. Nous appelerons *fonction numérique,* une fonction qui n'est définie que pour les valeurs entières de la variable, et qui n'a elle-même que des valeurs entières.

Autrement dit, un nombre entier N est une fonction du nombre entier n, lorsqu'à chaque valeur de n correspond une valeur de N.

Exemple. — La somme des diviseurs du nombre n, l'indicateur du nombre n, etc., sont des fonctions numériques.

435. *Intégrale et dérivée suivant tous les nombres.* — Soit une fonction numérique $f(n)$. La fonction

$$(\text{1}) \qquad F(n) = f(\text{1}) + f(\text{2}) + \ldots + f(n)$$

sera dite *intégrale numérique de $f(n)$* suivant *tous les nombres.*

Inversement $f(n)$ sera dite la *dérivée numérique* de $F(n)$ suivant *tous les nombres.*

Exemples. — Si la fonction $f(n)$ est égale à n, la fonction $F(n)$ est égale à $\dfrac{n(n+\text{1})}{2}$.

Si la fonction $f(n)$ est égale à n^p, la fonction $F(n)$ est égale à un certain polynôme en n de degré $p+\text{1}$, et qu'on appelle $p^{\text{ième}}$ polynôme de Bernoulli.

([1]) Pour l'étude du groupe modulaire, voir *Vorlesungen ueber Theorie der elliptischen Modulfunctionen* (Klein). En particulier, le Chapitre III de la seconde Partie de cet Ouvrage est consacré à la relation entre le groupe modulaire et la réduction des formes quadratiques et à la représentation géométrique de cette réduction.

436. Il est évident que l'intégrale, suivant tous les nombres, d'une fonction déterminée, est déterminée par la formule (1).

Inversement la dérivée, suivant tous les nombres, d'une fonction déterminée, est déterminée par la formule

$$f(n) = F(n) - F(n-1).$$

Nous désignerons l'intégrale suivant tous les nombres de la fonction $f(n)$ par la notation

$$F(n) = \sum_n f(n).$$

Inversement, nous poserons

$$f(n) = \underset{n}{\mathbf{D}}\, F(n).$$

437. *Intégrale et dérivée suivant les diviseurs.* — Nous appellerons, d'après Tchebyscheff, *intégrale suivant les diviseurs* d'une fonction $f(n)$, la fonction $\Phi(n)$ définie par l'équation

$$(2) \qquad \Phi(n) = f(1) + f(d) + f(d') + \ldots + f(n),$$

$1, d, d', \ldots, n$ étant tous les diviseurs de n.

Inversement, $f(n)$ sera dite la *dérivée* de $\Phi(n)$ *suivant les diviseurs.*

Exemples. — Si $f(n)$ est l'indicateur de n, $\Phi(n)$ est égale à n.

Si $f(n)$ est l'indicateur du $p^{\text{ième}}$ ordre de n, $\Phi(n)$ est égale à n^p.

438. L'intégrale, suivant les diviseurs, d'une fonction déterminée $f(n)$ est déterminée par la formule (2).

Inversement, la dérivée suivant les diviseurs d'une fonction déterminée $\Phi(n)$ est déterminée. En effet, écrivons les n premières équations (2).

$$(3) \qquad
\begin{cases}
\Phi(1) = f(1), \\
\Phi(2) = f(1) + f(2), \\
\Phi(3) = f(1) + f(3), \\
\Phi(4) = f(1) + f(2) + f(4), \\
\ldots\ldots\ldots\ldots\ldots\ldots\ldots, \\
\Phi(n) = f(1) + f(d) + f(d') + \ldots + f(n).
\end{cases}$$

Nous en tirons

$$(4) \qquad
\begin{cases}
f(1) = \Phi(1), \\
f(2) = \Phi(2) - \Phi(1), \\
f(3) = \Phi(3) - f(1), \\
f(4) = \Phi(4) - \Phi(2), \\
\ldots\ldots\ldots\ldots\ldots\ldots, \\
f(n) = \Phi(n) - \ldots.
\end{cases}$$

Nous désignerons l'intégrale suivant les diviseurs de la fonction $f(n)$ par la notation

$$\Phi(n) = \sum_d f(n).$$

Inversement, nous poserons

$$f(n) = \mathbf{D}_d \Phi(n).$$

439. *La fonction* $\mu(n)$. — Soit $f(n)$ une fonction égale à un pour $n = 1$, et à zéro pour toute autre valeur de n. Nous désignerons par $\mu(n)$ la dérivée, suivant les diviseurs de cette fonction $f(n)$.

Autrement dit, on a les égalités :

$$(5) \qquad \mu(1) = 1,$$
$$(6) \qquad \sum_d \mu(n) = 0, \qquad (n \neq 1).$$

Les formules (4) donnent alors

$$\mu(1) = 1,$$
$$\mu(2) = -1,$$
$$\mu(3) = -1,$$
$$\mu(4) = 0,$$
$$\mu(5) = -1,$$
$$\mu(6) = +1.$$

440. Je dis que, en général :

$\mu(n) = 0$ quand n contient des facteurs premiers multiples.

$\mu(n) = +1$ quand n ne contient que des facteurs premiers simples et en nombre pair.

$\mu(n) = -1$ quand n ne contient que des facteurs premiers simples et en nombre impair.

Pour le démontrer, je remarque que la fonction $\mu(n)$ étant complètement définie par les équations (5) et (6), il suffit de montrer que les valeurs qu'on vient de dire pour $\mu(n)$ satisfont à ces équations.

La chose est évidente pour $n = 1$, et, par conséquent, pour l'équation (5).
Soit maintenant $n \neq 1$. Soit

$$n = a^{\alpha} b^{\beta} \dots l^{\lambda}$$

la décomposition de n en facteurs premiers. Soit r le nombre de ces facteurs $a, b, \dots, l$. Les diviseurs de n qui contiennent des facteurs premiers multiples, donnant par hypothèse des valeurs nulles pour la fonction μ, n'interviendront pas dans la vérification de la formule (6).

Les diviseurs de n qui ne contiennent que des facteurs premiers simples sont

$$1; \quad a, b, c, \ldots, k, l; \quad ab, ac, \ldots, kl; \quad abc, abd, \ldots, hkl; \quad \ldots; \quad abc \ldots hkl.$$

Il y en a 1 égal à l'unité,

$$\text{»} \qquad \frac{r}{1} \quad \text{contenant } 1 \text{ facteur premier,}$$

$$\text{»} \qquad \frac{r(r-1)}{1.2} \quad \text{contenant } 2 \text{ facteurs premiers,}$$

$$\text{»} \qquad \frac{r(r-1)(r-2)}{1.2.3} \quad \text{contenant } 3 \text{ facteurs premiers,}$$

$$\ldots\ldots\ldots\ldots\ldots\ldots\ldots\ldots\ldots\ldots\ldots\ldots\ldots\ldots\ldots,$$

Il y en a $\dfrac{r(r-1)(r-2)\ldots 1}{1.2\ldots r}$ contenant r facteurs premiers.

La somme des μ de ces diviseurs est donc égale, d'après les hypothèses faites sur la valeur de la fonction μ, à

$$1 - \frac{r}{1} + \frac{r(r-1)}{1.2} - \ldots + (-1)^r \frac{r(r-1)\ldots 1}{1.2\ldots r}.$$

Or on sait que cette somme est nulle. La formule (6) est donc vérifiée.

441. *Application aux formules* (4). — Je dis que ces formules s'écrivent

$$f(1) = \mu\left(\frac{1}{1}\right) \Phi(1),$$

$$f(2) = \mu\left(\frac{2}{1}\right) \Phi(1) + \mu\left(\frac{2}{2}\right) \Phi(2),$$

$$f(3) = \mu\left(\frac{3}{1}\right) \Phi(1) + \mu\left(\frac{3}{3}\right) \Phi(3),$$

$$\ldots\ldots\ldots\ldots\ldots\ldots\ldots\ldots\ldots\ldots\ldots\ldots\ldots,$$

$$f(n) = \sum_d \mu\left(\frac{n}{d}\right) \Phi(d).$$

Pour le démontrer, je suppose que dans les formules (3) on considère celles de rangs $1, d, d', \ldots, n$, qu'on les multiplie respectivement par $\mu\left(\dfrac{n}{1}\right), \mu\left(\dfrac{n}{d}\right), \ldots, \mu\left(\dfrac{n}{n}\right)$ et qu'on les ajoute, il est facile de voir que le coefficient de $f(d)$ dans le second membre est

$$\mu\left(\frac{n}{d}\right) + \mu\left(\frac{n}{d\delta}\right) + \ldots + \mu\left(\frac{n}{d\frac{n}{d}}\right) = \sum_\delta \mu\left(\frac{n}{d\delta}\right),$$

δ désignant les diviseurs de $\dfrac{n}{d}$.

Or, cette somme peut s'écrire

$$\sum_\delta \mu\left(\frac{\frac{n}{d}}{\delta}\right).$$

Elle est donc nulle pour $d \neq n$ et égale à 1 pour $d = n$.

Donc on obtient bien ainsi la formule

$$(7) \qquad f(n) = \sum_d \mu\left(\frac{n}{d}\right) \Phi(d).$$

442. *Autre forme de cette formule.* — Cette formule peut s'écrire sous une autre forme due à Liouville.

Soit $n = a^\alpha b^\beta \ldots l^\lambda$.

Dans la formule (7) il n'y a besoin d'écrire dans le second membre que les termes relatifs à des diviseurs de n, tels que $\dfrac{n}{d}$ ne contienne pas de facteurs multiples. Ces diviseurs sont

$$\frac{n}{1}, \quad \frac{n}{a}, \quad \frac{n}{b}, \quad \ldots, \quad \frac{n}{l}; \quad \frac{n}{ab}, \quad \frac{n}{ac}, \quad \ldots, \quad \frac{n}{kl}, \quad \ldots, \quad \frac{n}{abc\ldots kl},$$

et la formule (7) devient, en remplaçant les coefficients $\mu\left(\dfrac{n}{d}\right)$ par leurs valeurs,

$$f(n) = \Phi(n) - \left[\Phi\left(\frac{n}{a}\right) + \Phi\left(\frac{n}{b}\right) + \ldots + \Phi\left(\frac{n}{l}\right)\right]$$
$$+ \left[\Phi\left(\frac{n}{ab}\right) + \Phi\left(\frac{n}{ac}\right) + \ldots + \Phi\left(\frac{n}{kl}\right)\right] - \ldots + (-1)^r \Phi\left(\frac{n}{abc\ldots kl}\right),$$

c'est-à-dire encore

$$(8) \qquad f(n) = \sum_d \Phi(d) - \sum_{d'} \Phi(d'),$$

en posant

$$n\left(1 - \frac{1}{a}\right)\left(1 - \frac{1}{b}\right)\cdot\cdot\left(1 - \frac{1}{l}\right) = \sum_d d - \sum_{d'} d'.$$

Telle est la formule de Liouville.

443. Comme application, si la fonction $f(n)$ est l'indicateur $\varphi(n)$, on sait que l'intégrale $\Phi(n)$ est égale à n. La formule (8) donne donc alors

$$\varphi(n) = \sum_d d - \sum d',$$

c'est-à-dire

$$\varphi(n) = n\left(1 - \frac{1}{a}\right)\left(1 - \frac{1}{b}\right)\cdots\left(1 - \frac{1}{l}\right).$$

On retrouve ainsi la formule du n° 71.

444. *Relations avec la théorie des fonctions analytiques.* — Considérons une fonction analytique développée en série de Taylor. Dans ce développement le coefficient de x^n est une fonction numérique de n.

Inversement, soit $f(n)$ une fonction numérique de n. Le développement

$$(9) \qquad G(x) = \sum_{n=1}^{n=\infty} f(n)\,x^n$$

définit une certaine fonction analytique de x (pour les valeurs de x pour lesquelles cette série est convergente).

La connaissance de la fonction analytique $G(x)$ entraîne celle de la fonction numérique $f(n)$ et réciproquement. Les connaissances des deux fonctions sont donc équivalentes.

Ceci peut être considéré comme une généralisation des idées de Kronecker relatives aux polynômes (*voir* n° 248).

Il faut remarquer que la fonction $f(n)$ peut être telle que la série (9) ne soit convergente pour aucune valeur de x. On conçoit cependant qu'on puisse continuer à regarder la série comme un symbole représentant la fonction numérique. C'est une façon d'envisager l'introduction dans le calcul de séries divergentes.

Le développement de Taylor peut d'ailleurs être remplacé par un autre, par exemple par un développement de la forme $\sum \dfrac{f(n)}{n^s}$, tel que ceux qu'on a considérés aux n°ˢ 398 et suivants.

445. A ce point de vue, les procédés d'intégration et de dérivation suivant tous les nombres ou suivant tous les diviseurs sont caractérisés par les formules suivantes. Soit $f(n)$ une fonction numérique, $F(n)$ son intégrale suivant tous les nombres, $\Phi(n)$ son intégrale suivant tous les diviseurs. On a les formules

$$\sum_{n=1}^{n=\infty} f(n)\,x^n \times \sum_{n=1}^{n=\infty} x^n = \sum_{n=1}^{n=\infty} F(n)\,x^n,$$

et

$$\sum_{n=1}^{n=\infty} \frac{f(n)}{n^s} \times \sum_{n=1}^{n=\infty} \frac{1}{n^s} = \sum_{n=1}^{n=\infty} \frac{\Phi(n)}{n^s},$$

ou

(10)
$$\frac{\displaystyle\sum_{n=1}^{n=\infty} f(n)\,x^n}{1-x} = \sum_{n=1}^{n=\infty} \mathrm{F}(n)\,x^n,$$

et

(11)
$$\zeta(s)\sum_{n=1}^{n=\infty} \frac{f(n)}{n^s} = \sum_{n=1}^{n=\infty} \frac{\Phi(n)}{n^s},$$

$\zeta(s)$ étant la fonction de Riemann, dont on a parlé au n° 399.

Ces formules se démontrent en effectuant le produit indiqué au premier membre, et constatant que tous les termes de ce produit se retrouvent au second membre.

Exemple. — La formule (11), en supposant $f(n)$ égale à l'indicateur $\varphi(n)$ donne

$$\zeta(s)\sum_{n=1}^{n=\infty} \frac{\varphi(n)}{n^s} = \sum_{n=1}^{\infty} \frac{n}{n^s} = \zeta(s-1),$$

d'où

$$\sum_{n=1}^{n=\infty} \frac{\varphi(n)}{n^s} = \frac{\zeta(s-1)}{\zeta(s)}.$$

Plus généralement, en supposant $f(n)$ égale à l'indicateur du $p^{\text{ième}}$ ordre $\varphi_p(n)$, on trouve :

$$\sum_{n=1}^{n=\infty} \frac{\varphi_p(n)}{n^s} = \frac{\zeta(s-p)}{\zeta(s)}.$$

On obtient de la même façon la formule

$$\zeta(s)\sum_{n=1}^{n=\infty} \frac{\mu(n)}{n^s} = 1,$$

d'où

$$\sum_{n=1}^{n=\infty} \frac{\mu(n)}{n^s} = \frac{1}{\zeta(s)}.$$

446. Nous terminerons cette Note par la démonstration de la formule curieuse due à Smith

$$\begin{vmatrix} (1,1) & (1,2) & \ldots & (1,n) \\ (2,1) & (2,2) & \ldots & (2,n) \\ \ldots & \ldots & \ldots & \ldots \\ (n,1) & (n,2) & \ldots & (n,n) \end{vmatrix} = \varphi(1)\,\varphi(2)\ldots\varphi(n),$$

(p, q) désignant le plus grand commun diviseur de p et q, et $\varphi(n)$ l'indicateur de n.

Cette formule n'est qu'un cas particulier de la suivante :

$$(12) \quad \begin{vmatrix} \Phi[(1,1)] & \Phi[(1,2)] & \ldots & \Phi[(1,n)] \\ \Phi[(2,1)] & \Phi[(2,2)] & \ldots & \Phi[(2,n)] \\ \ldots & \ldots & \ldots & \ldots \\ \Phi[(n,1)] & \Phi[(n,2)] & \ldots & \Phi[(n,n)] \end{vmatrix} = f(1)f(2)\ldots f(n),$$

$\Phi(n)$ étant l'intégrale suivant les diviseurs de $f(n)$.

Pour démontrer cette formule, soient $1, d, \ldots, n$ les diviseurs de n. Remplaçons les éléments de la dernière colonne du déterminant par la somme obtenue en multipliant les éléments de la première colonne par $\mu\left(\dfrac{n}{1}\right)$, ceux de la $d^{\text{ième}}$ par $\mu\left(\dfrac{n}{d}\right)$, ..., ceux de la $n^{\text{ième}}$ par $\mu\left(\dfrac{n}{n}\right)$, et ajoutant, tous les produits relatifs aux éléments d'une même ligne. Cette transformation ne change pas la valeur du déterminant, puisque le coefficient $\mu\left(\dfrac{n}{n}\right)$ des éléments de la dernière colonne du déterminant est égal à 1.

Mais alors l'élément de la $p^{\text{ième}}$ ligne de la dernière colonne devient

$$(13) \quad \mu\left(\frac{n}{1}\right)\Phi[(p,1)] + \mu\left(\frac{n}{d}\right)\Phi[(p,d)] + \ldots + \mu\left(\frac{n}{n}\right)\Phi[(p,n)].$$

Remplaçons dans cette somme $\Phi[(p,d)]$ par $\displaystyle\sum_{\delta} f(\delta)$; le signe $\displaystyle\sum$ s'étendant à tous les diviseurs δ de (p, d). Remarquons que ces nombres δ sont diviseurs de (p, n). Nous obtenons ainsi une nouvelle somme.

Dans cette somme, réunissons les termes en $f(\delta)$, δ étant un certain diviseur de (p, n). Or pour que δ soit un diviseur de (p, d) comme δ est par hypothèse diviseur de p, il suffit qu'il le soit de d. Les nombres d tels que δ soit diviseur de (p, d) sont donc les diviseurs de n qui sont multiples de δ. Ce sont donc les nombres de la forme

$$d = \delta \times \delta',$$

δ' étant un diviseur de $\dfrac{n}{\delta}$.

Alors, si dans l'expression (13) on réunit les termes en $f(\delta)$, le coefficient est

$$\sum_{\delta'} \mu\left(\frac{n}{\delta \times \delta'}\right) = \sum_{\delta'} \mu\left(\frac{\frac{n}{\delta}}{\delta'}\right),$$

le signe $\sum$ s'étendant à tous les diviseurs δ' de $\frac{n}{\delta}$.

Or cette somme est nulle, à moins que

$$\frac{n}{\delta} = 1,$$

ou

$$\delta = n.$$

Il ne peut donc rester qu'un terme dans la somme, le terme $f(n)$.

Mais ce terme n'existe que si l'un des nombres (p, n) est égal à n, c'est-à-dire que si $p = n$.

En résumé, la somme (13) est nulle pour $p < n$, et elle est égale à $f(n)$ pour $p = n$.

Il résulte de là que le déterminant (12) devient par la transformation indiquée, égal à

$$\begin{vmatrix} \Phi[(1,1)] & \Phi[(1,2)] & \dots & \Phi[(1, n-1)] & 0 \\ \Phi[(2,1)] & \Phi[(2,2)] & \dots & \Phi[(2, n-1)] & 0 \\ \dots & \dots & \dots & \dots & \cdot \\ \dots & \dots & \dots & \dots & \cdot \\ \Phi[(n,1)] & \Phi[(n,2)] & \dots & \Phi[(n, n-1)] & f(n) \end{vmatrix}.$$

Si donc on appelle D_n le déterminant en question, on a

$$D_n = f(n)\, D_{n-1},$$

d'où, de proche en proche,

$$D_n = f(1)\, f(2) \dots f(n).$$

447. Il existe un grand nombre d'autres formules, plus ou moins curieuses, sur les fonctions numériques. En voici par exemple une dont le lecteur trouvera facilement la démonstration :

Soit $f(n)$ une fonction numérique, $g(n)$ sa dérivée suivant tous les nombres, et $h(n)$ la dérivée de $g(n)$ par rapport aux diviseurs. On a

$$E\left(\frac{n}{1}\right) h(1) + E\left(\frac{n}{2}\right) h(2) + \dots + E\left(\frac{n}{n}\right) h(n) = f(n).$$

Exemple. — Si $h(n)$ est l'indicateur, on a

$$E\left(\frac{n}{1}\right) \varphi(1) + E\left(\frac{n}{2}\right) \varphi(2) + \dots + E\left(\frac{n}{n}\right) \varphi(n) = \frac{n(n+1)}{2}.$$

C.

NOTE I.

SUR LES NOMBRES ENTIERS IMAGINAIRES.

448. On sait le rôle que jouent en Algèbre les nombres imaginaires, c'est-à-dire les nombres de la forme $a + bi$ (i étant l'une des racines imaginaires de l'équation $x^2 + 1 = 0$). On conçoit donc comment on a été amené [1] à considérer dans la théorie des nombres les *entiers imaginaires*, c'est-à-dire les nombres de la forme $a + bi$, a et b étant entiers, positifs ou négatifs.

449. On a
$$(a + bi) + (a' + b'i) = a + a' + (b + b') i,$$
$$a + bi - (a' + b'i) = a - a' + (b - b') i,$$
$$(a + bi)(a' + b'i) = aa' - bb' + (ab' + ba') i.$$

Ainsi la *somme*, la *différence*, le *produit* de deux entiers imaginaires sont eux-mêmes des entiers imaginaires; et le même théorème s'étend sans peine à la somme ou au produit de plus de deux nombres.

450. Mais il n'en est plus de même, en général, du quotient de deux entiers imaginaires.

On a, en effet,
$$\frac{a + bi}{a' + b'i} = \frac{aa' + bb'}{a'^2 + b'^2} + \frac{ba' - ab'}{a'^2 + b'^2} i.$$

Le quotient de $a + bi$ par $a' + b'i$ n'est donc un entier que si les nombres entiers réels $aa' + bb'$ et ba' et $ba' - ab'$ sont divisibles tous les deux par $a'^2 + b'^2$; sinon le quotient de deux entiers imaginaires est une fraction.

451. La quantité $a^2 + b^2$ s'appelle la *norme* du nombre $a + bi$ (c'est le carré de la quantité connue en Algèbre sous le nom de *module*). On voit sans peine que *la norme d'un produit est égale au produit des normes des facteurs.*

Il en résulte que pour qu'un nombre soit divisible par un autre, il faut que la norme du premier soit divisible par la norme du second. Mais cette condition n'est pas suffisante. Les conditions nécessaires et suffisantes ont été données plus haut.

---

[1] Gauss, *Theoria residuorum biquadraticorum*.

452. La définition de la norme s'étend aux nombres fractionnaires. Soit le nombre fractionnaire

$$\frac{a + bi}{a' + b'i}$$

égal à

$$\frac{aa' + bb'}{a'^2 + b'^2} + \frac{ba' - ab'}{a'^2 + b^2}\, i.$$

La norme de ce nombre est, par définition, la quantité

$$\left(\frac{aa' + bb'}{a'^2 + b'^2}\right)^2 + \left(\frac{ba' - ab'}{a'^2 + b'^2}\right)^2.$$

Elle est identiquement égale à $\dfrac{a^2 + b^2}{a'^2 + b'^2}.$

D'une façon générale, *la norme du quotient de deux nombres, entiers ou fractionnaires, est égale au produit des normes de ces nombres*

453. *Représentation géométrique des nombres imaginaires.* — Le nombre $a + bi$ se représente par le point dont les coordonnées rectangulaires sont a et b. En particulier, les nombres entiers sont représentés par les sommets des carrés adjacents représentés dans la *fig.* 2. Ces carrés

Fig. 2.

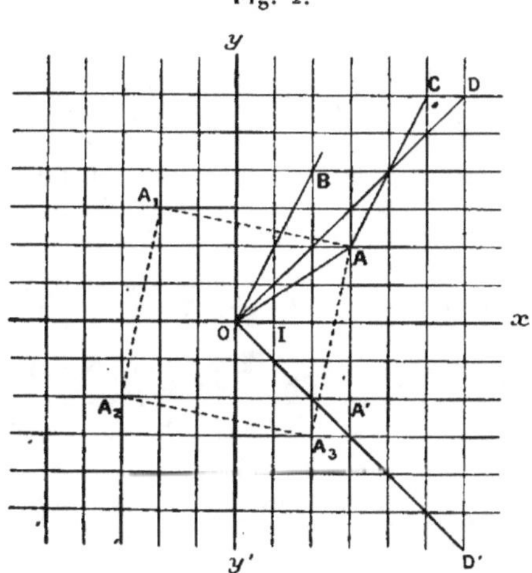

forment ce que nous appellerons un *réseau carré*, ayant OI comme *base*.

Si A est le point qui représente un certain nombre, ce nombre s'appelle l'*affixe* de A. La norme est égale à $\overline{OA}^2$.

454. Pour additionner deux nombres qui sont les affixes de deux points A et B, il suffit de construire un contour polygonal OAC dont le premier côté soit OA, et dont le second AC soit égal, parallèle à OB et de même sens. Le point C est l'affixe de la somme cherchée.

Il résulte de là que si A et C sont les affixes de deux nombres, $\overline{AC}^2$ représente la norme de la différence entre ces deux nombres.

La règle qu'on vient de donner pour trouver la somme de deux nombres s'étend sans peine à un nombre quelconque de nombres.

455. *Nombres conjugués.* — Les nombres $a + bi$ et $a - bi$ sont dits *conjugués*. Les points A, A′ (*fig*. 2), qui représentent deux nombres conjugués, sont symétriques par rapport à l'axe Ox. Les normes de deux nombres conjugués sont égales entre elles, et égales au produit de ces nombres.

La somme de deux nombres conjugués est réelle.

456. *Quotient et reste de la division de deux nombres entiers.* — Soient $a + bi$, $c + di$ deux nombres entiers. Le quotient exact de $a + bi$ par $c + di$ n'est pas en général un nombre entier. Mais on peut, par analogie avec ce que l'on connaît sur les nombres réels, chercher un nombre $q + ri$ appelé *quotient,* et un nombre $s + ti$ appelé *reste,* tels que

$$(1) \qquad a + bi = (c + di)(q + ri) + (s + ti),$$

et tels de plus que *la norme de $s + ti$ soit plus petite que la norme de $c + di$.*

Or l'équation (1) peut s'écrire

$$\frac{a + bi}{c + di} = q + ri + \frac{s + ti}{c + di}.$$

D'après les conditions du problème, la norme du nombre fractionnaire $\frac{s + ti}{c + di}$ doit être plus petite que 1. La question revient donc à la suivante :

Étant donné un nombre fractionnaire $\frac{a + bi}{c + di}$, trouver un nombre entier $q + ri$, tel que la différence $\frac{a + bi}{c + di} - (q + ri)$ ait une norme plus petite que 1.

Or

$$\frac{a + bi}{c + di} - (q + ri) = \frac{ac + bd}{c^2 + d^2} - q + \left(\frac{bc - ad}{c^2 + d^2} - r \right) i.$$

Il faut donc déterminer q et r, de façon que

$$(2) \qquad \left(\frac{ac + bd}{c^2 + d^2} - q \right)^2 + \left(\frac{bc - ad}{c^2 + d^2} - r \right)^2 < 1,$$

Il suffit pour cela de prendre pour q la valeur, à moins d'une demi-unité près, du nombre $\frac{ac + bd}{c^2 + d^2}$, et pour r, la valeur, à moins d'une demi-unité près, du nombre $\dfrac{bc - ad}{c^2 + d^2}$. Dans ces conditions l'expression (2) a une valeur inférieure ou au plus égale à $\left(\dfrac{1}{2}\right)^2 + \left(\dfrac{1}{2}\right)^2$, c'est-à-dire à $\dfrac{1}{2}$, et, par conséquent inférieure à 1.

On voit d'ailleurs qu'il peut y avoir jusqu'à trois autres systèmes de valeurs dé q et de r répondant à la question.

457. *Géométriquement :* Soit M le point qui représente $\dfrac{a + bi}{c + di}$ (*fig* 3); il faut prendre pour $q + ri$ une valeur entière dont le point représentatif, A, soit à une distance de M plus petite que 1. Les seuls points pouvant

Fig. 3.

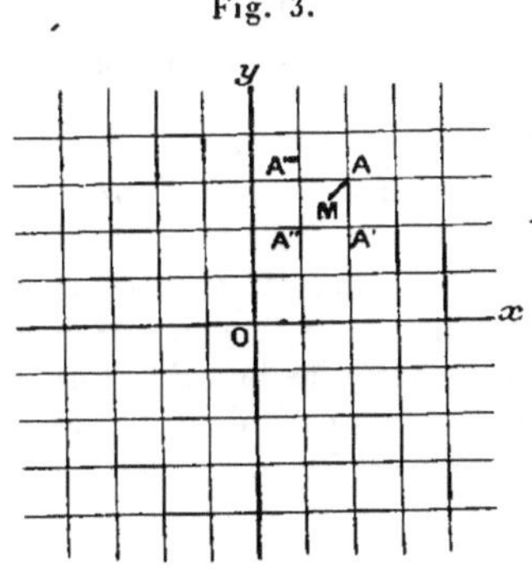

répondre à la question sont les sommets du carré dans lequel se trouve le point M. Suivant la position du point M, il peut y avoir deux, trois ou quatre de ces sommets qui conviennent.

A moins d'avertissement contraire, on prendra pour quotient $q + ri$, celui dont il a été parlé plus haut, et qui est déterminé en général, excepté quand l'un des deux nombres $\dfrac{ac + bd}{c^2 + d^2}$, $\dfrac{bc - ad}{c^2 + d^2}$, ou tous les deux, sont de la forme $\left(h + \dfrac{1}{2}\right)$, h étant un entier. Ce quotient est l'affixe du sommet du carré qui est *le plus voisin de* M.

458. *Des unités.* — On dit qu'un nombre est une *unité* lorsqu'*il divise tous les nombres entiers.*

Dans la théorie des nombres entiers réels positifs il y a une seule unité, le nombre 1.

Dans la théorie des nombres entiers, positifs ou négatifs, il y a deux unités, les nombres $+ 1$ et $- 1$.

Dans la théorie des nombres entiers imaginaires, pour qu'un nombre $p + qi$ soit une unité, il faut, d'après ce qu'on a dit au n° 451, que sa norme $p^2 + q^2$ divise tous les entiers réels positifs : il faut donc qu'elle soit égale à 1.

Il faut, pour cela, que l'un des deux nombres p, q soit nul, et l'autre égal à ± 1. I ne peut donc y avoir que quatre unités, à savoir

$$+1, \quad -1, \quad +i, \quad -i.$$

D'ailleurs les identités

$$a + bi = (a + bi)1,$$
$$a + bi = (-a - bi)(-1),$$
$$a + bi = (b - ai)i,$$
$$a + bi = (-b + ai)(-i)$$

montrent qu'effectivement tout nombre $a + bi$ est divisible par les nombres $1, -1, +i, -i$. Ces derniers sont donc des unités.

459. Il résulte aussi de ce qui précède que, au point de vue de la divisibilité, les quatre nombres $a + bi$, $-a - bi$, $b - ai$, $-b + ai$ ne sont pas distincts.

Tout diviseur de l'un de ces quatre nombres est aussi diviseur des trois autres. De même, tout multiple de l'un de ces quatre nombres est aussi multiple des trois autres. Nous appellerons ces quatre nombres, *associés*.

Ces quatre nombres sont représentés par quatre points A, A_1, A_2, A_3, sommets d'un carré de centre O (*fig.* 2).

460. En particulier, il existe toujours un de ces nombres situés dans le domaine limité par les bissectrices OD, OD' des angles xOy et xOy', OD' comprise, OD non comprise (*fig.* 2).

Autrement dit, il existe un de ces nombres dont la partie réelle est plus grande en valeur absolue que la partie imaginaire, ou au plus égale lorsque la partie imaginaire est négative.

Les nombres de ce domaine DOD' sont deux à deux imaginaires conjugués, excepté ceux dont les affixes sont situés sur la droite OD', c'est-à-dire ceux de la forme $a - ai$.

461. *Remarque.* — Si un nombre $a + bi$ est divisible par un nombre $c + di$, le nombre $a - bi$ est divisible par $c - di$.

En particulier, si un nombre réel a est divisible par un nombre imaginaire $c + di$, il est aussi divisible par $c - di$.

462. *Représentation géométrique des multiples d'un nombre.* — Soit un nombre $a + bi$ dont l'affixe est A (*fig.* 4).

Il est d'abord facile de trouver les affixes des nombres de la forme $m(a + bi)$, m étant un entier réel. Ce sont les points situés sur la droite OA à des distances les uns des autres égales à OA, l'un de ces points étant O.

Considérons maintenant le nombre $i(a + bi)$; il a pour affixe le point D $(OD = OA$ et $\widehat{AOD} = 1$ dr.$)$. Les nombres de la forme $pi(a + bi)$, p étant un entier réel, ont donc pour affixes les points situés sur OD, à des distances les uns des autres égales à OD, l'un de ces points étant O.

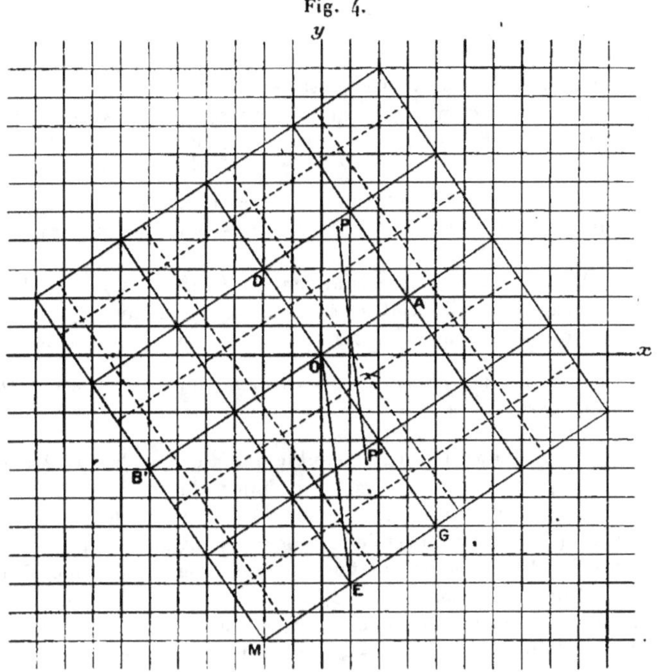

Fig. 4.

Soit alors $(m + pi)(a + bi)$ un multiple quelconque de $a + bi$.
On a
$$(m + pi)(a + bi) = m(a + bi) + pi(a + bi).$$

On a donc l'affixe M du nombre $(m + pi)(a + bi)$ en prenant l'affixe B' du nombre $m(a + bi)$, l'affixe G du nombre $pi(a + bi)$, et achevant le rectangle GOB'M.

Il en résulte que les multiples de $a + bi$ ont pour affixes les sommets d'un réseau carré construit sur OA comme base (réseau dessiné en trait plein dans la *fig.* 4).

463. *Plus grand commun diviseur.* — La possibilité, étant donnés deux nombres $a + bi$, $c + di$, d'en trouver deux autres $q + ri$, $s + ti$ satisfaisant aux conditions
$$a + bi = (c + di)(q + ri) + s + ti,$$
$$s^2 + t^2 < c^2 + d^2,$$

permet de constituer un algorithme du plus grand commun diviseur identique à celui des nombres entiers réels.

Exemple. — Soient les deux nombres $67 - 69i$ et $64 - 60i$.

$$
\begin{array}{c|c|c|c}
 & 1 & 4 + 3i & -2 + i \\
67 - 69i & 64 - 60i & 3 - 19i & -5 + 7i \\
\hline
3 - 19i & -5 + 7i & 0 & \\
\end{array}
$$

Leur plus grand commun diviseur est $-5 + 7i$.

Tous les théorèmes démontrés dans les nᵒˢ 28 à 32 subsistent pour les nombres entiers imaginaires.

464. Nombres premiers. — Un nombre premier est un nombre qui n'est divisible que par les quatre unités, ou par lui-même, ou par ses associés (nᵒ 459).

Comme quatre nombres associés ne sont pas considérés comme distincts au point de vue de la divisibilité, nous pourrons ne considérer que des nombres premiers du domaine DOD' (nᵒ 460). On voit facilement que :

Tout nombre est décomposable en un produit de facteurs premiers multiplié par une unité.

De plus, la décomposition n'est possible que d'une seule manière, à condition de n'employer que des nombres premiers du domaine DOD'.

En effet, dans cette hypothèse, comme il n'y a pas de nombres premiers associés, un nombre premier ne peut en diviser un autre sans lui être identique. Le raisonnement fait au nᵒ 34, pour la décomposition en facteurs premiers des nombres réels, subsiste donc absolument.

Ces nombres premiers du domaine DOD' sont deux à deux imaginaires conjugués, excepté le nombre $1 - i$, dont l'affixe est situé sur OD' (nᵒ 460).

465. Il n'est pas difficile de déduire les nombres premiers imaginaires des nombres premiers réels. Voyons d'abord si les nombres premiers, parmi les nombres réels, sont encore premiers parmi les nombres imaginaires.

Je dis que *la condition suffisante et nécessaire pour qu'un nombre p, premier parmi les nombres réels, ne soit plus premier parmi les nombres imaginaires, est que ce nombre soit décomposable en une somme de deux carrés.*

La condition est *suffisante*, car si l'on a

$$p = a^2 + b^2,$$

on en déduit

$$p = (a + bi)(a - bi).$$

Donc p n'est pas premier parmi les nombres imaginaires.

La condition est *nécessaire* : en effet, si p n'est pas premier, il est décomposable en facteurs premiers nécessairement imaginaires; d'ailleurs, d'après ce qu'on a dit au n° 461, s'il y a dans la décomposition de p un nombre imaginaire $a + bi$, différent de $1 - i$, il y a nécessairement le conjugué $a - bi$. Le nombre p ne peut d'ailleurs contenir d'autre facteur premier que $a + bi$ et $a - bi$, car s'il en contenait un autre $c + di$, p serait divisible par les nombres $a + bi$, $c + di$, $(a + bi)(c + di)$. Donc la norme de p, c'est-à-dire p^2, serait divisible par les normes de ces trois nombres, c'est-à-dire par $a^2 + b^2$, $c^2 + d^2$, $(a^2 + b^2)(c^2 + d^2)$, ce qui ne peut être, car p, étant premier parmi les nombres réels, le nombre p^2 n'admet que deux facteurs réels différents de 1, à savoir p et p^2.

On a donc

$$p = (a + bi)(a - bi) = a^2 + b^2.$$

Si p admet le facteur premier $1 - i$, le théorème est encore vrai, car p étant divisible par $1 - i$ est aussi divisible par $1 + i$ qui égale $(1 - i)i$, et l'on voit, comme à l'instant, que

$$p = (1 + i)(1 - i) = i(1 - i)^2 = 2 = 1^2 + 1^2.$$

466. *Conclusion.* — On sait (n° 371) que les nombres premiers décomposables en une somme de deux carrés sont les nombres premiers de la forme $4h + 1$ et le nombre 2. On a donc le résultat suivant :

Les nombres premiers réels de la forme $4h - 1$ sont premiers parmi les nombres imaginaires. Les nombres premiers réels de la forme $4h + 1$ et le nombre 2 ne sont pas premiers parmi les nombres imaginaires, ils se décomposent en un produit de deux facteurs premiers, imaginaires conjugués.

Exemple :

$$13 = 2^2 + 3^2 = (3 + 2i)(3 - 2i).$$

467. En traitant la question posée au n° 465, nous avons trouvé des nombres premiers imaginaires; nous venons, en effet, de voir que, p étant un nombre premier réel décomposable en une somme de deux carrés $a^2 + b^2$, admet les deux facteurs $a + bi$, $a - bi$, mais ne peut en admettre d'autres : les nombres $a + bi$ et $a - bi$ sont donc premiers.

Je dis qu'il n'y a pas d'autre nombre premier imaginaire.

En effet, soit $a + bi$ un nombre premier imaginaire; $a - bi$ l'est aussi; et il faut démontrer que $a^2 + b^2$ est un nombre premier parmi les nombres réels. En effet, si $a^2 + b^2$ n'était pas premier parmi les nombres réels, il aurait un facteur premier réel c, et l'on aurait

$$a^2 + b^2 = cd$$

ou

$$(3) \qquad (a + bi)(a - bi) = cd.$$

Mais cette égalité est impossible, car, si c et d étaient premiers parmi les nombres imaginaires, les deux membres de l'égalité (3) se décomposeraient différemment en facteurs premiers, et si c et d n'étaient pas premiers parmi les nombres imaginaires, le second membre de l'égalité (3) se décomposerait en un produit de plus de deux facteurs premiers, et le premier en deux seulement.

En résumé, les nombres premiers imaginaires sont :

1° *Les nombres premiers réels de la forme* $4h - 1$;

2° *Les nombres de la forme* $a + bi$, $a^2 + b^2$ *étant un nombre premier réel.*

468. *Rema que.* — Dans le raisonnement précédent, nous nous sommes (au n° 466) appuyés sur la théorie de la décomposition des nombres premiers en somme de deux carrés, c'est-à-dire sur la théorie des formes quadratiques. Il est intéressant de remarquer que l'on peut se passer de cette théorie, démontrer sans y faire appel les résultats du n° 466, et en déduire le théorème de Fermat du n° 371.

En effet, nous avons démontré au n° 465 que *la condition nécessaire et suffisante pour qu'un nombre p, premier parmi les nombres réels, ne le soit pas parmi les nombres imaginaires, est que ce nombre soit décomposable en une somme de deux carrés.*

Or, comme une somme de deux carrés ne peut être que de l'une des formes $4h$, $4h + 1$, $4h + 2$, il en résulte immédiatement le premier résultat du n° 466, à savoir : *les nombres premiers réels de la forme* $4h - 1$ *sont premiers parmi les nombres imaginaires.*

Pour le nombre 2, il est égal à $1^2 + 1^2$.

Enfin, pour les nombres premiers réels de la forme $4h + 1$, si nous démontrons autrement que nous ne l'avons fait qu'ils ne sont pas premiers parmi les nombres imaginaires, il en résultera qu'ils sont décomposables en une somme de deux carrés, c'est-à-dire le théorème du n° 371.

Soit p un nombre premier de la forme $4h + 1$; considérons la congruence

$$(4) \qquad\qquad x^{p-1} - 1 \equiv 0 \qquad (\mathrm{mod}\ p).$$

Cette congruence admet les $p - 1$ solutions $1, 2, \ldots, p - 1$; mais elle admet aussi la solution $x = i$. Or, on démontre, comme dans la théorie des nombres entiers réels, qu'une congruence à module premier ne peut avoir plus de solutions qu'elle n'a d'unités dans son degré. La congruence (4) étant de degré $p - 1$ et ayant plus de $p - 1$ solutions, c'est que le module p n'est pas premier.

469. *Système complet de restes incongrus par rapport à un module* $a + bi$. — La définition est la même que pour les modules réels. On appelle *système complet de restes incongrus par rapport à un module* $a + bi$, *un système de nombres tels qu'il y en ait un et un seul congru* $(\mathrm{mod}\ a + bi)$ *à un nombre quelconque.*

Cherchons à constituer un tel système et à compter le nombre de nombres qui y sont contenus.

Nous avons vu (n° 462) que les multiples d'un nombre $a + bi$ sont les affixes des sommets d'un réseau carré Q construit sur OA comme base, A étant l'affixe de $a + bi$. Construisons un autre réseau carré Q′ formé de carrés et dont les côtés soient égaux et parallèles à ceux des précédents. (Le réseau Q′ est représenté en pointillé sur la *fig.* 4.) Soient P et P′ deux points situés de la même façon dans deux des carrés (C) et (C′), du réseau Q′ c'est-à-dire deux points qui viendraient à coïncider, si l'on transportait le carré (C) parallèlement à lui-même sur le carré (C′). Il est bien évident que le segment de droite PP′ est égal et parallèle au segment joignant l'origine à un certain sommet E du premier réseau. Donc la différence des affixes des points P et P′ est un multiple de $a + bi$. Ces deux affixes sont donc congrues (mod $a + bi$).

D'autre part, si l'on prend deux points dans un même carré du réseau Q′, la droite qui les joint ne peut être égale et parallèle à un segment de droite joignant l'origine à un point du réseau Q. Les affixes de ces points ne peuvent donc être congrus (mod $a + bi$).

Il y a exception pour deux points qui seraient situés sur le périmètre d'un carré du réseau Q′ aux deux extrémités d'une parallèle à un côté, ou pour deux sommets de ce carré.

Il résulte de là que si l'on construit un carré (C) sur une base parallèle et égale à OA et que l'on considère le domaine formé par *l'intérieur de ce carré, deux côtés consécutifs de carré, et le sommet intermédiaire* il existe dans ce domaine *un* point dont l'affixe est congru [mod $(a + bi)$] à un nombre quelconque et il n'en existe qu'*un*. Les affixes des points situés dans ce domaine forment donc le système complet cherché.

470. Quant au nombre de ces points il s'évalue de la façon suivante :
Considérons le carré (C), et le réseau formé par les points qui représentent tous les nombres entiers. Supposons, pour simplifier, qu'aucun de ces points ne se trouve sur le périmètre du carré (C); ce qui est toujours possible, puisque le carré (C) peut être déplacé parallèlement à lui-même. Il faut alors compter combien il y a de ces points à l'intérieur du carré (C). Or on peut dire que le carré (C) est décomposé en carrés de côté 1, en convenant que lorsqu'un carré de côté égal à 1 est incomplet, on complète la portion de ce carré limitée par un côté du carré (C), avec la portion d'un autre carré limitée par le côté opposé.

Dans ces conditions, chacun des points dont on veut compter le nombre est un sommet appartenant à quatre carrés de côté égal à 1, et d'autre part chaque carré de côté égal à 1 à quatre sommets; donc il y a autant de ces points que le carré (C) contient de carrés de côté égal à 1. Or la surface du carré (C) est égale à $\overline{OA}^2$ ou à $a^2 + b^2$. Donc il contient $a^2 + b^2$ carrés de côté égal à 1. C'est le nombre cherché. Il est égal à la norme de $a + bi$.

471. *Indicateur.* — Parmi ces nombres, combien il y en a-t-il qui soient premiers à $a + bi$?

Soient $p + qi$, $p' + q'i$, ... les facteurs premiers de $a + bi$ (certains de ces facteurs pouvant être réels).

Le nombre cherché est le nombre des points qui resteront dans le carré (C) après qu'on aura effacé, les points qui ont comme affixes des multiples de $p + qi$, puis ceux qui ont comme affixes des multiples de $p' + q'i$, et ainsi de suite.

Or les points qui ont comme affixes des multiples de $p + qi$ sont les sommets de carrés de surface égale à $p^2 + q^2$. On voit donc, par un raisonnement analogue à celui qu'on a fait plus haut, que dans le carré (C) il y a $\dfrac{a^2 + b^2}{p^2 + q^2}$ de ces points. Quand on les a effacés, il reste dans le carré (C),

$$a^2 + b^2 - \frac{a^2 + b^2}{p^2 + q^2}$$

ou

$$(a^2 + b^2)\left(1 - \frac{1}{p^2 + q^2}\right) \text{ points.}$$

Le raisonnement se poursuit comme au n° 71, et l'on trouve

$$(a^2 + b^2)\left(1 - \frac{1}{p^2 + q^2}\right)\left(1 - \frac{1}{p'^2 + q'^2}\right)\cdots$$

pour le nombre cherché.

Nous poserons ce nombre égal à $\psi(a + bi)$.

Dans le cas où le nombre $a + bi$ est premier, le nombre précédent se réduit à

$$a^2 + b^2 - 1.$$

472. Théorèmes de Fermat et d'Euler. — La généralisation des théorèmes de Fermat et d'Euler aux nombres imaginaires est immédiate. *Soit $a + bi$ un nombre quelconque et $c + di$ un nombre premier avec lui, l'expression*

$$(c + di)^{\psi(a+bi)} - 1$$

est divisible par $a + bi$.

Lorsque $a + bi$ est premier, ce théorème devient le suivant :

Soit $a + bi$ un nombre premier, et $c + di$ un nombre non divisible par $a + bi$, l'expression

$$(c + di)^{a^2 + b^2 - 1} - 1$$

est divisible par $a + bi$.

473. Théorème de Wilson. — $a + bi$ *étant un nombre premier, le produit des $.a^2 + b^2 - 1$ nombres non divisibles par $a + bi$ contenus dans le carré (C), augmenté de 1, est divisible par $a + bi$.*

Ces théorèmes se démontrent comme les théorèmes analogues sur les nombres entiers réels.

Nous arrêterons ici la théorie des entiers imaginaires de la forme $a + bi$. Le lecteur pourra chercher à étendre à ces nombres certains résultats de la théorie des congruences et des restes quadratiques.

474. *Application à la résolution des congruences.* — Comme nous l'avons vu au n° 131, si l'on se borne aux entiers réels, une congruence de degré r peut avoir moins de r racines. Ce résultat est complètement analogue à celui de l'Algèbre, car une équation à coefficients réels de degré r peut avoir moins de r racines réelles.

Mais l'introduction, en Algèbre, des nombres imaginaires de la forme $a + bi$ permet d'énoncer le théorème suivant : *Une équation de degré r a r racines.*

Il n'en est pas de même pour les congruences. L'introduction des nombres entiers imaginaires de la forme $a + bi$ permet, il est vrai, d'attribuer des racines à des congruences qui n'en ont pas dans le domaine des entiers réels, mais ne suffit pas pour qu'une congruence de degré r ait toujours r racines.

Exemple. — Soit la congruence

$$(5) \qquad\qquad x^2 \equiv a \qquad (\mathrm{mod}\ p),$$

a étant un non-reste de p.

Cette congruence n'a pas de racine réelle.

Je suppose d'abord que p soit de la forme $4h+3$, le nombre -1 est un non-reste de p. Il en résulte que le nombre $-a$ est un reste.

Soient alors α et $-\alpha$ les solutions de la congruence $x^2 \equiv -a\ (\mathrm{mod}\ p)$; la congruence (5) admet les racines imaginaires $+\alpha i$ et $-\alpha i$.

Mais supposons maintenant que p soit un nombre premier de la forme $4h+1$; a étant encore un non-reste de p.

Dans ces conditions, le nombre $-a$ est également un non-reste, et la congruence n'a aucune racine. Supposons, en effet, qu'elle en ait une $m + qi$. On aurait

$$(m + qi)^2 \equiv a \qquad (\mathrm{mod}\ p)$$

ou

$$m^2 - q^2 + 2mqi \equiv a \qquad (\mathrm{mod}\ p).$$

Ceci exige que

$$\left. \begin{array}{l} m^2 - q^2 \equiv a \\ 2mq \equiv 0 \end{array} \right\} \qquad (\mathrm{mod}\ p).$$

La seconde condition donne $m \equiv 0$ ou $q \equiv 0$. Mais si $m \equiv 0$, la première condition donne

$$(6) \qquad\qquad q^2 \equiv -a \qquad (\mathrm{mod}\ p),$$

si $q \equiv 0$, la première condition donne

$$(7) \qquad\qquad m^2 \equiv a \qquad (\mathrm{mod}\ p).$$

Or les congruences (6) ou (7) sont impossibles, puisque ni a, ni $-a$ ne sont restes du nombre p.

475. On est alors conduit à introduire d'autres entiers que ceux de la forme $a + bi$. D'une façon générale, soit

$$f(x) = 0$$

une équation irréductible de degré m. Elle définit m nombres algébriques réels ou imaginaires, les nombres réels n'étant autres que ceux définis au n° 240.

Si le premier coefficient de $f(x)$ est égal à 1, ces nombres algébriques sont dits *entiers*.

Il est facile de voir que α étant un nombre algébrique entier, il en est de même de $a + b\alpha$, a et b étant des entiers réels.

Mais la théorie de ces entiers ne peut pas, en général, se faire aussi simplement que celle des entiers imaginaires de la forme $a + bi$. En particulier, l'algorithme du plus grand commun diviseur et ses conséquences, par exemple le théorème qu'un nombre n'est décomposable que d'une seule façon en facteurs premiers, ne s'appliquent pas immédiatement.

Exemple. — Soit un nombre $\alpha = i\sqrt{5}$ défini par la condition

$$x^2 + 5 = 0.$$

On a

$$3 \cdot 7 = \left(1 + 2i\sqrt{5}\right)\left(1 - 2i\sqrt{5}\right),$$

et cependant il est facile de constater que les nombres 3, 7, $1 + 2i\sqrt{5}$ et $1 - 2i\sqrt{5}$ sont premiers, c'est-à-dire n'admettent aucun facteur de la forme $a + bi\sqrt{5}$, différent d'eux-mêmes ou d'eux-mêmes changés de signe ou de ± 1. On a donc ainsi deux produits de facteurs premiers qui sont égaux sans être identiques.

476. Si l'on se borne aux nombres entiers quadratiques imaginaires, c'est-à-dire à ceux définis par une équation du second degré

$$x^2 + px + q = 0,$$

où $4q - p^2$ est positif, on démontre les résultats suivants :

Pour que ces nombres donnent naissance à un algorithme analogue à celui de la division et, par suite, à l'algorithme du plus grand commun diviseur, il faut et il suffit que la quantité $4q - p^2$ soit plus petite que 12.

On peut d'ailleurs, par une transformation simple, supposer p égal à 0 ou 1, de sorte que les nombres qui satisfont à la condition précédente sont donnés par l'une des équations

$$x^2 + 1 = 0, \quad x^2 + 2 = 0, \quad x^2 + x + 1 = 0, \quad x^2 + x + 2 = 0, \quad x^2 + x + 3 = 0.$$

Soient α et β les deux racines d'une de ces équations $x^2 + px + q = 0$.

L'ensemble des nombres $a + b\alpha$, où a et b parcourent toutes les valeurs entières réelles possibles, est identique à celui des nombres $a + b\beta$.

Les deux nombres $a + b\alpha$ et $a + b\beta$ sont dits *conjugués*.

La norme du nombre $a + b\alpha$ est le nombre $a^2 - p\,ab + qb^2$.

Une unité est un nombre dont la norme est égale à 1.

Pour les nombres définis par les équations

$$x^2 + 2 = 0, \qquad x^2 + x + 2 = 0, \qquad x^2 + x + 3 = 0,$$

il y a deux unités.

Pour les nombres définis par l'équation

$$x^2 + 1 = 0,$$

il y en a quatre.

Pour les nombres définis par l'équation

$$x^2 + x + 1 = 0,$$

il y en a six.

Le lecteur pourra poursuivre la théorie de ces nombres entiers complètement analogue à celle des nombres entiers de la forme $a + bi$.

477. Pour ce qui est des nombres algébriques en général, nous avons dit que les lois fondamentales de la divisibilité et de la décomposition en facteurs premiers des nombres réels ne s'y appliquaient pas immédiatement.

Cependant, Kummer est parvenu à leur appliquer ces lois, et à rendre, par conséquent, leur théorie analogue à celle des entiers réels, par l'introduction de nouveaux nombres dits *idéaux;* mais nous n'entrerons pas dans la théorie de ces nombres ([1]).

([1]) DEDEKIND, *Sur la théorie des nombres entiers algébriques* (*Bulletin des Sciences mathématiques,* 1re série, t. XI, et 2e série, t. I), et Supplément XI aux *Vorlesungen über Zahlentheorie* de Lejeune-Dirichlet, 4e édition, Braunschweig, 1894.

TABLES.

Ces quatre Tables sont extraites de la *Théorie des congruences* de Tchebyscheff.

La disposition des Tables I, III et IV n'a besoin d'aucune explication.

Dans la Table II, à chaque nombre premier correspondent deux petites Tables, la première marquée I donnant l'indice d'un nombre connaissant ce nombre, la seconde marquée N donnant le nombre connaissant l'indice. Leur disposition est analogue à celle des Tables de logarithmes.

TABLE I.

Table des nombres premiers de 1 à 10000.

2	179	419	661	947	1229	1523
3	181	421	673	953	1231	1531
5	191	431	677	967	1237	1543
7	193	433	683	971	1249	1549
11	197	439	691	977	1259	1553
13	199	443	701	983	1277	1559
17	211	449	709	991	1279	1567
19	223	457	719	997	1283	1571
23	227	461	727	1009	1289	1579
29	229	463	733	1013	1291	1583
31	233	467	739	1019	1297	1597
37	239	479	743	1021	1301	1601
41	241	487	751	1031	1303	1607
43	251	491	757	1033	1307	1609
47	257	499	761	1039	1319	1613
53	263	503	769	1049	1321	1619
59	269	509	773	1051	1327	1621
61	271	521	787	1061	1361	1627
67	277	523	797	1063	1367	1637
71	281	541	809	1069	1373	1657
73	283	547	811	1087	1381	1663
79	293	557	821	1091	1399	1667
83	307	563	823	1093	1409	1669
89	311	569	827	1097	1423	1693
97	313	571	829	1103	1427	1697
101	317	577	839	1109	1429	1699
103	331	587	853	1117	1433	1709
107	337	593	857	1123	1439	1721
109	347	599	859	1129	1447	1723
113	349	601	863	1151	1451	1733
127	353	607	877	1153	1453	1741
131	359	613	881	1163	1459	1747
137	367	617	883	1171	1471	1753
139	373	619	887	1181	1481	1759
149	379	631	907	1187	1483	1777
151	383	641	911	1193	1487	1783
157	389	643	919	1201	1489	1787
163	397	647	929	1213	1493	1789
167	401	653	937	1217	1499	1801
173	409	659	941	1223	1511	1811

TABLE I.

Table des nombres premiers de 1 à 10000 (suite).

1823	2131	2437	2749	3083	3433	3733
1831	2137	2441	2753	3089	3449	3739
1847	2141	2447	2767	3109	3457	3761
1861	2143	2459	2777	3119	3461	3767
1867	2153	2467	2789	3121	3463	3769
1871	2161	2473	2791	3137	3467	3779
1873	2179	2477	2797	3163	3469	3793
1877	2203	2503	2801	3167	3491	3797
1879	2207	2521	2803	3169	3499	3803
1889	2213	2531	2819	3181	3511	3821
1901	2221	2539	2833	3187	3517	3823
1907	2237	2543	2837	3191	3527	4833
1913	2239	2549	2843	3203	3529	3847
1931	2243	2551	2851	3209	3533	3851
1933	2251	2557	2857	3217	3539	3853
1949	2267	2579	2861	3221	3541	3863
1951	2269	2591	2879	3229	3547	3877
1973	2273	2593	2887	3251	3557	3881
1979	2281	2609	2897	3253	3559	3889
1987	2287	2617	2903	3257	3571	3907
1993	2293	2621	2909	3259	3581	3911
1997	2297	2633	2917	3271	3583	3917
1999	2309	2647	2927	3299	3593	3919
2003	2311	2657	2939	3301	3607	3923
2011	2333	2659	2953	3307	3613	3929
2017	2339	2663	2957	3313	3617	3931
2027	2341	2671	2963	3319	3623	3943
2029	2347	2677	2969	3323	3631	3947
2039	2351	2683	2971	3329	3637	3967
2053	2357	2687	2999	3331	3643	3989
2063	2371	2689	3001	3343	3659	4001
2069	2377	2693	3011	3347	3671	4003
2081	2381	2699	3019	3359	3673	4007
2083	2383	2707	3023	3361	3677	4013
2087	2389	2711	3037	3371	3691	4019
2089	2393	2713	3041	3373	3697	4021
2099	2399	2719	3049	3389	3701	4027
2111	2411	2729	3061	3391	3709	4049
2113	2417	2731	3067	3407	3719	4051
2129	2423	2741	3079	3413	3727	4057

TABLE I.

Table des nombres premiers de 1 à 10000 (suite).

4073	4421	4759	5099	5449	5801	6143
4079	4423	4783	5101	5471	5807	6151
4091	4441	4787	5107	5477	5813	6163
4093	4447	4789	5113	5479	5821	6173
4099	4451	4793	5119	5483	5827	6197
4111	4457	4799	5147	5501	5839	6199
4127	4463	4801	5153	5503	5843	6203
4129	4481	4813	5167	5507	5849	6211
4133	4483	4817	5171	5519	5851	6217
4139	4493	4831	5179	5521	5857	6221
4153	4507	4861	5189	5527	5861	6229
4157	4513	4871	5197	5531	5867	6247
4159	4517	4877	5209	5557	5869	6257
4177	4519	4889	5227	5563	5879	6263
4201	4523	4903	5231	5569	5881	6269
4211	4547	4909	5233	5573	5897	6271
4217	4549	4919	5237	5581	5903	6277
4219	4561	4931	5261	5591	5923	6287
4229	4567	4933	5273	5623	5927	6299
4231	4583	4937	5279	5639	5939	6301
4241	4591	4943	5281	5641	5953	6311
4243	4597	4951	5297	5647	5981	6317
4253	4603	4957	5303	5651	5987	6323
4259	4621	4967	5309	5653	6007	6329
4261	4637	4969	5323	5657	6011	6337
4271	4639	4973	5333	5659	6029	6343
4273	4643	4987	5347	5669	6037	6353
4283	4649	4993	5351	5683	6043	6359
4289	4651	4999	5381	5689	6047	6361
4297	4657	5003	5387	5693	6053	6367
4327	4663	5009	5393	5701	6067	6373
4337	4673	5011	5399	5711	6073	6379
4339	4679	5021	5407	5717	6079	6389
4349	4691	5023	5413	5737	6089	6397
4357	4703	5039	5417	5741	6091	6421
4363	4721	5051	5419	5743	6101	6427
4373	4723	5059	5431	5749	6113	6449
4391	4729	5077	5437	5779	6121	6451
4397	4733	5081	5441	5783	6131	6469
4409	4751	5087	5443	5791	6133	6473

TABLE I.

Table des nombres premiers de 1 à 10000 (suite).

6481	6841	7211	7573	7927	8293	8681
6491	6857	7213	7577	7933	8297	8689
6521	6863	7219	7583	7937	8311	8693
6529	6869	7229	7589	7949	8317	8699
6547	6871	7237	7591	7951	8329	8707
6551	6883	7243	7603	7963	8353	8713
6553	6899	7247	7607	7993	8363	8719
6563	6907	7253	7621	8009	8369	8731
6569	6911	7283	7639	8011	8377	8737
6571	6917	7297	7643	8017	8387	8741
6577	6947	7307	7649	8039	8389	8747
6581	6949	7309	7669	8053	8419	8753
6599	6959	7321	7673	8059	8423	8761
6607	6961	7331	7681	8069	8429	8779
6619	6667	7333	7687	8081	8431	8783
6637	6971	7349	7691	8087	8443	8803
6653	6977	7351	7699	8089	8447	8807
6659	6983	7369	7703	8093	8461	8819
6661	6991	7393	7717	8101	8467	8821
6673	6997	7411	7723	8111	8501	8831
6679	7001	7417	7727	8117	8513	8837
6689	7013	7433	7741	8123	8521	8839
6691	7019	7451	7753	8147	8527	8849
6701	7027	7457	7757	8161	8537	8861
6703	7039	7459	7759	8167	8539	8863
6709	7043	7477	7789	8171	8543	8867
6719	7057	7481	7793	8179	8563	8887
6733	7069	7487	7817	8191	8573	8893
6737	7079	7489	7823	8209	8581	8923
6761	7103	7499	7829	8219	8597	8929
6763	7109	7507	7841	8221	8599	8933
6779	7121	7517	7853	8231	8609	8941
6781	7127	7523	7867	8233	8623	8951
6791	7129	7529	7873	8237	8627	8963
6793	7151	7537	7877	8243	8629	8969
6803	7159	7541	7879	8263	8641	8971
6523	7177	7547	7883	8269	8647	8999
6827	7187	7549	7901	8273	8663	9001
6829	7193	7559	7907	8287	8669	9007
6833	7207	7561	7919	8291	8677	9011

TABLE I.

Table des nombres premiers de 1 à 10000 (suite).

9013	9203	9391	9539	9739	9901
9029	9209	9397	9547	9743	9907
9041	9221	9403	9551	9749	9923
9043	9227	9413	9587	9767	9929
9049	9239	9419	9601	9769	9931
9059	9241	9421	9613	9781	9941
9067	9257	9431	9619	9787	9949
9091	9277	9433	9623	9791	9967
9103	9281	9437	9629	9803	9973
9109	9283	9439	9631	9811	
9127	9293	9461	9643	9817	
9133	9311	9463	9649	9829	
9137	9319	9467	9661	9833	
9151	9323	9473	9677	9839	
9157	9337	9479	9679	9851	
9161	9341	9491	9689	9857	
9173	9343	9497	9697	9859	
9181	9349	9511	9719	9871	
9187	9371	9521	9721	9883	
9199	9377	9533	9733	9887	

TABLE II.

Table des racines primitives et des indices pour les nombres premiers de 1 à 200.

Nombre premier 3. — RACINE PRIMITIVE 2. — Base 2.

I.

N.	1	2
	0	1

N.

I.	0	1
	1	2

Nombre premier 5. — RACINES PRIMITIVES 2, 3. — Base 2.

I.

N.	1	2	3	4
	0	1	3	2

N.

I.	0	1	2	3
	1	2	4	3

Nombre premier 7. — RACINES PRIMITIVES 3, 5. — Base 3.

I.

N.	1	2	3	4	5	6
	0	2	1	4	5	3

N.

I.	0	1	2	3	4	5
	1	3	2	6	4	5

Nombre premier 11. — RACINES PRIMITIVES 2, 6, 7, 8. — Base 2.

I.

N.	1	2	3	4	5	6	7	8	9	10
	0	1	8	2	4	9	7	3	6	5

N.

I.	0	1	2	3	4	5	6	7	8	9
	1	2	4	8	5	10	9	7	3	6

Nombre premier 13. — RACINES PRIMITIVES 2, 6, 7, 11. — Base 6.

I.

N.	0	1	2	3	4	5	6	7	8	9
		0	5	8	10	9	1	7	3	4
1	2	11	6							

N.

I.	0	1	2	3	4	5	6	7	8	9
	1	6	10	8	9	2	12	7	3	5
1	4	11								

Nombre premier 17. — RACINES PRIMITIVES 3, 5, 6, 7, 10, 11, 12, 14. — Base 10.

I.

N.	0	1	2	3	4	5	6	7	8	9
		0	10	11	4	7	5	9	14	6
1	1	13	15	12	3	2	8			

N.

I.	0	1	2	3	4	5	6	7	8	9
	1	10	15	14	4	6	9	5	16	7
1	2	3	13	11	8	12				

Nombre premier 19. — RACINES PRIMITIVES 2, 3, 10, 13, 14, 15. — Base 10.

I.

N.	0	1	2	3	4	5	6	7	8	9
		0	17	5	16	2	4	12	15	10
1	1	6	3	13	11	7	14	8	9	

N.

I.	0	1	2	3	4	5	6	7	8	9
	1	10	5	12	6	3	11	15	17	18
1	9	14	7	13	16	8	4	2		

Nombre premier 23. — RACINES PRIMITIVES 5, 7, 10, 11, 14, 15, 17, 19, 20, 21.
Base 10.

I.

N.	0	1	2	3	4	5	6	7	8	9
		0	8	20	16	15	6	21	2	18
1	1	3	14	12	7	13	10	17	4	5
2	9	19	11							

N.

I.	0	1	2	3	4	5	6	7	8	9
	1	10	8	11	18	19	6	14	2	20
1	16	22	13	15	12	5	4	17	9	21
2	3	7								

Nombre premier 29. — RACINES PRIMITIVES 2, 3, 8, 10, 11, 14, 15, 18, 19, 21
26 27. — *Base* 10.

I.

N.	0	1	2	3	4	5	6	7	8	9
		0	11	27	22	18	10	20	5	26
1	1	23	21	2	3	17	16	7	9	15
2	12	19	6	24	4	8	13	25	14	

N.

I.	0	1	2	3	4	5	6	7	8	9
	1	10	13	14	24	8	22	17	25	18
1	6	2	20	26	28	19	16	15	5	21
2	7	12	4	11	23	27	9	3		

Nombre premier 31. — RACINES PRIMITIVES 3, 11, 12, 13, 17, 21, 22 24.
Base 17.

I.

N.	0	1	2	3	4	5	6	7	8	9
0		0	12	13	24	20	25	4	6	26
1	2	29	7	23	16	3	18	1	8	22
2	14	17	11	21	19	10	5	9	28	27
3	15									

N.

I.	0	1	2	3	4	5	6	7	8	9
0	1	17	10	15	7	26	8	12	18	27
1	25	22	2	3	20	30	14	21	16	24
2	5	23	19	13	4	6	9	29	28	11

Nombre premier 37. — RACINES PRIMITIVES 2, 5, 13, 15, 17, 18, 19, 20, 22, 24,
32, 35. — *Base* 5.

I.

N.	0	1	2	3	4	5	6	7	8	9
		0	11	34	22	1	9	28	33	32
1	12	6	20	13	3	35	8	5	7	25
2	23	26	17	21	31	2	24	30	14	15
3	10	27	19	4	16	29	18			

N.

I.	0	1	2	3	4	5	6	7	8	9
	1	5	25	14	33	17	11	18	16	6
1	30	2	10	13	28	29	34	22	36	32
2	12	23	4	20	26	19	21	31	7	35
3	27	24	9	8	3	15				

Nombre premier 41. — RACINES PRIMITIVES 6, 7, 11, 12, 13, 15, 17, 19, 22.
24, 26, 28, 29, 30, 34, 35. — *Base* 6.

I.

N.	0	1	2	3	4	5	6	7	8	9
		0	26	15	12	22	1	39	38	30
1	8	3	27	31	25	37	24	33	16	9
2	34	14	29	36	13	4	17	5	11	7
3	23	28	10	18	19	21	2	32	35	6
4	20									

N.

I.	0	1	2	3	4	5	6	7	8	9
	1	6	36	11	25	27	39	29	10	19
1	32	28	4	24	21	3	18	26	33	34
2	40	35	5	30	16	14	2	12	31	22
3	9	13	37	17	20	38	23	15	8	7

Nombre premier 43. — RACINES PRIMITIVES 3, 5, 12, 18, 19, 20, 26, 28, 29, 30, 33, 34. — *Base* 28.

I.

N.	0	1	2	3	4	5	6	7	8	9
		0	39	17	36	5	14	7	33	34
1	2	6	11	40	4	22	30	16	31	29
2	41	24	3	20	8	10	37	9	1	25
3	19	32	27	23	13	12	28	35	26	15
4	38	18	21							

N.

I.	0	1	2	3	4	5	6	7	8	9
		1	28	10	22	14	5	11	7	24	27
1	25	12	35	34	6	39	17	3	41	30
2	23	42	15	33	21	29	38	32	36	19
3	16	18	31	8	9	37	4	26	40	2
4	13	20								

Nombre premier 47. — RACINES PRIMITIVES 5, 10, 11, 13, 15, 19, 20, 22, 23, 26, 29, 30, 31, 33, 35, 38, 39, 40, 41, 43, 44, 45. — *Base* 10.

I.

N.	0	1	2	3	4	5	6	7	8	9
		0	30	18	14	17	2	38	44	36
1	1	27	32	3	22	35	28	42	20	29
2	31	10	11	39	16	34	33	8	6	43
3	19	5	12	15	26	9	4	24	13	21
4	15	25	40	37	41	7	23			

N.

I.	0	1	2	3	4	5	6	7	8	9
		1	10	6	13	36	31	28	45	27	35
1	21	22	32	38	4	40	24	5	3	30
2	18	39	14	46	37	41	34	11	16	19
3	2	20	12	26	25	15	9	43	7	23
4	42	44	17	29	8	33				

Nombre premier 53. — RACINES PRIMITIVES 2, 3, 5, 8, 12, 14, 18, 19, 20, 21, 22, 26, 27, 31, 32, 33, 34, 35, 39, 41, 45, 48, 50, 51. — *Base* 26.

I.

N.	0	1	2	3	4	5	6	7	8	9
		0	25	9	50	31	34	38	23	18
1	4	46	7	28	11	40	48	42	43	41
2	29	47	19	39	32	10	1	27	36	6
3	13	45	21	3	15	17	16	22	14	37
4	2	33	20	30	44	49	12	8	5	24
5	35	51	26							

N.

I.	0	1	2	3	4	5	6	7	8	9
		1	26	40	33	10	48	29	12	47	3
1	25	14	46	30	38	34	36	35	9	22
2	42	32	37	8	49	2	52	27	13	20
3	43	5	24	41	6	50	28	39	7	23
4	15	19	17	18	44	31	11	21	16	45
5	4	51								

Nombre premier 59. — RACINES PRIMITIVES 2, 6, 8, 10, 11, 13, 14, 18, 23, 24, 30, 31, 32, 33, 34, 37, 38, 39, 40, 42, 43, 44, 47, 50, 52, 54, 55, 57. — *Base* 10.

I.

N.	0	1	2	3	4	5	6	7	8	9
		0	25	32	50	34	57	44	17	6
1	1	45	24	23	11	8	42	14	31	22
2	26	18	12	27	49	10	48	38	36	4
3	33	7	9	19	39	20	56	41	47	55
4	51	2	43	13	37	40	52	53	16	30
5	35	46	15	28	5	21	3	54	29	

N.

I.	0	1	2	3	4	5	6	7	8	9
		1	10	41	56	29	54	9	31	15	32
1	25	14	22	43	17	52	48	8	21	33
2	35	55	19	13	12	2	20	23	53	58
3	49	18	3	30	5	50	28	44	27	34
4	45	37	16	42	7	11	51	38	26	24
5	4	40	46	47	57	39	36	6		

Nombre premier 61. — RACINES PRIMITIVES 2, 6, 7, 10, 17, 18, 26, 30, 31, 35, 43, 44, 51, 54, 55, 59. — *Base* 10.

I.

N.	0	1	2	3	4	5	6	7	8	9
		0	47	42	34	14	29	33	21	24
1	1	45	16	20	10	56	8	49	11	22
2	48	5	32	39	3	28	7	6	57	25
3	43	13	55	27	36	37	58	33	9	2
4	35	18	52	41	19	38	26	40	50	46
5	15	31	54	51	53	59	44	4	12	17
6	30									

N.

I.	0	1	2	3	4	5	6	7	8	9
	1	10	39	24	57	21	27	26	16	38
1	14	18	58	31	5	50	12	59	41	44
2	13	8	19	7	9	29	46	33	25	6
3	60	51	22	37	4	40	34	35	45	23
4	47	43	3	30	56	11	49	2	20	17
5	48	53	42	54	52	32	15	28	36	55

Nombre premier 67. — RACINES PRIMITIVES 2, 7, 11, 12, 13, 18, 20, 28, 31, 32, 34, 41, 44, 46, 48, 50, 51, 57, 61, 63. — *Base* 12.

I.

N.	0	1	2	3	4	5	6	7	8	9
		0	29	9	58	39	38	7	21	18
1	2	61	1	23	36	48	50	8	47	26
2	31	16	24	20	30	12	52	27	65	22
3	11	43	13	4	37	46	10	44	55	32
4	60	19	45	63	53	57	49	64	59	14
5	41	17	15	3	56	34	28	35	51	54
6	40	5	6	25	42	62	33			

N.

I.	0	1	2	3	4	5	6	7	8	9
	1	12	10	53	33	61	62	7	17	3
1	36	30	25	32	49	52	21	51	9	41
2	23	8	29	13	22	63	19	27	56	2
3	24	20	39	66	55	57	14	34	6	5
4	60	50	64	31	37	42	35	18	15	46
5	6	58	26	44	59	38	54	45	4	48
6	40	11	65	43	47	28				

Nombre premier 71. — RACINES PRIMITIVES 7, 11, 13, 21, 22, 28, 31, 33, 35, 42, 44, 47, 52, 53, 55, 56, 59, 61, 62, 63, 65, 67, 68, 69. — *Base* 62.

I.

N.	0	1	2	3	4	5	6	7	8	9
		0	58	18	46	14	6	33	34	36
1	2	43	64	27	21	32	22	7	24	38
2	60	51	31	5	52	28	15	54	9	4
3	20	13	10	61	65	47	12	30	26	45
4	48	55	39	44	19	50	63	17	40	66
5	16	25	3	59	42	57	67	56	62	29
6	8	37	1	69	68	41	49	11	53	23
7	35									

N.

I.	0	1	2	3	4	5	6	7	8	9
	1	62	10	52	29	23	6	17	60	28
1	32	67	36	31	5	26	50	47	3	44
2	30	14	16	69	18	51	38	13	25	59
3	37	22	15	7	8	70	9	61	19	42
4	48	65	54	11	43	39	4	35	40	66
5	45	21	24	68	27	41	57	55	2	53
6	20	33	58	46	12	34	49	56	64	63

Nombre premier 73. — RACINES PRIMITIVES 5, 11, 13, 14, 15, 20, 26, 28, 29, 31, 33, 34, 39, 40, 42, 44, 45, 47, 53, 58, 59, 60, 62, 68. — *Base* 5.

I.

N.	0	1	2	3	4	5	6	7	8	9
		0	8	6	16	1	14	33	24	12
1	9	55	22	59	41	7	32	21	20	62
2	17	39	63	46	30	2	67	18	49	35
3	15	11	40	61	29	34	28	64	70	65
4	25	4	47	51	71	13	54	31	38	66
5	10	27	3	53	26	56	57	68	43	5
6	23	58	19	45	48	60	69	50	37	52
7	42	44	36							

N.

I.	0	1	2	3	4	5	6	7	8	9
		1	5	25	52	41	59	3	15	2	10
1	50	31	9	45	6	30	4	20	27	62
2	18	17	12	60	8	40	54	51	36	34
3	24	47	16	7	35	29	72	68	48	21
4	32	14	70	58	71	63	23	42	64	28
5	67	43	69	53	46	11	55	56	61	13
6	65	33	19	22	37	39	49	26	57	66
7	38	44								

Nombre premier 79. — RACINES PRIMITIVES 3, 6, 7, 28, 29, 30, 34, 35, 37, 39, 43, 47, 48, 53, 54, 59, 60, 63, 66, 68, 70, 74, 75, 77. — *Base* 29.

I.

N.	0	1	2	3	4	5	6	7	8	9
		0	50	71	22	34	34	19	72	64
1	6	70	15	74	69	27	44	9	36	10
2	56	12	42	52	65	68	46	57	41	1
3	77	76	16	63	59	53	8	23	60	67
4	28	21	62	47	14	20	24	55	37	38
5	40	2	18	7	29	26	13	3	51	17
6	49	75	48	5	66	30	35	54	31	45
7	25	33	58	4	73	61	32	11	39	

N.

I.	0	1	2	3	4	5	6	7	8	9
		1	29	51	57	73	63	10	53	36	17
1	19	77	21	56	44	12	32	59	52	7
2	45	41	4	37	46	70	55	15	40	54
3	65	68	76	71	5	66	18	48	49	78
4	50	28	22	6	16	69	26	43	62	60
5	2	58	23	35	67	47	20	27	72	34
6	38	75	42	33	9	24	64	39	25	14
7	11	3	8	74	13	61	31	30		

Nombre premier 83. — RACINES PRIMITIVES 2, 5, 6, 8, 13, 14, 15, 18, 19, 20, 22, 24, 32, 34, 35, 39, 42, 43, 45, 46, 47, 50, 52, 53, 54, 55, 56, 57, 58, 60, 62, 66, 67, 71, 72, 73, 74, 76, 79, 80. — *Base* 50.

I.

N.	0	1	2	3	4	5	6	7	8	9
		0	3	52	6	81	55	24	9	22
1	2	72	58	67	27	51	12	4	25	59
2	5	76	75	16	61	80	70	74	30	36
3	54	32	15	42	7	23	28	60	62	37
4	8	38	79	49	78	21	19	69	64	48
5	1	56	73	13	77	71	33	29	39	20
6	57	34	35	46	18	66	45	53	10	68
7	26	17	31	43	63	50	65	14	40	47
8	11	44	41							

N.

I.	0	1	2	3	4	5	6	7	8	9
		1	50	10	2	17	20	4	34	40	8
1	68	80	16	53	77	32	23	71	64	46
2	59	45	9	35	7	18	70	14	36	57
3	28	72	31	56	61	62	20	39	41	58
4	78	82	33	73	81	66	63	79	49	43
5	75	15	3	67	30	6	51	60	12	19
6	37	24	38	74	48	76	65	13	69	47
7	26	55	11	52	27	22	21	54	44	42
8	25	5								

Nombre premier 89. — RACINES PRIMITIVES 3, 6, 7, 13, 14, 15, 19, 23, 24 26, 27, 28, 29, 30, 31, 33, 35, 38, 41, 43, 46, 48, 51, 54, 56, 58, 59, 60, 61, 62, 63, 65, 66, 70, 74, 75, 76, 82, 83, 86. — *Base* 30.

I.

N.	0	1	2	3	4	5	6	7	8	9
		0	72	87	56	18	71	7	40	86
1	2	4	55	65	79	17	24	82	70	53
2	74	6	76	31	39	36	49	85	63	29
3	1	57	8	3	66	25	54	77	37	64
4	58	67	78	59	60	16	15	34	23	11
5	20	81	33	10	69	22	47	52	13	45
6	73	19	41	5	80	83	75	32	50	30
7	9	26	38	68	61	35	21	11	48	46
8	42	84	51	27	62	12	43	28	44	

N.

I.	0	1	2	3	4	5	6	7	8	9
	1	30	10	33	11	63	21	7	32	70
1	53	77	85	58	49	46	45	15	5	61
2	50	76	55	48	16	35	71	83	87	29
3	69	23	67	52	47	75	25	38	72	24
4	8	62	80	86	88	59	79	56	78	26
5	68	82	57	19	36	12	4	31	40	43
6	44	74	84	28	39	13	34	41	73	54
7	18	6	2	60	20	66	22	37	42	14
8	64	51	17	65	81	27	9	3		

Nombre premier 97. — RACINES PRIMITIVES 5, 7, 10, 13, 14, 15, 17, 21, 23, 26, 29, 37, 38, 39, 40, 41, 56, 57, 58, 59, 60, 68, 71, 74, 76, 80, 82, 83, 84, 87, 90, 92. — *Base* 10.

I.

N.	0	1	2	3	4	5	6	7	8	9
		0	86	2	76	11	88	53	66	4
1	1	82	78	83	43	13	56	19	90	27
2	87	55	72	79	68	22	73	6	33	47
3	3	26	46	84	9	64	80	41	17	85
4	77	71	45	44	62	15	69	60	58	10
5	12	21	63	14	92	93	23	29	37	65
6	89	32	16	57	36	94	74	51	95	81
7	54	25	70	20	31	24	7	39	75	42
8	67	8	61	91	35	30	34	49	52	18
9	5	40	59	28	50	38	48			

N.

I.	0	1	2	3	4	5	6	7	8	9
	1	10	3	30	9	90	27	76	81	34
1	49	5	50	15	53	45	62	38	89	17
2	73	51	25	56	75	71	31	19	93	57
3	85	74	61	28	86	84	64	58	95	77
4	91	37	79	14	43	42	32	29	96	87
5	94	67	88	7	70	21	16	63	48	92
6	47	82	44	52	35	59	8	80	24	46
7	72	41	22	26	66	78	4	40	12	23
8	36	69	11	13	33	39	2	20	6	60
9	18	83	54	55	65	68				

Nombre premier 101. — RACINES PRIMITIVES 2, 3, 7, 8, 11, 12, 15, 18, 26, 27, 28, 29, 34, 35, 38, 40, 42, 46, 48, 50, 51, 53, 55, 59, 61, 63, 66, 67, 72, 73, 74, 75, 83, 86, 89, 90, 93, 94, 98, 99. — *Base* 2.

I.

N.	0	1	2	3	4	5	6	7	8	9
		0	1	69	2	24	70	9	3	38
1	25	13	71	66	10	93	4	30	39	96
2	26	78	14	86	72	48	67	7	11	91
3	94	84	5	82	31	33	40	56	97	35
4	27	45	79	42	15	62	87	58	73	18
5	49	99	68	23	8	37	12	65	92	29
6	95	77	85	47	6	90	83	81	32	55
7	34	44	41	61	57	17	98	22	36	64
8	28	76	46	89	80	54	43	60	16	21
9	63	75	88	53	59	20	74	52	19	51
10	50									

N.

I.	0	1	2	3	4	5	6	7	8	9
	1	2	4	8	16	32	64	27	54	7
1	14	28	56	11	22	44	88	75	49	98
2	95	89	77	53	5	10	20	40	80	59
3	17	34	68	35	70	39	78	55	9	18
4	36	72	43	86	71	41	82	63	25	50
5	100	99	97	93	85	69	37	74	47	94
6	87	73	45	90	79	57	13	26	52	3
7	6	12	24	48	96	91	81	61	21	42
8	84	67	33	66	31	62	23	46	92	83
9	65	29	58	15	30	60	19	38	76	51

Nombre premier 103. — Racines primitives 5, 6, 11, 12, 20, 21, 35, 40, 43, 44, 45, 48, 51, 53, 54, 62, 65, 67, 70, 71, 74, 75, 77, 78, 84, 85, 86, 87, 88, 96, 99, 101. — *Base 6.*

I.

N.	0	1	2	3	4	5	6	7	8	9
		102	46	57	92	59	1	32	36	12
1	3	29	47	66	78	14	82	50	58	28
2	49	89	75	90	93	16	10	69	22	76
3	60	99	26	86	96	91	2	81	74	21
4	95	94	33	55	19	71	34	17	37	64
5	62	5	56	11	13	88	68	85	20	70
6	4	84	43	44	72	23	30	53	40	45
7	35	77	48	9	25	73	18	61	67	42
8	39	24	38	100	79	7	101	31	65	27
9	15	98	80	54	63	87	83	52	8	41
10	6	97	51							

N.

I.	0	1	2	3	4	5	6	7	8	9
	1	6	36	10	60	51	100	85	98	73
1	26	53	9	54	15	90	25	47	76	44
2	58	39	28	65	81	74	32	89	19	11
3	66	87	7	42	46	70	8	48	82	80
4	68	99	79	62	63	69	2	12	72	20
5	17	102	97	67	93	43	52	3	18	5
6	30	77	50	94	49	88	13	78	56	27
7	59	45	64	75	38	22	29	71	14	84
8	92	37	16	96	61	57	33	95	55	21
9	23	35	4	24	41	40	34	101	91	31
10	83	86								

Nombre premier 107. — Racines primitives 2, 5, 6, 7, 8, 15, 17, 18, 20, 21, 22, 24, 26, 28, 31, 32, 38, 43, 45, 46, 50, 51, 54, 55, 58, 59, 60, 63, 65, 66, 67, 68, 70, 71, 72, 73, 74, 77, 78, 80, 82, 84, 88, 91, 93, 94, 95, 96, 97, 98, 103, 104. — *Base 63.*

I.

N.	0	1	2	3	4	5	6	7	8	9
		0	95	78	84	13	67	57	73	50
1	2	76	56	58	46	91	62	103	39	96
2	97	29	65	60	45	26	47	22	35	72
3	80	21	51	48	94	70	28	6	85	30
4	86	90	18	93	54	63	49	16	34	8
5	15	77	36	64	11	89	24	68	61	87
6	69	102	10	1	40	71	37	33	83	32
7	59	81	17	41	101	104	74	27	19	88
8	75	100	79	98	7	12	82	44	43	92
9	52	9	38	99	5	3	23	55	103	20
10	4	14	66	31	25	42	53			

N.

I.	0	1	2	3	4	5	6	7	8	9
	1	63	10	95	100	94	37	84	49	91
1	62	54	85	5	101	50	47	72	42	78
2	99	31	27	96	56	104	25	77	36	21
3	39	103	69	67	48	28	52	66	92	18
4	64	73	105	88	87	24	14	26	33	46
5	9	32	90	106	44	97	12	7	13	70
6	23	58	16	45	53	22	102	6	57	60
7	35	65	29	8	76	80	11	51	3	82
8	30	71	86	68	4	38	40	59	79	55
9	41	15	89	43	34	2	19	20	83	93
10	81	74	61	98	75	17				

Nombre premier 109. — RACINES PRIMITIVES 6, 10, 11, 13, 14, 18, 24, 30, 37, 39, 40, 42, 44, 47, 50, 51, 52, 53, 56, 57, 58, 59, 62, 65, 67, 69, 70, 72, 79, 85, 91, 95, 96, 98, 99, 103. — *Base* 10.

I.

N.	0	1	2	3	4	5	6	7	8	9
		0	93	28	78	16	13	88	63	56
1	1	107	106	7	73	44	48	21	41	3
2	94	8	92	105	91	32	100	84	58	10
3	29	74	33	27	6	104	26	65	96	35
4	79	45	101	66	77	72	90	5	76	68
5	17	49	85	97	69	15	43	31	103	71
6	14	22	59	36	18	23	12	47	99	25
7	89	42	11	80	50	60	81	87	20	83
8	64	4	30	46	86	37	51	38	62	40
9	57	95	75	102	98	19	61	52	53	55
10	2	9	34	67	70	24	82	39	54	

N.

I.	0	1	2	3	4	5	6	7	8	9
	1	10	100	19	81	47	34	13	21	101
1	29	72	66	6	60	55	5	50	64	95
2	78	17	61	65	105	66	36	33	3	30
3	82	57	25	32	102	39	63	85	87	107
4	89	18	71	56	15	41	83	67	16	51
5	74	86	97	98	108	99	9	90	28	62
6	75	96	88	8	80	37	43	103	49	54
7	104	59	45	14	31	92	48	44	4	40
8	73	76	106	79	27	52	84	77	7	70
9	46	24	22	2	20	91	38	53	94	68
10	26	42	93	58	35	23	12	11		

Nombre premier 113. — RACINES PRIMITIVES 3, 5, 6, 10, 12, 17, 19, 20, 21, 23, 24, 27, 29, 33, 34, 37, 38, 39, 43, 45, 46, 47, 54, 55, 58, 59, 66, 67, 68, 70, 71, 75, 76, 79, 80, 84, 86, 89, 90, 92, 93, 94, 96, 100, 103, 107, 108, 110. — *Base* 10.

I.

N.	0	1	2	3	4	5	6	7	8	9
		0	52	79	104	61	19	72	44	46
1	1	22	71	58	12	28	96	59	98	93
2	53	39	74	103	11	10	110	13	64	87
3	80	30	36	101	111	21	38	29	33	25
4	105	34	91	17	14	107	43	97	63	32
5	62	26	50	76	65	83	4	60	27	9
6	20	106	82	6	88	7	41	99	51	70
7	73	35	90	49	81	89	85	94	77	55
8	45	92	86	24	31	8	69	54	66	67
9	47	18	95	109	37	42	3	40	84	68
10	2	15	78	57	102	100	16	75	5	48
11	23	108	56							

N.

I.	0	1	2	3	4	5	6	7	8	9
	1	10	100	96	56	108	63	65	85	59
1	25	24	14	27	44	101	106	43	91	6
2	60	35	11	110	83	39	51	58	15	37
3	31	84	49	38	41	71	32	94	36	21
4	97	66	95	46	8	80	9	90	109	73
5	52	68	2	20	87	79	112	103	13	17
6	57	5	50	48	28	54	88	89	99	86
7	69	12	7	70	22	107	53	78	102	3
8	30	74	62	55	98	76	82	29	64	75
9	72	42	81	19	77	92	16	47	18	67
10	105	33	104	23	4	40	61	45	111	93
11	26	34								

Nombre premier 127. — RACINES PRIMITIVES. — 3, 6, 7, 12, 14, 23, 29, 39, 43, 45, 46, 48, 53, 55, 56, 57, 58, 65, 67, 78, 83, 85, 86, 91, 92, 93, 96, 97, 101, 106, 109, 110, 112, 114, 116, 118. — *Base* 109.

I.

N.	0	1	2	3	4	5	6	7	8	9
		0	18	23	36	111	41	125	54	46
1	3	52	59	20	17	8	72	118	64	42
2	21	22	70	11	77	96	38	69	35	79
3	26	50	90	75	10	110	82	112	60	43
4	39	76	40	121	88	31	29	120	95	124
5	114	15	56	67	87	37	53	65	97	91
6	44	30	68	45	108	5	93	107	28	34
7	2	116	100	24	4	119	78	51	61	32
8	57	92	94	25	58	103	13	102	106	123
9	49	19	47	73	12	27	113	89	16	98
10	6	101	33	14	74	7	85	84	105	1
11	55	9	71	80	83	122	115	66	109	117
12	62	104	48	99	86	81	63			

N.

I.	0	1	2	3	4	5	6	7	8	9
	1	109	70	10	74	65	100	105	15	111
1	34	23	94	86	103	51	98	14	2	91
2	13	20	21	3	73	83	30	95	68	46
3	61	45	79	102	69	28	4	55	26	40
4	42	6	19	39	60	63	9	92	122	90
5	31	77	11	56	8	110	52	80	84	12
6	38	78	120	126	18	57	117	53	62	27
7	22	112	16	93	104	33	41	24	76	29
8	113	125	36	114	107	106	124	54	44	97
9	32	59	81	66	82	48	25	58	99	123
10	72	101	87	85	121	108	88	67	64	118
11	35	5	37	96	50	116	71	119	17	75
12	47	43	115	89	49	7				

Nombre premier 131. — RACINES PRIMITIVES 2, 6, 8, 10, 14, 17, 22, 23, 26, 29, 30, 31, 37, 40, 50, 54, 56, 57, 66, 67, 72, 76, 82, 83, 85, 87, 88, 90, 93, 95, 96, 97, 98, 103, 104, 106, 110, 111, 115, 116, 118, 119, 120, 122, 124, 126, 127, 128. — *Base* 10.

I.

N.	0	1	2	3	4	5	6	7	8	9
		0	83	126	36	48	79	38	119	123
1	1	98	32	64	121	44	72	59	75	45
2	84	34	51	89	115	96	17	118	74	73
3	127	67	25	94	12	86	28	23	128	60
4	37	58	117	22	4	40	42	5	68	76
5	49	55	100	78	71	16	27	41	26	46
6	80	104	20	30	108	112	47	43	95	85
7	39	15	111	91	106	92	81	6	13	35
8	120	114	11	3	70	107	105	69	87	52
9	123	102	125	63	88	93	21	77	29	90
10	2	62	8	9	53	82	31	50	24	116
11	99	19	110	10	124	7	109	56	129	97
12	33	66	57	54	103	14	113	101	61	18
13	65									

N.

l.	0	1	2	3	4	5	6	7	8	9
	1	10	100	83	44	47	77	115	102	103
1	113	82	34	78	125	71	55	26	129	111
2	62	96	43	37	108	32	58	56	36	98
3	63	106	12	120	21	79	4	40	7	70
4	45	57	46	67	15	19	59	66	5	50
5	107	22	89	104	123	51	117	122	41	17
6	39	128	101	93	13	130	121	31	48	87
7	84	54	16	29	28	18	49	97	53	6
8	60	76	105	2	20	69	33	88	94	23
9	99	73	75	95	33	68	25	119	11	110
10	51	127	91	124	61	86	74	85	64	116
11	112	72	65	126	81	24	109	42	27	8
12	80	14	9	90	114	92	3	30	38	118

     TABLE II.

Nombre premier 137. — RACINES PRIMITIVES 8, 5, 6, 12, 13, 20, 21, 23, 24, 26, 27, 29, 31, 33, 35, 40, 42, 43, 45, 46, 47, 48, 51, 52, 53, 54, 55, 57, 58, 62, 66, 62, 70, 71, 75, 79, 80, 82, 83, 84, 85, 86, 89, 90, 91, 92, 94, 95, 97, 102, 104, 106, 108, 110, 111, 113, 114, 116, 117, 124, 125, 131, 132, 134. — *Base* 12.

I.

N.	0	1	2	3	4	5	6	7	8	9
		0	130	13	124	23	7	2	118	26
1	17	90	1	53	132	36	112	86	20	54
2	11	15	84	129	131	46	47	39	126	95
3	30	133	106	103	80	25	14	102	48	66
4	5	51	9	37	78	49	123	111	125	4
5	40	99	41	71	33	113	120	67	89	128
6	24	110	127	28	100	76	97	87	74	6
7	19	29	8	32	96	59	42	92	60	21
8	135	52	45	101	3	109	31	108	72	57
9	43	55	117	10	105	77	119	73	134	116
10	34	82	93	12	35	38	65	98	27	58
11	107	115	114	63	61	16	83	79	122	88
12	18	44	104	64	121	69	22	85	94	50
13	70	75	91	56	81	62	68			

N.

I.	0	1	2	3	4	5	6	7	8	9
	1	12	7	84	49	40	69	6	72	42
1	93	20	103	3	36	21	115	10	120	70
2	18	79	126	5	60	35	9	108	63	71
3	30	86	73	54	100	104	15	43	105	27
4	50	52	76	90	121	82	25	26	38	45
5	129	41	81	13	19	91	133	89	109	75
6	78	114	135	113	123	106	39	57	136	125
7	130	53	88	97	68	131	65	95	44	117
8	34	134	101	116	22	127	17	67	119	58
9	11	132	77	102	128	29	74	66	107	51
10	64	83	37	33	122	94	32	110	87	85
11	61	47	16	55	112	111	99	92	8	96
12	56	124	118	46	4	48	28	62	59	23
13	2	24	14	31	98	80				

Nombre premier 139. — RACINES PRIMITIVES 2, 3, 12, 15, 17, 18, 19, 21, 22, 26, 32, 40, 50, 53, 56, 58, 61, 68, 70, 72, 73, 85, 88, 90, 92, 93, 98, 101, 102, 104, 108, 109, 110, 111, 114, 115, 119, 123, 126, 128, 130, 132, 134, 135. — *Base* 92.

I.

N.	0	1	2	3	4	5	6	7	8	9
		0	119	49	100	22	30	16	81	98
1	3	74	11	26	135	71	62	37	79	83
2	122	65	55	39	130	44	7	9	116	8
3	52	40	43	123	18	38	60	136	64	75
4	103	82	46	23	36	120	20	70	111	32
5	25	86	126	73	128	96	97	132	127	15
6	33	125	21	114	24	48	104	110	137	88
7	19	68	41	35	117	93	45	90	56	102
8	84	58	63	28	27	59	4	57	17	94
9	101	42	1	89	51	105	92	113	13	34
10	6	133	67	129	107	87	54	112	109	121
11	77	47	78	76	113	61	108	124	134	53
12	14	10	106	131	2	66	95	80	5	72
13	29	12	85	99	91	31	118	50	69	

N.

I.	0	1	2	3	4	5	6	7	8	9
	1	92	124	10	86	128	100	26	29	27
1	121	12	131	98	120	59	7	88	37	70
2	46	62	5	43	64	50	13	84	83	130
3	6	135	49	60	99	73	44	17	35	23
4	31	72	91	32	25	76	42	111	65	3
5	137	94	30	119	106	22	78	87	81	85
6	36	115	16	82	38	21	125	102	71	138
7	47	15	129	53	11	39	113	110	112	18
8	127	8	41	19	80	132	51	105	69	93
9	77	134	96	75	89	126	55	56	9	133
10	4	90	79	40	66	95	122	104	116	108
11	67	48	107	114	63	97	28	74	136	2
12	45	109	20	33	117	61	52	58	54	103
13	24	123	57	101	118	14	37	68	.	

Nombre premier 149. — RACINES PRIMITIVES 2, 3, 8, 10, 11, 12, 13, 14, 15, 18, 21, 23, 27, 32, 34, 38, 40, 41, 43, 48, 50, 51, 52, 55, 56, 57, 58, 59, 60, 62, 65, 66, 70, 71, 72, 74, 75, 77, 78, 79, 83, 84, 87, 89, 90, 91, 92, 93, 94, 97, 98, 99, 101, 106, 108, 109, 111, 115, 117, 122, 126, 128, 131, 134, 135, 136, 137, 138, 139, 141, 146, 147. — *Base* 10.

I.

N.	0	1	2	3	4	5	6	7	8	9
		0	117	115	86	32	84	38	55	82
1	1	25	53	133	7	147	24	4	51	60
2	118	5	142	15	22	64	102	49	124	128
3	116	52	141	140	121	70	20	136	29	100
4	87	61	122	77	111	114	132	14	139	76
5	33	119	71	34	18	57	93	27	97	9
6	85	6	21	120	110	17	109	104	90	130
7	39	143	137	72	105	31	146	63	69	113
8	56	16	30	35	91	36	46	95	80	11
9	83	23	101	19	131	92	108	145	45	107
10	2	65	88	58	40	37	3	48	135	13
11	26	103	62	94	144	47	66	67	126	42
12	54	50	123	28	138	96	89	68	79	44
13	134	125	78	98	73	81	59	127	99	75
14	8	129	112	10	106	12	41	43	74	

N.

I.	0	1	2	3	4	5	6	7	8	9
	1	10	100	106	17	21	61	14	140	59
1	143	89	145	109	47	23	81	65	54	93
2	36	62	24	91	16	11	110	57	123	38
3	82	75	5	50	53	83	85	105	7	70
4	104	146	119	147	129	98	86	115	107	27
5	121	18	31	12	120	8	80	55	103	136
6	19	41	112	77	25	101	116	117	127	78
7	35	52	73	134	148	139	49	43	132	128
8	88	135	9	90	6	60	4	40	102	126
9	68	84	95	56	113	87	125	58	133	138
10	39	82	26	111	67	74	144	99	96	66
11	64	44	142	79	45	3	30	2	20	51
12	63	34	42	122	28	131	118	137	29	141
13	69	94	46	13	130	108	37	72	124	48
14	33	32	22	71	114	97	76	15		

Nombre premier 151. — RACINES PRIMITIVES 6, 7, 12, 13, 14, 15, 30, 35, 48, 51, 52, 54, 56, 61, 63, 71, 77, 82, 89, 93, 96, 102, 104, 106, 108, 109, 111, 112, 114, 115, 117, 120, 126, 129, 130, 133, 134, 140, 141, 146. — *Base* 114.

I.

N.	0	1	2	3	4	5	6	7	8	9
		0	70	141	140	82	61	37	60	132
1	2	34	131	101	107	73	130	88	52	90
2	72	28	104	115	51	14	21	123	27	54
3	143	58	50	25	8	119	122	76	10	92
4	142	111	98	38	24	64	35	86	121	74
5	84	79	91	69	43	116	97	81	124	30
6	63	59	128	19	120	33	95	93	78	106
7	39	137	42	87	146	5	80	71	12	117
8	62	114	31	3	18	20	108	45	94	53
9	134	138	105	49	6	22	41	118	144	16
10	4	9	149	46	11	110	139	99	113	23
11	36	67	17	85	1	47	44	83	100	125
12	133	68	129	102	48	96	89	126	40	29
13	103	147	15	127	13	55	148	32	26	56
14	109	77	57	135	112	136	7	65	66	145
15	75									

N.

I.	0	1	2	3	4	5	6	7	8	9
	1	114	10	83	100	75	94	146	34	101
1	38	104	78	134	25	132	99	112	84	63
2	85	26	95	109	44	33	138	28	21	129
3	59	82	137	65	11	46	110	7	43	70
4	128	96	72	54	116	87	103	115	124	93
5	32	24	18	89	29	135	139	142	31	61
6	8	6	80	60	45	147	148	111	121	53
7	2	77	20	15	49	150	37	141	68	51
8	76	57	5	117	50	113	47	73	17	126
9	19	52	39	67	88	66	125	56	42	107
10	118	13	123	130	22	92	69	14	86	140
11	105	41	144	108	81	23	55	79	97	35
12	64	48	36	27	58	119	127	133	62	122
13	16	12	9	120	90	143	145	71	91	106
14	4	3	40	30	98	149	74	131	136	102

Nombre premier 157. — RACINES PRIMITIVES 5, 6, 15, 18, 20, 21, 24, 26, 34, 38, 43, 53, 55, 60, 61, 62, 63, 66, 69, 70, 72, 73, 74, 77, 80, 83, 84, 85, 87, 88, 91, 94, 95, 96, 97, 102, 104, 114, 119, 123, 131, 133, 136, 137, 139, 142, 151, 152. — *Base* 139.

I.

N.	0	1	2	3	4	5	6	7	8	9
	0	147	122	138	11	113	57	129	88	
1	2	152	104	130	48	133	120	128	79	116
2	149	23	143	81	95	22	121	54	39	15
3	124	58	111	118	119	68	70	28	107	96
4	140	75	14	151	134	99	72	76	86	114
5	13	94	112	25	45	7	30	82	6	27
6	115	155	49	145	102	141	109	12	110	47
7	59	64	61	83	19	144	98	53	87	9
8	131	20	66	97	5	139	142	137	125	32
9	90	31	63	24	67	127	77	37	105	84
10	4	108	85	123	103	34	16	91	36	8
11	154	150	21	56	73	92	153	62	18	29
12	106	148	146	41	40	33	136	46	93	117
13	132	43	100	17	3	65	101	71	38	1
14	50	42	55	126	52	26	74	80	10	51
15	135	35	89	60	44	69	78			

N.

I.	0	1	2	3	4	5	6	7	8	9
	1	139	10	134	100	84	58	55	109	79
1	148	5	67	50	42	29	106	133	118	74
2	81	112	25	21	93	53	145	59	37	119
3	56	91	89	125	105	151	108	97	138	28
4	124	123	141	131	154	54	127	69	14	62
5	140	149	144	77	27	142	113	7	31	70
6	153	72	117	92	71	135	82	94	35	155
7	36	137	46	114	146	41	47	96	156	18
8	147	23	57	73	99	102	48	78	9	152
9	90	107	115	128	51	24	39	83	76	45
10	132	136	64	104	12	98	120	38	101	66
11	68	32	52	6	49	60	19	129	22	34
12	16	26	3	103	30	88	143	95	17	8
13	13	80	130	15	44	150	126	87	4	85
14	40	65	86	22	75	63	122	2	121	20
15	111	43	11	116	110	64				

Nombre premier 163. — RACINES PRIMITIVES 2, 3, 7, 11, 12, 18, 19, 20, 29, 32, 42, 44, 45, 50, 52, 63, 66, 67, 68, 70, 72, 73, 75, 76, 79, 80, 82, 89, 92, 94, 101, 103, 106, 107, 108, 109, 112, 114, 116, 117, 120, 122, 124, 128, 129, 130, 137, 139, 147, 148, 149, 153, 154, 159. — *Base* 70.

I.

N.	0	1	2	3	4	5	6	7	8	9
	0	71	43	142	93	114	161	51	86	
1	2	97	23	57	70	136	122	159	157	127
2	73	42	6	153	94	24	128	129	141	145
3	45	39	31	140	68	92	66	75	36	100
4	144	20	113	106	77	17	62	44	3	160
5	95	40	37	18	38	28	50	8	54	27
6	116	30	110	85	102	150	49	155	139	34
7	1	52	131	7	146	67	107	96	9	103
8	53	10	91	134	22	90	15	26	148	65
9	88	56	137	82	115	58	74	130	69	21
10	4	29	111	35	108	135	89	131	109	119
11	99	118	121	14	79	84	125	143	98	158
12	25	32	101	63	19	117	156	147	11	149
13	59	112	120	126	64	60	48	47	105	13
14	72	87	123	154	46	76	78	41	55	151
15	138	104	16	83	5	132	80	33	12	61
16	124	152	81							

N.

I.	0	1	2	3	4	5	6	7	8	9
	1	70	10	48	100	154	22	73	57	78
1	81	128	158	139	113	86	152	45	53	124
2	41	99	84	12	25	120	87	59	55	101
3	61	32	121	157	69	103	38	52	54	31
4	51	147	21	3	47	30	144	137	136	66
5	56	8	71	80	58	148	91	13	95	130
6	135	159	46	123	134	89	36	75	34	98
7	14	2	140	20	96	37	145	44	146	114
8	156	162	93	153	115	63	9	141	90	106
9	85	82	35	5	24	50	77	11	118	110
10	39	122	64	79	151	138	43	76	104	108
11	62	102	131	42	6	94	60	125	111	109
12	132	112	16	142	160	116	133	19	26	27
13	97	107	155	92	83	105	15	72	150	68
14	33	28	4	117	40	29	74	127	88	129
15	65	149	161	23	143	67	126	18	119	17
16	49	7								

Nombre premier 167. — RACINES PRIMITIVES 5, 10, 13, 15, 17, 20, 23, 26, 30, 34, 35, 37, 39, 40, 41, 43, 45, 46, 51, 52, 53, 55, 59, 60, 67, 68, 69, 70, 71, 73, 74, 78, 79, 80, 82, 83, 86, 90, 91, 92, 95, 101, 102, 103, 104, 105, 106, 109, 110, 111, 113, 117, 118, 119, 120, 123, 125, 129, 131, 134, 135, 136, 138, 139, 140, 142, 143, 145, 146, 148, 149, 151, 153, 155, 156, 158, 159, 160, 161, 163, 164, 165. — *Base* 10.

I.

N.	0	1	2	3	4	5	6	7	8	9
		0	86	144	6	81	64	96	92	122
1	1	110	150	43	16	59	12	143	42	50
2	87	74	30	51	70	162	129	100	102	32
3	145	152	98	88	63	11	128	127	136	21
4	7	55	160	75	116	37	137	68	156	26
5	82	121	49	31	20	25	22	28	118	23
6	65	34	72	52	18	124	8	85	149	29
7	97	159	48	71	47	140	56	40	107	119
8	93	78	141	163	80	58	161	10	36	24
9	123	139	57	130	154	131	76	14	112	66
10	2	91	41	101	135	155	117	148	106	35
11	111	105	108	103	114	132	38	165	109	73
12	151	54	120	33	158	77	138	90	104	53
13	44	45	94	146	5	15	69	62	115	19
14	17	46	79	153	134	113	157	4	133	125
15	60	95	142	99	126	67	27	84	39	9
16	13	147	164	89	61	3	83			

N.

I.	0	1	2	3	4	5	6	7	8	9
	1	10	100	165	147	134	4	40	66	159
1	87	35	16	160	97	135	14	140	64	139
2	54	39	56	59	89	55	49	156	57	69
3	22	53	29	123	61	109	88	45	116	158
4	77	102	18	13	130	131	141	74	72	52
5	19	23	63	129	121	41	76	92	85	15
6	150	164	137	34	6	60	99	155	47	136
7	24	73	62	119	21	43	96	125	81	142
8	84	5	50	166	157	67	2	20	33	163
9	127	101	8	80	132	151	7	70	32	153
10	27	103	28	113	128	111	108	78	112	118
11	11	110	98	145	114	138	44	106	58	79
12	122	51	9	90	65	149	154	37	36	26
13	93	95	113	148	144	104	38	46	126	91
14	75	82	152	17	3	30	133	161	107	68
15	12	120	31	143	94	105	48	146	124	71
16	42	86	25	83	162	117				

Nombre premier 173. — RACINES PRIMITIVES 2, 3, 5, 7, 8, 11, 12, 17, 18, 19, 20, 26, 27, 28, 30, 32, 39, 42, 44, 45, 46, 48, 50, 53, 58, 59, 61, 62, 63, 65, 66, 68, 69, 70, 71, 72, 74, 75, 96, 79, 82, 86, 87, 91, 94, 97, 98, 99, 101, 102, 103, 104, 105, 107, 108, 110, 111, 112, 114, 115, 120, 123, 125, 127, 128, 129, 131, 134, 141, 143, 145, 146, 147, 153, 154, 155, 156, 161, 162, 165, 166, 168, 170, 171. — *Base* 91.

I.

N.	0	1	2	3	4	5	6	7	8	9
		0	13	7	26	163	20	31	39	14
1	4	127	33	142	44	170	52	89	27	85
2	17	38	140	88	46	154	155	21	57	152
3	11	122	65	134	102	22	40	42	98	149
4	30	74	51	60	153	5	101	144	59	62
5	167	96	168	123	34	118	70	92	165	19
6	24	169	135	45	78	133	147	56	115	95
7	35	23	53	94	55	161	111	158	162	71
8	43	28	87	104	64	80	73	159	166	150
9	18	1	114	129	157	76	72	25	75	141
10	8	139	109	121	9	29	136	61	47	164
11	131	49	83	110	105	79	6	156	32	120
12	37	82	10	81	148	145	58	15	91	67
13	146	137	160	116	63	12	128	126	108	16
14	48	151	36	97	66	143	107	69	68	132
15	2	54	124	103	171	113	3	138	84	130
16	56	119	41	90	100	125	117	106	77	112
17	93	99	86							

N.

I.	0	1	2	3	4	5	6	7	8	9
	1	91	150	156	10	45	116	3	100	104
1	122	30	135	2	9	127	139	20	90	59
2	6	27	35	71	60	97	4	18	81	105
3	40	7	118	12	54	70	142	120	21	8
4	36	162	37	80	14	63	24	108	140	111
5	67	42	16	72	151	74	160	28	126	48
6	43	107	49	134	84	32	144	129	148	147
7	56	79	96	86	41	98	95	168	64	115
8	85	123	121	112	158	19	172	82	23	17
9	163	128	57	170	73	69	51	143	38	171
10	164	46	34	153	83	114	167	146	138	102
11	113	76	169	155	92	68	133	166	55	161
12	119	103	31	53	152	165	137	11	136	93
13	159	110	149	65	33	62	106	131	157	101
14	22	99	13	145	47	125	130	66	124	39
15	89	141	29	44	25	26	117	94	77	87
16	132	75	78	5	109	58	88	50	52	61
17	15	154								

Nombre premier 179. — Racines primitives 2, 6, 7, 8, 10, 11, 18, 21, 23, 24, 26, 28, 30, 32, 33, 34, 35, 37, 38, 40, 41, 44, 50, 53, 54, 55, 58, 62, 63, 69, 71, 72, 73, 78, 79, 84, 86, 90, 91, 92, 94, 96, 97, 98, 99, 102, 103, 104, 105, 109, 111, 112, 113, 114, 115, 118, 119, 120, 122, 123, 127, 128, 130, 131, 132, 133, 134, 136, 137, 140, 143, 148, 150, 152, 154, 157, 159, 160, 162, 163, 164, 165, 166, 167, 170, 174, 175, 176. — *Base* 10.

I.

N.	0	1	2	3	4	5	6	7	8	9
		0	73	52	146	106	125	23	41	104
1	1	27	20	134	96	158	114	14	177	26
2	74	75	100	65	93	34	29	156	169	70
3	53	76	9	79	87	129	72	19	99	8
4	147	101	148	144	173	32	138	136	166	46
5	107	66	102	111	51	133	64	78	143	110
6	126	94	149	127	82	62	152	48	160	117
7	24	35	145	95	92	86	172	50	81	91
8	42	30	174	150	43	120	39	122	68	16
9	105	157	33	128	31	132	61	85	119	131
10	2	170	139	83	175	3	6	56	124	113
11	28	71	137	63	151	171	38	60	5	37
12	21	54	167	153	44	140	22	13	155	18
13	135	77	47	49	121	84	55	59	12	58
14	97	10	108	161	40	176	168	98	165	142
15	159	80	67	118	123	4	154	11	164	163
16	115	88	103	25	69	7	45	109	116	90
17	15	130	112	36	17	57	141	162	89	

N.

I.	0	1	2	3	4	5	6	7	8	9
	1	10	100	105	155	118	106	165	39	32
1	141	157	138	127	17	170	89	174	129	37
2	12	120	126	7	70	163	19	11	110	26
3	81	94	45	92	25	71	173	119	116	86
4	144	8	80	84	124	166	49	132	67	133
5	77	54	3	30	121	136	107	175	139	137
6	117	96	65	113	56	23	51	152	88	164
7	29	111	36	2	20	21	31	131	57	33
8	151	78	64	103	135	97	75	34	161	178
9	169	79	74	24	61	73	14	140	147	38
10	22	41	52	162	9	90	5	50	142	167
11	59	53	172	109	16	160	168	69	153	98
12	85	134	87	154	108	6	60	63	93	35
13	171	99	95	55	13	130	47	112	46	102
14	125	176	149	58	43	72	4	40	42	62
15	83	114	66	123	156	128	27	91	15	150
16	68	143	177	159	158	148	48	122	146	28
17	101	115	76	44	82	104	145	18		

Nombre premier 181. — Racines primitives 2, 10, 18, 21, 23, 24, 28, 41, 47, 50, 53, 54, 57, 58, 63, 66, 69, 76, 77, 78, 83, 84, 85, 90, 91, 96, 97, 98, 103, 104, 105, 112, 115, 118, 123, 124, 127, 128, 131, 134, 140, 153, 157, 158, 160, 163, 171, 179. — *Base* 10.

I.

N.	0	1	2	3	4	5	6	7	8	9
	0	133	68	86	48	21	15	39	136	
1	1	146	154	32	148	116	172	55	89	135
2	134	83	99	29	107	96	165	24	101	84
3	69	27	125	34	8	63	42	38	88	100
4	87	59	36	140	52	4	162	109	60	30
5	49	123	118	121	157	14	54	23	37	108
6	22	65	160	151	78	80	167	66	141	97
7	16	57	175	20	171	164	41	161	53	166
8	40	92	12	73	169	103	93	152	5	25
9	137	47	115	95	62	3	13	79	163	102
10	2	130	76	143	71	131	74	81	110	85
11	147	106	7	51	156	77	170	168	61	70
12	155	112	18	127	113	144	104	67	31	28
13	33	139	120	150	19	72	91	142	50	126
14	149	177	10	178	128	132	153	98	124	35
15	117	159	174	11	114	75	6	17	119	9
16	173	44	45	179	145	82	26	58	122	64
17	56	91	46	129	105	111	138	176	158	43
18	90									

N.

I.	0	1	2	3	4	5	6	7	8	9
	1	10	100	95	45	88	56	112	34	159
1	142	153	82	96	55	7	70	157	122	134
2	73	6	60	57	27	89	166	31	129	23
3	49	128	13	130	33	149	42	58	37	8
4	80	76	36	179	161	162	172	91	5	50
5	138	113	44	78	56	17	170	71	167	41
6	48	118	94	35	169	61	67	137	3	30
7	119	104	135	83	106	155	102	113	64	97
8	65	107	165	21	29	109	4	40	38	18
9	180	171	81	86	136	93	25	69	147	22
10	39	28	99	85	126	174	111	24	59	47
11	108	175	121	124	154	92	15	150	52	158
12	132	53	168	51	148	32	139	123	141	173
13	101	105	145	2	20	19	9	90	176	131
14	43	68	137	103	125	164	11	110	14	140
15	133	63	87	146	12	120	114	54	178	151
16	62	77	46	98	75	26	79	66	117	84
17	116	74	16	160	152	72	177	141	143	163

Nombre premier 191. — RACINES PRIMITIVES 19, 21, 22, 28, 29, 33, 35, 42, 44, 47, 53, 56, 57, 58, 61, 62, 63, 71, 73, 74, 76, 83, 87, 88, 89, 91, 93, 94, 95, 99, 101, 105, 106, 110, 111, 112, 113, 114, 116, 119, 123, 124, 126, 127, 131, 132, 137, 140, 141, 143, 145, 146, 148, 151, 157, 164, 165, 167, 168, 171, 173, 174, 176, 178, 179, 181, 182, 183, 187, 188, 189. — *Base* 157.

I.

N.	0	1	2	3	4	5	6	7	8	9
		0	102	148	14	90	60	133	116	106
1	2	115	162	156	45	48	28	184	18	93
2	104	91	27	112	74	180	68	64	147	29
3	150	125	130	73	96	33	120	65	5	114
4	16	145	3	174	129	6	24	39	176	76
5	92	142	170	77	166	15	59	51	131	182
6	62	63	37	49	42	56	175	44	8	70
7	135	69	32	189	167	138	107	58	26	66
8	118	22	57	173	105	84	86	177	41	149
9	108	99	126	83	141	183	88	46	178	31
10	4	13	54	136	82	181	179	10	78	152
11	117	23	161	121	153	12	43	72	94	127
12	164	40	165	103	139	80	151	137	144	132
13	158	157	87	36	146	154	110	71	172	75
14	47	187	171	81	134	119	101	34	79	98
15	50	111	19	100	160	25	128	1	168	35
16	30	55	124	52	159	163	85	169	17	122
17	186	9	188	113	89	123	143	140	61	67
18	20	97	11	21	38	155	185	109	53	7
19	95									

N.

I.	0	1	2	3	4	5	6	7	8	9
	1	157	10	42	100	38	45	189	68	171
1	107	182	115	101	4	55	40	168	18	152
2	180	183	81	111	46	155	78	22	16	29
3	160	99	72	35	147	159	133	62	184	47
4	121	88	64	116	67	14	97	140	15	63
5	150	57	163	188	102	161	65	82	77	56
6	6	178	60	61	27	37	79	179	26	71
7	69	137	117	33	24	139	49	53	108	148
8	125	143	104	93	85	166	86	132	96	174
9	5	21	50	19	118	190	34	181	149	91
10	153	146	2	123	20	84	9	76	90	187
11	136	151	23	173	39	11	8	110	80	145
12	36	113	169	175	162	31	92	119	156	44
13	32	58	129	7	144	70	103	127	75	124
14	177	94	51	176	128	41	134	28	3	89
15	30	126	109	114	135	185	13	131	130	164
16	154	112	12	165	120	122	54	74	158	167
17	52	142	138	83	43	66	48	87	98	106
18	25	105	59	95	17	186	170	141	172	73

Nombre premier 193. — RACINES PRIMITIVES 5, 10, 15, 17, 19, 22, 26, 30, 34, 37, 38, 40, 41, 44, 45, 47, 51, 52, 53, 57, 58, 61, 66, 70, 73, 77, 78, 79, 80, 82, 90, 91, 102, 103, 111, 113, 114, 115, 116, 120, 123, 127, 132, 135, 136, 140, 141, 142, 146, 148, 149, 152, 153, 155, 156, 159, 163, 167, 171, 174, 176, 178, 183, 188. — *Base* 10.

I.

N.	0	1	2	3	4	5	6	7	8	9
		0	182	156	172	11	146	184	162	120
1	1	93	136	15	174	167	152	149	110	59
2	183	148	83	54	126	22	5	84	164	9
3	157	134	142	57	139	3	100	55	49	171
4	173	125	138	72	73	131	44	127	116	176
5	12	113	187	79	74	104	154	23	161	92
6	147	133	124	112	132	26	47	6	129	18
7	185	27	90	41	45	178	39	85	191	109
8	163	48	115	190	128	160	62	165	63	81
9	121	7	34	98	117	70	106	10	166	21
10	2	130	103	25	177	159	69	158	64	32
11	91	19	144	67	13	65	181	135	82	141
12	137	186	123	89	114	33	102	143	122	36
13	16	28	37	51	188	95	119	58	8	170
14	175	91	17	108	80	20	31	140	35	169
15	168	42	29	77	75	145	151	4	99	43
16	153	46	38	61	105	68	180	101	118	30
17	150	179	52	87	155	14	53	56	71	78
18	111	40	189	97	24	66	88	50	107	76
19	60	86	96							

N.

I.	0	1	2	3	4	5	6	7	8	9
	1	10	100	35	157	26	67	91	138	29
1	97	5	50	114	175	13	130	142	69	111
2	145	99	25	57	144	103	65	71	131	152
3	169	146	109	125	92	148	129	132	162	76
4	181	73	151	159	46	74	161	66	81	38
5	187	133	172	176	23	37	177	33	137	19
6	190	163	86	88	108	115	185	113	165	106
7	95	178	43	44	54	154	189	153	179	53
8	144	89	118	22	27	77	191	173	186	123
9	72	141	59	11	110	135	192	183	93	158
10	36	167	126	102	55	164	96	188	143	79
11	18	180	63	51	124	82	48	94	168	136
12	9	90	128	122	62	41	24	47	84	68
13	101	45	64	61	31	117	12	120	42	34
14	147	119	32	127	112	155	6	60	21	17
15	170	156	16	160	56	174	3	30	107	105
16	85	78	8	80	28	87	98	15	150	149
17	139	39	4	40	14	140	49	104	75	171
18	166	116	2	20	7	70	121	52	134	182
19	83	58								

Nombre premier 197. — RACINES PRIMITIVES 2, 3, 5, 8, 11, 12, 13, 17, 18, 21, 27, 30, 31, 32, 35, 38, 44, 45, 46, 48, 50, 52, 56, 57, 58, 66, 67, 71, 72, 73, 74, 75, 78, 79, 80, 82, 86, 89, 91, 94, 95, 98, 99, 102, 103, 106, 108, 111, 115, 117, 118, 119, 122, 123, 124, 125, 126, 130, 131, 139, 140, 141, 145, 147, 149, 151, 152, 153, 159, 162, 165, 166, 167, 170, 176, 179, 180, 184, 185, 186, 189, 192, 194, 195. — *Base* **73**.

I.

N.	0	1	2	3	4	5	6	7	8	9
		0	61	65	122	137	126	86	183	130
1	2	5	187	153	147	6	48	95	191	182
2	63	151	66	68	52	78	18	195	12	40
3	67	173	109	70	156	27	56	148	47	22
4	124	46	16	54	127	71	129	106	113	172
5	139	160	79	80	60	142	73	51	101	96
6	128	180	38	20	170	94	131	57	21	133
7	88	179	117	1	13	143	108	91	83	59
8	185	64	107	14	77	36	115	103	188	23
9	132	43	190	42	167	123	174	102	37	135
10	4	76	25	69	140	92	141	34	121	90
11	7	17	134	175	112	9	162	87	157	181
12	189	10	45	111	99	19	81	186	35	119
13	155	33	192	72	118	136	82	30	194	3
14	149	171	44	158	178	177	62	41	74	15
15	8	31	169	29	152	114	144	26	120	145
16	50	154	125	58	168	11	75	165	138	110
17	97	116	176	150	166	164	53	161	84	93
18	193	146	104	49	55	89	103	100	32	85
19	184	28	39	24	163	159	98			

N.

I.	0	1	2	3	4	5	6	7	8	9
	1	73	10	139	100	11	15	110	150	115
1	121	165	28	74	83	149	42	111	26	125
2	63	68	39	89	193	102	157	35	191	153
3	137	151	188	131	107	128	85	98	62	192
4	29	147	93	91	142	122	41	38	16	183
5	160	57	24	176	43	184	36	67	163	79
6	54	2	146	20	81	3	22	30	23	103
7	33	45	133	56	148	166	101	84	25	52
8	53	126	136	78	178	189	7	117	70	185
9	109	77	105	179	65	17	59	170	196	124
10	187	58	97	186	182	87	47	82	76	32
11	169	123	114	48	155	86	171	72	134	129
12	158	108	4	95	40	162	6	44	60	46
13	9	66	90	69	112	99	135	5	168	50
14	104	106	55	75	156	159	181	14	37	140
15	173	21	154	13	161	130	34	118	143	195
16	51	177	116	194	175	167	174	94	164	152
17	64	141	49	31	96	113	172	145	144	71
18	61	119	19	8	190	80	127	12	88	120
19	92	18	132	180	138	27				

Nombre premier 199. — RACINES PRIMITIVES 3, 6, 15, 22, 30, 34, 38, 39, 41, 44, 48, 54, 68, 69, 71, 73, 75, 77, 84, 87, 95, 97, 99, 105, 108, 110, 113, 118, 119, 120, **127**, 129, 133, 134, 142, 143, 146, 148, 149, 150, 152, 153, 154, 163, 164, 166, 167, 168, 170, 173, 176, 179, 183, 185, 186, 189, 190, 192, 195, 197. — *Base* **127**.

I.

N.	0	1	2	3	4	5	6	7	8	9
		0	194	155	190	6	151	32	186	112
1	2	189	147	128	28	161	182	57	108	11
2	196	187	185	74	143	12	124	69	24	158
3	157	76	178	146	53	38	104	121	7	85
4	192	145	183	176	181	118	70	98	139	64
5	8	14	120	136	65	195	20	166	154	129
6	153	126	72	144	174	134	142	39	49	31
7	34	71	100	41	117	167	3	23	81	50
8	188	26	141	51	179	63	172	115	177	92
9	114	160	66	33	94	17	135	109	60	103
10	4	159	10	36	116	193	132	165	61	15
11	191	78	16	73	162	80	150	42	125	89
12	149	180	122	102	68	18	140	1	170	133
13	130	148	138	43	35	75	45	171	27	54
14	30	55	67	119	96	164	37	21	113	107
15	163	40	197	169	19	82	77	84	46	93
16	184	106	22	5	137	152	47	79	175	58
17	59	123	168	25	111	44	173	86	88	97
18	110	9	156	83	62	127	29	48	90	101
19	13	87	131	52	105	91	56	95	99	

N.

I.	0	1	2	3	4	5	6	7	8	9
	1	127	10	76	100	163	5	38	50	181
1	102	19	25	190	51	109	112	95	125	154
2	56	147	162	77	28	173	81	138	14	186
3	140	69	7	93	70	134	103	146	35	67
4	151	73	117	133	175	136	158	166	187	68
5	79	83	193	34	139	141	196	17	169	170
6	98	108	184	85	49	54	92	142	124	27
7	46	71	62	113	23	135	31	156	111	167
8	115	78	155	183	157	39	177	191	178	119
9	188	195	89	159	94	197	144	179	47	198
10	72	189	123	99	36	194	161	149	18	97
11	180	174	9	148	90	87	104	74	45	143
12	52	37	122	171	26	118	61	185	13	59
13	130	192	106	129	65	96	53	164	132	48
14	126	82	66	24	63	41	33	12	131	120
15	116	6	165	60	58	3	182	30	29	101
16	91	15	114	150	145	107	57	75	172	153
17	128	137	86	176	64	168	43	88	32	84
18	121	44	16	42	160	22	8	21	80	11
19	4	110	40	105	2	55	20	152		

TABLE III.

Table des formes linéaires des facteurs impairs des formes quadratiques $x^2 + Dy^2$
de $D = 1$ à $D = 101$.

$D = 1$	$4z + 1$.
2	$8z + 1, 3$.
3	$12z + 1, 7$.
5	$20z + 1, 3, 7, 9$.
6	$24z + 1, 5, 7, 11$.
7	$28z + 1, 9, 11, 15, 23, 25$.
10	$40z + 1, 7, 9, 11, 13, 19, 23, 37$.
11	$44z + 1, 3, 5, 9, 15, 23, 25, 27, 31, 37$.
13	$52z + 1, 7, 9, 11, 15, 17, 19, 25, 29, 31, 47, 49$.
14	$56z + 1, 3, 5, 9, 13, 15, 19, 23, 25, 27, 39, 45$.
15	$60z + 1, 17, 19, 23, 31, 47, 49, 53$.
17	$68z + 1, 3, 7, 9, 11, 13, 21, 23, 25, 27, 31, 33, 39\ 49, 53, 63$.
19	$76z + 1, 5, 7, 9, 11, 17, 23, 25, 35, 39, 43, 45, 47, 49, 55, 61, 63, 73$.
21	$84z + 1, 5, 11, 17, 19, 23, 25, 31, 37, 41, 55, 71$.
22	$88z + 1, 9, 13, 15, 19, 21, 23, 25, 29, 31, 35, 43, 47, 49, 51, 61, 71,$ $81, 83, 85$.
23	$92z + 1, 3, 9, 13, 25, 27, 29, 31, 35, 39, 41, 47, 49, 55, 59, 71, 73,$ $75, 77, 81, 85, 87$.
26	$104z + 1, 3, 5, 7, 9, 15, 17, 21, 25, 27, 31, 35, 37, 43, 45, 47, 49, 51,$ $63, 71, 75, 81, 85, 93$.
29	$116z + 1, 3, 5, 9, 11, 13, 15, 19, 25, 27, 31, 33, 39, 43, 45, 47, 49,$ $53, 55, 57, 65, 75, 79, 81, 93, 95, 99, 109$.
30	$120z + 1, 11, 13, 17, 23, 29, 31, 37, 43, 47, 49, 59, 67, 79, 101, 113$.
31	$124z + 1, 5, 7, 9, 19, 25, 33, 35, 39, 41, 45, 47, 49, 51, 59, 63, 67, 69,$ $71, 81, 87, 95, 97, 101, 103, 107, 109, 111, 113, 121$.
33	$132z + 1, 7, 17, 19, 23, 25, 29, 37, 41, 43, 47, 49, 59, 65, 71, 79, 97,$ $101, 119, 127$.
34	$136z + 1, 5, 7, 9, 19, 23, 25, 29, 31, 33, 35, 37, 39, 43, 45, 49, 59, 61,$ $63, 67, 71, 79, 81, 83, 89, 95, 109, 115, 121, 123, 125, 133$.
$D = 35$	$140z + 1, 3, 9, 11, 13, 17, 27, 29, 33, 39, 47, 51, 71, 73, 79, 81, 83, 87,$ $97, 99, 103, 109, 117, 121$.

D = 37	$148z +$ 1, 9, 15, 19, 21, 23, 25, 31, 33, 35, 39, 41, 43, 49, 51, 53, 55, 59, 65, 73, 77, 79, 81, 85, 87, 91, 101, 103, 119, 121, 131, 135, 137, 141, 143, 145.
38	$152z +$ 1, 3, 7, 9, 13, 17, 21, 23, 25, 27, 29, 37, 39, 47, 49, 51, 53, 55, 59, 63, 67, 69, 73, 75, 81, 87, 91, 107, 109, 111, 117, 119, 121, 137, 141, 147.
39	$156z +$ 1, 5, 11, 25, 41, 43, 47, 49, 55, 59, 61, 71, 79, 83, 89, 103, 119, 121, 125, 127, 133, 137, 139, 149.
41	$164z +$ 1, 3, 5, 7, 9, 11, 15, 19, 21, 25, 27, 33, 35, 37, 45, 47, 49, 55, 57, 61, 63, 67, 71, 73, 75, 77, 79, 81, 95, 99, 105, 111, 113, 121, 125, 133, 135, 141, 147, 151.
42	$168z +$ 1, 13, 17, 23, 25, 29, 31, 41, 43, 53, 55, 59, 61, 67, 71, 83, 89, 95, 103, 121, 131, 149, 159, 163.
43	$172z +$ 1, 9, 11, 13, 15, 17, 21, 23, 25, 31, 35, 41, 47, 49, 53, 57, 59, 67, 79, 81, 83, 87, 95, 97, 99, 101, 103, 107, 109, 111, 117, 121, 127, 133, 135, 139, 143, 145, 153, 165, 167, 169.
46	$184z +$ 1, 5, 9, 11, 19, 21, 25, 31, 37, 39, 41, 43, 45, 47, 49, 51, 53, 55, 61, 67, 71, 73, 81, 83, 87, 91, 95, 99, 105, 107, 109, 119, 121, 125, 127, 149, 151, 155, 157, 167, 169, 171, 177, 181.
47	$188z +$ 1, 3, 7, 9, 17, 21, 25, 27, 37, 49, 51, 53, 55, 59, 61, 63, 65, 71, 75, 879, 81, 83, 89, 95, 97, 101, 103, 111, 115, 119, 121, 131, 143, 145, 147, 149, 153, 155, 157, 159, 165, 169, 173, 175, 177, 183.
51	$204z +$ 1, 5, 11, 13, 19, 23, 25, 29, 41, 43, 49, 55, 65, 67, 71, 95, 103, 107, 113, 115, 121, 125, 127, 131, 143, 145, 151, 157, 167, 169, 173, 197.
53	$212z +$ 1, 3, 9, 13, 17, 19, 23, 25, 27, 29, 31, 35, 37, 39, 49, 51, 55, 57, 67, 69, 71, 75, 77, 79, 81, 83, 87, 89, 93, 97, 103, 105, 111, 113, 117, 121, 127, 139, 147, 149, 151, 153, 165, 167, 169, 171, 179, 191, 197, 201, 205, 207.
55	$220z +$ 1, 7, 9, 13, 17, 31, 43, 49, 57, 59, 63, 69, 71, 73, 81, 83, 87, 89, 91, 107, 111, 117, 119, 123, 127, 141, 153, 159, 167, 169, 173, 179, 181, 183, 191, 193, 197, 199, 201, 217.
57	$228z +$ 1, 11, 23, 25, 29, 31, 35, 41, 47, 49, 53, 61, 65, 67, 73, 79, 83, 85, 89, 91, 103, 113, 119, 121, 127, 131, 151, 157, 169, 173, 185, 191, 211, 215, 221, 223.
58	$232z +$ 1, 9, 15, 21, 25, 31, 33, 35, 37, 39, 47, 49, 51, 55, 57, 59, 61, 65, 67, 69, 77, 79, 81, 83, 85, 91, 95, 101, 107, 115, 119, 121, 123, 127, 129, 133, 135, 139, 143, 157, 159, 161, 169, 179, 187, 189, 191, 205, 209, 213, 215, 219, 221, 225, 227, 229.
D = 59	$236z +$ 1, 3, 5, 7, 9, 15, 17, 19, 21, 25, 27, 29, 35, 41, 45, 49, 51, 53, 57, 63, 71, 75, 79, 81, 85, 87, 95, 105, 107, 119, 121, 123, 125, 127, 133, 135, 137, 139, 143, 145, 147, 153, 159, 163, 167, 169, 171, 175, 181, 189, 193, 197, 199, 203, 205, 213, 223, 225.

D = 61	$244z +$ 1, 5, 7, 9, 11, 13, 23, 25, 31, 35, 41, 43, 45, 49, 51, 55, 57, 59, 63, 65, 67, 71, 73, 77, 79, 81, 87, 91, 97, 99, 109, 111, 113, 115, 117, 121, 125, 137, 139, 141, 143, 149, 151, 155, 159, 161, 169, 175, 191, 197, 205, 207, 211, 217, 223, 225, 227, 229, 241.
62	$248z +$ 1, 3, 7, 9, 11, 13, 21, 25, 27, 29, 33, 37, 39, 41, 43, 47, 49, 53, 61, 63, 71, 75, 77, 81, 83, 85, 87, 91, 95, 97, 99, 103, 111, 113, 115, 117, 121, 123, 129, 139, 141, 143, 147, 159, 169, 175, 179, 181, 183, 189, 191, 193, 197, 203, 213, 225, 229, 231, 233, 243.
65	$260z +$ 1, 3, 9, 11, 19, 23, 27, 29, 31, 33, 37, 43, 49, 57, 59, 61, 69, 71, 73, 81, 87, 93, 97, 99, 101, 103, 107, 111, 119, 121, 127, 129, 137, 147, 151, 171, 177, 181, 183, 193, 197, 207, 209, 213, 219, 239, 243, 253.
66	$264z +$ 1, 5, 7, 13, 17, 23, 25, 35, 41, 47, 49, 53, 61, 65, 67, 77, 79, 83, 85, 91, 97, 107, 109, 115, 119, 125, 127, 131. 151, 161, 163, 169, 175, 191, 205, 221, 227, 233, 235, 245.
67	$268z +$ 1, 9, 15, 17, 19, 21, 23, 25, 29, 33, 35, 37, 39, 47, 49, 55, 59, 65, 71, 73, 77, 81, 83, 89, 91. 93, 103, 107, 121, 123, 127, 129, 131, 135, 143, 149, 151, 153, 155, 157, 159, 163, 167, 169, 171, 173, 181, 183, 189, 193, 199, 205, 207, 211, 215, 217, 223, 225, 227, 237, 241, 255, 257, 261, 263, 265.
69	$276z +$ 1, 5, 7, 13, 17, 19, 25, 35, 43, 47, 49, 53, 59, 65, 67, 71, 73, 79. 85, 89, 91, 95, 103, 113, 119, 121, 125, 131, 133, 137, 149, 167, 169, 175, 179, 193, 199, 215, 221, 235, 239, 245, 247, 265.
70	$280z +$ 1, 9, 17, 19, 33, 37, 39, 43, 47, 53, 59, 61, 67, 69, 71, 73, 79, 81. 87, 93, 97, 101, 103, 107, 121, 123, 131, 139, 143, 151, 153, 163, 167, 169, 171, 181, 191, 197, 223, 229, 233, 249, 251, 253, 257, 267, 269, 277.
71	$284z +$ 1, 3, 5, 9, 15, 19, 25, 27, 29, 37, 43, 45, 49, 57, 73, 75, 77, 79, 81, 83, 87, 89, 91, 95, 101, 103, 107, 109, 111, 119, 121, 125, 129, 131, 135, 143, 145, 147, 151, 157, 161, 167, 169, 171, 179, 185, 187, 191, 199, 215, 217, 219, 221, 223, 225, 229, 231, 233, 237, 243, 245, 249, 251, 253, 261, 263, 267, 271, 273, 277.
73	$292z +$ 1, 7, 9, 11, 15, 25, 31, 37, 39, 41, 43, 47, 49, 51, 57, 59, 61, 63, 65, 69, 77, 81, 83, 85, 87, 89, 95, 97, 99, 103, 105, 107, 109, 115, 121, 131, 135, 137, 139, 145, 149, 151, 159, 163, 165, 167, 169, 173, 175, 179, 181, 191, 199, 201, 213, 217, 221, 225, 237, 239, 247, 257, 259, 263, 265, 269, 271, 273, 275, 279, 287, 289.
74	$296z +$ 1, 3, 5, 9, 11, 13, 15, 23, 25, 27, 29, 31, 33, 39, 41, 45, 49, 55, 61, 65, 67, 69, 73, 75, 79, 81, 83, 87, 89, 93, 99, 103, 107, 109, 115, 117, 119, 121, 123, 125, 133, 135, 137, 139, 143, 145, 147, 155, 165, 167, 169, 183, 191, 195, 199, 201, 205, 207, 211, 219, 225, 233, 237, 239, 243, 245, 249, 253, 261, 275, 277, 279, 289.
D = 77	$308z +$ 1, 3, 9, 13, 17, 25, 27, 31, 37, 39, 41, 43, 47, 51, 53, 59, 61, 73, 75, 79, 81, 93, 95, 101, 103, 107, 111, 113, 115, 117, 119, 123, 127, 129, 137, 141, 143, 145, 151, 153, 169, 173, 177, 183, 199, 211, 219, 221, 223, 225, 239, 241, 243, 251, 263, 279, 283, 289, 293, 297, 303.

D	
D = 78	$312z + $ 1, 19, 25, 29, 35, 37, 41, 47, 49, 53, 55, 67, 71, 77, 79, 85, 89, 101, 103, 107, 109, 115, 119, 121, 127, 131, 137, 155, 161, 163, 167, 173, 179, 187, 199, 215, 217, 229, 239, 251, 253, 269, 281, 289, 295, 201, 305, 307.
79	$316z + $ 1, 5, 9, 11, 13, 19, 21, 23, 25, 31, 45, 49, 51, 55, 65, 67, 73, 81, 83, 87, 89, 95, 97, 99, 101, 105, 111, 115, 117, 119, 121, 123, 125, 129, 131, 141, 143, 151, 155, 159, 163, 167, 169, 171, 173, 177, 179, 181, 183, 189, 203, 207, 209, 213, 223, 225, 231, 239, 241, 245, 247, 253, 255, 257, 259, 263, 269, 273, 275, 277, 279, 281, 283, 287, 289, 301, 309, 313.
82	$328z + $ 1, 7, 9, 13, 15, 25, 29, 33, 43, 47, 49, 51, 53, 55, 57, 59, 63, 69, 71, 73, 79, 81, 83, 85, 91, 93, 95, 101, 105, 107, 109, 111, 113, 115, 117, 121, 131, 135, 139, 149, 151, 155, 157, 163, 167, 169, 175, 181, 183, 185, 187, 191, 195, 199, 201, 203, 209, 225, 229, 231, 239, 241, 251, 253, 261, 263, 267, 283, 289, 291, 293, 297, 301, 305, 307, 309, 311, 317, 323, 325.
83	$332z + $ 1, 3, 7, 9, 11, 17, 21, 23, 25, 27, 29, 31, 33, 37, 41, 49, 51, 59, 61, 63, 65, 69, 75, 77, 81, 87, 93, 95, 99, 109, 111, 113, 119, 121, 123, 127, 131, 147, 151, 153, 161, 167, 169, 173, 175, 177, 183, 187, 189, 191, 193, 195, 197, 199, 203, 207, 215, 217, 225, 227, 229, 231, 235, 241, 243, 247, 253, 259, 261, 265, 275, 277, 279, 285, 287, 289, 293, 297, 313, 317, 319, 327.
85	$340z + $ 1, 9, 11, 21, 31, 37, 39, 43, 47, 49, 57, 67, 69, 71, 73, 79, 81, 83, 87, 89, 91, 97, 99, 101, 103, 113, 121, 123, 127, 131, 133, 139, 149, 159, 161, 169, 173, 177, 183, 189, 193, 197, 199, 203, 211, 223, 229, 231, 233, 247, 263, 277, 279, 281, 287, 299, 307, 311, 313, 317, 321, 327, 333, 337.
86	$344z + $ 1, 3, 5, 9, 15, 17, 19, 23, 25, 27, 29, 31, 37, 41, 45, 47, 49, 51, 57, 61, 69, 75, 77, 79, 81, 85, 89, 91, 93, 95, 97, 103, 111, 115, 121, 123, 125, 127, 131, 135, 141, 143, 145, 147, 149, 153, 155, 157, 163, 167, 169, 171, 179, 183, 185, 193, 205, 207, 211, 225, 227, 231, 235, 237, 239, 243, 245, 255, 261, 271, 273, 277, 279, 281, 285, 289, 291, 305, 309, 311, 323, 331, 333, 337.
87	$348z + $ 1, 7, 11, 13, 17, 25, 41, 47, 49, 67, 77, 89, 91, 95, 101, 103, 109, 113, 115, 119, 121, 131, 137, 139, 143, 151, 155, 169, 175, 181, 185, 187, 191, 199, 215, 221, 223, 241, 251, 263, 265, 269, 275, 277, 283, 287, 289, 293, 295, 305, 311, 313, 317, 325, 329, 343.
89	$363z + $ 1, 3, 5, 7, 9, 15, 17, 19, 21, 23, 25, 27, 31, 35, 43, 45, 49, 51, 53, 57, 59, 63, 69, 73, 75, 81, 83, 85, 93, 95, 97, 103, 105, 109, 115, 119, 121, 125, 127, 129, 133, 135, 143, 147, 151, 153, 155, 157, 159, 161, 163, 169, 171, 173, 175, 177, 189, 191, 207, 211, 215, 217, 219, 225, 233, 239, 243, 245, 249, 255, 257, 265, 269, 277, 279, 285, 289, 291, 295, 301, 309, 315, 317, 319, 323, 327, 343, 354.
D = 91	$364z + $ 1, 5, 7, 9, 19, 23, 25, 29, 31, 33, 41, 43, 45, 47, 51, 53, 59, 73, 79, 81, 83, 89, 95, 97, 107, 111, 113, 121, 125, 127, 145, 155, 165, 167, 171, 179, 183, 187, 189, 191, 201, 205, 207, 211, 213, 215, 223, 225, 227, 229, 233, 235, 241, 255, 261, 263, 265, 271, 277, 279, 289, 293, 295, 303, 307, 309, 327, 347, 349, 353, 361.

D = 93	$372z +$ 1, 17, 25, 29, 35, 43, 47, 49, 53, 55, 59, 65, 71, 77, 79, 89, 91, 95, 97, 107, 109, 115, 121, 127, 131, 133, 137, 139, 143, 151, 157, 161, 169, 185, 191, 193, 197, 199, 205, 209, 223, 227, 247, 253, 259, 269, 271, 287, 289, 299, 305, 311, 331, 335, 349, 353, 359, 361, 365, 367.
94	$376z +$ 1, 5, 7, 9, 11, 13, 17, 19, 25, 29, 35, 43, 45, 49, 55, 63, 65, 67, 69, 71, 77, 79, 81, 85, 89, 91, 93, 95, 97, 99, 103, 107, 109, 111, 117, 119, 121, 123, 125, 133, 139, 143, 145, 153, 159, 163, 169, 171, 175, 177, 179, 181, 183, 187, 191, 203, 209, 211, 215, 219, 221, 225, 227, 229, 239, 241, 245, 247, 249, 261, 263, 271, 275, 289, 293, 301, 303, 315, 317, 319, 323, 325, 335, 337, 339, 343, 345, 349, 353, 355, 361, 373.
95	$380z +$ 1, 3, 9, 11, 13, 27, 33, 37, 39, 49, 53, 61, 67, 81, 97, 99, 101, 103, 107, 111, 113, 117, 119, 121, 127, 131, 139, 143, 147, 149, 159, 161, 167, 169, 173, 183, 191, 193, 199, 201, 203, 217, 223, 227, 229, 239, 243, 251, 257, 271, 287, 289, 291, 293, 297, 301, 303, 307, 309, 311, 317, 321, 329, 333, 337, 339, 349, 351, 357, 359, 363, 373.
97	$388z +$ 1, 7, 9, 15, 19, 23, 25, 33, 39, 49, 51, 53, 55, 59, 61, 63, 65, 67, 71, 73, 81, 83, 85, 87, 89, 93, 101, 105, 107, 109, 111, 113, 121, 123, 127, 129, 131, 133, 135, 139, 141, 143, 145, 155, 161, 169, 171, 175, 179, 185, 187, 193, 197, 199, 205, 207, 211, 215, 221, 223, 225, 229, 231, 235, 237, 239, 241, 251, 263, 269, 271, 273, 285, 289, 293, 297, 309, 311, 313, 319, 331, 341, 343, 345, 347, 351, 353, 357, 359, 361, 367, 371, 375, 377, 383, 385.
D = 101	$404z +$ 1, 3, 5, 7, 9, 11, 13, 15, 17, 21, 25, 27, 33, 35, 37, 39, 45, 49, 51, 55, 59, 63, 65, 67, 75, 77, 81, 83, 85, 91, 97, 99, 103, 105, 111, 117, 119, 121, 125, 127, 135, 137, 139, 143, 147, 151, 153, 157, 163, 165, 167, 169, 175, 177, 181, 185, 187, 189, 191, 193, 195, 197, 199, 201, 221, 225, 231, 233, 243, 245, 249, 255, 259, 263, 271, 273, 275, 287, 289, 291, 295, 297, 305, 311, 313, 315, 321, 329, 331, 335, 343, 347, 351, 357, 361, 363, 373, 375, 381, 385.

TABLE IV.

Table des formes linéaires des facteurs impairs des formes quadratiques $x^2 - \Delta y^2$ de $\Delta = 2$ à $\Delta = 101$.

$\Delta =$	
2	$8z + 1, 7.$
3	$12z + 1, 11.$
5	$20z + 1, 9, 11, 19.$
6	$24z + 1, 5, 19, 23.$
7	$28z + 1, 3, 9, 19, 25, 27.$
10	$40z + 1, 3, 9, 13, 27, 31, 37, 39.$
11	$44z + 1, 5, 7, 9, 19, 25, 35, 37, 39, 43.$
13	$52z + 1, 3, 9, 17, 23, 25, 27, 29, 35, 43, 49, 51.$
14	$56z + 1, 5, 9, 11, 13, 25, 31, 43, 45, 47, 51, 55.$
15	$60z + 1, 7, 11, 17, 43, 49, 53, 59.$
17	$68z + 1, 9, 13, 15, 19, 21, 25, 33, 35, 43, 47, 49, 53, 55, 59, 67.$
19	$76z + 1, 3, 5, 9, 15, 17, 25, 27, 31, 45, 49, 51, 59, 61, 67, 71, 73, 75.$
21	$84z + 1, 5, 17, 25, 37, 41, 43, 47, 59, 67, 79, 83.$
22	$88z + 1, 3, 7, 9, 13, 21, 25, 27, 29, 39, 49, 59, 61, 63, 67, 75, 79, 81, 85, 87.$
23	$92z + 1, 7, 9, 11, 13, 15, 19, 25, 29, 41, 43, 49, 51, 63, 67, 73, 77, 79, 81, 83, 85, 91.$
26	$104z + 1, 5, 9, 11, 17, 19, 21, 23, 25, 37, 45, 49, 55, 59, 67, 79, 81, 83, 85, 87, 93, 95, 99, 103.$
29	$116z + 1, 5, 7, 9, 13, 23, 25, 33, 35, 45, 49, 51, 53, 57, 59, 63, 65, 67, 71, 81, 83, 91, 93, 103, 107, 109, 111, 115.$
30	$120z + 1, 7, 13, 17, 19, 29, 37, 49, 71, 83, 91, 101, 103, 107, 113, 119.$
31	$124z - 1, 3, 5, 9, 11, 15, 23, 25, 27, 33, 41, 43, 45, 49, 55, 69, 75, 79, 81, 83, 91, 97, 99, 101, 109, 113, 115, 119, 121, 123.$
33	$132z + 1, 17, 25, 29, 31, 35, 37, 41, 49, 65, 67, 83, 91, 95, 97, 101, 103, 107, 115, 131.$
34	$136z + 1, 3, 5, 9, 11, 15, 25, 27, 29, 33, 37, 45, 47, 49, 55, 61, 75, 81, 87, 89, 91, 99, 103, 107, 109, 111, 121, 125, 127, 131, 133, 135.$
$\Delta = 35$	$140z + 1, 9, 13, 17, 19, 23, 29, 31, 33, 43, 59, 67, 73, 81, 97, 107, 109, 111, 117, 121, 123, 127, 131, 139.$

Δ	
$\Delta = 37$	$148z + 1, 3, 7, 9, 11, 21, 25, 27, 33, 41, 47, 49, 53, 63, 65, 67, 71, 73, 75, 77, 81, 83, 85, 95, 99, 101, 107, 115, 121, 123, 127, 137, 139, 141, 145, 147.$
38	$152z + 1, 9, 11, 13, 15, 17, 23, 25, 29, 31, 35, 37, 43, 49, 53, 69, 71, 73, 79, 81, 83, 99, 103, 109, 115, 117, 121, 123, 127, 129, 235, 137, 139, 141, 143, 151.$
39	$156z + 1, 5, 7, 19, 23, 25, 31, 35, 41, 49, 61, 67, 89, 95, 107, 115, 121, 125, 131, 133, 137, 149, 151, 155.$
41	$164z + 1, 5, 9, 21, 23, 25, 31, 33, 37, 39, 43, 45, 49, 51, 57, 59, 61, 73, 77, 81, 83, 87, 91, 103, 105, 107, 113, 115, 119, 121, 125, 127, 131, 133, 139, 141, 143, 155, 159, 163.$
42	$168z + 1, 11, 13, 17, 19, 25, 29, 41, 47, 53, 61, 79, 89, 107, 115, 121, 127, 139, 143, 149, 151, 155, 157, 167.$
43	$172z + 1, 3, 7, 9, 13, 17, 19, 21, 25, 27, 39, 41, 49, 51, 53, 55, 57, 63, 71, 75, 81, 91, 97, 101, 109, 115, 117, 119, 121, 123, 131, 133, 145, 147, 151, 153, 155, 159, 163, 165, 169, 171.$
46	$184z + 1, 3, 5, 7, 9, 15, 21, 25, 27, 35, 37, 41, 45, 49, 53, 59, 61, 62, 73, 75, 79, 81, 103, 105, 109, 111, 121, 123, 125, 131, 135, 139, 143, 147, 149, 157, 159, 163, 169, 175, 177, 179, 181, 183.$
47	$188z + 1, 9, 11, 15, 17, 19, 21, 23, 25, 31, 35, 37, 39, 43, 49, 53, 61, 65, 67, 81, 87, 89, 91, 97, 99, 101, 107, 121, 123, 127, 135, 139, 145, 149, 151, 153, 157, 163, 165, 167, 169, 171, 173, 177, 179, 187.$
51	$204z + 1, 5, 7, 13, 25, 29, 31, 35, 41, 47, 49, 59, 65, 79, 83, 91, 113, 121, 125, 139, 145, 155, 157, 163, 169, 173, 175, 179, 191, 197, 199, 203.$
53	$212z + 1, 7, 9, 11, 13, 15, 17, 25, 29, 37, 43, 47, 49, 57, 59, 63, 69, 77, 81, 89, 91, 93, 95, 97, 99, 105, 107, 113, 115, 117, 119, 121, 123, 131, 135, 143, 149, 153, 155, 163, 165, 169, 175, 183, 187, 195, 197, 199, 201, 203, 205, 211.$
55	$220z + 1, 3, 9, 13, 17, 19, 23, 27, 39, 47, 49, 51, 57, 67, 69, 73, 79, 81, 89, 103, 117, 131, 139, 141, 147, 151, 153, 163, 169, 171, 173, 181, 193, 197, 201, 203, 207, 211, 217, 219.$
57	$228z + 1, 7, 25, 29, 41, 43, 49, 53, 55, 59, 61, 65, 71, 73, 85, 89, 107, 113, 115, 121, 139, 143, 155, 157, 163, 167, 169, 173, 175, 179, 185, 187, 199, 203, 221, 227.$
58	$232z + 1, 3, 7, 9, 11, 19, 21, 23, 25, 27, 33, 37, 43, 49, 57, 61, 63, 65, 69, 71, 75, 77, 81, 85, 99, 101, 103, 111, 121, 129, 131, 133, 147, 151, 155, 157, 161, 163, 167, 169, 171, 175, 183, 189, 195, 199, 205, 207, 209, 211, 213, 221, 223, 225, 229, 231.$
$\Delta = 59$	$236z + 1, 5, 9, 11, 17, 21, 23, 25, 29, 31, 39, 41, 43, 45, 47, 49, 53, 55, 57, 67, 81, 83, 85, 91, 99, 103, 105, 111, 115, 121, 125, 131, 133, 137, 145, 151, 153, 155, 169, 179, 181, 183, 187, 189, 191, 193, 195, 197, 205, 207, 211, 213, 215, 219, 225, 227, 231, 235.$

$\Delta = 61$	$244z +$ 1, 3, 5, 9, 13, 15, 19, 25, 27, 39, 41, 45, 47, 49, 57, 65, 73, 75, 77, 81, 83, 95, 97, 103, 107, 109, 113, 117, 119, 121, 123, 125, 127, 131, 135, 137, 141, 147, 149, 161, 163, 167, 169, 171, 179, 187, 195, 197, 199, 203, 205, 217, 219, 225, 229, 231, 235, 239, 241, 243.
62	$248z +$ 1, 9, 13, 15, 19, 21, 23, 25, 29, 33, 35, 37, 41, 49, 51, 53, 55, 59, 61, 67, 77, 79, 81, 85, 97, 103, 113, 117, 119, 121, 127, 129, 131, 135, 145, 151, 163, 167, 169, 171, 181, 187, 189, 193, 195, 197, 199, 207, 211, 213, 215, 219, 223, 225, 227, 229, 233, 235, 239, 247.
65	$260z +$ 1, 7, 9, 29, 33, 37, 47, 49, 51, 57, 61, 63, 67, 69, 73, 79, 81, 83, 93, 97, 101, 121, 123, 129, 131, 137, 139, 159, 163, 167, 177, 179, 181, 187, 191, 193, 197, 199, 203, 209, 211, 213, 223, 227, 231, 251, 253, 259.
66	$264z +$ 1, 5, 13, 17, 19, 25, 31, 41, 43, 49, 53, 59, 61, 65, 85, 95, 97, 103, 109, 125, 139, 155, 161, 167, 169, 179, 199, 203, 205, 211, 215, 221, 223, 233, 239, 245, 247, 251, 259, 263.
67	$268z +$ 1, 3, 7, 9, 11, 17, 21, 25, 27, 29, 31, 33, 37, 43, 49, 51, 63, 65, 73, 75, 77, 79, 81, 87, 89, 93, 95, 99, 111, 115, 119, 121, 129, 139, 147, 149, 153, 157, 169, 173, 175, 179, 181, 187, 189, 191, 193, 195, 203, 205, 217, 219, 225, 231, 235, 237, 239, 241, 243, 247, 251, 257, 259, 261, 265, 267.
69	$276z +$ 1, 5, 11, 13, 17, 25, 31, 49, 53, 55, 65, 73, 83, 85, 89, 107, 113, 121, 125, 127, 133, 137, 139, 143, 149, 151, 155, 163, 169, 187, 191, 193, 203, 211, 221, 223, 227, 245, 251, 259, 263, 265, 271, 275.
70	$280z +$ 1, 3, 9, 11, 17, 23, 27, 31, 33, 37, 51, 53, 61, 69, 73, 81, 83, 93, 97, 99, 101, 111, 121, 127, 153, 159, 169, 179, 181, 183, 187, 197, 199, 207, 211, 219, 227, 229, 243, 247, 249, 253, 257, 263, 269, 271, 277, 279.
71	$284z +$ 1, 5, 7, 9, 11, 23, 25, 29, 31, 35, 37, 39, 45, 47, 49, 51, 55, 57, 59, 63, 67, 73, 77, 81, 89, 99, 101, 109, 115, 121, 123, 125, 127, 129, 139, 145, 155, 157, 159, 161, 163, 169, 175, 183, 185, 195, 203, 207, 211, 217, 221, 225, 227, 229, 233, 235, 237, 239, 245, 247, 249, 253, 255, 259, 261, 273, 275, 277, 279, 283.
73	$292z +$ 1, 3, 9, 19, 23, 25, 27, 35, 37, 41, 49, 55, 57, 61, 65, 67, 69, 71, 75, 77, 79, 81, 85, 89, 91, 97, 105, 109, 111, 119, 121, 123, 127, 137, 143, 145, 147, 149, 155, 165, 169, 171, 173, 181, 183, 187, 195, 201, 203, 207, 211, 213, 215, 217, 221, 223, 225, 227, 231, 235, 237, 243, 251, 255, 257, 265, 267, 269, 273, 283, 289, 291.
$\Delta = 74$	$296z +$ 1, 5, 7, 9, 13, 19, 25, 27, 33, 35, 41, 43, 45, 47, 49, 51, 59, 61, 63, 65, 69, 71, 73, 81, 91, 93, 95, 109, 117, 121, 125, 127, 131, 133, 137, 145, 151, 159, 163, 165, 169, 171, 175, 179, 187, 201, 203, 205, 215, 223, 225, 227, 231, 233, 235, 237, 245, 247, 249, 251, 253, 255, 261, 263, 267, 271, 277, 283, 287, 289, 291, 295.

Δ	
$\Delta = 77$	$308z + 1, 9, 13, 15, 17, 19, 23, 25, 37, 41, 53, 61, 67, 71, 73, 81, 83, 87, 93, 101, 113, 117, 129, 131, 135, 137, 139, 141, 145, 153, 155, 163, 167, 169, 171, 173, 177, 179, 191, 195, 207, 215, 221, 225, 227, 235, 237, 241, 247, 255, 267, 271, 283, 285, 289, 291, 293, 295, 299, 307.$
78	$312z + 1, 7, 11, 23, 25, 29, 31, 37, 41, 43, 49, 53, 59, 77, 83, 85, 89, 95, 101, 109, 121, 137, 139, 151, 161, 173, 175, 191, 203, 211, 217, 223, 227, 229, 235, 253, 259, 263, 269, 271, 275, 281, 283, 287, 289, 301, 305, 311.$
79	$316z + 1, 3, 5, 7, 9, 13, 15, 21, 25, 27, 35, 39, 43, 45, 47, 49, 59, 63, 65, 71, 73, 75, 81, 89, 91, 97, 101, 103, 105, 107, 117, 121, 125, 127, 129, 135, 139, 141, 147, 169, 175, 177, 181, 187, 189, 191, 195, 199, 209, 211, 213, 215, 219, 225, 227, 235, 241, 243, 245, 251, 253, 257, 267, 269, 271, 273, 277, 281, 289, 291, 295, 301, 303, 307, 309, 311, 313, 315.$
82	$328z + 1, 3, 9, 11, 13, 19, 23, 25, 27, 29, 31, 33, 35, 39, 49, 53, 57, 67, 69, 73, 75, 81, 85, 87, 93, 99, 101, 103, 105, 109, 113, 117, 119, 121, 127, 143, 147, 149, 157, 159, 169, 171, 179, 181, 185, 201, 207, 209, 211, 215, 219, 223, 225, 227, 229, 233, 241, 243, 247, 253, 255, 259, 261, 271, 275, 279, 289, 293, 295, 297, 299, 301, 303, 305, 309, 315, 317, 319, 325, 327.$
83	$332z + 1, 9, 15, 17, 19, 21, 25, 29, 33, 35, 37, 39, 41, 43, 47, 49, 55, 61, 65, 67, 69, 71, 77, 79, 81, 91, 93, 103, 107, 109, 113, 115, 121, 135, 139, 143, 153, 155, 159, 161, 163, 169, 171, 173, 177, 179, 189, 193, 197, 211, 217, 219, 223, 225, 229, 239, 241, 251, 253, 255, 261, 263, 265, 267, 271, 277, 283, 285, 289, 291, 293, 295, 297, 299, 303, 307, 311, 313, 315, 317, 323, 331.$
85	$540z + 1, 3, 7, 9, 19, 21, 23, 27, 37, 49, 57, 59, 63, 69, 73, 81, 89, 97, 101, 107, 111, 113, 121, 133, 143, 147, 149, 151, 161, 163, 167, 169, 171, 173, 177, 179, 189, 191, 193, 197, 207, 219, 227, 229, 233, 239, 243, 251, 259, 267, 271, 277, 281, 283, 291, 303, 313, 317, 319, 321, 331, 333, 337, 339.$
86	$344z + 1, 5, 7, 9, 11, 17, 25, 29, 35, 37, 39, 41, 45, 49, 55, 57, 59, 61, 63, 67, 69, 71, 77, 81, 83, 85, 93, 97, 99, 107, 119, 121, 125, 139, 141, 145, 149, 151, 153, 157, 159, 169, 175, 185, 187, 191, 193, 195, 199, 203, 205, 219, 223, 225, 237, 245, 247, 251, 259, 261, 263, 267, 273, 275, 277, 281, 283, 285, 287, 289, 295, 299, 303, 305, 307, 309, 315, 319, 327, 333, 335, 337, 339, 343.$
87	$348z + 1, 13, 17, 19, 23, 31, 35, 41, 43, 49, 55, 59, 71, 77, 79, 83, 89, 91, 101, 107, 109, 113, 121, 127, 137, 163, 167, 169, 179, 181, 185, 211, 221, 227, 235, 239, 241, 247, 257, 259, 265, 269, 271, 277, 289, 293, 299, 305, 307, 313, 317, 325, 329, 331, 335, 347.$
$\Delta = 89$	$356z + 1, 5, 9, 11, 17, 21, 25, 39, 45, 47, 49, 53, 55, 57, 67, 69, 71, 73, 79, 81, 85, 87, 91, 93, 97, 99, 105, 107, 109, 111, 121, 123, 125, 129, 131, 133, 139, 153, 157, 161, 167, 169, 173, 177, 179, 183, 187, 189, 195, 199, 203, 217, 223, 225, 227, 231, 233, 235, 245, 247, 249, 251, 257, 259, 263, 265, 269, 271, 275, 277, 283, 285, 287, 289, 299, 301, 303, 307, 309, 311, 317, 331, 335, 339, 345, 347, 351, 355.$

Δ	
$\Delta = 91$	$364\,z + 1, 3, 5, 9, 11, 15, 17, 25, 27, 29, 41, 45, 53, 63, 67, 71, 75, 81, 87, 99, 103, 113, 115, 121, 123, 125, 131, 135, 139, 143, 145, 151, 159, 163, 165, 175, 189, 199, 201, 205, 213, 219, 221, 225, 229, 233, 239, 241, 243, 245, 249, 251, 261, 265, 277, 283, 289, 291, 293, 311, 319, 323, 331, 335, 337, 339, 347, 349, 353, 355, 359, 361, 363.$
93	$372\,z + 1, 7, 11, 17, 19, 23, 25, 29, 49, 53, 65, 67, 77, 83, 89, 97, 103, 109, 119, 121, 133, 137, 157, 161, 163, 167, 169, 175, 179, 185, 187, 193, 197, 203, 205, 209, 211, 215, 235, 239, 251, 253, 263, 269, 275, 283, 289, 295, 305, 307, 319, 323, 343, 347, 349, 353, 355, 361, 365, 371.$
94	$376\,z + 1, 3, 5, 9, 13, 15, 17, 23, 25, 27, 29, 31, 39, 45, 49, 51, 59, 65, 69, 75, 77, 81, 83, 85, 87, 89, 93, 97, 109, 115, 117, 121, 125, 127, 131, 133, 135, 145, 147, 151, 153, 155, 167, 169, 177, 181, 195, 199, 207, 209, 221, 223, 225, 229, 231, 241, 243, 245, 249, 251, 255, 259, 261, 267, 279, 283, 287, 289, 291, 293, 295, 299, 301, 307, 311, 317, 325, 327, 331, 337, 345, 347, 349, 351, 353, 359, 361, 363, 367, 371, 373, 375.$
95	$380\,z + 1, 7, 9, 13, 23, 29, 31, 33, 37, 43, 47, 49, 51, 53, 59, 61, 63, 71, 79, 81, 83, 87, 91, 97, 101, 113, 117, 121, 123, 149, 151, 163, 169, 173, 179, 187, 193, 201, 207, 211, 217, 229, 231, 257, 259, 263, 267, 279, 283, 289, 293, 297, 299, 301, 309, 317, 319, 321, 327, 329, 331, 333, 337, 343, 347, 349, 351, 357, 367, 371, 373, 379.$
97	$388\,z + 1, 3, 9, 11, 25, 27, 31, 33, 35, 43, 47, 49, 53, 61, 65, 73, 75, 79, 81, 85, 89, 91, 93, 95, 99, 101, 103, 105, 109, 113, 115, 119, 121, 129, 133, 141, 145, 147, 151, 159, 161, 163, 167, 169, 183, 185, 191, 193, 195, 197, 203, 205, 219, 221, 225, 227, 229, 237, 241, 243, 247, 255, 259, 267, 269, 273, 275, 279, 283, 285, 287, 289, 293, 295, 297, 299, 303, 307, 309, 313, 315, 323, 327, 335, 339, 341, 345, 353, 355, 357, 361, 363, 377, 379, 385, 387.$
$\Delta = 101$	$404\,z + 1, 5, 9, 13, 17, 19, 21, 23, 25, 31, 33, 37, 43, 45, 47, 49, 65, 75, 77, 81, 83, 85, 91, 97, 99, 105, 107, 115, 117, 121, 123, 125, 131, 137, 153, 155, 157, 159, 165, 169, 171, 177, 179, 181, 183, 185, 189, 193, 197, 201, 203, 207, 211, 215, 219, 221, 223, 225, 227, 233, 235, 239, 245, 247, 249, 251, 267, 273, 279, 281, 283, 287, 289, 297, 299, 305, 307, 313, 319, 321, 323, 327, 329, 339, 355, 357, 359, 361, 367, 371, 373, 379, 381, 383, 385, 387, 391, 395, 399, 403.$

FIN.

TABLE DES MATIÈRES.

C. 26

TABLES.

FIN DE LA TABLE DES MATIÈRES.

PARIS. — IMPRIMERIE GAUTHIER-VILLARS,

26790   Quai des Grands-Augustins, 55.